科学出版社“十四五”普通高等教育本科规划教材

生物信息学

（第二版）

廖明帜　陶士珩　主编

科学出版社

北京

内 容 简 介

本书主要由全国农林相关院校的一线教师联合编写而成，围绕以序列分析、组学数据分析为代表的生物信息学主流领域，重点介绍了相关的概念、理论和方法。具体内容包括：生物信息学数据资源、序列比对、数据库搜索、系统发育分析、自然选择的检验、基因组学、转录组学、蛋白质组学、代谢组学、蛋白质结构计算、表观基因组学、宏基因组、非编码 RNA 及系统生物学等。本书力图把生物信息学的主要思想、原理、方法和内容传递给读者，让读者能够系统地理解生物信息学的理论和方法，利用生物信息学方法和途径解决面临的生物学问题。

本书可作为全国农林院校生物信息学课程的教材，也可供科研院所相关专业的学生、研究人员参考使用。

图书在版编目（CIP）数据

生物信息学/廖明帜，陶士珩主编．—2 版．—北京：科学出版社，2024.6
科学出版社“十四五”普通高等教育本科规划教材
ISBN 978-7-03-078627-2

Ⅰ．①生…　Ⅱ．①廖…　②陶…　Ⅲ．①生物信息论-高等学校-教材　Ⅳ．①Q811.4

中国国家版本馆 CIP 数据核字（2024）第 109206 号

责任编辑：丛　楠　韩书云 / 责任校对：严　娜
责任印制：肖　兴 / 封面设计：图阅社

科学出版社出版
北京东黄城根北街 16 号
邮政编码：100717
http://www.sciencep.com
北京建宏印刷有限公司印刷
科学出版社发行　各地新华书店经销

*

2007 年 8 月第　一　版　开本：787×1092　1/16
2024 年 6 月第　二　版　印张：17 3/4
2025 年12月第四次印刷　字数：454 000

定价：69.80 元

（如有印装质量问题，我社负责调换）

《生物信息学》（第二版）编委会

主　编　廖明帜　陶士珩

副主编　庞红侠　刘汉梅　孟宪文　刘世超

编　者（按姓氏笔画排序）

马　磊（石河子大学）
王　澔（西北农林科技大学）
吕　琦（内蒙古农业大学）
刘世超（华中农业大学）
刘汉梅（四川农业大学）
孙　璐（青海大学）
吴文武（浙江农林大学）
苗震龑（西北农林科技大学）
庞红侠（西北农林科技大学）
孟宪文（榆林学院）
陶士珩（西北农林科技大学）
曾　玺（华中农业大学）
雷蓓蕾（西北农林科技大学）
廖明帜（西北农林科技大学）
阚显照（安徽师范大学）
穆　平（青岛农业大学）

前　言

自2007年第一版《生物信息学》出版以来，本书经历了19次印刷，获得了读者的广泛认可和喜爱。如今十多年已经过去，伴随着高通量测序技术和人工智能的突破，生物信息学经历了翻天覆地的变化和发展，组学数据的分析已经成为当前生物信息学的主体研究范畴和热点。因此，及时更新、添加、调整原有教材的结构体系和内容已经成为日渐急迫的问题。经出版社和编者讨论，决定编写本书第二版，以满足当前各界对本书的需求。

本书在大幅增加基因组学等组学数据分析内容的同时，仍然坚持着第一版偏理论、方法的编写原则和方向。考虑到本书主要满足农林类高校生物背景学生对生物信息学入门学习的需求，编者力图将模型、算法的基本思想、原理通俗易懂地讲透，避免大而全的蜻蜓点水式编写，也避免针对算法复杂推理的深入介绍。期待通过对本书的学习，读者能够理解生物信息学的基础性原理和内容，并能够将之灵活地应用于解决所面对的各种生物学问题。在这个原则的基础上，我们也力求在编写上有所创新和优化，形成自己的教材特色，比如增加了目前需求量大，但现有生物信息学教材较为缺乏的自然选择的检验、基因组学、蛋白质组学、代谢组学等章节内容。同时，优化了内容的撰写体例，比如序列比对部分增加了隐马尔可夫模型的比对原理和方法，系统发育分析部分增加了贝叶斯法建树、系统发育树的评估等内容，以完善知识结构和体系。希望通过以上努力，本书能够更好地适应当前生物信息学的发展形势和要求。

本书由廖明帜、陶士珩共同担任主编，庞红侠、刘汉梅、孟宪文、刘世超共同担任副主编。编写队伍主要由我国农林相关院校长期从事生物信息学教学研究工作的人员组成，成员包括石河子大学的马磊、内蒙古农业大学的吕琦、华中农业大学的刘世超和曾玺、四川农业大学的刘汉梅、青海大学的孙璐、浙江农林大学的吴文武、榆林学院的孟宪文、安徽师范大学的阚显照、青岛农业大学的穆平，以及西北农林科技大学的王澔、苗震羹、庞红侠、陶士珩、雷蓓蕾和廖明帜。在此，我们对全体编者的认真努力和辛勤付出深表谢意！在本书编写过程中，西北农林科技大学生命科学学院的研究生们也做了大量协助工作，包括龙得雨、冯礼俊、王捧、张昊、何志杰、孟昱璇、张睿琪、王志博、张亚楠、王子璇等，在此一并致谢！同时，西北农林科技大学生命科学学院对于本书的编写也提供了经费和工作条件的支持，特此鸣谢！

由于编者能力和水平有限，不妥之处在所难免，恳请学术同仁和读者不吝赐教，以便再版时改正。

编　者

2023年9月于杨凌

《生物信息学》（第二版）教学课件索取

凡使用本教材作为授课教材的高校主讲教师，可获赠教学课件一份。通过以下两种方式之一获取：

1．扫描左侧二维码，关注“科学 EDU”公众号→教学服务→课件申请，索取教学课件。

2．填写下方教学课件索取单后扫描或拍照发送至联系人邮箱。

<table>
<tr><td colspan="2">姓名：</td><td colspan="2">职称：</td><td>职务：</td></tr>
<tr><td colspan="3">电话：</td><td colspan="2">电子邮箱：</td></tr>
<tr><td colspan="3">学校：</td><td colspan="2">院系：</td></tr>
<tr><td colspan="4">所授课程（一）：</td><td>人数：</td></tr>
<tr><td colspan="4">课程对象：□研究生 □本科（____年级） □其他________</td><td>授课专业：</td></tr>
<tr><td colspan="5">使用教材名称 / 作者 / 出版社：</td></tr>
<tr><td colspan="4">所授课程（二）：</td><td>人数：</td></tr>
<tr><td colspan="4">课程对象：□研究生 □本科（____年级） □其他________</td><td>授课专业：</td></tr>
<tr><td colspan="5">使用教材名称 / 作者 / 出版社：</td></tr>
<tr><td colspan="5">您对本书的评价及下一版的修改意见：</td></tr>
<tr><td colspan="4">推荐国外优秀教材名称/作者/出版社：</td><td rowspan="2">院系教学使用证明（公章）：</td></tr>
<tr><td colspan="4">您的其他建议和意见：</td></tr>
</table>

联系人：丛楠 咨询电话：010-64034871 回执邮箱：congnan@mail.sciencep.com

目　录

第一章　绪论……1
　第一节　生物信息学的概念……1
　第二节　生物信息学的历史……2
　第三节　为什么要学生物信息学……4
　第四节　生物信息学的方向和应用领域……4
　第五节　如何学习生物信息学……6
第二章　生物信息学数据资源……8
　第一节　数据库概述……8
　第二节　核酸数据库……9
　第三节　蛋白质数据库……15
　第四节　基因组数据库……21
　第五节　其他生物信息学数据库……23
第三章　序列比对……25
　第一节　序列比对概述……25
　第二节　序列比对的评分体系……27
　第三节　双序列比对方法……35
　第四节　多序列比对方法……40
第四章　数据库搜索……48
　第一节　数据库搜索概述……48
　第二节　基本局部比对搜索工具……49
　第三节　高级数据库搜索……56
第五章　系统发育分析……60
　第一节　系统发育概述……60
　第二节　分子系统发育树的构建方法……65
　第三节　系统发育树的评估……73
第六章　自然选择的检验……75
　第一节　生物进化重要理论概述……75
　第二节　氨基酸位点的适应性进化……77
　第三节　特定位点和分支的适应性进化……83
　第四节　群体自然选择检验……86
第七章　基因组学……90
　第一节　基因组学概论……90
　第二节　基因组分析……93
　第三节　基因组学研究方向及应用……106
第八章　转录组学……111
　第一节　转录组概述……111

第二节 RNA-seq 实验和分析的基本思路 ······112
第三节 转录组常用数据库 ······125
第九章 蛋白质组学 ······128
第一节 蛋白质组学概述 ······128
第二节 蛋白质组数据的产生 ······130
第三节 蛋白质组数据的分析 ······138
第十章 代谢组学 ······149
第一节 代谢组学概述 ······149
第二节 代谢组学数据处理的常用方法 ······152
第三节 代谢组学分析工具和数据库概述 ······161
第四节 代谢组学分析工具——MetaboAnalyst ······167
第十一章 蛋白质结构计算 ······175
第一节 蛋白质结构分类 ······175
第二节 蛋白质三维结构预测 ······179
第三节 蛋白质-蛋白质相互作用预测 ······188
第四节 展望 ······192
第十二章 表观基因组学 ······194
第一节 表观基因组概述 ······194
第二节 DNA 甲基化 ······194
第三节 组蛋白修饰 ······198
第四节 RNA 修饰 ······204
第五节 常见表观基因组数据资源及工具 ······210
第十三章 宏基因组 ······215
第一节 宏基因组概述 ······215
第二节 宏基因组数据的产生 ······217
第三节 宏基因组数据的分析 ······221
第四节 宏基因组数据的相关资源与工具 ······229
第十四章 非编码 RNA ······235
第一节 非编码 RNA 概述 ······235
第二节 miRNA 的生物信息学分析 ······238
第三节 lncRNA 的鉴别及分析 ······240
第四节 circRNA 的鉴别及分析 ······243
第十五章 系统生物学 ······246
第一节 系统生物学概述 ······246
第二节 常见分子生物网络 ······248
第三节 系统生物学的建模策略 ······254
第四节 生物分子网络分析 ······259
第五节 系统生物学数据资源和工具 ······268
主要参考文献 ······270

第一章 绪 论

生物信息学是一门蓬勃发展的交叉学科，它致力于利用计算机和信息技术手段处理、分析和解释生物学数据，从而揭示生命系统的结构、功能和演化规律。随着高通量测序技术的发展，生物信息学已经成为生物学研究的重要工具。本章旨在向读者介绍生物信息学的基本概念、发展历史、学习原因、学习方法和应用领域等内容，帮助读者建立起对生物信息学的系统性认识，为更深入的研究和实践打下坚实的概念和思维基础。生物信息学的迅猛发展使其在医学、农业、环境科学等多个领域都有着广泛的应用前景，因此学习生物信息学不仅是提升生命科学研究水平的必由之路，同时也是适应未来科技发展的迫切需要。让我们一同踏上这场生物信息学的奇妙之旅，深入了解生命的密码，探索科学的未知领域吧！

第一节 生物信息学的概念

什么是生物信息学？无论是生物信息学的初学者还是其研究者都难以全面、准确地回答这个问题。有关生物信息学的定义、内涵和外延，见仁见智，这也是由生物信息学专业的特点和发展状态所决定的。按照目前比较主流的观点，生物信息学可以被广义地定义为：利用数学、计算机科学及统计学等理论和工具来组织与理解生物（主要指生物分子，如核酸和蛋白质）中所蕴含的信息，以扩大对生物数据的使用，增进对生命现象和规律的认识与理解。根据这一定义，生物信息学的范围很广，涵盖了从流行病学、细胞动力学建模到现在更常见的重点，即各种高通量测序数据的分析（基因组学、转录组学、蛋白质组学、代谢组学）。然而，生物信息学更多的是一个历史性的动态概念，而不是静态的定义，它随着科学技术的变化而不断演变、深化着自己的内涵。

生物信息学的各种不同定义，反映了各自不同的视角，一些更注重生物学数据和问题，另一些则更强调分析和计算方法。之所以形成了当前有关生物信息学概念的复杂认知，是因为生物信息学自身具有的诸多特点。首先是领域涉及面广阔，在基因组层面，从单个基因的序列分析到全基因组的比较分析；在转录组层面，从早期基因芯片检测到单细胞空间转录组分析；在蛋白质层面，从蛋白质一级序列的进化分析到复杂的蛋白质三维结构分析，再到多蛋白质；在表达调控层面，从基因表达调控元件到生物分子复杂互作网络。其次是学科交叉融合明显，生物信息学是生物学、数学、计算机科学等多学科交叉融合的产物，其应用领域包括了精准医学、药物开发、生物育种、环境监测等广阔天地，且这种融合仍然在不断加深、扩展，远未成熟定型。最后是理论与实践紧密结合，从生物医药问题的引出到试验设计、数据检测与存储、组织、归档、分析、算法软件开发、可视化，最终回到生物学问题的解决验证，均需要生物学知识、数学理论与计算机实践动手能力的密切结合。简言之，以上生物信息学的特点决定了其既可以作为生物大数据的分析工具，又可以是生物医学实验的理论依据和指导。不管从哪个视角看，生物信息学都将对现代生物研究起着巨大的推动作用，是当代生物学工作者必备的专业基础之一。

第二节　生物信息学的历史

生物信息学就其概念的产生历史而言，可以追溯到 1956 年在美国田纳西州盖特林堡（Gatlinburg）召开的首次“生物学中的信息理论研讨会”。在基因序列数据还没有成为人们关注焦点的时候，“生物信息学”（bioinformatics）一词最早就由 Ryback 在 1968 年所创造，并于 1978 年出现在了他的生物信息学的第一个课程大纲中。随着分子生物学和计算机科学技术的发展，越来越多的人认识到了生物信息学的重要性。其中，20 世纪 80 年代末期，林华安博士也开始留意要为这一领域构思一个合适的名称。最终于 1987 年，他也殊途同归地正式把这一学科命名为“生物信息学”（bioinformatics）。

20 世纪 60 年代，Zucherkandl 和 Pauling 就开创了分子进化这个全新的研究领域，主要是通过序列分析研究序列变化与进化之间的关系。这一时期，Dayhoff 和他的同事收集了当时已知的氨基酸序列，这就是“蛋白质序列与结构图册”，这一蛋白质数据库后来发展为著名的蛋白质信息资源库（Protein Information Resource，PIR）。

20 世纪 70 年代到 80 年代初期，生物化学技术有了很大的发展，利用 DNA 测序方法产生出许多生物分子序列数据。如何根据序列推测结构和功能，这一生物学问题促进了一系列著名的序列比对方法的出现。其中，序列比对算法内德勒曼-温施算法（Needleman-Wunsch algorithm）的提出是生物信息学发展中最重要的里程碑。同年，Gibbs 和 Mcintyre 发表的矩阵打点作图法也是进行序列比对的一个著名方法。Dayhoff 提出的点突变模型的 PAM 矩阵可以作为比较氨基酸相似性的得分矩阵，这一矩阵的广泛使用大大地提高了序列比对算法的性能。1980 年，*Science* 第 209 卷发表了关于计算分子生物学的综述。1981 年，Smith 和 Waterman 提出了著名的局部比对算法史密斯-沃特曼算法（Smith-Waterman algorithm）；同年，Doolittle 提出了关于序列模式的概念。1988 年，Pearson 和 Lipman 发表了著名的 FASTA 算法。1990 年，目前常用的数据库搜索程序基本局部比对搜索工具（basic local alignment search tool，BLAST）建立。1997 年，BLAST 的改进版本位点特异性迭代 BLAST（PSI-BLAST）投入实际应用。

1982 年，美国洛斯•阿拉莫斯（Los Alamos）国家实验室建立了核酸序列库 GenBank［此后由美国国立卫生研究院（National Institute of Health，NIH）下属的美国国家生物技术信息中心（National Center for Biotechnology Information，NCBI）运营和管理］，此后作为储存生物信息重要组成部分的生物信息数据库陆续建立。1982 年，欧洲分子生物学实验室（European Molecular Biology Laboratory，EMBL）诞生，提供核酸序列数据库服务。1986 年，日本核酸序列数据库（DNA Data Bank of Japan，DDBJ）诞生。作为国际上三大生物数据库中心，之后三方于 1988 年达成一项协议，采用共同的数据库记录格式收集直接提交的数据。1986 年，瑞士日内瓦大学创建了蛋白质序列数据库 Swiss-Prot。为了应对我国生物信息大数据面临的数据流失、数据共享、数据管理、数据安全、数据主权等严峻挑战，我国也于 2019 年正式批复成立了国家基因组科学数据中心（National Genomics Data Center，NGDC），并建立了组学原始数据归档库（Genome Sequence Archive，GSA）。

20 世纪 90 年代，由美国、英国、法国、德国、日本和我国共同参加的人类基因组计划（Human Genome Project，HGP）正式启动，这一计划旨在对人类基因精确测序，发现人类所有基因并搞清其在染色体上的位置，破译全部遗传信息。在进行人类基因组计划时，许多生物的基因组研究也相继进行。1995 年，第一个细菌（流感嗜血杆菌）全基因组序列测序完成，这是人类拥有的第一个全基因组信息。1996 年，第一个真核生物基因组（酿酒酵母）被完全测序。同年，Affymetrix 推出其第一块基因芯片（genechip）。1997 年，第一个实验模式生物（大肠杆菌）的基因组被完全测序。1998 年，第一个多细胞生物（秀丽隐杆线虫）的基因组被完全测序。2000 年，第一个植物拟南芥的基因组及动物果蝇的基因组被完全测序。2001 年，人类基因组草图在 *Nature* 和 *Science* 同时发表。2002 年，小鼠和水稻基因组草图完成。2003 年，历经十余年的人类基因组计划完成。同年，中国科学家首先完成严重急性呼吸综合征病毒全基因组测序。2005 年，历时 6 年的国际水稻全基因组测序圆满完成。2006 年，国际研究组织的科学家完成了牛基因组的测序。现在，研究人员已经开启万种鸟类基因组计划、万种原生生物基因组计划和地球生物基因组计划等众多大型的基因组测序计划，这些基因组计划的进行极大地促进了生物信息学的发展。

在人类基因组计划完成之后，国际上进入了以功能解析为目标的功能基因组时代。其中，HapMap 计划自 2002 年开始启动，旨在确定和编目人类遗传的相似性和差异性，建立了人类全基因组遗传多态图谱。癌症基因组图谱计划（The Cancer Genome Atlas，TCGA）则是一个针对癌症的大型测序计划，该计划自 2006 年启动以来，已经收录近 40 种癌症超过 8 万个病例的患者多组学数据。2012 年大型国际科研合作项目——国际千人基因组计划的研究人员在 *Nature* 上发布了 1092 个人的基因组数据，这一成果是更广泛地分析与疾病有关的基因变异的基础。DNA 元件百科全书计划（The Encyclopedia of DNA Elements Project，ENCODE 计划）经过了 3 个阶段的实施，已经公布系列的研究进展，该项目旨在解析人类基因组中的所有功能性元件。2015 年，动物基因组功能注解计划（FAANG）正式启动，其主要目标是全面而完善地注解家养动物基因组中的功能元件，该项目的启动凸显了农业动物领域相关研究的重要性。

自 1990 年人类基因组计划正式启动以来，科学家进行了数万种真核生物的全基因组测序，产生了海量的数据，而这些生物数据量正以摩尔定律呈指数增长。同时，计算机的 CPU 运算速度每隔 18 个月就翻一倍。但从生物信息学的发展而言，直到 20 世纪 80 年代后，生物科学技术的飞速发展，特别是计算机科学的进步，才极大地促进了生物信息学的发展。在互联网普及的今天，应用计算机科学和网络技术来解决生物学问题，使得生物信息学成为生命科学工作者必需的工具之一。生物信息学成为生命科学必不可少的一部分，它的诞生和发展是科学与历史的必然。

总结起来，生物信息学的发展大致经历了 3 个阶段。

第一个阶段是前基因组时代。这一阶段主要是以各种算法法则的建立、生物数据库的建立及 DNA 和蛋白质序列分析为主要工作。在这一阶段，著名的 Needleman-Wunsch 算法和 Smith-Waterman 算法先后发表；国际上的三大核酸序列数据库（GenBank、EMBL、DDBJ）相继建立并提供序列服务。

第二个阶段是基因组时代。这一阶段以各种基因组计划测序、网络数据库系统的建立和基因寻找为主要工作。以人类基因组计划和各种模式生物基因组测序为引领，大规模测序全面铺开。

第三个阶段是后基因组时代。这一阶段的主要工作是进行大规模基因组分析、蛋白质组分析及其他各种基因组学研究。随着人类基因组计划和各种基因组计划测序的完成，系统了解基因组内所有基因的生物功能成为后基因组时代的研究重点，这也标志着基因组学进入了揭示基因功能的阶段，即功能基因组时代。功能基因组研究基因组的组成和功能，认识基因与疾病、表型之间的关系，掌握基因的产物及其在生命活动中的作用。功能基因组从基因组整体水平上研究生命活动规律，特别是在研究基因与疾病的关系上，改变了生物学研究的传统方法。传统上研究基因和蛋白质的功能只能通过假设的方法，经过反复试验对候选基因进行逐一验证，才能确定所选基因与其表型相关。这种传统的研究方法周期长、花费大，而且依赖于能观测到的表型，不能全面了解所有相关基因及其功能。而生物信息学新的研究方法从生物基因组这个整体水平上，通过从基因到表型的途径，直接对其生物功能进行研究。这种新的实验设计思路缩小了研究对象的范围，实现了功能预测、实验证实，极大地提高了研究速度。

第三节　为什么要学生物信息学

自 20 世纪后半叶以来，生物数据量以指数级的速度迅猛增长，生物医学问题和现象成为数理科学及计算机研究的重要对象。这种时代的剧烈变化呼唤着多学科的交叉协同探索，于是生物信息学应运而生，并使生物学研究如虎添翼，也成为数据科学工作者进入生命研究领域的自然插入点。在这种时代大背景下，如何利用生物信息学的理论和手段，正在成为广大生物医学和农林畜牧等多行业工作者基本训练的一部分。

作为世界进入信息化时代的重要标志之一，科学数据的积累速度在迅速提升。人类社会最近 30 年所积累的科学数据总量已经超过人类 5000 年发展历史所积累的数据量总和。当前，生物学研究早已不再是恩格斯所说“数学等于零”的学科，也不再是仅仅基于观察和实验的科学。而依据以往在天文学、化学、物理学等学科的历史经验，大量积累的科学数据为重大科学规律的发现做好了充分的准备，这也必然会带来相关产业的升级换代。海量生物学数据资源的快速查询、深度解读和综合利用已经成为现代生命科学和生物医学发展新的巨大需求，进而推动了 21 世纪信息技术和生物技术两大学科在更大的深度和广度上进一步交叉融合，推动新兴科学——生物信息学真正成为生命科学研究、生物医药技术发展不可或缺的关键技术和驱动力。现在，生物信息学正在不断为生物医药技术的高速发展提供强有力的帮助和技术支撑，这已经成为领域内的共识。

以组学大数据为代表的生物大数据的不断积累，让传统的以观察和实验为主体的生物学研究已经不适应时代的发展。传统的手写本记已经不能储存下如此海量的生物大数据，也不能利用简单的计算进行如此大量的数据运算，更不能实现自动化的计算分析。因此，如何快速寻找生物学现象和问题的答案，已经成为生物学家面临生物大数据时的瓶颈问题，而借助数学算法和计算机的快速计算能力已经成为解决问题的唯一途径，这也是时代对生物信息学发展的必然要求。

由于生物信息学学科交叉、覆盖面广及理论和实践密切结合的学科特点，目前的相关人才储备仍然远远落后于生物医学数据的增长态势。因此，急需提升生物信息学相关人才的培养数量和质量，以满足当前和未来生物大数据快速发展和普及应用的需要。

第四节　生物信息学的方向和应用领域

当前，由于生物信息学自身的交叉融合特点及快速发展态势，其自身内部产生了不同的研究方向和侧重点，与不同领域的结合又使其产生了各自差异较为明显的领域和行业。具体来说，目前常见的研究方向与应用领域主要有以下 6 个方面。

一、数学算法的设计和计算机程序软件的开发

作为大数据分析的基础构架，高效率算法的提出和方便友好的计算机程序软件始终是生物信息学工作者的一个重要目标。为此，大量的数学、物理及计算机等数理学科的工作者投身其中，对于生物信息大数据孜孜以求。从早期的史密斯-沃特曼算法（Smith-Waterman algorithm）、内德勒曼-温施算法（Needleman-Wunsch algorithm）等经典算法，到 BLAST、Bowtie2、MACS（model-based analysis of ChIP-seq）等近 20 年的代表性算法，再到最新的 AlphaFold2.0，都对生物信息学的发展起着重大的推动作用。如今，伴随着以深度学习为代表的人工智能技术的突飞猛进，生物信息学围绕不同的生物大数据特点和生物学问题，正在快速形成新的算法和软件开发浪潮。

二、生物数据库的构建管理及可视化

以高通量测序为代表的生物大数据是生物信息学的主要研究对象，是后续研究和应用的起点与基础，其数据的处理、存储、管理、获取和可视化质量对于数据的使用率和使用效果有着重要的影响。作为三大核酸序列数据库的管理者之一，NCBI 管理着众多不同类型的子数据库，是目前全世界影响力最大的综合性生物医学数据库平台。国内的中国科学院北京基因组研究所建立的 NGDC 也正在积极建设类似的平台，其 GSA 数据库受到了广泛的关注。此外，还有众多的二级、三级数据库平台，也推动着生物信息学的快速发展。

三、生物大数据分析方法和流程的开发

随着技术的快速发展和进步，大量的新型高通量分子检测技术层出不穷，极大地扩展了人类对生命体的认知范围和深度。生物信息学工作者始终伴随着这些技术的产生、发展、成熟的过程，包括早期的基因组，到转录组、蛋白质组、表观基因组，再到单分子测序、单细胞测序、时空组学等前沿技术。同时，这也带来了生物大数据分析方法和流程开发的重要需求。只有解决了这些需求，才能够让生物信息学广泛应用于不同的场景中。

四、精准医学

自从 2015 年美国提出精准医学计划以来，精准医学就成为生物信息学的一个重要应用场景。精准医学旨在利用人类基因组及相关系列技术，依据疾病分子生物学基础的研究数据，对患者实施量身定制的健康医疗和临床决策。其范围覆盖了早期的疾病诊断、中期的治疗到后期的预后研究等，比如产前诊断、癌症的个性化诊治、药物的个性化定制等。精准医学的顺利实施，需要生物信息学工作者利用个性化的各种组学大数据，捋清疾病的分子异质性，建立各种疾病表型、药物、治疗与个性化组学的关联关系，最终实现人类疾病的精准治疗和有效预警。

五、辅助药物设计

作为生物大分子的典型代表，蛋白质是生命体功能的基本单位，解析其结构是众多生物学研究，特别是蛋白质功能研究的重要基础。其中，AlphaFold2.0 于 2020 年取得了重大突破，成功实现了预测结构与真实结构的精准匹配。这预示着人类利用人工智能等信息学手段已经能够揭示海量蛋白质结构中蕴含着的生物信息密码，也为长期以来的计算机辅助药物设计工

作带来了重要的发展契机。基于大量的高质量蛋白质结构信息，生物信息学工作者可以利用各种类型的生物大数据，在药物分子的筛选、药物靶标的确定、高效酶的开发等方面发挥重要的作用，极大地加速药物开发产业化进程。

六、智慧育种

传统的育种方法面临着周期长、效率低、成本高等现实的困境，亟待新型生物育种技术的突破和落地。如今，生物育种已进入 4.0 时代，其特征是“生物技术＋人工智能＋生物大数据”的综合运用。在这个时代背景和社会需求下，生物信息学工作者可以基于多组学大数据建立起生物表型与分子标记之间的关联，利用遗传学原理，开展包括基因组选择等在内的育种工作。此外，在转基因、基因编辑等生物育种方法中，生物信息学工作者也可以在关键靶标基因、位点的筛选上发挥独特的作用。

第五节　如何学习生物信息学

作为一门课程、一个学科方向和领域，生物信息学的学习过程也遵从一般的学习规律，需要学习者带着好奇心、兴趣，循序渐进地用心去探索钻研。但是，生物信息学又有其特点和规律，需要入门者在学习的过程中特别注意。

一、注意生物学问题的观察和思考

生物信息学源于生物学，目的在于解决生物学问题。特别是围绕中心法则的各种分子生物学背景及相应的各种高通量测序数据，更是生物信息学的研究焦点。如果脱离了生物学的具体问题，则容易陷入纯粹的数据游戏中，无法将研究结果与实际的应用相结合，使得分析结果缺乏生物学的可解释性，降低研究工作的意义和价值。

二、注意数理知识和逻辑思维的作用

生物信息学与传统生物学的一个重要区别在于其与数学的密切结合，各种数学模型、算法及基础性的逻辑思维在其中发挥着重要的作用。如果忽视这种作用，一来解决不了所面临的生物大数据分析障碍，二来即使解决了也容易浮于表面，无法融会贯通、举一反三，更不能实现有创新性的突破。因此，在学习生物信息学的过程中，对数学概念、原理的理解和掌握对于长远的生物信息学学习将起着关键的作用，特别是统计学相关理论和方法，在生物信息学中更是作用直接和广泛。

三、注意理论与实践相结合

与传统生物学相比，生物信息学还特别依赖计算机。只有利用计算机，才能把面对各种生物大数据时的假设、猜想、理论转换输出为有效的结果，从而进一步验证、修订、改正、提升原有的设想。生物信息学初学者切忌仅通过理论教材的学习就幻想真正地踏进生物信息学的领地。实践出真知，实践可以帮助生物信息学初学者更好地了解生物学的背景、知识和问题，以及数理模型和算法的原理和概念，从而破解生物学、数学、计算机科学深度交叉融合的生物信息学学习难题。基于此，本书还将提供并更新相应的计算机上机实践材料以飨读者。

习 题

1．简述生物信息学的概念和内涵。
2．简述生物信息学的发展史及特征。
3．介绍一个你认为生物信息学的潜在应用方向及其依据。
4．结合你所学过的课程，简述生物信息学与其他学科的关系。
5．结合生物信息学的特点，简要介绍自己的生物信息学学习规划。

第二章　生物信息学数据资源

近年来，生物大分子 DNA 和蛋白质测序技术发展迅速，高通量、自动化的测序仪不断涌现，测序成本快速下降，因此被测定的序列数据呈爆炸式增长。为了收集、储存和管理好这些数据，各种类型的分子序列数据库应运而生，为生物学研究者提供了获取和发布数据的公共平台。同时各数据库的维护和管理机构还开发了大量进行序列查询、搜索与分析的软件和程序，以便发现数据间的关系、挖掘数据中隐含的生物学知识和规律，进而揭示生命现象的本质。本章将按照分子数据的类型，就国际著名的且被广泛应用的生物信息学数据库进行介绍。

第一节　数据库概述

通常生物大分子具有序列、结构、表达，以及基因组定位、相互作用和功能等多种信息。储存生物大分子信息数据的数据库称为分子生物学数据库，也称为生物信息学数据库。当前海量的生物信息数据都被收集并储存于数据库，研究人员可方便地通过网络查询、下载、分析和利用所需的数据，因此数据库是生物信息学的基本数据资源。

生物信息学数据库的分类有多种方法。按生物数据的类型来划分，主要分为五大类，即核酸序列数据库、蛋白质序列数据库、生物大分子结构数据库、基因组数据库及针对特定领域和用途建立的专用数据库等。按生物数据被分析处理的程度来划分，可分为一级数据库和二级数据库。一级数据库的数据是直接来源于实验获得的原始数据，只经过简单的归类整理和注释。二级数据库是在一级数据库、实验数据和理论分析的基础上，针对特定的应用目标，对数据信息进行进一步的分析和挖掘后建立的数据库。随着生物信息学的发展，数据库的发展趋势是所收集的数据量越来越大，数据类型越来越多，数据库结构也越来越复杂，很多数据库都从专项数据库变为综合数据库。因此，按数据类型和分析处理程度划分的数据库类型也不是绝对的。

目前生物信息学数据库存在以下几个特点。

1．数据库数量多　当前国际上的各种生物信息学数据库数以千计，有的数据库是国际著名生物信息学机构开发和维护的，知名度高，被广泛使用；有的数据库是由特定领域的研究机构建立的，只在领域内利用。英国牛津大学出版社出版的国际期刊《核酸研究》（*Nucleic Acids Research*），从 1996 年起每年出版的第一期为数据库专刊，发表新增或已有数据库更新相关内容的文章。其中题为“分子生物学数据库集合”（“The molecular biology database collection”）的文章，介绍目前国际上公认的各类分子生物学数据库的统计信息。

2．数据库种类多　生物大分子包含的信息种类多，不同领域的研究人员针对不同目的和需求，建立了不同类型的数据库。有的数据库针对特定国家或地域及特定的生物种类建立，有的则针对特定的分子信息类型建立，如核酸序列数据库、蛋白质序列数据库、蛋白质结构域及家族数据库、基因组及注释数据库、特定物种基因组数据库、人类疾病和突变数据库、基因表达数据库、RNA 数据库、基因表达调控数据库等。《核酸研究》将数据库分为 15 个大类，分类信息详见 Oxford Academic Journals 主页（https://www.oxfordjournals.org/nar/database/c）。

3．数据量大且增速快　随着 DNA、蛋白质、大分子结构测定及各种分子互作检测技术的发展，数据库中收集的生物信息数据增长得越来越快。自人类基因组计划开展以来，各大数据库的序列条数和碱基、氨基酸的总量都呈指数增长。

4．数据间关系复杂　从中心法则可知 DNA、RNA、蛋白质序列间存在对应关系，同时蛋白质序列、结构和功能间也存在对应关系，因此不同分子类型数据间存在着密切联系。此外，由于生物的演化，分子数据间还存在同源关系，表现在序列、结构和功能的相似性上。但由于种群或个体及其所处环境不同，分子数据间又呈现出不同程度的差异性。因此，这几个层面都决定了分子数据间存在复杂联系。通常不同分子类型数据库间建立了交叉引用，在同一物种的某一基因、转录本、蛋白质及它们的表达、结构、功能数据间建立链接，方便研究人员快速获得某一分子在不同数据库中的相应信息数据。

5．数据及时更新　数据库的维护单位通常会根据最新研究结果及时更新数据，如增加新测定序列条目、修正错误数据、补充完善注释信息等，不断发布数据库新版本。有的数据库每天更新，有的数据库以周或月为更新周期，及时发布新版本。当今序列数据日新月异，也导致很多数据库的序列存在冗余，如不同研究机构向数据库提交了具有细微差异的“相同”序列，这些太过相似的序列可能是等位基因、同工酶，也可能是同一物种在不同生境个体的多样性体现，还可能是在序列数据获取过程中存在的错误或偏差，如测序错误、异源序列污染、重复序列或载体序列引入等。因此，如何准确界定这些“高度相似的序列”是当前数据应用中存在的普遍问题，应根据研究需要慎重选用。

6．操作简便且免费共享　生物信息学数据库为研究人员提供了便捷的序列查询、搜索、可视化浏览、批量数据访问和下载等服务，大量数据都实现了全球免费共享，既提高了数据的使用效率，也极大地促进了科学的发展。

第二节　核酸数据库

一、核酸序列数据库

GenBank、EMBL 和 DDBJ 是国际三大主要核酸序列数据库。GenBank 是由美国国立卫生研究院于 1982 年委托 Los Alamos 国家实验室建立的，后交给美国国家生物技术信息中心（NCBI），目前由 NCBI 负责维护和管理。EMBL 由欧洲分子生物学实验室于 1982 年创建，目前由欧洲生物信息学研究所（European Bioinformatics Institute，EBI）负责维护和管理。DDBJ 创建于 1986 年，由日本国立遗传学研究所负责维护和管理。2000 年后，NCBI、EBI 和 DDBJ 组成了国际核酸联盟，建成国际核酸序列数据库。按合作协议，制定统一规范的核酸序列提交格式，三者每天相互交换数据，实现了信息资源的及时共享，并使三个数据库的数据同步，且向全世界用户免费开放，不限定访问次数。下面以 NCBI 为例介绍核酸序列数据库。

（一）NCBI 的结构和组成

NCBI 数据库建立之初仅收集和注释了核酸序列，随着测序技术的发展，又收集了其他不同类型的序列数据。如今 NCBI 是一个综合数据库，通过其站点图（sitemap）可了解该数据库的结构和组成，Databases 和 Tools 是最主要的两个部分。Databases 包括三大类，即文献数据库、分子数据库和基因组数据库。分子数据库按分子类型分为核酸和蛋白质序列数据库、基因序列和表达数据库、大分子结构和结构分类数据库等，有的分子类型有多个数据库，且部分数据库又包含了多个子数据库。因此，NCBI 是一个庞大且复杂的综合数据库，涉及的序列、物种多，数据量也大，日常研究需要的很多数据信息都可以从这里获取。不同类型的分子序列、相关的文献著作及生物学注释等大都来源于研究者直接提交，如批量 RNA-seq 序列和基因组测序数据等，部分数据是与其他数据机构协作交换而来的。数据库建立初期，收集了已发表在生物医学期刊上的序列资料。

为方便大家进行序列数据的分析处理，NCBI 还开发了大批数据分析工具。Tools 分为三大类，即检索系统 Entrez、序列分析工具、批量数据和软件的下载工具。Entrez 用于文献、序列及注释的查询和检索。序列分析工具包括相似序列的数据库搜索程序及核酸、蛋白质和基因组序列分析程序等，能满足各种常规的生物信息学分析需要。FTP 服务器下载中心可免费批量下载研究者所需的序列、子数据库、近期更新的数据、软件及部分软件源代码等。此外，还开发了针对不同类型序列的提交程序，如 BankIt 等。

下面对 NCBI 几个主要数据库作简单介绍。

1. GenBank（Genetic Sequence Data Bank） 是建立最早的 DNA 序列数据库，最初目标是收集全世界已发表和自行提交的核酸序列及相关文献，为这些核酸序列数据建立档案，长期保存，为国际研究人员提供数据、技术和知识服务。GenBank 中的数据增长速度快，每两个月发布一个新版本。

2. Gene 收集了来源于多个物种的基因，其序列及注释信息也可能来源于多个数据库。一条基因记录包括命名、基因组位置、图谱、参考序列、转录和翻译产物、表型、变异、互作等信息，且与多个数据库建立了广泛链接。

3. RefSeq（NCBI Reference Sequence Database） 是一个全面的、整合的、非冗余且注释良好的参考序列数据库，包括了基因组、转录组和蛋白质序列。将来源于多个数据库的序列、染色体定位、遗传、表达和功能等信息，经人工处理、计算、抽取等步骤，整合为单一的具有标准协议的数据集合，为基因组注释、基因辨识和特征分析、突变和功能比较分析等提供了参考。因此，RefSeq 具有鲜明特征：一是非冗余；二是关联了基因结构、转录、翻译及功能注释等重要信息；三是数据经过校验，质量相对可靠，尤其是标注“reviewed”或“validated”的序列，均已经过人工审查。

4. SRA（Sequence Read Archive） 是最大的高通量测序数据公共存储库，主要存储二代高通量测序数据，包括来自各种生物及宏基因组和环境调查的测序数据。SRA 存储了原始测序数据，以及 raw reads 与参考基因的比对信息等。

5. CDD（Conserved Domain Database） 是蛋白质保守结构域数据库，包含注释较好的结构域或全长蛋白质的多序列比对模型，结构域信息可促进对序列、结构和功能关系的深入了解。NCBI 的 CDD 也包含部分从其他数据库导入的结构域模型。

6. PubMed 是由美国国家医学图书馆提供的，国际上最权威、最全面和开放的生物医学文献资源。当前包含来自 MEDLINE、生命科学期刊和在线书籍的大量文献，还提供了部分文献在 PubMed Central 和出版商网站的全文链接。

（二）GenBank 序列条目格式

GenBank 以 GBFF（GenBank flatfile）格式记录和呈现所收录的序列条目，因此 GBFF

成为当今应用最广泛的序列格式之一，也是三大数据库交换数据时采用的格式。GBFF 格式的序列条目由字段组成，每个字段由标识字起始，后面是该字段的具体说明。有些字段又分若干次字段，以次标识字或特征表说明符开始。主标识字从第一列开始，次标识字从第三列开始，特征表说明符从第五列开始。GenBank 序列条目包括核苷酸序列和注释信息两部分，下面以人血红蛋白 α 亚基编码基因 1（*HBA1*）为例，介绍 GBFF 格式的序列条目。序列条目主要包括常规信息、序列特征注释信息和核酸序列三部分。以标识字“LOCUS”开始，至“FEATURES”之前的字段，记录了序列条目的常规信息。序列特征注释信息记录在序列特征表（feature table）里，特征表以“FEATURES”引导。核酸序列部分以“ORIGIN”起始，在序列条目的最后一行，以双斜杠“//”作为结尾符，标记序列条目结束。

“LOCUS”字段给出了序列的部分基本信息，包括序列登录号（NM_000558）、序列长度（577bp）、分子类型（mRNA）、分子形状（线性）、序列来源分类（PRI 灵长类）和序列条目最后更新时间（06-SEP-2021）。“DEFINITION”字段是序列名称或功能的简略说明。“ACCESSION”是序列在数据库里的编号，具有唯一性和永久性，因此也称为序列标识符、序列身份号或收录号（sequence ID）。“VERSION”是序列版本号，序列条目每修改一次，版本号增加 1。“KEYWORDS”是与序列相关的关键词。“SOURCE”和“ORGANISM”分别表示序列来源的物种名和物种分类地位。“REFERENCE”给出了与序列相关的文献信息，包括文献作者、题目、期刊（包括期刊名、卷、期、页码等信息）及“PUBMED”标识号（该编号含文献的超文本链接）等几个次字段信息。有的序列有多篇相关文献（如本例有 10 篇文献），则用不同序号表示，并注明该序列的哪一部分与文献相关；有的序列，与其相关的文献未发表，则在此处给出序列直接提交作者的姓名和单位等信息。“COMMENT”是序列评论信息，评论部分通常涉及基因来源、定位、功能、研究进展及与相关序列的关系等信息。

特征表以特定格式呈现序列特征注释信息，给出具有生物学意义的序列区域。本例列出了 *HBA1* 基因、外显子、编码区（及其翻译的蛋白质序列）、调节区和 polyA 位点信息。*HBA1* 基因有三个外显子，列出了每个外显子对应的 mRNA 碱基位置。因 HBA1 功能研究较深入，还发现序列中包含大量（潜在）的生物功能区，但这些区域的生物学意义还不能用目前 NCBI 特征表中的关键词来描述，因此以“misc_feature”次字段列出其相关信息。本例共列出了 36 个 misc_feature 区域（或位点），有磷酸化位点和糖基化位点等。特征表里显示“db_xref”标识的字符可以链接到相应数据库，查看条目对应的详细信息。*HBA1* 基因条目只呈现了序列特征表的部分注释信息，NCBI 序列特征表的关键词还有很多，可以通过网页（https://www.insdc.org/documents/feature_table.html）进一步了解。

序列条目的最后部分列出了碱基序列，“ORIGIN”为序列引导行，次行起即序列，每行排列 60 个碱基，每 10 个碱基间隔一个空位。

GenBank 序列条目也可以 FASTA 格式来显示和保存。点击序列条目上方的“FASTA”标识即可将 GBFF 显示格式转化为 FASTA 格式。FASTA 格式是最简单的分子序列格式，分为两部分。第一部分由大于符号（＞）打头，后面紧跟序列的简略说明信息，通常包括序列编号和序列名称等。第二部分即全部序列。因此这种格式隐藏了序列说明和注释信息，重点列出序列，可被多种生物信息学分析软件识别，便于进行序列分析。

（三）Entrez 检索系统

NCBI 存放了大量文献、各类序列及其注释信息，如何快速、准确地从数据库里获得人们想要的文献和序列呢？要解决这个问题，就需要了解 NCBI 开发的数据库检索系统 Entrez（https://www.ncbi.nlm.nih.gov/search），并掌握快速、高效的检索方法。Entrez 集成了 NCBI 的各种数据库，有多种查询方式，概括起来主要有快速查询、限定查询及批处理查询等。下面对各种查询方式的操作和特点进行简单介绍。

1. 快速查询　通过 NCBI 主页上方的检索栏可直接进行快速查询。点击“All Databases”下拉列表菜单，选择需要检索的数据库；在其后的搜索框中输入检索词，点击“Search”即可搜索。如选择“Nucleotide”核酸序列数据库，输入“Hemoglobin subunit alpha”，检索编码人血红蛋白 α 亚基的基因，得到 3 万多条检索结果。在默认情况下，这样的快速查询是在所有类型字段中查找匹配检索词，往往会产生大量的干扰结果，因此为了提高检索效率，获得更有效的检索结果，一般采用限定查询。

2. 限定查询　通过 Entrez 检索系统的“Advanced”高级检索页面，将输入的检索词限定在不同的字段内检索，即限定查询。例如，将“Hemoglobin subunit alpha”限定在“Title”字段，将“Homo sapiens”限定在“Organism”字段进行检索，结果仅 16 条记录，都是人的血红蛋白 α 亚基基因 1（*HBA1*）和 2（*HBA2*）的 DNA、mRNA/cDNA 序列。可见限定查询极大地提高了检索效率，可获得更精准的检索结果。对于不同数据库类型，其字段限定范围有所不同，如序列数据库还可以限定序列长度、分子类型、分子量等，文献数据库则可以限定作者、期刊摘要等（表 2-1）。在 NCBI 主页的快速检索栏内，可输入一定格式的高级检索式进行限定查询。在检索词的后面输入中括号，并将该检索词要限定的字段名称写在中括号里即可。例如，在 NCBI 主页选择“Nucleotide”数据库，输入检索式“Hemoglobin subunit alpha [Title] AND Homo sapiens [Organism]”，可获得与“Advanced”页面相同的限定查询结果。这里连接两个检索词的大写“AND”是逻辑词。Entrez 检索系统可以使用的逻辑词有 AND、OR 和 NOT，作为逻辑词用时必须大写。当输入多个检索词时，中间的空格默认是逻辑词 AND，表示“和”的关系。当多个检索词表示一个短语时，可以在检索词两端加上双引号，作为短语在数据库中检索。在快速检索栏中输入文献和序列在数据库中的编号（即 Accession Number）进行查询，是最快速、最准确的查询方式。例如，输入 NM_000558 [Accession]，表示在序列编号字段中查找 NM_000558，对其进行精准检索。此外，还可对分子量、序列长度、序列身份号、序列发布日期等数值型字段的范围进行限定查询，如 300：1500[SLEN]，表示查询序列长度在 300～1500bp 内的序列。有关 Entrez 检索系统的部分查询字段、简写方式及相关说明见表 2-1。

表 2-1　部分 Entrez 检索系统的限定字段

字段名称及简写	说明
Accession Number（ACCN）	序列 ID 或标识符
Sequence Length（SLEN）	序列长度
Properties（PROP）	序列特性
Key Word（KYWD）	关键词
Organism（ORGN）	物种来源
Author（AUTH）	作者
Journal Name（JOUR）	期刊名
Feature Key（FKEY）	基因或其产物的特性
Article Identifier（AID）	文章标识符（或编号）

续表

字段名称及简写	说明
Journal（TA）	期刊名称（缩写或完整名称）
Title（TI）	文章标题
Title/Abstract（TIAB）	文章标题或摘要
First Author Name（1AU）	第一作者姓名
Full Author Name（FAU）	作者全名
Affiliation（AD）	作者单位等隶属关系

3. 批处理查询　除快速查询和限定查询方式外，Entrez 还开发了批处理查询（Batch Entrez，https://www.ncbi.nlm.nih.gov/sites/batchentrez）。批处理查询可通过一次查询获得多个目的基因或蛋白质序列信息。Entrez 检索系统提供了两种批处理查询方法，一种方法是在常规 Entrez 查询结果页面上，同时选择多条人们需要的序列信息，利用保存功能，一批下载到本地计算机。另一种方法是，首先将人们需要的多条序列的 ID 整理存入到一个文件里，打开 Batch Entrez 的查询页面，上传保存数据库序列 ID 的文件，也可查询获得所需的批量序列。

此外，利用 NCBI 提供的 FTP（ftp://ftp.ncbi.nlm.nih.gov）也可批量下载序列数据，还可采用电子编程工具 Entrez Programming Utilities（E-utilities），通过编程实现序列的查询和下载。

（四）序列提交

在生物学研究中，人们常通过各种测序方法获得新基因、基因组及基因表达数据等，此时需要将这些序列数据及注释信息递交到公共数据库进行存储，从而实现全球研究者对数据资源的免费共享。当前几乎所有生物医学期刊不再刊登完整的序列数据，而需要作者提供相关序列的数据库收录号。在公开发表文章时向公共数据库提交序列数据已成为约定俗成的规则。因此，我们需要掌握如何向公共数据库提交序列及其注释信息，下面简单介绍 NCBI 开发的序列提交程序。

NCBI 针对不同的分子数据类型开发了专用的序列提交工具。基因、基因片段、mRNA、简单基因组、细胞器基因组、质粒、病毒和人工合成序列等可以用 BankIt 在线程序提交。针对基因表达数据、组装的真核或原核基因组数据、二代测序产生的原始短序列读段数据分别开发了相应的提交程序，其程序链接可通过序列提交网页 Submit（https://submit.ncbi.nlm.nih.gov）获得。

用 BankIt 在线程序提交基因序列时，需要先准备好 FASTA 格式的序列，再进入 BankIt 提交页面，逐项填写以下信息即可：①常规信息，序列提交作者的姓名、单位、联系方式，与序列相关的参考文献信息和序列发布时间要求等；②序列类型，包括原始提交或第三方注释、序列分子类型；③输入或上传 FASTA 格式的序列；④序列来源的物种，样本采集的品系、部位和地理分布区域信息等；⑤序列特征注释信息。将以上信息输入完毕后，数据库将对输入数据的格式进行核查。核查通过后即可点击提交，等待数据库管理方的进一步审查。审查通过，即可获得序列收录号。

二、核酸功能区域数据库

GenBank、EMBL 和 DDBJ 的序列数据主要由测序中心和各地实验室直接提交，形成了庞大的一级数据库，通常存在序列多、冗余度大，注释不全面和序列间关系不明确等特点。为更好地组织、管理及利用好这些数据，数据库管理团队采用一定算法，并结合其他数据库信息和文献资料，对序列进行整理、归并、精确注释和校验等，建立了 UniGene 和 RefSeq 等二级数据库。同时，部分研究机构在一级数据的基础上，深入开展基因鉴定与识别、基因功能分类、基因结构、重复序列组成、转录调控位点分析等，并收集特定类型分子数据，构建了专用型二级数据库，如启动子数据库、转录调控元件数据库、转录因子与 DNA 结合位点数据库、重复序列数据库等。下面简单介绍几个基于核酸功能区域的鉴定而建立的二级核酸数据库。

（一）真核生物启动子数据库

真核生物启动子数据库（Eukaryotic Promoter Database，EPD；https://epd.expasy.org/epd）是一个经注释的非冗余真核生物启动子数据库，由瑞士生物信息学研究所创建于 1986 年。最初 EPD 仅从发表期刊中收集经严格手工整理的实验数据。随着二代测序技术的发展，EPD 也整合从高通量的转录本数据和高质量的基因组注释资源中获得的启动子数据，还将数据集范围从蛋白质编码基因扩展到了非编码 RNA（ncRNA）的启动子。

该数据库分为 EPD 和 EPDnew 两部分。EPD 指前期经手工从文献中收集的启动子数据集，将来自 139 个物种的 4806 个启动子条目组织储存成一个文件。EPDnew 是基于高通量测序，自动编译的启动子列表集合，以物种为单位，将每个物种的数据整理成一个文件。EPD 中的启动子是被 RNA 聚合酶Ⅱ识别的，其转录起始位点（TSS）经实验确定。EPDnew 的启动子主要来源于已完成基因组测序物种中编码蛋白质基因的启动子，其 TSS 使用染色质标签和 5′mRNA 标记信号等高通量测序获得的信息来确定。至 2019 年 4 月，该数据库开始整理并发布了人类基因组中非编码 RNA 基因的启动子。当前 EPDnew 提供 15 种模式生物部分基因的启动子，包括 TSS 信息及相应的功能基因组学数据，这些数据可在美国加利福尼亚大学圣克鲁斯分校（UCSC）基因组浏览器中基于万维网（web）界面查看或分析，也可以一定格式（FASTA、BED、CSV 等）导出后，使用其他工具进行分析。EPD 主页的检索栏内可输入文本（基因名称、基因 ID 等）进行检索，也可使用 FTP 批量下载多个启动子序列。

（二）转录因子结合位点数据库 JASPAR

JASPAR（https://jaspar.elixir.no）是一个开放的非冗余转录因子（TF）结合位点数据库，TF 与 DNA 的结合谱（transcription factor binding profile）以位置频率矩阵（position frequency matrix，PFM）和 TF 柔性模型（TF flexible model，TFFM）形式储存，收集了脊椎动物、植物、昆虫、线虫、真菌和尾索动物六大类生物的数据。

JASPAR 主页左侧是导航栏，中间是检索框和数据库收录的六大类生物数据的链接列表（可点击查看每个大类中收集的数据总量），右侧是用户操作指南，第一次使用的用户可以点击“JASPAR interactive tour”学习网站的使用方法。JASPAR 有 9 个子数据库，其中“JASPAR CORE”是非冗余核心数据集，收集了文献中有实验证据支持的多细胞真核生物转录因子结合位点，是大多数研究人员主要使用的数据集合。相对于 TRANSFAC 等数据库，JASPAR 包含数据量较小，但可免费使用；TRANSFAC 的专业版（professional）数据多、功能强，但需付费使用，其公共版（public）免费、数据少、（截至 2005 年）未更新。因此，用户可以根据需要选择相应的数据库。

（三）转录调控元件数据库

转录调控元件数据库（Transcriptional Regulatory Element Database，TRED）收集经实验验证的哺乳动物顺式作用元件和反式作用因子数据，为深入研究基因转录调节机制、构建调控网络等奠定基础。TRED 由冷泉港实验室（Cold Spring Harbor Laboratory）建立和维护。

TRED 的启动子按来源分为两类：一类是手工从文献收集的经实验验证确定的启动子；另一类是计算机程序基于基因组序列注释的启动子，注释启动子数量多，但准确性不够。TRED 不仅提供转录因子结合位点序列信息，还提供转录因子结合位点的基因组定位信息。此外，数据库还建立了与人类癌症相关的 36 个转录因子的调控网络。TRED 网站左侧为导航栏，提供了数据库各板块的链接，包括数据库统计、数据库浏览、启动子获取、转录因子结合靶基因的搜索、转录因子结合位点保守基序获取、基因调控网络、序列分析工具等，方便用户查询和使用。

三、核酸结构数据库

NAKB（Nucleic Acid Knowledgebase；https://www.nakb.org）是著名的核酸晶体三维结构数据库，由新泽西州立罗格斯大学开发和维护。NAKB 主要收录经实验测定的核酸及其复合物的结构信息，用户可依据 DNA、RNA 及相关特性进行高级检索，并提供核酸结构分析和显示效果注释的常用工具。一个结构条目包括分子描述、核酸序列、结构测定方法、发布时间及可供下载的 PDB 和 CIF 格式的立体化学数据文件等。

第三节　蛋白质数据库

一、蛋白质序列数据库

以蛋白质氨基酸顺序及注释信息为基本内容的数据库称为蛋白质序列数据库。当前国际著名的且广泛使用的蛋白质序列数据库有 UniProt、ExPASy、Swiss-Prot、PIR、TrEMBL 和 NCBI 的 Protein 等。PIR 是 1984 年在美国国立卫生研究院的资助下，由美国国家生物医学研究基金会（National Biomedical Research Foundation，NBRF）的研究人员建立的。其历史可追溯至 20 世纪 60 年代中期，Dayhoff 领导的研究小组开始从事蛋白质序列收集和蛋白质家族分类研究，从发表的期刊中手工收集、整理蛋白质序列数据，编著并出版了 5 卷《蛋白质序列和结构图集》。随后，其同事继续开展蛋白质资源鉴定工作，并以数据库存储和发布收集的蛋白质资源，因此 PIR 是世界上建立最早的生物信息学数据库。1988 年，NBRF 联合德国慕尼黑蛋白质序列信息中心和日本国际蛋白质信息数据库，在原有 PIR 的基础上成立了国际蛋白质序列数据库 PIR-PSD（PIR-International Protein Sequence Database），是当时数据量最大的蛋白质序列数据库。

1986 年，瑞士日内瓦大学创建了蛋白质序列数据库 Swiss-Prot，其数据库的格式借鉴 EMBL，数据来源除 PIR-PSD 外，还包括 EMBL 中从核酸编码区翻译得到的蛋白质序列，以及从文献中收集的蛋白质序列。该数据库的特色是对序列条目进行人工审阅和注释，除序列外，还包括物种分类学来源、功能、定位、表达等信息，也包括与其他数据库的链接。自 1987

年起，Swiss-Prot 由日内瓦大学和 EMBL 共同管理与发布。随着测序技术的发展，核酸序列数据激增，由核酸序列通过计算机程序翻译得到的蛋白质序列也急剧增长。日内瓦大学和 EMBL 的分支机构 EBI 共同创建了蛋白质序列数据库 TrEMBL，作为 Swiss-Prot 数据库的补充和后备资源。1998 年，瑞士生物信息研究所（Swiss Institute of Bioinformatics，SIB）成立，主要负责管理和维护 Swiss-Prot，而 EBI 主要负责管理、维护和发布 TrEMBL。此外，SIB 下属的蛋白质分析专家系统（Expert Protein Analysis System，ExPASy）也是蛋白质组和蛋白质分子模型方面的知名数据库。

2002 年，Swiss-Prot、TrEMBL 和 PIR 三个国际上最主要的蛋白质序列数据库整合，建立了通用蛋白质资源 UniProt（The Universal Protein Resource；https://www.uniprot.org），统一收集、管理、注释和发布蛋白质序列数据及注释信息，旨在为全世界公众免费提供高质量、全面且可自由访问和获取蛋白质序列与功能信息的资源。因此，本书仅以 UniProt 为例，介绍蛋白质序列数据库的结构、组成和应用。

（一）UniProt 的结构和组成

UniProt 主要包括分子数据资源（蛋白质序列和注释信息）和数据库应用系统（序列检索、下载、比对和分析工具等）两部分。从 UniProt 主页可知，分子数据资源包括 4 个板块，分别是蛋白质序列知识库 UniProtKB（UniProt Knowledgebase）、蛋白质序列归档库 UniParc（UniProt Archive）、蛋白质序列参考集 UniRef（UniProt Clusters）及蛋白质组（Proteomes）。同时，在 4 个数据库板块下方还列出了序列及注释的支持数据，包括文献引用（Literature citations）、物种分类学来源（Taxonomy）、亚细胞定位（Subcellular locations）、数据库交叉链接（Cross-referenced databases）、人类疾病（Human diseases）和关键词（Keywords）。

UniProtKB 是数据库的核心，由两部分组成。一个是 UniProtKB/Swiss-Prot，收录了由经验丰富的分子生物学家和生物化学家组成的 SIB 专家团队经手工注释和审查的蛋白质序列条目，力图为用户提供高质量的蛋白质序列和丰富的注释信息。注释内容包括蛋白质功能注释、物种名及分类、亚细胞定位、蛋白质加工修饰、表达等信息，还提供与基因组、核酸序列、蛋白质结构、蛋白质家族、蛋白质功能位点、蛋白质相互作用等其他数据库的交叉链接。注释信息来源于学术文献，或其他数据库中通过人工阅读和计算机提取获得的数据。另一个是 UniProtKB/TrEMBL，收录的序列条目由计算机程序根据一定规则进行自动注释，注释信息类型同 Swiss-Prot，但未经人工校验。一旦序列经手工注释和人工审阅后，会归并到 Swiss-Prot，不再保留于 TrEMBL 子库中。

UniParc 是目前国际上数据最齐全的非冗余蛋白质序列数据库。它收集了 NCBI、EBI、DDBJ 等几乎所有国际知名的核酸、蛋白质、基因组数据库的原始数据，经程序处理后，将相同序列归并到同一个记录中，赋予 UniParc 特定标识符（unique identifier，UPI），将不同数据库的来自同一蛋白质序列的记录都与 UPI 记录页面建立链接。

UniRef 分为三个数据集，即 UniRef100、UniRef90、UniRef50。其收集 UniProtKB 和部分 UniParc 序列，把非常相似的序列整合到一个记录中，形成适合检索的子集。将不同物种长度大于或等于 11 个氨基酸的相同序列和片段合并在一起，得到 UniRef100 数据集。将 UniRef100 数据集中序列一致性大于 90%且与最长序列有 80%重叠的序列合并，得到 UniRef90。同理将 UniRef90 数据集中一致性大于 50%的序列合并，产生 UniRef50。UniRef 三个数据集中的每个记录都有一个标识符，并选取每个记录中长度最长的一条序列作为种子序列（seed sequence），选择注释最详尽的序列为代表序列（representative sequence）。

自 2011 年 9 月起，UniProt 增加了 Proteomes，其是将已经完成全基因组测序物种的核酸序列注释和翻译得到的，少量数据来源于蛋白质组的质谱测序。数据库挑选测序质量好、数据较完整、注释较详尽的模式生物，或在生物医学和进化研究上具有重要意义的物种，将其蛋白质组作为参考蛋白质组（reference proteome），包含细菌、病毒和真核生物的蛋白质组，但参考蛋白质组中的序列条目并非都经过人工审阅。

UniProt 的以上 4 个数据板块间存在密切联系。UniParc 收集国际上的核酸、基因组、各类蛋白质序列及专利等 20 多个数据库的原始数据，处理归并后形成最全面的非冗余蛋白质序列数据库。UniParc 作为数据仓库，为其他 3 个数据板块提供可靠的数据集。UniProtKB 的 Swiss-Prot 数据准确性最高，都经过人工校验和审核；TrEMBL 数据由计算机注释，应谨慎使用。UniProtKB 又为 UniRef 和 Proteomes 提供部分源数据。UniRef 按序列一致性高低整理成数据集，Proteomes 按物种整理成蛋白质组。

除数据资源外，UniProt 也开发了应用功能模块，用户界面简洁明了、使用方便。UniProt 应用系统包括主页顶部的检索系统，主页顶部和左下方的序列分析工具、软件的介绍和链接入口，包括数据库搜索程序 BLAST、肽段搜索 Peptide search、序列比对程序 Align、基于 ID 的序列批量获取及 ID 转换等。数据库主页的中下方提供了批量序列下载及序列提交、数据统计报表、应用程序接口等链接。

（二）UniProt 序列检索及序列条目格式

以检索人血红蛋白 α 亚基为例，简要介绍 UniProt 的检索操作。在数据库主页顶部选择 UniProtKB 数据库，在检索栏内输入“Hemoglobin subunit alpha”，点击“Search”进行快速查询，获得 6698 条结果记录（2024 年 5 月 7 日）。在结果页面左侧，“Popular organisms”下方点击“Human”，有 86 条记录。若点击“Advanced”，将检索词“Hemoglobin subunit alpha”和“Homo sapiens”分别限定在“Protein Name”和“Organism”字段里进行限定查询，可获得 11 条记录。快速查询和限定查询两种方式都能检索到 ID 为 P69905 的人血红蛋白 α 亚基。

打开 P69905 序列条目，可见下方有 7 类显示方式，分别是全条目记录（Entry）、与该蛋白质相关的变异显示（Variant viewer）、特征图形显示（Feature viewer）、基因组定位（Genomic coordinates）、与该蛋白质相关的文献（Publications）、外部链接（External links）和该蛋白质发布的历史版本（History）。可点击查看序列条目的相应显示方式，默认为 Entry 方式。序列条目的网页左侧列出了序列记录包含的所有板块，右侧显示每个板块的具体内容。包括的主要内容板块有蛋白质功能、名称和分类、亚细胞定位、致病性及其他表型、基因转录后修饰及加工、表达、与其他蛋白质的相互作用、蛋白质结构、蛋白质家族及结构域信息、基因相关序列信息、相似蛋白质、在其他数据库中的相关信息、条目相关信息（名字、登录号、历史和状态等）及其他相关信息。由此可知 UniProt 的序列条目注释丰富、完善，且与多个数据库建立了交叉引用，方便用户获取目标蛋白质的多种信息。

点击序列条目上方的“View”菜单，当选择以“Table”表格格式显示序列条目时，序列信息以字段的形式呈现，这里的字段以双字母表示，字段类型和含义与 GenBank 完整词字段相似。双字母标识字段对数据库的管理和维护较方便，但对数据库格式不熟悉的用户会感觉使用不方便。因此，目前数据库以基于浏览器面向用户开发的可视化特征表式的序列条目格式（即上一段介绍的格式）为主。双字母标识的序列条目内容也分为常规信息、序列特征信息和序列三部分。

（三）UniProt 的特色模块

相较其他数据库，UniProt 有自身特色，如 UniProtKB/Swiss-Prot 的每条记录都经人工审核，注释丰富、完善且准确性高；其检索程序可以对 6 类支撑数据进行检索；蛋白质条目标注了数据来源的可靠性。可靠性分为 5 个层次，即分离纯化获得蛋白质（Evidence at protein level）、转录产物翻译推导（Evidence at transcript level）、同源蛋白推导（Inferred from homology）、计算机程序预测（Predicted）和不确定蛋白质（Uncertain）。此外，UniProt 数据库的 protein spotlight 和 Statistics 模块也独具特色。

protein spotlight 模块的链接为 https://www.proteinspotligh.org。自 2000 年 9 月起，Vivienne Baillie Gerritsen 每月从 UniProtKB 挑选一个蛋白质，用形象生动的语言撰写蛋白质的科普短文，包括蛋白质的发现、历史、功能及应用，以及在研究、探索过程中发生的有趣故事和相关科学家的故事等。

UniProtKB 通常每 4 周发布一次更新版本，发布新数据版本的同时，也发布 Swiss-Prot 和 TrEMBL 两个子数据库的详尽更新统计报表，除数据总量、更新情况、数据类别、物种分布、序列长度分布、氨基酸含量等基本信息外，还列出所有注释信息的更新情况，包括常规注释信息、序列特征注释信息和数据库交叉链接等。

二、蛋白质结构域及家族数据库

利用一级蛋白质序列数据库资源，通过搜集同源序列，经多序列比对鉴定保守区域，以不同条件筛选保守区域，再用不同表示方法如一致序列表达式（consensus sequence）、模式/正则表达式（pattern）、位点特异性打分矩阵（PSSM）、序列模体/基序（motif）、序列谱（profile）和隐马尔可夫模型（HMM）等呈现保守区域的序列特征。收集特定类型的保守区域序列特征，并对其进行功能注释形成的数据库即蛋白质二级数据库。因此，蛋白质二级数据库多数是蛋白质保守区域或结构域数据库，在进化中较保守的区域常与蛋白质结构和功能密切相关，包含重要的生物功能位点，如信号转导（磷酸化）、酶的活性位点、底物、配体、金属原子或其他蛋白质的结合位点等。通常多个功能相关位点在空间上相互靠近，形成相对独立的特定功能域，称为结构域。具有某一功能的蛋白质家族共有一个或多个保守结构域。一个未知功能的蛋白质，鉴定其包含的结构域，通过搜索结构域数据库，进而可鉴别其所属家族，推测其功能。下面对广泛用于蛋白质注释、结构域和功能位点分析的 InterPro 数据库作简单介绍。

InterPro 是一个较全面和可靠的蛋白质特征数据库，被广泛应用于蛋白质的注释和功能分析中。它整合了多个不同类型的蛋白质特征数据库（图 2-1），并使用多种方法来识别蛋白质特征，包括序列相似性、HMM 和蛋白质结构信息等，每个特征都被赋予一个唯一的标识符，并注释其功能、结构和进化关系。数据库每两个月更新一次，发布一个新版本。

InterPro 可对蛋白质序列进行家族预测，以及结构域和结合位点预测，可基于文本、序列和结构域进行搜索。用户上传 FASTA 格式的序列，InterProScan 工具使用多个特征数据库和算法来识别上传序列中的蛋白质特征。结果以图形方式，在蛋白质序列上显示识别到的特征位置，单击每个特征可查看其注释，包括其功能、结构和在其他数据库中的交叉引用。InterProScan 可在 InterPro 数据库中搜索相似的蛋白质序列，还可对一组蛋白质进行功能富集。此外，用户还可下载 InterProScan 工具进行本地化的批量蛋白质序列注释分析。

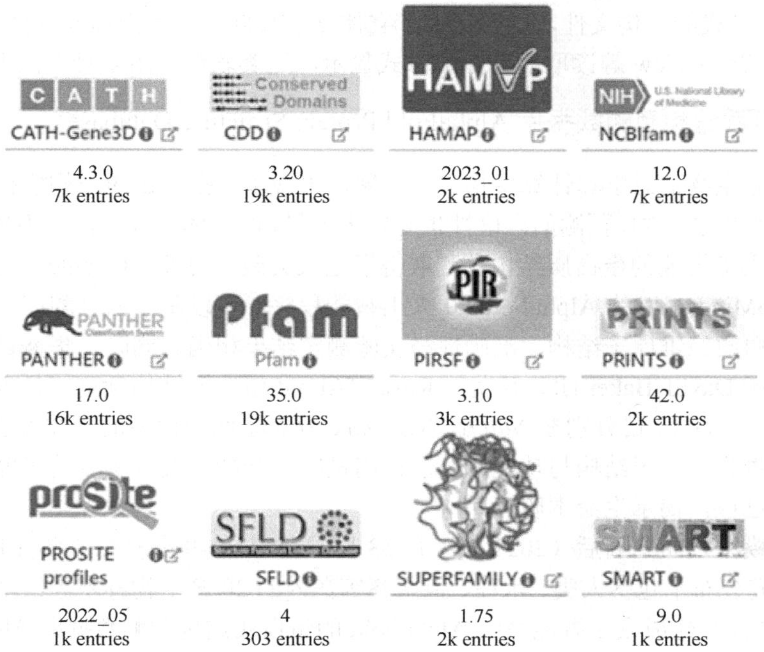

图 2-1　InterPro 数据库整合的多个外源数据库

图下注释由上至下分别为整合的外源数据库版本和数据量

三、蛋白质结构数据库

蛋白质和核酸等生物大分子只有折叠成特定的空间结构才具有生物学活性，因此分子结构是其执行功能的基础，解析结构可以更深入地研究大分子的功能、功能机制和演化过程等。测定大分子结构的方法有 X 射线衍射、核磁共振和电子显微镜法等，当前绝大多数结构都是通过 X 射线衍射法解析的。

（一）蛋白质结构数据库 PDB

PDB（Protein Data Bank；http://www.rcsb.org/pdb）是国际上著名的生物大分子结构数据库，由美国布鲁克海文（Brookhaven）国家实验室在 1971 年建立。为适应结构基因组和生物信息学研究的需要，1998 年成立了结构生物信息学研究合作组织（Research Collaboratory for Structural Bioinformatics，RCSB），目前 PDB 的维护由 RCSB 负责。PDB 收集的主要是经 X 射线衍射和核磁共振等测定的蛋白质、核酸及其复合物的结构数据，并经整理和确认后存档而成。随着晶体衍射技术的不断改进和多维核磁共振溶液构象测定方法的成熟，蛋白质分子结构数据库的数据量迅速上升。PDB 收录的生物大分子的结构数据中，用 X 射线衍射法测定的蛋白质结构最多，从蛋白质的生物来源看，人类蛋白质结构最多，其次是小鼠和大肠杆菌。

在 PDB 主页检索栏，输入蛋白质 ID（P69905），获得 316 个（2024 年 5 月 5 日）人血红蛋白 α 亚基相关的结构记录，主要是处于不同结合状态或条件时的人血红蛋白结构。PDB 以文本文件的方式存放数据，每个分子的结构为一个独立文件。点击“Display Files”下拉菜单中的“PDB format”，以网页显示结构记录，发现除原子三维坐标外，还包括物种来源、化合物名称、结构递交者及有关文献等基本注释信息。此外，还给出分辨率、结构因子、温度系数、蛋白质主链数目、配体分子式、金属离子、二级结构、二硫键位置等与结构有关的数据。下载 PDB 格式的结构文件，主要记录了立体化学数据（原子坐标），可用分子模型化软件如 RasMol、ChemView 等读取后用图形方式显示，这类软件可用多种不同形式显示结构。

（二）蛋白质结构预测数据库 AlphaFold Protein Structure Database

近年来随着生物信息学和计算生物学的发展，出现了一批蛋白质结构模拟和预测软件，不同软件的预测方法不同，预测的准确性也有较大差异，但总体上准确性都不理想。直至 2021 年 7 月，基于人工智能的蛋白质结构预测取得了重大突破。谷歌（Google）公司的人工智能核心团队 DeepMind 开发的 AlphaFold2.0 人工智能程序，可以基于氨基酸序列在几分钟内精确地预测出蛋白质三维原子结构，准确性与实验测定结果相当。同时，华盛顿大学医学院蛋白质设计研究所 David Baker 团队开发的 RoseTTAFold 蛋白质结构预测工具也实现了精确预测。两个团队于 7 月 15 日分别在 *Nature* 和 *Science* 发布了两个模型的具体方法与源代码。它们将大力推进生物大分子结构与功能、分子作用机制、药物开发等领域的研究，帮助人们更好地认识生命过程，揭示生命本质。

结构预测模型发布一周后（2021 年 7 月 23 日），*Nature* 再次发表了来自 DeepMind 团队的论文，该研究公布了包括人类、水稻、拟南芥等在内的 20 多个物种基因组注释的大多数蛋白质的预测结构，并建成人工智能系统 AlphaFold 的蛋白质结构预测数据库 AlphaFold Protein Structure Database（https://www.alphafold.ebi.ac.uk），该数据库通过 EBI 公共库免费向全球的科研人员开放使用。

进入 AlphaFold Protein Structure Database，在主页的检索栏可输入蛋白质和基因名称、UniProt ID 或物种名称等查询结构。如输入“Hemoglobin subunit alpha”，可获得 10 713 403 个（2024 年 5 月 5 日）检索结果，第一条记录便是人血红蛋白 α 亚基的结构，点击链接进入该条目页面，可见蛋白质序列和可视化的三维结构（图 2-2）。在立体结构中，每个氨基酸残基呈现颜色与其结构预测准确性相关，高可信度的残基用蓝色表示，可信度低于 50 的用橙色表示。数据库还提供 PDB 和 mmCIF 格式的结构文件下载。

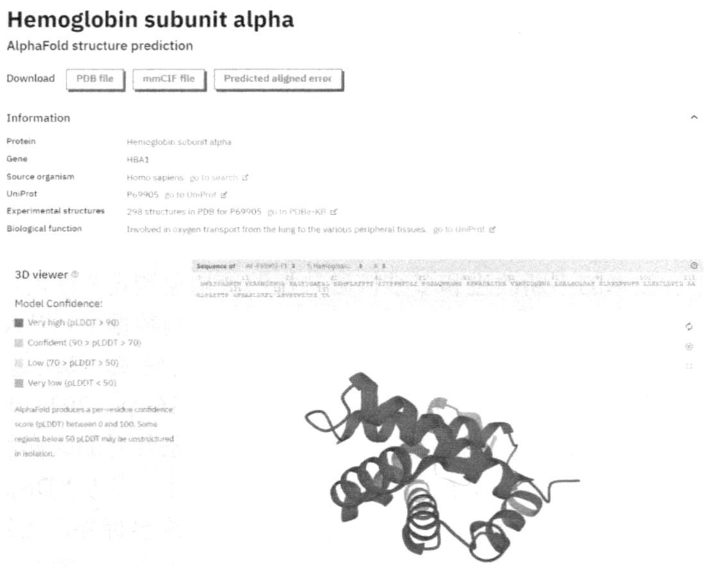

图 2-2　AlphaFold Protein Structure Database 中的人血红蛋白 α 亚基的结构示例

第四节　基因组数据库

随着测序技术和生物信息学分析技术的发展，自人类基因组计划开展以来的 30 多年里，数万个物种的基因组被测定。世界各地的生物信息学中心、测序中心，以及与医学、生物学、农学等有关的研究机构和大学都建立了不同类型与规模的基因组数据库。有的收集了各类生物基因组，建立了综合基因组数据库，开发了基因组浏览器，方便进行基因组信息查阅，如 Ensembl、NCBI 的基因组资源库（NCBI genome）和 UCSC 等。有的收集了一类或一个物种基因组，建立了物种基因组数据库。基因组序列及注释信息为人们提供了丰富的分子数据资源，下面就广泛使用的基因组数据库作介绍。

一、Ensembl

Ensembl 是由 EBI 和桑格（Sanger）研究所共同开发和维护的基因组数据库，创建于 2000 年，是一个真核生物基因组注释数据库（侧重于脊椎动物基因组），其目的是进行基因组自动注释，将注释与其他生物学数据整合，通过网络实现全球免费使用。起初 Ensembl 主要收集了人及模式生物等脊椎动物基因组数据，主页见 http://asia.ensembl.org/index.html。随着测序基因组的增多，物种范围扩展到植物、后生动物、原生生物、真菌和细菌等，建立的 Ensembl Genomes 主页见 http://ensemblgenomes.org/。数据范围也从基因组序列及基因注释，扩展到比较基因组、进化、序列变异和转录调控数据等。数据库还开发了检索系统、导出自定义数据集的 Biomart 数据挖掘和获取工具、数据库搜索工具 BLAST 和 BLAT 及序列变异效应预测工具 VEP 等，方便进行数据查询、下载、可视化和分析等。数据库维护团队分为几个小组，分别负责不同类型数据的整理、发布和软件开发。

下面以人血红蛋白 α 亚基编码基因 1（*HBA1*）为例，介绍 Ensembl 基因条目查询、序列格式及其注释信息。在脊椎动物基因组数据库主页面检索栏物种下拉框选择“Human”，在检索词栏输入“HBA1”，检索获得 1816 条相关记录（2024 年 5 月 5 日），包含基因（Gene）16 条，转录本（Transcript）18 条，变异序列（Variant）1778 条，以及其他信息 4 条。打开第一条基因记录（ID：ENSG00000206172），左侧是该记录信息的导航栏，包括基因概述（基因名称、功能、染色体定位等）、基因结构和序列、比较基因组信息（基因组比对、基因树、直系和旁系同源基因）、功能注释、表型和遗传变异、基因表达和调控等。点击导航栏，相应版块的详细信息则在右侧页面显示，如点击“Splice variants”可查看基因的选择性剪接。若点击一个转录本 ID，则以新页面显示该转录本信息，包括转录本概述、序列和外显子分布、编码蛋白信息和遗传变异信息等。此外，一条基因记录还包含基因定位的染色体区段信息，也以独立页面显示，如本例显示为“Location:16:176,680-177,522”页面标签。该页面既可查看基因定位的染色体区段详细信息，如重叠群、注释基因和调控序列信息等，也可点击查看染色体其他区域的详细信息。点击左侧基因区域信息导航栏，还可显示比较基因组信息（包括该区域与小鼠基因组的共线性情况、序列比对结果）、该区段的遗传变异信息及其在 UCSC 和 NCBI 基因组浏览器的链接。

二、中国国家基因组科学数据中心

中国国家基因组科学数据中心（National Genomics Data Center，NGDC；https://ngdc.

cncb.ac.cn）是我国建立的综合基因组数据库，由中国科学院北京基因组研究所下属的中国国家生物信息中心（China National Center for Bioinformation，CNCB）于 2019 年 6 月建成。数据中心针对我国基因组学数据“存管用”的实际需求，以及“数据孤岛”和“数据主权”的重大问题，围绕人、动物、植物、微生物等基因组数据，重点开展数据库体系及数据资源建设，开展数据服务、系统运维、技术研发、数据挖掘等系列工作，建成有国际影响力的基因组科学数据中心，促进科学数据开放共享，保障科学数据安全可控，支撑国家科技创新和经济社会发展。当前中心主要致力于以下三方面的工作。

（1）围绕中国人群普惠健康的精准医学相关组学信息资源，完善建立中国人群基因组遗传变异图谱，形成中国人群精准医学信息库。

（2）基于高通量测序的海量原始组学数据资源，建立符合国际标准的原始组学数据归档库，形成中国原始组学数据的共享平台。

（3）围绕国家重要战略生物资源，建立海量组学数据的整合、挖掘与应用体系，形成综合性的多组学数据库系统。

NGDC 建设整体情况以“Database Resources of the National Genomics Data Center, China National Center for Bioinformation in 2024”为题在国际学术期刊《核酸研究》（*Nucleic Acids Research*）的数据库专刊发表。该中心免费向国内外用户提供方便、快捷的多组学数据汇交和存储服务。GSA 也被国际著名出版商爱思唯尔（Elsevier）收录为指定的基因数据归档库。

该中心主页（图 2-3）有检索栏、不同类型的数据资源列表、数据提交、批量下载和主要分析工具的链接等。采用的 BIG Search 生物大数据搜索引擎系统整合了该中心与合作单位，以及 EBI、NCBI 的重要数据资源，实现了海量、异构生物数据的一站式跨库高效检索。分子数据类型多，包括原始数据、基因组和变异、基因表达、非编码 RNA、表观基因组、单细胞组学、生物多样性和生物合成、健康和疾病等。通过检索系统可以方便地查询到各类目标数据。

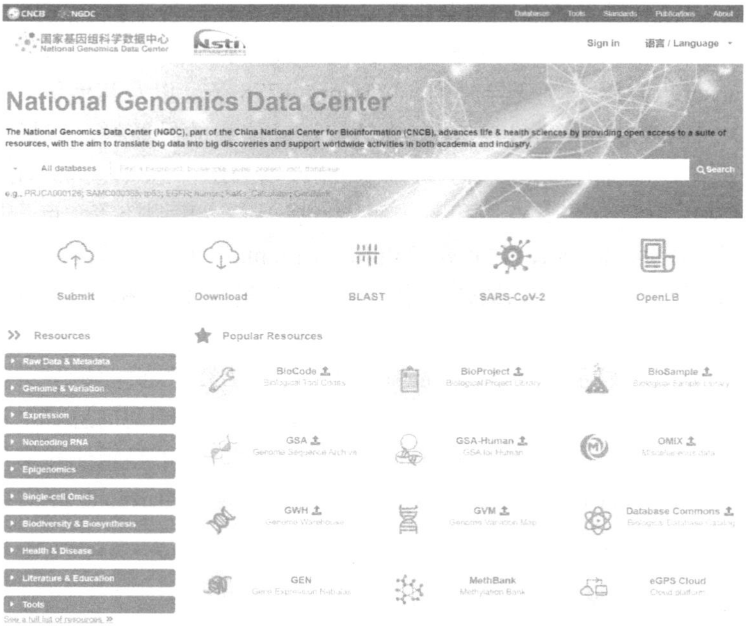

图 2-3　中国国家基因组科学数据中心主页

三、其他基因组数据库

除以上重点介绍的两个综合基因组数据库外，国际知名且广泛应用的基因组数据库还有NCBI基因组资源、UCSC、JCVI（The J. Craig Venter Institute）、Phytozome数据库等。它们都开发了各自的基因组浏览器，方便查询和浏览基因组及其注释信息。

NCBI基因组资源（https://www.ncbi.nlm.nih.gov/genome）目前包含几万个已测序和正在测序物种的基因组序列、图谱、染色体、组装和注释数据。基因组来源物种包括细菌、古菌和真核生物三大类。此外，还包括许多病毒、噬菌体、类病毒、质粒和细胞器基因组等。在物种列表页面，点击物种名，可进入该物种的基因组资源页面。如点击“Human Genome”，打开人类基因组资源，页面提供了各条染色体资源和一系列网络资源的链接，可单击某条染色体，通过基因组浏览器查阅整条染色体或其部分区段的详细信息。也可输入查询文本，搜索查看基因或染色体区段信息。

UCSC基因组浏览器（http://genome.ucsc.edu）由美国加利福尼亚大学圣克鲁斯分校创建于2000年7月，此时HGP刚完成草图工作，此浏览器用于以图形方式显示人类基因组的染色体图谱。后来随着基因组测序物种增多，数据库收集的基因组逐步扩展到脊椎动物、非脊椎动物和其他模式生物，且建成了集基因组序列、注释、查询、显示和分析于一体的综合基因组数据库。用户通过UCSC基因组浏览器，可迅速查看基因组任何区段的序列、已知基因、预测基因、表达序列标签（EST）、mRNA、重复序列、变异及疾病等相关数据和信息。

JCVI（https://www.jcvi.org）是由美国基因组研究所（The Institute for Genomic Research，TIGR）于1992年建立的基因组数据库经合并更名而来。该机构的目标是通过发扬团队的革命性创新精神，加速基因组等基础科学研究，更多地了解生物世界，以推动人类健康和环境的可持续发展。JCVI的开创性、突破性研究包括首次合成细胞、测序组装第一个二倍体人类基因组、通过巫师2号全球海洋取样探险计划（The Sorcerer Ⅱ Global Expedition Ocean Sampling）发现了6000多万个新基因、人类微生物组（在人体内和表面的所有微生物）编目及其对各种传染病和抗生素耐药性的影响研究等。当前其收集的基因组数据包括人类和模式生物基因组、各类微生物基因组等。

此外，还有很多单一物种基因组也被深度注释和整理，建成了被广泛应用的物种基因组数据库，如小鼠基因组数据库（Mouse Genome Informatics；http://www.informatics.jax.org）、拟南芥基因组数据库（The Arabidopsis Information Resource，TAIR；https://www.arabidopsis.org）等动植物基因组数据库，为大家提供了广泛的基因组信息资源。

第五节 其他生物信息学数据库

随着各类测序技术的发展和特征数据挖掘的不断深入，针对特定应用的专一化数据库应运而生，使数据库种类不断丰富。除以上介绍的数据库外，近年来发展迅速且被广泛使用的数据库还有非编码RNA数据库、蛋白质结构分类数据库、蛋白质相互作用数据库，以及对批量基因进行功能注释和代谢路径等功能分析的数据库。

当前通过高通量DNA测序平台，获得了大量非编码RNA序列，它们不编码蛋白质，但在基因表达调控、翻译调节等方面起重要作用，越来越受到大家的广泛关注。非编码RNA，除大家熟知的tRNA和rRNA外，还包括微RNA（miRNA）、长链非编码RNA（lncRNA）、核仁小 RNA（snoRNA）、增强子 RNA（eRNA）等。miRBase（https://mirbase.org）是国际上著名的 miRNA 数据库，收集了病毒、动物、植物等各类生物共计 271 个物种的 miRNA，提供基于文本的检索和基于序列的比对搜索服务。NONCODE（http://www.noncode.org）是一个综合的非编码 RNA 数据库，主要收集了 lncRNA。目前包含 16 种动物和 23 种植物的非编码 RNA 数据，每条数据记录不仅提供 lncRNA 的定位、长度、序列和基因结构等基本信息，还包括其表达谱、保守位点、功能预测及与疾病的关系等信息。

被广泛应用的蛋白质结构分类数据库是 SCOP（Structural Classification of Proteins；http://scop.mrc-lmb.cam.ac.uk）和 CATH（http://cathdb.info），两个数据库的分类标准和层次有所不同。SCOP 由英国医学研究委员会（Medical Research Council，MRC）的分子生物学实验室和蛋白质工程研究中心开发与维护。分类层次主要为家族、超家族和折叠类型。第一个分类层次家族是将序列相似性大于 30%的蛋白质归入同一家族，它们有比较明确的进化关系。如果序列相似性较低，但其结构和功能特性表明它们有共同的进化起源，则将其视作超家族。折叠类型是无论有无共同的进化起源，只要二级结构单元具有相同的排列方式和拓扑结构，即认为具有相同的折叠方式。

CATH 由英国伦敦大学学院（UCL）开发和维护，主要有 4 个分类层次，即类型（class）、构架（architecture）、拓扑（topology）结构和同源性（homology）。第一个层次类型按二级结构含量分为 4 类，即 α 主类、β 主类、α-β 类（α/β 型和 α+β 型）和低二级结构类（二级结构成分含量很低的蛋白质）。第二个层次按超二级结构排列方式来分（不考虑其连接方式）。第三个层次为拓扑结构，即二级结构的形状和相互间的联系。第四个层次为结构的同源性，即序列一致性大于 35%，则认为具有高度的结构和功能相似性。

随着组学研究的不断深入，除揭示单个基因或蛋白质的功能外，我们还非常关注基因间、蛋白质间或基因与蛋白质间的互作及相互联系等，试图从系统生物学的角度来揭示生命本质。因此，蛋白质互作研究成为当前的热点之一，越来越多的分子互作关系被实验研究证实。通过收集文献报道的分子间的互作关系信息，建立了多个蛋白质互作数据库，如生物分子互作综合数据库 BIND（Biomolecular Interaction Network Database；http://www.binddb.org）、DIP（Database of Interacting Proteins；http://dip.doe-mbi.ucla.edu）和 EBI 的子库 IntAct Molecular Interaction Database（https://www.ebi.ac.uk/intact），以及 STRING（Search Tool for the Retrieval of Interacting Genes；http://string em bl.de）等。

生物信息学数据资源丰富，近年来表观组、代谢组和宏基因组等相关的专用数据库也在不断建立和完善中，详情请参见本书的相应章节。

习　题

1. 结合 NCBI 站点图，简要介绍其组成。
2. 简述 GBFF 格式的序列条目包含哪些主要字段及字段含义。
3. Entrez 检索系统的查询方式有哪些？
4. 简述国际主要蛋白质序列数据库的发展历史。
5. 简述 UniProt 主要分子数据资源的组成板块及其关系。
6. 从 Ensembl 数据库查询一个基因，介绍其基因记录包含的主要信息。
7. 列出当前主要应用的生物大分子结构数据库。

第三章　序 列 比 对

生物序列通常指核酸（DNA、RNA）和蛋白质序列，对它们的研究是现代生命科学研究的基础。生物序列分析涵盖范围很广，核心在于比较不同生物序列之间的关系。序列比对通过对生物分子序列进行比较，寻找相似性区域，同时辨识序列间差异，揭示生物序列在功能、结构和进化方面的联系。比对两条序列，评估其相似程度，称为双序列比对（pairwise sequence alignment）；同时比对多条序列称为多序列比对（multiple sequence alignment）。本章主要介绍双序列比对和多序列比对的基本问题与方法。

第一节　序列比对概述

一、生物序列之间的关系

通过比较解剖学和比较胚胎学的研究，科学家发现不同生物的外表虽然千差万别，但基本结构有许多相似之处。比如，哺乳动物前肢的功能从抓握、掘土、奔跑、游泳到飞翔各不相同，但骨骼结构和排布却是高度相似的。早期研究者用同源性（homology）来描述这一现象。英国著名胚胎学家 Richard Owen 将同源性定义为“不同生物中相同的器官”。查尔斯·达尔文在《物种起源》中将同源性定义为不同物种之间因共同祖先而产生的结构或功能相似性。

随着生物学研究深入分子水平，科学家发现不同生物中执行相同功能的生物分子序列也是相似的。比如，广泛存在于脊椎动物中的血红蛋白（hemoglobin）序列在近缘物种中显示出高度相似性。人和黑猩猩血红蛋白 α 亚基的蛋白质序列完全相同，和小鼠超过 86%的位点相同。因此，同源性被重新定义为从共同祖先继承的相似特征，这些特征可以是基因、结构或行为等多个方面。这里我们主要关注生物序列之间的同源关系。如果两条或多条序列拥有共同祖先，则称它们为同源序列。从共同祖先分化后，这些序列在进化过程中累积突变，差异逐渐增大。

根据同源序列产生方式的不同，可将其分为三个亚类：种间同源（orthology，也叫直系同源）、种内同源（paralogy，也叫并系同源）和异同源（xenology）（图 3-1）。种间同源序列来源于两个物种最近的共同祖先（last common ancestor）的同一个基因，由物种分化过程产生，在不同物种中执行相同的生物学功能。尽管这些物种在共同祖先的基础上逐渐分化并累积突变，但这些序列仍然保持着相同的功能。以肌红蛋白序列为例，不同物种的这些序列虽然在分子水平上存在差异，但它们都承担着在肌肉中运输氧气的功能；类似地，细胞色素 c 在不同物种中都是电子传递链的组成部分。种间同源序列的形成始于物种分化，因此，借助这些序列，我们可以研究物种的进化历史。

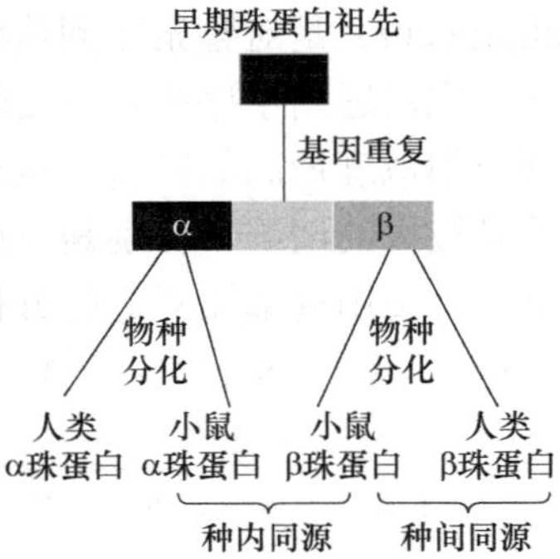

图 3-1　基因进化历程和同源关系（Fitch，2000）

种内同源序列是由于基因重复（gene duplication）产生的

相似序列。在 DNA 复制或修复过程中难免出错，某些错误事件会导致染色体片段重复，基因拷贝数增加。随后这些拷贝各自累积突变，导致功能逐渐分化。在这种情况下，两个拷贝可能继续承担原有的功能，也可能其中一个拷贝发生突变形成新的功能。然而，多数情况下，多余的拷贝会累积许多突变，最终丧失功能，转变为假基因（pseudogene）。著名的血红蛋白 α 链和 β 链就是基因复制后分化产生的例子，它们之间属于种内同源的关系。种内同源序列的形成与物种的分化无关，而是反映了基因的进化历程。

异同源序列的产生涉及物种间的水平基因转移（horizontal gene transfer）[也叫侧向基因转移（lateral gene transfer）]，这种现象在原核生物界中广泛存在。在这个过程中，遗传物质跨越物种边界进行传递，导致不同物种之间出现相似的基因序列。真核生物叶绿体和线粒体的获得，细菌的转化、接合和转导等，都是物种间水平基因转移的典型案例。细菌抗药性的获得就是抗药基因在不同物种之间进行水平转移的结果。这种遗传物质的横向传递现象丰富了基因组的多样性，也对生物的进化和适应性产生了深远影响。

二、序列比对的概念

所谓序列比对，就是比较两条或多条序列，寻找其中按照相同次序排列的字符或字符串的过程。通过序列比对，可以发现序列中相似的位点和区域，定位差异显著的位置，为理解序列的结构和功能提供信息。

在书写两条序列比对结果时，将两条序列分上下两行排布；如果某一列中两个字符相同则称匹配（match），字符不同则称错配（mismatch），有时字符还会与空位（-，gap）相对。空位的引入，可以使更多的相同或相似字符出现在同一列中，从而增加匹配的数量。

在进行序列比对时，隐含的假设是参与比对的序列在进化上是同源的，即它们在进化中具有共同的祖先。比对到同一列中的字符来源于共同祖先序列的相同位点。正确的比对方法可以映射到进化历史中的不同类型进化事件。匹配的位点是相对比较保守的，在进化过程中没有发生变化（或发生了回复替换或平行替换）。这些保守位点对蛋白质的结构和功能至关重要，可能是酶的活性位点、形成二硫键的半胱氨酸、与配体或金属离子相结合的位点等。错配的位点在进化历史上发生了核苷酸或氨基酸的替换（substitution），保守程度相对较低，对蛋白质结构和功能的影响可能较小。空位的引入意味着在进化历史中发生了插入或缺失（indel）事件。可以是一条序列上某个或某几个残基的插入，也可以是另一条序列上同样数量的残基缺失。

在进行序列比对时有两种主要方式：全局比对和局部比对（图 3-2）。全局比对（global alignment）是对整条序列从头到尾进行比较，旨在将尽可能多的字符在同一列中进行匹配。全局比对适用于序列相似度较高且长度相近的情况。局部比对（local alignment）旨在寻找序列中相似度最高的区域。这种比对方式适用于序列中存在某些区域相似度较高，而其他区域差异较大的情况。特别是在序列长度存在较大差异，或者在序列中存在相同的保守区域时，更适合使用局部比对进行分析。

```
V  A  S  A  R  T  S  I  K  L  Y  Q        T  S  I  K
   |  |        |  |  |  |                 |  |  |  |
-  A  S  S  Y  T  S  I  K  -  F  R        T  S  I  K
          全局比对                           局部比对
```

图 3-2　两条序列的全局比对和局部比对

全局比对中包含 6 个匹配、4 个错配和 2 个空位；局部比对结果只有 4 个匹配可以依据两序列比对结果计算其相似程度，匹配的列数占比对总列数的百分比称为一致度（identity）。图 3-2 中两条序列全局比对的一致度为 6÷12×100%＝50%，局部比对的一致度为 4÷4×100%＝100%。

对于蛋白质比对，还可采用相似度（similarity）来衡量序列的相似程度。相似度是比对结果中相同和相似氨基酸的列数之和占比对总长度的百分比。组成蛋白质的 20 种氨基酸理化性质存在差异，性质相近的氨基酸在进化历史中常相互替换，这类氨基酸称为相似氨基酸，它们之间的替代称为保守替换。计算蛋白质序列的相似度时，也会将这些保守替换计入分子，所以蛋白质序列的相似度指标比一致度能提供更多的信息。图 3-2 中两条序列全局比对中倒数第二列的 Y 和 F 都是芳香族氨基酸，理化性质比较相似，属于保守替换，所以这两条序列的相似度等于 7÷12×100%≈58%。

在描述序列关系时，要注意区分相似度和同源性。两条序列的相似度可以有高有低，如 30%、50%或者 70%。实际上无论序列是否有共同祖先，都可以计算相似度。同源性是指两条序列拥有共同的祖先，不存在程度高低，序列要么同源，要么不同源。因此，“两条序列 60%同源”这样的表述是不准确的，因为它混淆了相似度和同源性的概念。

大多数情况下，蛋白质序列比对的敏感度比核酸高，更容易发现同源关系。首先，DNA 序列由 A、T、C、G 四种核苷酸组成，而蛋白质序列一般由 20 种氨基酸构成，所以两条序列在任意位点匹配时，对于 DNA 来说有 1/4 可能是无生物学意义的随机匹配，而对蛋白质来说，这个概率是 1/20。因此，在进行同源关系判定时，对于 DNA 序列的相似度要求远高于蛋白质序列。其次，由于遗传密码的简并性，大部分氨基酸都有两个或更多个密码子，这意味着相同的蛋白质序列可由不同的 DNA 编码。另外，蛋白质中的氨基酸序列决定了其高级结构和生物学功能，为了保持蛋白质功能稳定，进化过程中氨基酸序列的变化远小于其同源 DNA 序列的变化。

双序列比对是数据库搜索算法的基础，将查询（query）序列与数据库的每一条序列进行比对，从中寻找与查询序列最相似的序列，从而快速获得关于查询序列有价值的参考信息，对于进一步分析其结构和功能会有很大的帮助。随着生物信息学数据的大量积累和生物学知识的整合，通过比对方法可以分析和预测一些新基因的功能。除了蛋白质序列之间或核酸序列之间的比对，还可以把蛋白质序列与核酸序列进行比对来研究核酸序列可能的表达框架；把未知结构的蛋白质与已知三维结构的蛋白质比对，从而获得蛋白质折叠类型的信息。

第二节 序列比对的评分体系

在序列比对时首先需要设定一个评分体系（scoring scheme），对可能出现的匹配、错配和空位给出相应的评分标准，才能依据比对得分判定哪种方式是最优的。不同评分体系可能得到不同的最优比对，而反映序列进化历史的评分体系更有可能得到生物学上有意义的比对结果。所以我们首先介绍常用的比对评分体系及其选择原则。序列比对评分体系包含替换矩阵（substitution matrix）和空位罚分（gap penalty）两部分。替换矩阵确定匹配和错配的评分标准，空位罚分解决空位的评分问题。

一、DNA 的替换矩阵

DNA 序列比对时，评分体系比较简单，通常是匹配记正分，错配和空位记负分。这里简单介绍几个常用的 DNA 替换矩阵。

1. 等价矩阵（identity matrix）　等价矩阵是最简单的一种替换矩阵，匹配记 1 分，错配记 0 分（图 3-3A），适用于比对高度相似的序列。

2. BLAST 矩阵　BLAST 是目前最流行的相似序列数据库搜索工具，所以其使用的 DNA 替换矩阵也被广泛借鉴。该替换矩阵同样非常简单，核苷酸匹配记 5 分，错配记−4 分（图 3-3B）。

3. 转换-颠换矩阵　核苷酸的替换存在转换和颠换的区别，嘌呤与嘌呤之间或者嘧啶与嘧啶之间的相互替换称为转换，嘌呤与嘧啶之间的替换称为颠换。在生物进化过程中，转换发生的频率远高于颠换，所以评分上区别对待更为合理。图 3-3C 的转换-颠换矩阵中匹配记 1 分，转换记−1 分，颠换记−5 分。

	A	T	C	G
A	1	0	0	0
T	0	1	0	0
C	0	0	1	0
G	0	0	0	1

A 等价矩阵

	A	T	C	G
A	5	−4	−4	−4
T	−4	5	−4	−4
C	−4	−4	5	−4
G	−4	−4	−4	5

B BLAST 矩阵

	A	T	C	G
A	1	−5	−5	−1
T	−5	1	−1	−5
C	−5	−1	1	−5
G	−1	−5	−5	1

C 转换-颠换矩阵

图 3-3　DNA 的替换矩阵

二、蛋白质的替换矩阵

研究者很早就发现，不同物种中执行相同功能的蛋白质序列间存在一定差异，在某些位点会发生氨基酸的替换。这些互相替换的氨基酸理化性质相似，因此替换后不会显著改变蛋白质的结构和功能。例如，将丙氨酸替换为缬氨酸（小且疏水），对蛋白质功能的影响较小；但如果替换为赖氨酸（大且带正电荷），对蛋白质功能的影响就大许多。尽管不同理化性质的氨基酸之间也会发生替换，但相对比较少见。总的来说，具有相似理化性质的氨基酸之间的替换（也称保守替换）更有利于维持蛋白质的结构和功能，不容易在进化过程中被淘汰。因此，保守替换的得分应该与随机替换有所不同，不能像核苷酸一样使用相同的错配分数。

在蛋白质替换矩阵中，详细列出各种氨基酸互相替换的分值。与核酸比对匹配计正分、错配计负分相比，蛋白质替换矩阵较为复杂，但它提高了序列比对的敏感性，使序列相似度的计算更为合理。了解蛋白质替换矩阵的构建原理，有助于在实际应用中选择合适的替换矩阵，从而得到更为可靠的比对结果。以下介绍两种常用的蛋白质替换矩阵。

（一）PAM 矩阵

PAM 矩阵由 Dayhoff 等于 1978 年提出，是第一个被广泛使用的蛋白质替换矩阵。PAM 是 point accepted mutation 的缩写，直译为可接受的点突变。所谓可接受的点突变，是指那些不会显著改变蛋白质结构和功能的氨基酸之间发生的替换，这样的替换被自然选择所接受，在进化过程中保留了下来。

为了构建 PAM 矩阵，Dayhoff 等假设蛋白质序列中某个位点氨基酸是否发生突变，与该位点历史上是否发生过突变无关，与该位点附近氨基酸类型无关，与该位点在蛋白质序列中的位置也没有关系。这样的氨基酸替换模型可被视为一个马尔可夫模型（Markov model），即在一个系统中，从一个状态（氨基酸 a）到另一个状态（氨基酸 b）的替换与该状态之前的变化历史无关。利用这个模型，基于短时期内观察到的氨基酸替换情况，可推断较长进化时期内氨基酸替换发生的情形。

20 世纪 70 年代测序完成的蛋白质序列较少，Dayhoff 等收集了 34 个蛋白质超家族的序列，从中选取一致度大于 85%的蛋白质序列，构建了 71 个系统发育树，推测树上内部节点（祖先序列）状态，得到 1572 个氨基酸替换（表 3-1）。从表 3-1 可以看出，这 190 种替换并不是均匀分布的。其中替换数目最多的是天冬氨酸（D）到谷氨酸（E）的替换，还有 30 余种氨基酸替换没有观察到。出现这种情况有可能是因为密码子需要两个或两个以上的位点发生改变才能实现，或者氨基酸理化性质差异过大，替换会影响蛋白质的结构和功能，因此在进化过程中被自然选择淘汰。

表 3-1 氨基酸替换数统计结果（替换数×10）

	A	R	N	D	C	Q	E	G	H	I	L	K	M	F	P	S	T	W	Y	V
A																				
R	30																			
N	109	17																		
D	154	0	532																	
C	33	10	0	0																
Q	93	120	50	76	0															
E	266	0	94	**831**	0	422														
G	579	10	156	162	10	30	112													
H	21	103	226	43	10	243	23	10												
I	66	30	36	13	17	8	35	0	3											
L	95	17	37	0	0	75	15	17	40	253										
K	57	477	322	85	0	147	104	60	23	43	39									
M	29	17	0	0	0	20	7	7	0	57	207	90								
F	20	7	7	0	0	0	0	17	20	90	167	0	17							
P	345	67	27	10	10	93	40	49	50	7	43	43	4	7						
S	**772**	137	432	98	117	47	86	450	26	20	32	168	20	40	269					
T	590	20	169	57	10	37	31	50	14	129	52	200	28	10	73	**696**				
W	0	27	3	0	0	0	0	0	3	0	13	0	0	10	0	17	0			
Y	20	3	36	0	30	0	10	0	40	13	23	10	0	260	0	22	23	6		
V	365	20	13	17	33	27	37	97	30	**661**	303	17	77	10	50	43	186	0	17	

考虑到不同氨基酸发生替换的概率存在差异，他们还计算了氨基酸的相对突变力（relative

mutability），约等于某氨基酸发生替换的次数与出现次数的比值（表 3-2）。在 20 种氨基酸中，最保守的是色氨酸（Trp）和半胱氨酸（Cys），最容易发生替换的是天冬酰胺（Asn）和丝氨酸（Ser）。利用前两步得到的氨基酸替换数量（表 3-1）和相对突变力，结合 20 种氨基酸的出现频率，构建得到 20×20 的替换概率矩阵。该矩阵给出了所有 20 种氨基酸之间互相替换的概率。将此矩阵经过标准化处理得到 PAM1 矩阵（表 3-3），即每 100 个氨基酸位点上有 1 个可被自然选择所接受的突变。

表 3-2　氨基酸的相对突变力和出现频率（Dayhoff et al.，1978）

氨基酸	相对突变力	出现频率/%	氨基酸	相对突变力	出现频率/%
Asn	**134**	4.00	His	66	3.40
Ser	**120**	7.00	Arg	65	4.10
Asp	106	4.70	Lys	56	8.10
Glu	102	5.00	Pro	56	5.10
Ala	100	8.70	Gly	49	8.90
Thr	97	5.80	Phe	41	4.00
Ile	96	3.70	Tyr	41	3.00
Met	94	1.50	Leu	40	8.50
Gln	93	3.80	Cys	**20**	3.30
Val	74	6.50	Trp	**18**	1.00

表 3-3　PAM1 矩阵（概率值×10 000）*

	A	**R**	**N**	**D**	**C**	**Q**	**E**	**G**	**H**	**I**	**L**	**K**	**M**	**F**	**P**	**S**	**T**	**W**	**Y**	**V**
A	**9867**	2	9	10	3	8	17	21	2	6	4	2	6	2	22	35	32	0	2	18
R	1	**9913**	1	0	1	10	0	0	10	3	1	19	4	1	4	6	1	8	0	1
N	4	1	**9822**	36	0	4	6	6	21	3	1	13	0	1	2	20	9	1	4	1
D	6	0	42	**9859**	0	6	53	6	4	1	0	3	0	0	1	5	3	0	0	1
C	1	1	0	0	**9973**	0	0	0	1	1	0	0	0	0	1	5	1	0	3	2
Q	3	9	4	5	0	**9876**	27	1	23	1	3	6	4	0	6	2	2	0	0	1
E	10	0	7	56	0	35	**9865**	4	2	3	1	4	1	0	3	4	2	0	1	2
G	21	1	12	11	1	3	7	**9935**	1	0	1	2	1	1	3	21	3	0	0	5
H	1	8	18	3	1	20	1	0	**9912**	0	1	1	0	2	3	1	1	1	4	1
I	2	2	3	1	2	1	2	0	0	**9872**	9	2	12	7	0	1	7	0	1	33
L	3	1	3	0	0	6	1	1	4	22	**9947**	2	45	13	3	1	3	4	2	15
K	2	37	25	6	0	12	7	2	2	4	1	**9926**	20	0	3	8	11	0	1	1
M	1	1	0	0	0	2	0	0	0	5	8	4	**9874**	1	0	1	2	0	0	4
F	1	1	1	0	0	0	0	1	2	8	6	0	4	**9946**	0	2	1	3	28	0
P	13	5	2	1	1	8	3	2	5	1	2	2	1	1	**9926**	12	4	0	0	2
S	28	11	34	7	11	4	6	16	2	2	1	7	4	3	17	**9840**	38	5	2	2
T	22	2	13	4	1	3	2	2	1	11	2	8	6	1	5	32	**9871**	0	2	9
W	0	2	0	0	0	0	0	0	0	0	0	0	0	1	0	1	0	**9976**	1	0

续表

	A	R	N	D	C	Q	E	G	H	I	L	K	M	F	P	S	T	W	Y	V
Y	1	0	3	0	3	0	1	0	4	1	1	0	0	21	0	1	1	2	**9945**	1
V	13	2	1	1	3	2	2	3	3	57	11	1	17	1	3	2	10	0	2	**9901**

注：上方是原始氨基酸，左侧是突变后的氨基酸

*理论上每列总和应为 10 000，但现实计算时需要取整数，会导致总和有细微的误差

PAM1 矩阵提供了同源蛋白质中氨基酸互相替换的概率。一个 PAM 被定义为进化的一个变异单位，表示 1%的氨基酸发生替换。表 3-3 中上方氨基酸代表原始氨基酸，左侧代表替换后的氨基酸，每列概率值之和为 1。可以看到氨基酸之间互相替换的概率并不相等，虽然平均下来替换概率为 1%，但不同氨基酸替换概率存在一定的差异，相对突变力最小的色氨酸和半胱氨酸发生替换的概率明显小于其他氨基酸。

将 PAM1 自乘 *n* 次，可以得到矩阵 PAM*n*，其中 *n* 代表每 100 个位点发生 *n* 次替换。但这并不意味着经过 100 次 PAM 变化后，所有氨基酸都发生了变化。因为有些位点会发生多次替换，还有些位点从未发生替换。表 3-4 是 PAM1 矩阵自乘 250 次后得到的 PAM250 矩阵。PAM250 矩阵代表每 100 个位点上发生了 250 次突变，这个变化看起来非常大，但是仍有 20%的位点是不变的。这些不变的位点对蛋白质结构和功能至关重要。

表 3-4 PAM250 矩阵（概率值×100）

	A	R	N	D	C	Q	E	G	H	I	L	K	M	F	P	S	T	W	Y	V
A	**13**	6	9	9	5	8	9	12	6	8	6	7	7	4	11	11	11	2	4	9
R	3	**17**	4	3	2	5	3	2	6	3	2	9	4	1	4	4	3	7	2	2
N	4	4	**6**	7	2	5	6	4	6	3	2	5	3	2	4	5	4	2	3	3
D	5	4	8	**11**	1	7	10	5	6	3	2	5	3	1	4	5	5	1	2	3
C	2	1	1	1	**52**	1	1	2	2	2	1	1	1	1	2	3	2	1	4	2
Q	3	5	5	6	1	**10**	7	3	7	2	3	5	3	1	4	3	3	1	2	3
E	5	4	7	11	1	9	**12**	5	6	3	2	5	3	1	4	5	5	1	2	3
G	12	5	10	10	4	7	9	**27**	5	5	4	6	5	3	8	11	9	2	3	7
H	2	5	5	4	2	7	4	2	**15**	2	2	3	2	2	3	3	2	2	3	2
I	3	2	2	2	2	2	2	2	2	**10**	6	2	6	5	2	3	4	1	3	9
L	6	4	4	3	2	6	4	3	5	15	**34**	4	20	13	5	4	6	6	7	13
K	6	18	10	8	2	10	8	5	8	5	4	**24**	9	2	6	8	8	4	3	5
M	1	1	1	1	0	1	1	1	1	2	3	2	**6**	2	1	1	1	1	1	2
F	2	1	2	1	1	1	1	1	3	5	6	1	4	**32**	1	2	2	4	20	3
P	7	5	5	4	3	5	4	5	5	3	3	4	3	2	**20**	6	5	1	2	4
S	9	6	8	7	7	6	7	9	6	5	4	7	5	3	9	**10**	9	4	4	6
T	8	5	6	6	4	5	5	6	4	6	4	6	5	3	6	8	**11**	2	3	6
W	0	2	0	0	0	0	0	0	1	0	1	0	0	1	0	1	0	**55**	1	0
Y	1	1	2	1	3	1	1	1	3	2	2	1	2	15	1	2	2	3	**31**	2
V	7	4	4	4	4	4	4	4	5	4	15	10	4	10	5	5	5	72	4	**17**

注：上方是原始氨基酸，左侧是突变后的氨基酸

PAM1 矩阵是序列发生 1%替换的情况，适合比对相似度大于 99%的蛋白质序列。将 PAM1 自乘，可得到适合不同相似度序列比对的矩阵。例如，PAM1 自乘 30 次得到 PAM30 矩阵，适合比对高度相似的序列。将 PAM1 自乘 250 次得到 PAM250，适合比对差异比较大的序列。表 3-5 列出了从两序列比对中观察到的序列差异与 PAM 矩阵的对应关系，可以参考这个表格选择合适的 PAM 矩阵用于序列比对。当比对差异较大的序列时可选择高阶 PAM 矩阵，比较高度相似的序列时选择低阶 PAM 矩阵。

表 3-5　序列差异与 PAM 矩阵的对应关系

观察到的序列差异/%	对应的 PAM 距离	观察到的序列差异/%	对应的 PAM 距离
1	1	50	80
10	11	60	112
20	23	70	159
30	38	80	246
40	56		

PAM 矩阵不方便直接用于序列比对评分，通常转换成对数优势比（logarithm of the odd score，LOD）矩阵，在计算比对得分时将各个位点的得分相加即可。这里的 odd 是两个概率的比值，分子是同源蛋白质序列中某位点上实际发生的替换事件——氨基酸 a 替换为氨基酸 b 的概率，分母是氨基酸 b 随机出现在该位点上的概率。对这个比值取对数即得到 LOD 得分。PAM 矩阵到 LOD 矩阵的转换参见式（3-1）。

$$S_{ab}=S_{ba}=\frac{10\log_{10}q_{ab}/p_a+10\log_{10}q_{ba}/p_b}{2} \tag{3-1}$$

式中，S_{ab} 和 S_{ba} 分别为氨基酸 a 和 b 互相替换的得分；q_{ab} 和 q_{ba} 分别为突变概率矩阵中 b 替换为 a 和 a 替换为 b 的概率；p_a 和 p_b 分别为氨基酸 a 和 b 出现的背景频率。通过将 a 替换到 b 的分值与 b 替换到 a 的分值平均，得到两种氨基酸互相替换的得分用于比对，解决了比对时替换方向未知的问题。

表 3-6 是 PAM250 的 LOD 评分矩阵，它是应用最为广泛的氨基酸替换矩阵之一。表 3-6 中氨基酸按理化性质分为 6 组。矩阵中得分大于 0 的氨基酸替换在同源蛋白质中较为常见，两种氨基酸的理化性质较相似；得分小于 0 的氨基酸替换在同源蛋白质中出现概率较小，对应的两种氨基酸理化性质差异较大。从表 3-6 可以看到，理化性质相似的氨基酸间的替换得分大多为正分，它们之间的替换不会显著影响蛋白质的高级结构和功能；而差异较大的氨基酸间的替换大多是负分，这样的替换比较少见。

表 3-6　PAM250 的 LOD 评分矩阵

	C	S	T	P	A	G	N	D	E	Q	H	R	K	M	I	L	V	F	Y	W	
C	12																				C
S	0	2																			S
T	−2	1	3																		T
P	−3	1	0	6																	P
A	−2	1	1	1	2																A
G	−3	1	0	0	1	5															G

续表

	C	S	T	P	A	G	N	D	E	Q	H	R	K	M	I	L	V	F	Y	W	
N	−4	1	0	0	0	0	2														**N**
D	−5	0	0	−1	0	1	2	4													**D**
E	−5	0	0	−1	0	0	1	3	4												**E**
Q	−5	−1	−1	0	0	−1	1	2	2	4											**Q**
H	−3	−1	−1	0	−1	−2	2	1	1	3	6										**H**
R	−4	0	−1	0	−2	−3	0	−1	−1	1	2	6									**R**
K	−5	0	0	−1	−1	−2	1	0	0	1	0	3	5								**K**
M	−5	−2	−1	−2	−1	−3	−2	−3	−2	−1	−2	0	0	6							**M**
I	−2	−1	0	−2	−1	−3	−2	−2	−2	−2	−2	−2	−2	2	5						**I**
L	−6	−3	−2	−3	−2	−4	−3	−4	−3	−2	−2	−3	−3	4	2	6					**L**
V	−2	−1	0	−1	0	−1	−2	−2	−2	−2	−2	−2	−2	2	4	2	4				**V**
F	−4	−3	−3	−5	−3	−5	−3	−6	−5	−5	−2	−4	−5	0	1	2	−1	9			**F**
Y	0	−3	−3	−5	−3	−5	−2	−4	−4	−4	0	−4	−4	−2	−1	−1	−2	7	10		**Y**
W	−8	−2	−5	−6	−6	−7	−4	−7	−7	−5	−3	2	−3	−4	−5	−2	−6	0	0	17	**W**
	C	**S**	**T**	**P**	**A**	**G**	**N**	**D**	**E**	**Q**	**H**	**R**	**K**	**M**	**I**	**L**	**V**	**F**	**Y**	**W**	

随着生物学研究的发展，Dayhoff 构建 PAM 矩阵的马尔可夫模型面临严峻的挑战。首先，这个进化模型假设每个氨基酸位点发生突变的概率是相同的，然而实际上不同位点的突变能力是存在差异的。基因组中存在突变热点区域，蛋白质中不同氨基酸位点的突变能力也存在差异。另外，构建 Dayhoff 的 PAM 矩阵所使用的数据量相对较少，主要集中在近缘的球蛋白上，这使它的适用范围有一定的局限性，不太适合跨膜蛋白的比对分析。

（二）BLOSUM 矩阵

BLOSUM 矩阵是 Steven Henikoff 和 Jorja Henikoff 在 1992 年提出的另一种氨基酸替换矩阵，它也是依据同源蛋白质序列中的替换数量得到的，但它采用了与 PAM 矩阵不同的策略。BLOSUM 全名是 blocks amino acid substitution matrices，这里的 block 是同一个蛋白质家族中的标志性特征，是一段不含空位的保守区域，该家族每个成员中都包含这样的保守氨基酸模块。

Henikoff 等研究了 Prosite 数据库中 500 多个蛋白质家族，这些蛋白质家族的序列相似度有高有低，但功能都是相同或相似的，属于进化上的同源序列。他们从这 500 多个蛋白质家族序列中提取到 2000 多个保守的氨基酸模块，统计这些保守模块中发生的氨基酸替换类型和数量，据此构建 BLOSUM 矩阵。

在统计保守模块中每个位点上氨基酸替换数目时，蛋白质家族中相似度高的序列中的替换被重复计算多次，对最终结果的影响很大。为了减少高度相似成员对替换数统计的影响，首先将相似度较高的序列合并成一组（cluster），当作一条序列再统计替换数目。如果一组序列中某个位点上氨基酸类型不同，则根据出现频率对这种氨基酸赋权重。在统计替换类型和数量时，只统计不同组间的替换，组内不再统计。根据分组所用阈值不同，可得到一系列 BLOSUM 矩阵。例如，BLOSUM62 是将相似度大于等于 62%的序列合并成组，然后统计组间氨基酸替换数目构建而来的。同理，BLOSUM90 是将相似度大于等于 90%的序列合并成组再统计。

与 PAM 矩阵相似，可以根据序列相似度水平选择不同的 BLOSUM 矩阵进行序列比对。不过 BLOSUM 矩阵阶数的意义与 PAM 矩阵正好相反。低阶 BLOSUM 矩阵，如 BLOSUM45，适合比对相似度较低的序列；高级的 BLOSUM 矩阵，如 BLOSUM90，适合比对相似度较高的序列。其中 BLOSUM62 是应用最为广泛的 BLOSUM 矩阵，它能在较宽的相似度范围内给出两条序列的最优比对（表 3-7）。

表 3-7　BLOSUM62 矩阵

	C	S	T	P	A	G	N	D	E	Q	H	R	K	M	I	L	V	F	Y	W	
C	9																				C
S	−1	4																			S
T	−1	1	5																		T
P	−3	−1	−1	7																	P
A	0	1	0	−1	4																A
G	−3	0	−2	−2	0	6															G
N	−3	1	0	−2	−2	0	6														N
D	−3	0	−1	−1	−2	−1	1	6													D
E	−4	0	−1	−1	−1	−2	0	2	5												E
Q	−3	0	−1	−1	−1	−2	0	0	2	5											Q
H	−3	−1	−2	−2	−2	−2	1	−1	0	0	8										H
R	−3	−1	−1	−2	−1	−2	0	−2	0	1	0	5									R
K	−3	0	−1	−1	−1	−2	0	−1	1	1	−1	2	5								K
M	−1	−1	−1	−2	−1	−3	−2	−3	−2	0	−2	−1	−1	5							M
I	−1	−2	−1	−3	−1	−4	−3	−3	−3	−3	−3	−3	−3	1	4						I
L	−1	−2	−1	−3	−1	−4	−3	−4	−3	−2	−3	−2	−2	2	2	4					L
V	−1	−2	0	−2	0	−3	−3	−3	−2	−2	−3	−3	−2	1	3	1	4				V
F	−2	−2	−2	−4	−2	−3	−3	−3	−3	−3	−1	−3	−3	0	0	0	−1	6			F
Y	−2	−2	−2	−3	−2	−3	−2	−3	−2	−1	2	−2	−2	−1	−1	−1	−1	3	7		Y
W	−2	−3	−2	−4	−3	−2	−4	−4	−3	−2	−2	−3	−3	−1	−3	−2	−3	1	2	11	W
	C	S	T	P	A	G	N	D	E	Q	H	R	K	M	I	L	V	F	Y	W	

BLOSUM 矩阵和 PAM 矩阵有几点不同。首先，PAM 矩阵以马尔可夫模型模拟氨基酸的替换；而 BLOSUM 矩阵没有明确的进化模型。其次，PAM 矩阵通过对相似度大于 85%的同源序列进行全局比对，构建系统发育树，推测祖先序列，并据此获得氨基酸替换类型和数目；而 BLOSUM 矩阵则通过对同一蛋白质家族序列的局部比对获得保守氨基酸模块，统计这些模块中发生的替换。因此，PAM 矩阵更适合探索蛋白质进化轨迹，而 BLOSUM 矩阵更适合用于寻找保守结构域。另外，Dayhoff 的 PAM 矩阵是在 1978 年建立的，当时数据库中的蛋白质序列数量较少，因此观察到的替换数目有限；而 1992 年提出的 BLOSUM 矩阵以 500 多个蛋白质家族数据为基础，这使它的数据代表性更强，也观察到了更多的氨基酸替换。

三、空位罚分体系

在序列的进化历史上，除了核苷酸或氨基酸的替换事件，还有插入和缺失事件。在进行序列比对时，必须考虑到这些插入和缺失事件，并在相应位置引入空位。只有对空位进行合理评分，才能得到可靠的比对结果。然而目前关于插入和缺失事件的理论模型仍不完善，因此空位罚分体系在很大程度上具有主观性。

最简单的空位罚分策略是线性罚分，即多个空位的罚分是多倍的单个空位罚分。例如，如果单个空位罚分为−5 分，那么两个空位罚分为−10 分，3 个空位罚分为−15 分，依次类推。空位越多罚分越高。线性罚分对于 n 个长度为 1 的独立空位和一个长度为 n 的连续空位会给予相同罚分。这在实际情况中可能并不合理，因为长度为 n 的连续空位更可能是由进化历史上 1 次长度为 n 的插入或缺失事件形成的，而不是 n 个单独的插入或缺失事件引起的。

仿射罚分（affine penalty）由空位开启罚分（gap opening penalty）和空位延伸罚分（gap extension penalty）两部分组成。每个空位的罚分包括一个开启罚分和若干个延伸罚分，通常延伸罚分远小于开启罚分。与线性罚分相比，它对长空位罚分更合理。仿射罚分可根据式（3-2）计算。

$$g_n = g_o + g_e \cdot n \tag{3-2}$$

式中，g_n 为长度为 n 的空位的总罚分；g_o 为空位开启罚分；g_e 为空位延伸罚分；n 为空位的总长度。应该注意的是，有时也会采用公式 $g_n = g_o + g_e \cdot (n-1)$ 来计算空位罚分。这时从第二个空位开始才有延伸罚分。尽管这种差异并不会影响比对结果，但使用某个软件时，需要了解它使用的是哪种罚分系统，以确保得到正确的比对结果。

空位可能出现在序列内部，也可能出现在序列两端，对于序列两端的空位，可以选择与内部空位相同的罚分，或者稍低的罚分，也可以视情况不罚分。如果比较两条序列长度相似的同源序列，对于两端空位应该给予与内部空位相同的罚分。如果参与比对的两条序列进化关系不明确，而且长度相差较大，则可以对两端空位不予罚分。

空位罚分在序列比对中扮演着重要角色，会直接影响比对结果。如果与替换矩阵相比，空位罚分偏重，在比对结果中空位出现的概率会非常小；相反，如果空位罚分值相对于替换矩阵偏轻，那么比对结果中可能充斥着不必要的空位，以尽可能地增加匹配数量。所以需要根据选定的替换矩阵，配合恰当的空位罚分，以达到理想的比对结果。现今大多数比对软件都会为特定评分矩阵推荐合适的空位罚分。比如，FASTA 搜索工具为 PAM250 推荐的空位罚分为−10−2n，为 BLOSUM62 推荐的空位罚分为−11−n。

第三节 双序列比对方法

双序列比对方法包括点阵分析（dot-matrix analysis）、动态规划算法（dynamic programming algorithm）和基于单词法（word-based method）[又称 k 元组法（k-tuple method）]。

点阵分析是一种简单直观的双序列比对方法，它能将两序列中所有可能的相似区域在矩阵中显示出来。点阵分析还能显示序列中的插入或缺失片段及序列内部的正向和反向重复区域。点阵分析的局限性在于大部分的点阵分析程序无法给出一个真正的比对结果。

动态规划算法是由计算机科学家提出来的一种算法，它可以从数学意义上保证结果是最优的。1970 年，Needleman 和 Wunsch 首先将动态规划算法应用于序列全局比对；1981 年，Smith 和 Waterman 将该方法应用于局部比对。在给定的评分体系下，动态规划算法能保证给出最优比对结果，因此其得到了广泛的应用，成为双序列比对最常用的算法。

基于单词法是一种启发式算法，用于快速比对两条序列，被广泛用于数据库搜索，如

BLAST 和 FASTA 就采用这种算法。这种算法首先搜索两序列中完全相同的一串字符，然后将这些字符串连接成比对结果。这部分内容将在本书第四章中详细介绍。

一、点阵分析

点阵分析由 Gibbs 和 Mcintyre 于 1970 年提出，可用于寻找两条序列中所有可能的比对。进行点阵分析时，首先要建立一个矩阵，矩阵的行数和列数分别对应两条序列的长度。将一条序列（seq1）置于矩阵顶部，另一条序列（seq2）列在矩阵左侧。从矩阵第一个单元格开始，观察对应的序列 seq1 和 seq2 中两个字符是否相同，如果相同则标记一个点，如不同则不标示。然后依次向右或向下移动，检查每个单元格对应的两个字符是否匹配。重复该过程，直到整个矩阵填充完毕（图 3-4）。点阵图上相似区域呈现为一连串点构成的斜线。位于斜线以外的孤立点表示随机匹配，属于点阵图中的噪声，没有生物学意义。

由于核酸序列只由 4 种核苷酸组成，随机匹配概率非常高，因此点阵图上会存在大量噪声。过滤掉这些随机匹配的点，可明显降低噪声，突出两条序列间显著相似的区域。噪声可通过滑动窗口（sliding window）方法进行过滤。滑动窗口需要设定两个参数：窗口大小（window size）和阈值（threshold 或 stringency）。窗口大小表示每次观察的连续位点数目；阈值表示在这几个连续位点中，最少需要多少个字符完全匹配才进行标记。

以图 3-4 为例，如果窗口大小和阈值都为 2，先将序列 seq1 的前两个字符 AC 与 seq2 的前两个字符 AC 进行比较，由于两个位点都匹配，达到阈值要求，因此在第一个单元格进行点标记。然后窗口向右移动，比较 seq1 的第 2 和 3 个字符 CC 和 seq2 的前两个字符 AC，只有一个匹配，所以不做标记。然后窗口继续移动，直到 seq1 中所有长度为 2 的字符串都与 seq2 中前两个字符 AC 比较完为止。接下来将 seq2 的窗口向下移动到第 2 和 3 个字符 CC，重复刚才的比较和填充过程。这个过程不断重复，直到矩阵填充完毕，得到图 3-5。

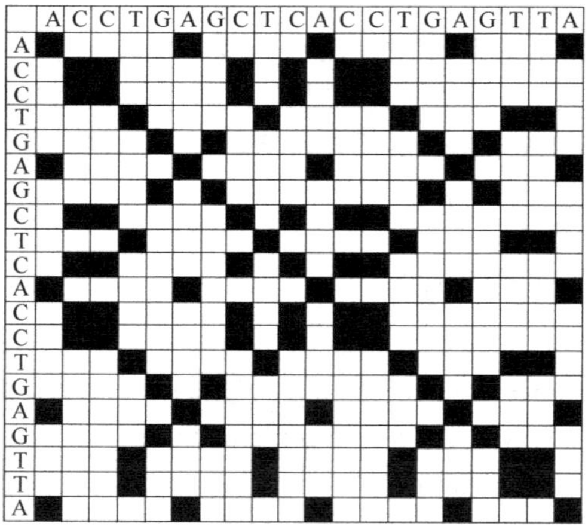

图 3-4　点阵分析比对案例

参与比对的是两条完全相同的序列

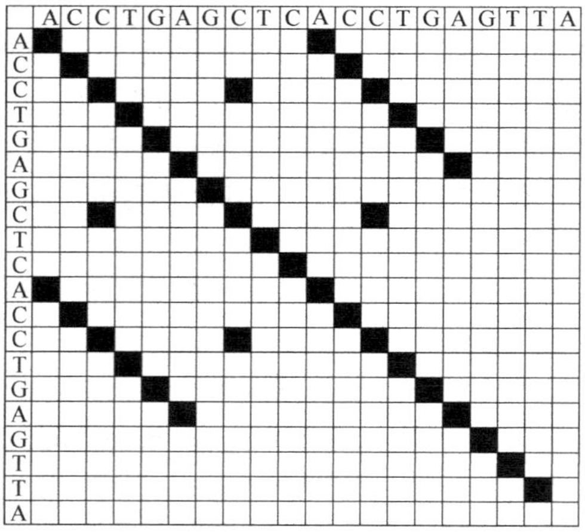

图 3-5　使用滑动窗口对图 3-4 进行噪声过滤的结果

窗口大小和阈值皆为 2

点阵分析通过在图像上标记匹配区域，直观地展示了序列之间的相似区域。然而，这种方法比对时只考虑匹配与否，无法区分氨基酸的保守与非保守替换，也无法提供具体的比对得分或相似性度量，因此在双序列比对中已被动态规划算法所取代。点阵分析目前多用于基因组结构分析，用于检测基因组中的重复序列、结构变异，寻找基因组间的共线性区域等。

二、动态规划算法

进行双序列比对最直接的方法就是生成两条序列所有可能的比对方式，比较不同比对方式的得分，挑选得分最高的作为最优比对（optimal alignment）。但是两条序列可能的比对方式非常多，随着序列长度的增长，可能的比对方式呈指数增长。因此，需要设计更高效的算法以寻找最优比对方式。

动态规划算法就是这样一种能高效给出最优比对方式的算法。它的基本思想是将待求解问题分解成若干子问题，先求解子问题，并存储子问题的解以避免重复计算，然后通过递归整合所有子问题的解，得到原问题的解。动态规划算法能保证在给定评分体系下得到最优比对方式，即得分最高的比对方式，是双序列比对中最常用的算法。

（一）Needleman-Wunsch 算法

Needleman 和 Wunsch 于 1970 年将动态规划算法用于双序列全局比对，发展出内德勒曼-温施算法（Needleman-Wunsch algorithm，Needleman-Wunsch 算法）。考虑两条待比对序列 a 和 b，它们的长度分别为 M 和 N。Needleman-Wunsch 算法分三步，第一步建立一个（M+1）×（N+1）的动态规划矩阵，将两条序列分别写在矩阵的左侧和上方，第一行和第一列留空（图 3-6）。第二步填充这个矩阵，矩阵中每个单元格存储从序列起始到当前位置（对应行和列上字符）的最高分。第三步从矩阵最后一个单元格回溯到起始单元格，得到全局比对结果。下面我们逐步具体解释。

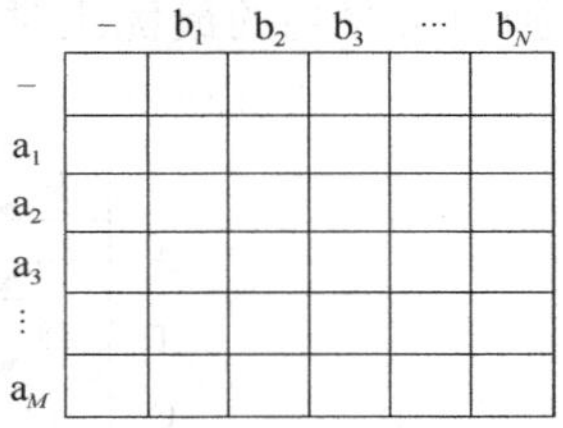

图 3-6 动态规划矩阵

建立起（M+1）×（N+1）的动态规划矩阵后，第一步要填充矩阵第一行和第一列的分值。第一行代表序列 a 中一直加入空位与上方序列 b 进行比对的情况，同理第一列代表序列 b 中一直加入空位与序列 a 进行比对的情况。所以矩阵中第一行和第一列的值是依据空位罚分体系来填充的。如果使用单个空位罚分为 5 分的线性罚分体系，则矩阵第一行的分值依次为 0、−5、−10、−15 等，依次类推。如果使用仿射罚分体系，则按仿射罚分方法进行填充。

第二步是依次填充矩阵其他单元格。假设序列 a 的第 i 个字符为 a_i，序列 b 的第 j 个字符为 b_j。对于任意的 a_i 和 b_j 来说，有三种可能的比对方式：第一种，a_i 和 b_j 比对到同一列中，如果两个字符相同为匹配，不同为错配；第二种，a_i 已经与 b 序列中其他字符比对到同一列中，只能在 a 序列中引入一个空位与 b_j 相对；第三种与第二种相反，b_j 已经与 a 序列中其他字符比对，只能在 b 序列中引入一个空位与 a_i 相对。动态规划算法就是要从这三种比对方式中挑选得分最高的填充到当前单元格中。所以最优分计算公式为

$$S_{i,j}=\max\begin{cases}S_{i-1,j-1}+S(a_i,b_j)\\ S_{i-1,j}-g\\ S_{i,j-1}-g\end{cases} \tag{3-3}$$

式中，$S_{i-1,j-1}$ 是从序列起始［0,0］到单元格［i−1, j−1］的比对最优分；S（a_i，b_j）是 a_i 和 b_j 匹配或错配的得分；g 是空位罚分，是在序列 a 或 b 中引入空位的分数。$S_{i,j}$ 的分数来自以下三条路径的最高分：①从斜对角线单元格［i−1, j−1］而来，在斜对角线单元格得分的基础上加上当前字符 a_i 和 b_j 匹配或错配的得分；②从左侧单元格［i, j−1］而来，此时要在

序列 a 中引入空位与 b_j 对齐，所以在左侧单元格分数的基础上减去一个空位罚分；③从上方单元格［$i-1, j$］而来，则需要在序列 b 中引入空位与 a_i 对齐，因此在上方单元格分数的基础上减去一个空位罚分。依次依据式（3-3）计算每个单元格的得分，同时记录当前单元格最优分来自三条路径中的哪一条（图 3-7）。

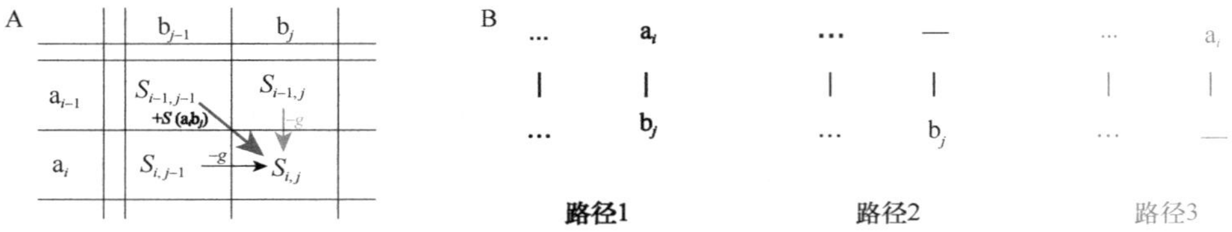

图 3-7　最优分的递归计算方法及相应的比对结果

A．最优分的 3 种计算来源；B．三条路径对应的比对结果

一旦整个矩阵填充完毕，即利用全局比对最优得分，即矩阵中最后一个单元格的得分 $S(M, N)$。要找出最优比对方式，还需要对整个矩阵进行回溯。从矩阵的最后一个单元格（M, N）开始，根据填充时记录的路径，一直回溯到第一个单元格［0, 0］。根据回溯路径，可得到两条序列的最优比对方式（图 3-8）。

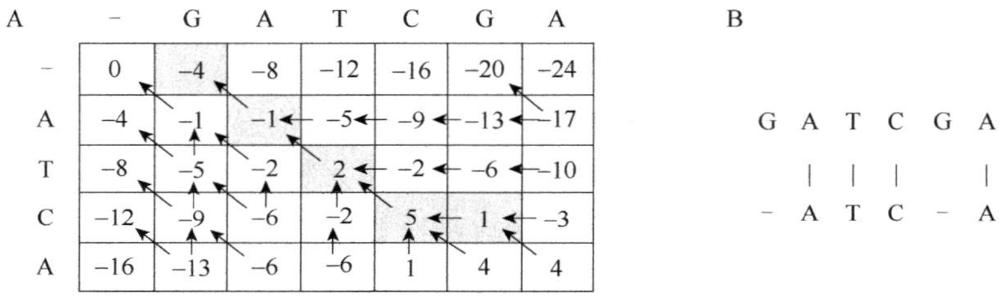

图 3-8　两条序列用 Needleman-Wunsch 算法进行的全局比对

评分体系为匹配记+3 分，错配记−1 分，线性空位罚分，每个空位记−4 分。

A．Needleman-Wunsch 算法矩阵填充和回溯过程；B．相应的全局序列比对结果

全局比对主要用于比较不同物种的相同基因或蛋白质，以及同一物种中相似基因或蛋白质序列，目的是寻找基因家族成员，探索物种间或蛋白质家族的进化关系。局部比对常用来寻找两条序列中相似的片段或保守的结构域。利用动态规划算法对两条序列局部比对采用的是 Smith-Waterman 算法。

（二）Smith-Waterman 算法

局部比对的应用范围比全局比对更广，除了用于寻找两条序列中保守结构域或保守位点，也可用于两条长度差异较大的序列比对。Smith 和 Waterman 于 1981 年提出的双序列局部比对的动态规划算法，得到了广泛应用。

史密斯-沃特曼算法（Smith-Waterman algorithm，Smith-Waterman 算法）与 Needleman-Wunsch 算法在基本步骤上相似，但有两个主要差异。首先，在动态规划矩阵的每个单元格分值计算中引入了一个新选项［式（3-4）］。如果三条路径的分值都小于 0，则此单元格取 0 分。也就是说，如果在某个位置的最优比对得分小于 0，最好从这里开始一个新的局部比对，而不是延续之前的比对。同样，矩阵 0 行 0 列赋值都为 0。局部比对与全局比对的另一个区别是比对可以在矩阵中任何位置结束。所以回溯不是从最后一个单元格开始，而是从整个矩阵中得分最大的单元格开始，遇到分值为 0 即终止，不需要回溯到矩阵的第一个单元格（图 3-9）。

$$S_{i,j}=\max\begin{cases}S_{i-1,j-1}+S(a_i,b_j)\\S_{i-1,j}-g\\S_{i,j-1}-g\\0\end{cases} \tag{3-4}$$

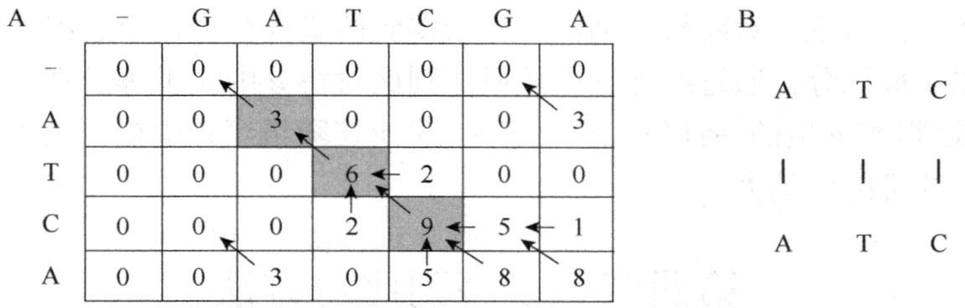

图 3-9 两条序列用 Smith-Waterman 算法进行的局部比对

评分体系为匹配记+3 分，错配记−1 分，线性空位罚分，每个空位记−4 分。

A. Smith-Waterman 算法矩阵填充和回溯过程；B. 相应的局部序列比对结果

（三）评分体系与算法的关系

动态规划算法可确保在数学意义上得到最优比对，但比对结果是否在生物学上有意义则与所选择的评分体系有密切的关系。Needleman-Wunsch 算法本身并不能保证得到的比对结果是全局的，同样 Smith-Waterman 算法也不能保证一定得到两条序列的局部比对结果。评分体系（替换矩阵和空位罚分）对最终比对结果有非常大的影响。

判断比对结果是全局的还是局部的，最简单的方法就是观察空位分布情况。全局比对通常具有较长的匹配区域，覆盖序列的大多数区域，而且伴随许多空位；而局部比对的序列通常较短，空位较少。然而，这种判断方法带有较强的主观色彩，需要更精确的方法来确定程序和评分体系提供的是全局比对还是局部比对。最佳方法是利用相同的评分体系，对随机或无关序列进行比对，观察比对结果。如果随着随机序列长度的增加，比对得分会成比例地增加，该程序和评分体系比较适宜全局比对。相反，随序列长度的增加，最优分增长缓慢的评分体系适宜进行局部比对。在实际应用中，需要首先选择基于合适算法的程序，然后仔细选择评分体系，注意评分体系对比对结果有重大影响。

三、序列同源关系的评估

对于高度相似序列（如相似度大于 90%的序列），比对方式通常很明显，甚至不用比对程序就可得到其比对方式。随着序列相似度的降低，比对的难度增加，可靠性也随之降低。一致度在 20%左右的蛋白质序列进行比对时，相似区域仍可辨别。这种情况下，比对中错配氨基酸与空位的数量和位置可能需要根据经验来确定。这种相似度水平上的序列比对称作序列比对的“模糊区”（twilight zone），需要评价比对得分的统计显著性，即两条序列同源的可能性大小。

比如，用某个评分体系对两序列比对后得分为 x。要判断这个分数的统计显著性，可通过假设检验方法来评估。在这里，零假设 H_0（null hypothesis）表示这两条序列没有同源关系，属于随机序列；备择假设 H_a（alternative hypothesis）则表示这两条序列同源。p 值（p value）表示如果零假设成立，即两条序列没有关系，比对得分大于等于 x 的概率。通过设置阈值 α

（通常为 0.05，但可以根据需要调整）可以判定是否拒绝零假设。如果 p 值小于 α，则拒绝零假设，即这两条序列是有共同祖先的同源序列。反之，如果 p 值大于 α，则无法拒绝零假设，即这两条序列没有同源关系。

如果不清楚随机序列两两比对得分的分布，可以通过计算机模拟来评估 p 值大小。最简单的方法是对原序列进行随机打乱，生成与原序列在组成和长度上都相同的随机序列，然后用同样的评分体系比对这一对随机序列，并记录得到的最优分。这个过程重复多次，得到大量的随机序列比对最优分。通过统计这些随机序列比对得分中大于等于真实序列比对最优分 x 的概率，就可以得到 p 值的估计值。p 值越小，说明在随机序列中得到大于等于 x 的概率越小，两序列同源的可能性越大。

第四节　多序列比对方法

一、多序列比对简介

多序列比对（multiple sequence alignment）是将多条序列同时比对，使尽可能多的相同（或相似）字符出现在同一列中，从而发现多条序列的共性。如果说双序列比对主要用于检验两条序列是否同源，依据同源关系推测它们的结构和功能，多序列比对则能为研究分子结构、功能及进化关系提供更可靠的信息。只有通过多序列比对，才能识别序列中承担重要功能的保守区域，这是双序列比对无法提供的。多序列比对对于系统发育分析、蛋白质家族成员鉴定、蛋白质结构预测、保守结构域和模体（motif）的搜寻及 PCR 引物设计等都有非常重要的作用。

多序列比对是系统发育分析的基础。要想研究多条生物分子序列的系统发育关系，首先需要对它们进行多序列比对，多序列比对结果中每一列的情况，对应进化历史上该位点所发生的突变（替换或插入/缺失）事件。有些位点非常保守，几乎观察不到突变的发生；有些位点发生多次突变，理化性质差异很大的氨基酸都有出现。据此可以推测这些序列在进化历史上发生的突变类型和数量，进而推测它们之间的系统发育关系。如图 3-10 所示，序列进化历史的信息包含在多序列比对结果的每一列中。依据图 3-10A 中多序列比对结果，可推测这 4 条序列的进化关系，如图 3-10B 所示。

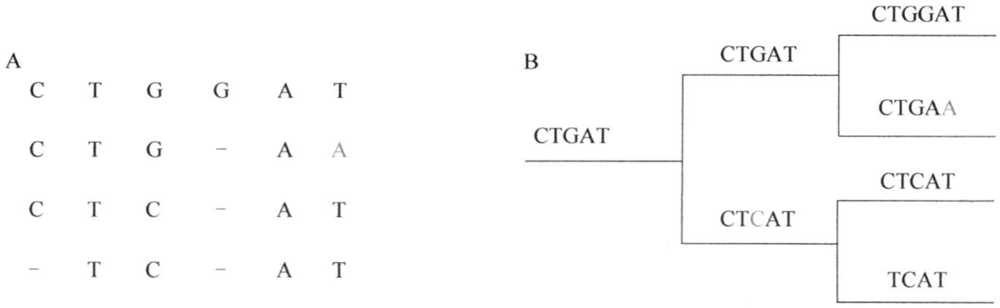

图 3-10　使用多序列比对进行的系统发育分析

A. 4 条核酸序列比对结果；B. 依据多序列比对结果所推断的系统发育树

多序列比对还可用于蛋白质家族成员的鉴定与搜索。将同一蛋白质家族的多条序列同时进行比对，可以发现该家族的序列保守区与可变区，利用保守区序列特征可检查未知序列是否也包含此保守区域，从而判定它是否属于蛋白质家族成员。将利用此保守区域共同特征构建的模型进行数据库搜索，可以寻找家族其他可能的成员。

在蛋白质结构预测时，多序列比对的使用能大大提高预测的准确性。众所周知，蛋白质空间结构比它的一级序列还要保守，一级结构相似的蛋白质总是折叠成相似甚至完全相同的高级结构。如果能够得到准确的多序列比对结果，就可以根据比对结果某一列中的替换情况，了解这个位置上哪种类型的氨基酸是可以接受的，是小分子的，还是疏水的，或者是带某种电荷的氨基酸，据此可提高蛋白质二级和三级结构预测的准确性。随着结构生物学的发展及蛋白质结构数据库容量的增长，通过多条同源序列的比对结果预测蛋白质高级结构的准确性会越来越高。

相较于双序列比对，多序列比对的算法更为多样化且丰富。精确算法（exact algorithm）、渐进式比对（progressive alignment）和迭代式比对（iterative alignment）可用于全局比对。多序列也可以进行局部比对，可以收集同一蛋白质家族中的序列，先利用它们的全局比对结果寻找保守区域，生成该家族的位点特异性打分矩阵（position specific scoring matrix，PSSM）或隐马尔可夫模型（hidden Markov model），用于该家族序列比对或其他成员的搜索和鉴定。

二、多序列全局比对算法

（一）精确算法

理论上，只需将双序列比对的 Needleman-Wunsch 算法所用平面矩阵拓展到 N 维空间，就可以进行 N 条序列的全局比对。三条序列比对的计算空间可用一个长方体表示（图 3-11）。将三条序列 A、B 和 C 分别置于长方体的 x、y、z 轴上。计算长方体中每个单元格得分，右上角最后一个单元格就是三条序列全局比对的最优分。如果序列数目增加，则计算空间的维度也随之增加。假设参与比对的序列长度都为 N，两序列比对时计算量级为 N^2，三条序列比对时为 N^3，当有 m 条序列同时比对时，计算量级为 N^m。计算量随序列数目的增加呈现指数增长，目前计算机还无法实现这样的计算量。

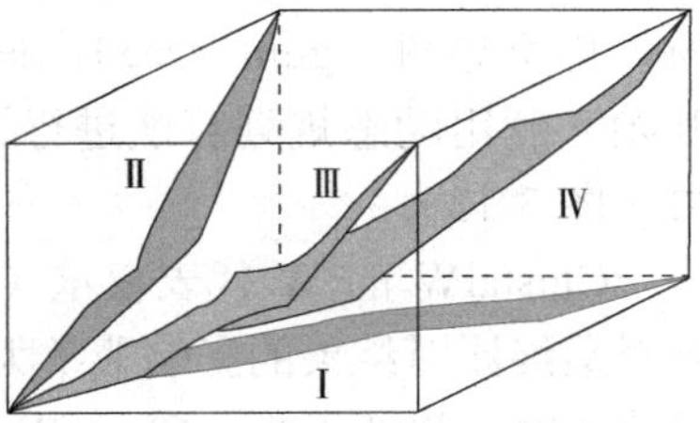

图 3-11　三条序列比对示意图（Mount，2013）

为了解决这个问题，有人提出改进算法以缩小计算空间。如图 3-11 中，长方体表面有三个区域，其中区域Ⅰ定出了序列 A 和 B 最优比对的边界，而区域Ⅱ和区域Ⅲ则分别定出了序列 B、C 和序列 A、C 最优比对的边界。区域Ⅳ位于长方体内部，它是区域Ⅰ、Ⅱ、Ⅲ在长方体内部的投影，A、B、C 三条序列最优比对就位于该区域中。通过限定在这个区域中搜寻比对结果，就可以大大减少运算量。

这种改进后的算法虽然减少了运算空间，但仍只适用于少数（6～8 条）中等长度（200～300bp）的序列比对。由于这是一种启发式算法（heuristic algorithm），并不能保证比对结果是最优的，因此精确算法在实际中使用并不多。

双序列比对得分很好计算，依据评分体系对于匹配、错配或空位的得分，将每列分数相加即可。多序列比对时每列的情况复杂很多，不能简单用匹配、错配和空位来计算，常用的一种记分方法为 SP 计分（sum of pairs score）。它是将多序列比对看成多个双序列比对，将每个位点的所有双序列比对得分相加，得到该列分数；所有列分数相加即整个多序列比对得分（图 3-12）。

A

	1	2	3	4
a	E	C	S	Q
b	S	N	S	G
c	S	W	K	N
d	S	C	S	N

B

	位点 1		位点 2		位点 3		位点 4	
a–b	E-S	0	C-N	−4	S-S	2	Q-G	−1
a–c	E-S	0	C-W	−8	S-K	0	Q-N	1
a–d	E-S	0	C-C	12	S-S	2	Q-N	1
b–c	S-S	2	N-W	−4	S-K	0	G-N	0
b–d	S-S	2	N-C	−4	S-S	2	G-N	0
c–d	S-S	2	W-C	−8	K-S	0	N-N	2
SP 得分	6		−16		6		3	

图 3-12　SP 计分法

A．4 条序列比对结果；B．每列得分计算方法（所有匹配和错配得分来自 PAM250 矩阵），4 条序列比对总分＝6−16+6+3＝−1

（二）渐进式比对

渐进式比对是一种常用的多序列比对算法，它相对简单，对计算时间和内存的要求都不高。渐进式比对最初由 Hogeweg 于 1984 年提出，后来由 Feng 和 Taylor 重新作了修正。Clustal、T-Coffee 和 ProbCons 等多序列比对软件都是基于这一算法。

Clustal 是最常用的一个渐进式比对软件，从 1988 年发布以来，Higgins 等对它进行了多次修改和完善，有 ClustalW 和 ClustalX 两个版本。其中 ClustalW 是 DOS 版本的，它对序列和参数可以给不同的权重，ClustalX 是图形界面窗口，更易上手。2011 年推出的新版本 Clustal Omega，可利用隐马尔可夫模型（HMM）对上千条序列同时进行比对。

ClustalW 算法分为三步：首先，对所有序列进行两两比对（快速模式用 *k* 元组法，准确模式采用动态规划算法），根据比对结果计算两两序列间的遗传距离（序列相似度越高，遗传距离越小）；然后，利用邻接法（neighbor-joining method）构建多条序列的系统发育树，称引导树（guide tree）；最后，根据引导树上序列之间的关系，从最相似的两条序列开始，利用动态规划算法进行比对，由近及远依次加入其他序列，最终得到多序列比对结果（图 3-13）。

ClustalW 的 W 代表权重（weight）。渐进式比对是从最相似的序列开始，相似度高的序列对最终比对结果的影响非常大，加入比对越晚的序列对结果的贡献越小。为了平衡序列对最终比对结果的贡献，ClustalW 在计分时给每条序列一个权重。这个权重值来自引导树上的枝长值，每条序列的权重是从该序列到树根的总枝长，如果几条序列共享一个节点，则共享的枝长要平均分配给每条序列。越相似的序列共享的枝越多，所以总枝长越短，权重也就越小。这样高度相似的序列权重小，差异比较大的序列权重大，平衡了不同序列对最终结果的影响。

为了提高比对的可靠性，ClustalW 在最初双序列比对时，会根据序列相似度选择合适的 PAM 或 BLOSUM 矩阵。ClustalW 对于空位罚分体系也进行了优化，同时采用位点特异（position-specific）罚分和残基特异（residue-specific）罚分。根据每种氨基酸附近出现空位的概率设置起始空位罚分；连续亲水氨基酸预示着蛋白质二级结构中的环（loop）或螺旋（coil）区域，这个区域位点的起始空位罚分会比较低。在加入新序列时，空位如果出现在前期已有空位的位置，则降低空位罚分；但在已有空位上下游 8 个位点内插入新空位，会增大空位罚分。这些方法的使用大大提高了 ClustalW 比对的可靠性。

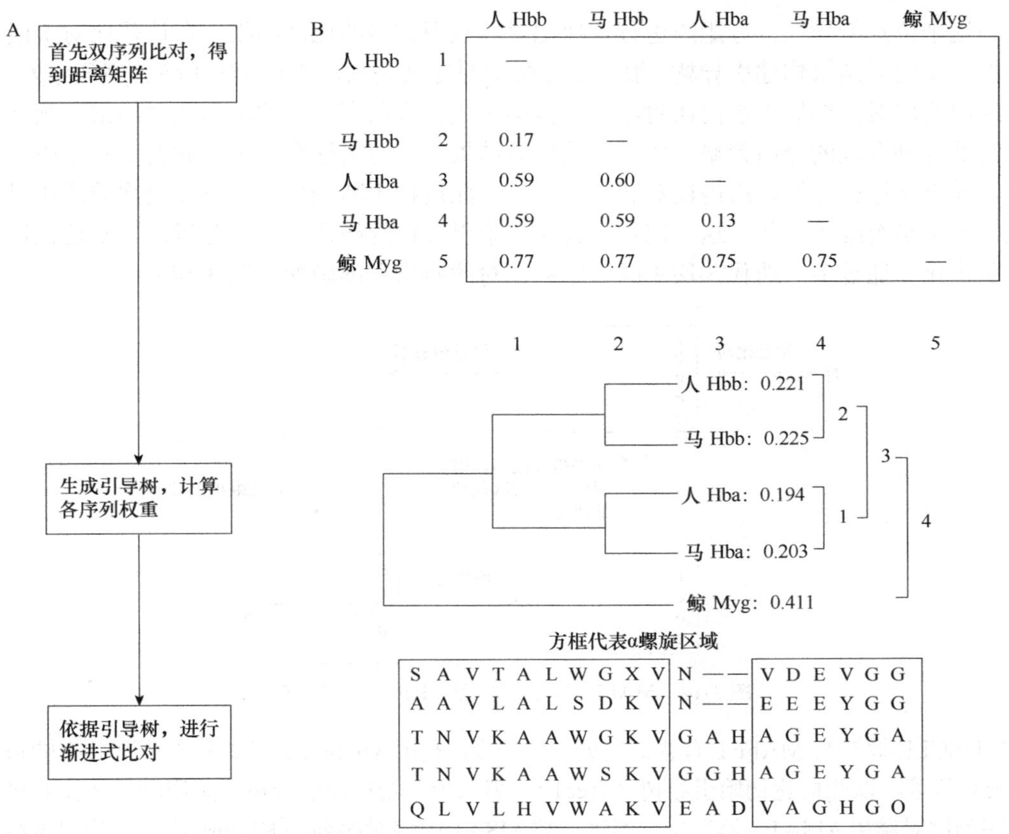

图 3-13　利用 ClustalW 对 5 条珠蛋白家族蛋白质序列进行比对（参考 Thompson et al.，1994 修改）

A．比对的流程图；B．上部为根据双序列比对所得的距离矩阵，中部为生成的引导树，下部为多序列比对结果所揭示的结构域区域

利用渐进式比对进行多序列比对的主要问题是最终的多条序列比对结果在很大程度上依赖于起始最为相似的序列比对结果。如果起始序列的相似度很高，起始比对中错误很少，最终比对结果较为可靠。反之，如果起始序列的相似度不够高，起始比对中可能存在很多错误，这些错误将在随后加入其他序列过程中逐渐扩增，无法在后面的比对步骤中修正。

（三）迭代式比对

渐进式比对的最大问题是初始比对中出现的错误在后期无法得到纠正，当初始序列的相似度不高时，这个问题尤为严重。迭代式比对可以有效地解决这个问题。迭代式比对首先从待比对的多条序列中抽取一条或多条出来，从而将所有序列分成两组；两组序列先各自组内比对，然后将两组比对结果再进行组间比对，得到所有序列的比对结果并记录得分。再对序列重新分组和比对，如果得分上升则保留比对结果，得分下降则抛弃。系统性地重复抽取和不断比对，直到序列比对得分不再发生变化为止。1987 年，Barton 和 Sternberg 在他们的软件 MultiAlign 中首先运用了迭代的思想；Gotoh 于 1996 年在 PRPP 中发展了一套非常完善的迭代算法。目前常用的迭代式多序列比对软件有 MAFFT 和 MUSCLE 等。

MAFFT 算法流程如下：首先，在初始比对阶段，从序列中选定一条作为参考序列，与其他序列进行两两比对。以参考序列为锚点，生成初始位点特异性打分矩阵。接着，将所有序列与这个位点特异性打分矩阵进行快速比对，获得初步的比对结果。在迭代比对阶段，首先根据初步比对结果构建引导树。根据引导树上的序列关系，将相似性较高的序列分为一组，进行组内的比对。然后以组内比对结果为基础生成包含所有序列的组间比对结果。软件会系统地尝试各种合理的分组策略。如果新的比对结果质量有所提升，则以此为基础生成新的引导树，并再次进行分组、组内比对和组间比对。此过程不断迭代，根据预设次数或比对得分变化，判断是否终止迭代。这一流程的关键在于引导树的构建和序列分组，以及迭代过程中的不断优化。通过多次迭代，逐步改善序列比对的质量和准确性（图 3-14）。

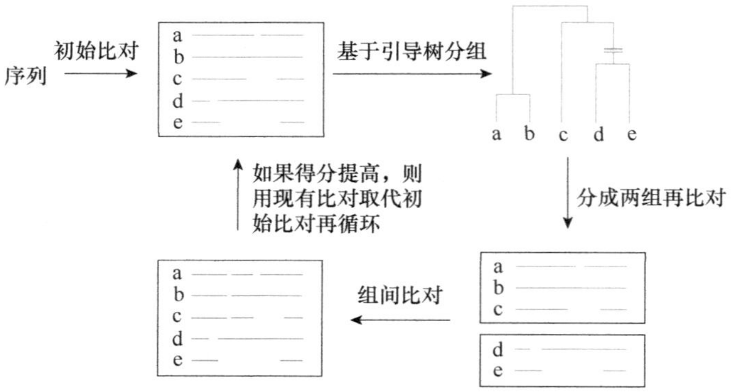

图 3-14　MAFFT 算法流程图（Pevsner，2015）

MUSCLE 算法与 MAFFT 有相似之处。第一步，利用 MUSCLE 计算每对序列共有的短片段（*k*-mer）数量，以此构建初始引导树（Tree1）。第二步，依据此引导树，采用渐进式比对得出初始多序列比对结果 MSA1。第三步，通过计算 MSA1 中每对序列的 Kimura 距离，构建更精确的引导树（Tree2）。比较 Tree2 和 Tree1，重新比对发生变化部分的序列，产生新的多序列比对结果 MSA2。第四步是分组迭代，以引导树为基础将序列分为两组。在组内比对后，再进行两组间的比对，以获得所有序列的比对结果。若新的比对方式提升了比对得分，则保留；反之则排除。此过程持续进行分组、比对、评估，直至比对得分趋于稳定或达到预设迭代次数（图 3-15）。

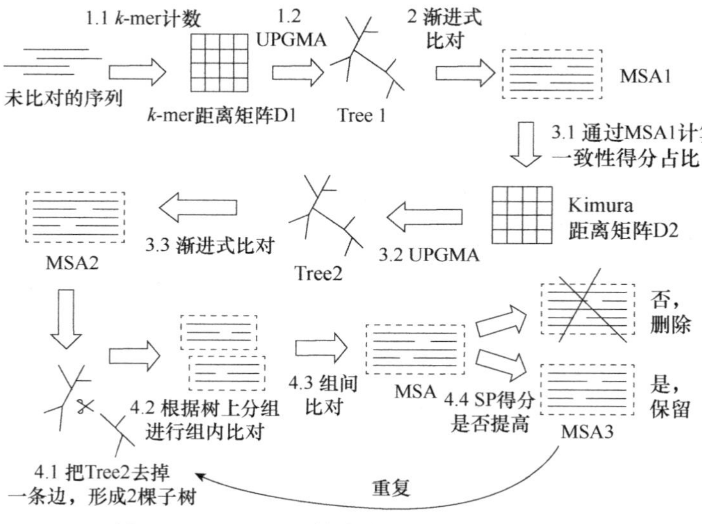

图 3-15　MUSCLE 算法流程图（Edgar，2004）

UPGMA. 非加权算数平均组对法

三、多序列局部比对算法

（一）基于位点特异性打分矩阵的比对

在蛋白质序列比对中，通常使用 PAM 或 BLOSUM 系列评分矩阵。然而，这些矩阵是基于所有已知蛋白质家族序列构建的，因此反映了不同家族的共同替换特征，却丢失了每个家族的独特替换模式，而这可能与蛋白质结构和功能紧密相关。位点特异性打分矩阵（PSSM，也称 profile）则填补了这一空白。它针对每个蛋白质家族分别构建，以家族序列中实际观察到的替换为基础，为每个家族量身定制了独特的评分矩阵。这使得位点特异性打分矩阵更准确地反映了家族特有的保守性和变异性。利用这样的矩阵进行家族成员比对、搜索或鉴定的可靠性更高。

构建蛋白质家族或保守结构域的 PSSM 需要多个步骤。首先，收集同一蛋白质家族的同源序列，形成一个序列集。对这些序列进行多序列比对，以识别保守区域。比对方法可以采用渐进式比对或迭代式比对。比对结果中保守位点和区域的信息是至关重要的。因此，我们统计每种氨基酸在各个位点上的出现频率。以这个频率为基础，计算每个位点上 20 种氨基酸的得分［式（3-5）］。

$$S_{ui}=\log\left(\frac{P_{ui}}{f_i}\right) \tag{3-5}$$

式中，u 是任意位点；i 是任意氨基酸。该得分（S_{ui}）是某氨基酸 i 出现在当前位点 u 的频率（P_{ui}）除以该氨基酸在所有位点上的背景频率（f_i），并取对数。这种得分方式能够反映同一种氨基酸在不同位点上的差异，凸显了蛋白质不同区域受功能约束而表现出的氨基酸组成差异。图 3-16 是依据热激蛋白 HSP70 家族的蛋白质序列中一个长度为 10aa 的保守区域构建的 PSSM。这个 PSSM 矩阵案例中，首行代表 20 种氨基酸，首列代表 10aa 长度的 HSP70 蛋白质家族的一致性序列（consensus）。矩阵中每一行代表一致性序列的一个保守位点，每一列是 20 种氨基酸在该位点的评分，该评分由每个位点出现的氨基酸频率决定，其中带下划线的数字为该位点得分最高的氨基酸。最后两列是该位点空位开启罚分和延伸罚分。

Cons	A	B	C	D	E	F	G	H	I	K	L	M	N	P	Q	R	S	T	V	W	Y	Z	Gap	Len
I	8	3	−2	5	4	5	5	−4	24	0	15	13	1	1	1	−7	2	22	21	−18	−6	4	100	100
T	13	19	−5	24	18	−18	19	7	1	7	−7	−4	14	11	10	−1	9	29	3	−28	−14	15	100	100
L	5	5	−5	3	4	13	4	2	8	−4	14	12	8	−5	0	−10	0	10	10	−1	5	2	22	22
S	17	14	17	13	10	−12	29	−5	−5	6	−14	−9	12	10	0	−2	34	19	1	−8	−15	4	100	100
T	15	3	22	0	−1	−5	12	−2	7	−3	−8	−6	5	7	−8	−7	16	29	9	−22	6	−4	100	100
T	8	−1	12	−2	0	5	6	−4	19	−4	8	5	−1	2	−8	−8	7	22	19	−15	4	−3	100	100
C	17	0	24	−1	−3	11	8	−1	7	−10	1	−2	1	−3	−8	−14	8	5	9	−5	14	−7	100	100
V	11	0	18	−1	−2	2	14	−10	26	−4	9	7	−3	7	−7	−7	21	10	31	−19	−5	−5	100	100
C	10	−8	15	−11	−11	6	8	−7	11	−10	4	3	−7	0	−11	−4	11	5	15	−22	14	−11	100	100
V	7	7	−3	8	8	−3	11	1	20	−1	14	10	4	2	8	−5	0	5	26	−24	−6	8	100	100

图 3-16 根据 HSP70 家族蛋白质中一个长度为 10aa 的保守区域构建的 PSSM

Cons．一致序列；Gap．空位开启罚分；Len．空位延伸罚分

构建好的 PSSM 可以作为蛋白质家族的序列特征（signature）模型，用于该家族成员序列的比对，以及家族其他成员的搜索和鉴定。类似的方法也适用于构建蛋白质保守结构域模

型，还可用于分析 DNA 上的转录因子结合位点等。

（二）基于隐马尔可夫模型的比对

马尔可夫链（Markov chain）是一种数学模型，用于描述随机事件的动态变化。它基于马尔可夫性质，即未来状态仅与当前状态相关，与过去的状态无关。马尔可夫链由一组状态（state）和状态之间的转换概率（transition probability）组成，通常用于模拟系统状态随时间的变化。一个简单的例子是某地天气变化，这个系统中的天气状态可以是晴朗、多云、雨天等，而天气的变化则由当前到第二天的转换概率决定。

隐马尔可夫模型（hidden Markov model，HMM）是马尔可夫链的扩展，它由隐藏状态和可观察符号两部分组成，其中隐藏状态表示系统的内部状态，可观察符号是人们可以观察到的外部事件。HMM 中状态之间的转换构成了一个马尔可夫链，定义了系统状态的演化。每个状态到符号的转换概率称为发射概率（emission probability），代表在每个状态下生成特定符号的概率。HMM 描述观察到的符号序列与系统内部隐藏状态之间的关系。HMM 在语音识别中有广泛的应用，在这个模型中，语音信号是观察序列，隐藏状态是不同的语音单元，如音素或音节。HMM 的状态转换和发射概率可以表示不同语音单元之间的转换和生成特定声音的概率。通过比较不同状态序列的发射概率，HMM 可以识别出最有可能的语音单元序列，从而实现语音到文字的转换。

在生物信息学领域，隐马尔可夫模型谱（profile HMM，PHMM）得到了广泛的应用。相较于普通 profile，PHMM 在模拟序列中的保守区域和可变区域方面表现更为优越，将空位更加具体地细分为插入和缺失，因此具有广泛的适用领域。例如，在多序列比对中，可以利用蛋白质家族的 PHMM 来提高结果的可靠性。而在基因组注释方面，依据基因和调控元件的统计学特征建立 PHMM，用于预测启动子、外显子、内含子及剪接位点等功能元件。此外，PHMM 还能被用于蛋白质的二级结构、保守结构域和跨膜区域的识别等方面。

图 3-17 通过举例说明如何根据多序列比对结果生成 PHMM。这个隐马尔可夫模型由三种不同的状态组成：匹配（match，m）、插入（insert，i）和缺失（delete，d）状态。PHMM 一般用匹配状态描述保守区域，用插入状态描述可变区域，用缺失状态描述缺失的位点。匹

A

序列 1	A	C	G	·	L	D
序列 2	S	C	G	·	–	E
序列 3	N	C	G	G	F	D
序列 4	T	C	G	·	W	Q
位点	1	2	3		4	5

B

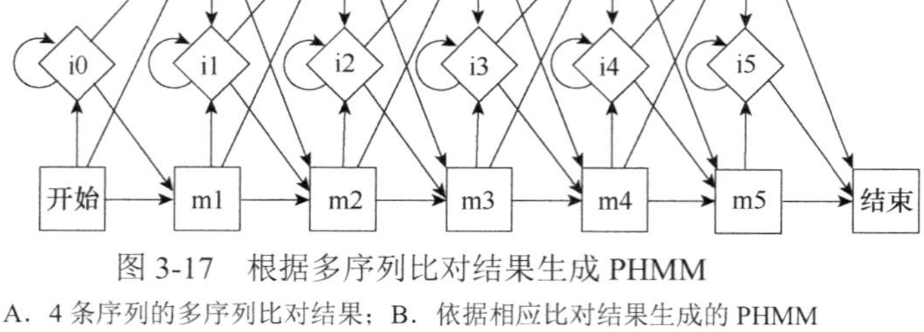

图 3-17　根据多序列比对结果生成 PHMM

A．4 条序列的多序列比对结果；B．依据相应比对结果生成的 PHMM

配和插入状态能够产生氨基酸或核苷酸字符，而缺失状态不产生字符，被称为沉默状态。这些状态之间可以相互转换，每种转换都有对应的转换概率。匹配和插入状态还有字符生成概率。比对结果中序列 3 第 4 个字符是甘氨酸（G）的插入，由模型中的 i3 状态生成；序列 2 中第 4 个位点缺失了一个氨基酸，对应 d4 状态；其他字符都是 m 状态生成的。PHMM 的这种结构和状态转换方式使其能够有效地捕捉序列之间的保守性和变异性，可以在序列分析中发挥重要作用。

Clustal Omega 和 HMMER 都是利用 PHMM 进行多序列比对的常用工具。Clustal Omega 支持用户提供预先训练好的 HMM，以协助序列比对过程，从而提高比对的准确性。HMMER 专注于使用 PHMM 进行蛋白质家族分析。它可以基于多序列比对的结果来构建 PHMM，还支持使用这些模型来搜索数据库以寻找蛋白质家族成员，或者判定序列中是否含有特定保守结构域。此外，HMMER 还能使用预先训练好的 HMM 进行多序列比对。

习 题

1. 采用简单的点阵分析的方法分析核酸序列将产生大量的背景噪声，有什么办法可以将背景噪声显著降低又不严重损失有用的信息？如何利用点阵分析的方法发现基因的内含子和外显子？

2. PAM250 意味着蛋白质序列中平均每 100 个氨基酸位点在进化历程中发生了 250 次替换。为什么它与祖先序列间仍然有 20%左右的相似性？

3. 对两条 DNA 序列 GAATTCAGTTA 和 GGATCGA 利用动态规划算法分别进行全局比对和局部比对，评分体系为匹配 5 分，错配−3 分，线性空位罚分，每个空位罚分 4 分。

4. 蛋白质序列与核酸序列比对的主要异同点有哪些？

5. 基于渐进式比对进行多序列比对的软件有哪些？简要说明其原理。

6. 渐进式比对的主要缺点是什么？迭代式比对是如何改进这个问题的？

第四章　数据库搜索

前一章，我们学习了对两条或多条核酸、蛋白质序列进行比对，找出序列间的最大匹配碱基或氨基酸残基数，比对结果反映了序列间的相似性关系。随着分子测序技术的发展，各类生物分子信息数据库日益增多（见第二章），且各数据库里的数据量也不断增长，人们常需要进行数据库搜索，即以一条 DNA 或蛋白质序列作为查询序列，将其与整个数据库中的所有序列进行比对，获得与查询序列高度相似的序列，再基于相似序列的功能信息预测查询序列的结构和功能等。当前基于数据库搜索的序列分析方式已成为生物信息学的主体，本章重点介绍数据库搜索的算法及其主要程序。

第一节　数据库搜索概述

一、数据库搜索的意义

在目前的生物学研究中，人们经常通过构建文库、测序，获得批量的 DNA 序列；或者通过基因克隆、测序，获得单条或多条基因（基因片段）序列。以这些序列为查询序列，进行数据库搜索，可以找到查询序列的直系或旁系同源序列，并根据同源序列的相关信息进行结构和功能预测；还可以根据数据库搜索结果，判定查询序列是否为新基因或新蛋白质等。

通常经过数据库搜索可发现查询序列与来源于同一物种的序列相似度高，与近缘物种的序列相似度次之，与亲缘关系较远的物种序列相似度更低。当序列相似度较高时，这些序列可能具有相似或一致的结构和功能，即同源序列，因此人们可以通过数据库搜索查找同源序列，分析查询序列所属的基因或蛋白质家族、超家族等。将查询序列与其同源序列进行多序列比对，不仅可分析序列变异，还可识别该家族的保守区域、功能位点和序列特征等。当前数据库中存放了一批经实验分析且已获得准确序列、结构和功能等信息的基因或蛋白质。当查询序列经数据库搜索找到的同源序列具备这些详细注释信息时，人们可以预测查询序列的结构和功能，分析结果对深入开展功能研究的实验设计具有重要的指导意义。

此外，数据库搜索还常用于鉴定新基因或新蛋白质。将查询序列在基因组数据库或 NCBI 的非冗余数据库中进行搜索，若均未找到相似序列，则可判定该序列为新序列，即序列首次被测定。若以编码区（CDS）或蛋白质序列为查询序列，经数据库搜索，能找到同一物种的完全一致的序列，那么该基因或蛋白质则不是新的，即已被人测序、注释并分配了一个数据库接收号。若查询序列在数据库中仅能找到同一物种的部分相似序列（或者仅在部分区段序列一致），又或只能在数据库中找到来源于其他物种的且存在一定序列差异的同源序列，那么该查询序列很可能代表一个新基因或新蛋白质。数据库搜索除了可以判定新序列，还可以进行新基因的克隆，如基因的电子克隆就是伴随基因组计划和 EST 计划发展的基因克隆方法。该方法以感兴趣的基因片段作为查询序列，经数据库搜索，找到部分重叠的序列，经拼接后延长序列，再以延长的拼接序列作为查询序列，继续搜索，直到没有重叠序列可供拼接为止，最后根据拼接序列设计引物进行反转录聚合酶链反应（RT-PCR）实验验证。经多次数据库搜索、拼接和延长的序列，有的是包含了起始密码子和终止密码子的完整编码区，有的是编码区的片段序列。能否获得全长编码区序列，取决于数据库中该物种的序列量等。近年来，因二代和三代测序技术的广泛应用，很多物种都有了高质量的参考基因组，因此要获得全长基因，可以将基因片段序列作为查询序列，搜索基因组数据库，找到一致片段后，查看该基因组区段注释的基因。若该区段未被注释基因，或者注释的基因编码区序列与查询序列中的编码区序列不一致，则可深入分析该基因组区段，有望鉴定出一个未被注释的新基因。

二、数据库搜索工具

数据库搜索的本质是进行大规模的双序列比对。将查询序列与数据库里的序列逐一进行序列的两两比对分析，由于数据库的信息量大，这样简单重复的分析非常耗时，因此开发了一些算法以提高速度。数据库搜索算法除考虑速度外，还要求有一定的敏感性和特异性。敏感性是指算法识别相关序列的能力，特异性则是指去除假阳性（不相关的序列）的能力。人们总希望在数据库搜索中能获得最大的敏感性、特异性和速度，但实际上同时满足这三个要求是非常困难的。通常，提高敏感性会降低特异性，获得假阳性结果的概率增高；若提高速度，敏感性和特异性会受到一定的影响。因此，算法需要在这三个指标间做出折中和权衡。

目前使用最广泛的数据库搜索工具是 BLAST，它采用启发式算法，即利用经验法则来寻找近似最优结果的计算策略，本质上这类算法是根据一些标准缩小搜索空间的快捷方法。与前一章介绍的用动态规划算法进行双序列比对获得最优比对结果不同（动态规划算法属于穷举法，利用严格算法通过考察所有组合来找到最优解），启发式算法不一定能找到两条序列间的最佳联配，比对准确性稍低，但速度通常要比动态规划算法快 50～100 倍，只有有了这样的处理速度，才使搜索庞大的数据库成为可能。

Pearson 和 Lipman 于 1988 年设计了 FASTA，其是第一个被广泛使用的数据库搜索工具。利用 FASTA 进行数据库搜索时首先要将每条序列分解成短的字串，这些字串被编入一张表，同时标明它们在序列中的位置。如果某个或几个字串在两条序列中同时出现，尤其是当几个同时出现的字串彼此相连时，就意味着两条序列在这些区域相似。因此，该程序通过快速地找出数据库中的序列与查询序列的连续匹配短字串，从而将相关序列从数据库海量的不相关序列中识别出来。BLAST 工具是由 Altschul 于 1990 年开发的，其最初目的是改善 FASTA 的性能，通过寻找更小、更重要的热点字串来提高计算速度。下面重点介绍 BLAST 数据库搜索工具的基本算法及其应用。

第二节　基本局部比对搜索工具

一、BLAST 简介

基本局部比对搜索工具（basic local alignment search tool，BLAST）是应用最广泛、最著名的序列分析工具，国际著名生物信息中心都提供基于 web 的 BLAST 服务，如美国国家生物技术信息中心（NCBI，https://blast.ncbi.nlm.nih.gov/Blast.cgi）、欧洲生物信息学研究所（EBI，https://www.ebi.ac.uk/Tools/sss/ncbiblast）等。NCBI 的 BLAST 具有强大的计算机支持系统，返回结果速度快。此外，华盛顿大学也开发了独立的 WU-BLAST 程序（http://blast.wustl.edu）。经过多年的发展，BLAST 做了很多改进，为满足不同序列类型的比对需要，BLAST 已发展成为一个大家族，集成了一系列程序，可提供核酸、蛋白质序列对各种不同类型数据库的相似性搜索。

二、BLAST 算法

BLAST 程序进行数据库搜索的过程大致可分为三步，即字串列表的生成、搜索种子和延伸种子。①过滤掉查询序列中的低复杂度区域（避免产生随机匹配），然后按字长（word size，*W*; DNA 序列字长一般为 11，蛋白质序列为 3）将查询序列分解成小字串[称为种子字串（seed words）]，并形成一个字串列表，包含了从查询序列中提取的所有字串。②扫描数据库编译列表（数据库序列也经预先编译生成了相应的字串列表），搜索出与查询序列单个或多个连续字串的匹配，即搜索种子。本步骤可在数据库中快速定位相关的候选序列，以及定位种子在候选序列中的具体位置。对于蛋白质序列，为提高比对敏感度，除了用查询序列分解的种子字串搜索，BLAST 还会增加一些种子字串，称为"邻居字串"（neighborhood words）。这些邻居字串与种子字串高度相似（它们的比对记分需高于一定阈值）。如图 4-1 所示，当字长为 3 时，PQG 是查询序列分解出的种子字串之一，PEG、PRG、PMG 等与 PQG 高度相似，它们的比对得分均大于阈值 13，因此利用算法进行种子搜索时，也会寻找包含这些高于阈值的邻居字串。③延伸种子，即沿种子序列向两个方向进行允许空位插入的延伸，当总分值因延伸错配和空位插入罚分，低于某个阈值时，就停止向这个方向的延伸。延伸后得到一定长度的记分超过阈值的序列串，称为高得分片段对（high-scoring segment pair，HSP），将在 BLAST 结果中输出。

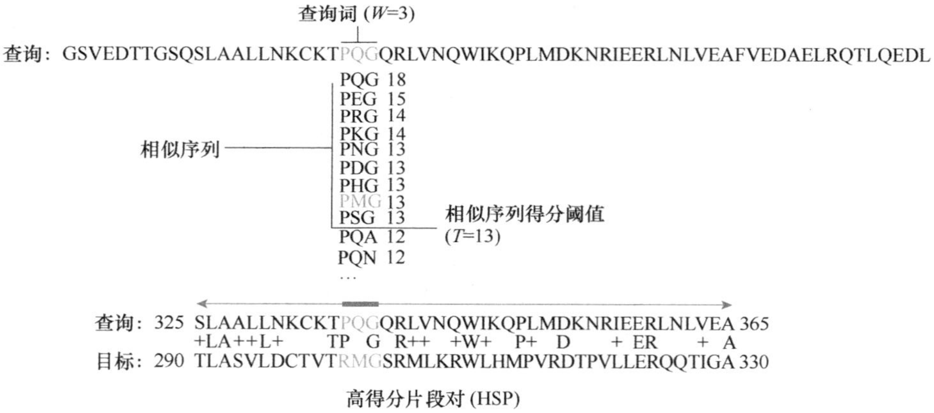

图 4-1 BLAST 算法的三个核心步骤

下面以蛋白质序列 AILVPTVIGCT 为查询序列，进一步举例说明数据库搜索过程（图 4-2）。假设字长为 4，即 *W*=4，按此字长参数可将查询序列分解为长度为 4 个氨基酸的系列种子字串，图 4-2A 显示了查询序列的部分字串列表，如 AILV、ILVP、LVPT 和 VPTV。确定了查询序列的字串列表后，找出数据库中含有单个或多个连续匹配字串的种子序列（图 4-2B）。最后延伸种子（图 4-2C），并计算比对得分和统计显著性检验。

最初的 BLAST 程序不允许空位插入，但在生物的演化过程中碱基的插入或缺失突变是普遍存在的，因此比对结果通常会出现一些无空位且不连续的区域，若将部分高得分片段对通过一些相似性较低且有空位的片段连接起来，就能获得更长且得分更高的 HSP。基于上述思路，Altschul 等于 1997 年改进了 BLAST 算法，允许插入或删除操作。为避免对空位字符

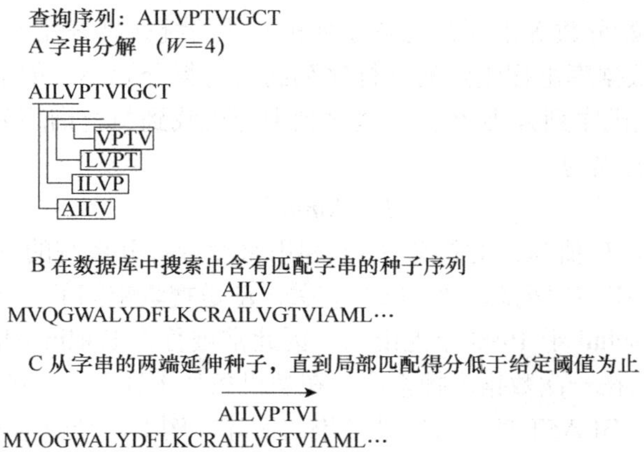

图 4-2　BLAST 算法示例

的打分影响搜索速度，新算法做了以下主要调整。在最初的 BLAST 运行中采用单匹配方法，搜索单一种子，然后延伸。改进后的算法可寻找两个相隔一定距离（默认距离值为 40）的独立种子，先进行两个种子间的无空位延伸，再进行算法第三步的允许空位的种子延伸。改进后的双匹配法生成的种子更长，比改进前的单匹配法需要延伸的种子数量更少，约为原来的 1/7 的延伸操作，因此新算法更快。

三、BLAST 搜索结果的统计学评估

用 BLAST 程序进行数据库搜索，在数据库中找出与查询序列相似的目标序列后，我们应思考，这些目标序列都与查询序列相关吗，或者它们都是查询序列的同源序列吗？这些目标序列中是否存在与查询序列没有真实生物学关系的随机序列呢？如果存在随机序列，那数量有多少，且哪些序列是随机序列呢？以上问题就涉及大家通常讨论的数据库搜索的敏感性和特异性，它们也是评价数据库搜索结果的参数。数据库搜索结果中的序列可分为以下 4 类：①真阳性序列，表示被搜索出来的与查询序列同源的目标序列；②假阳性序列，表示与查询序列不同源，但又被搜索出来的目标序列；③真阴性序列，表示与查询序列不同源的非目标序列；④假阴性序列，表示与查询序列同源，但未被搜索出来的非目标序列。因此，数据库搜索的敏感性可以表示为以目标序列的形式显示的同源序列数目占数据库中存在的所有同源序列的比例，可记为 Sn＝真阳性序列数目/（真阳性序列数目＋假阴性序列数目）。特异性是指目标序列中同源序列所占的比例，可记为 Sp＝真阴性序列数目/（真阴性序列数目＋假阳性序列数目）。BLAST 程序的敏感性和特异性受字长参数的影响较大，字长小时增加敏感性，字长大时增加特异性。敏感性和特异性就似矛盾的两个对立面，难以同时兼顾，在实际应用中，我们要选择合适的字长参数进行数据库搜索。

尽管选择合适的字长参数进行数据库搜索可降低假阳性序列在结果中出现的可能性，但也不能完全排除假阳性序列，因此经数据库搜索发现与查询序列相似的序列后，接下来要解决的主要问题是如何确定所识别的序列是真正相关的同源序列，而不是不相关序列间的偶然匹配。通常可用序列比对得分（*S*）来说明查询序列与目标序列间的相似性，得分高的序列间的相似性也高，是同源序列的可能性较大。但由于序列比对算法不同，采用的打分标准不同，仅凭得分高低不能充分说明序列间的关系，还需要对序列的相似性进行统计显著性检验。BLAST 程序为每个搜索结果提供了期望值（expected value，*E*-value，*E* 值）（或 *p* 值）、比特

分数（bit score）和原始分数等来评判两条序列相似性的统计显著性。

假设查询序列与数据库里搜索到的目标序列的比对得分为 S，如果有一组与查询序列不相关的序列（或者是随机序列），那么在这些序列中随机找到与查询序列比对得分等于或者大于 S 的 E 值，其计算公式为

$$E=Kmne^{-\lambda S} \tag{4-1}$$

由式（4-1）可知，E 值与比对得分（S）和用来度量打分系统的参数 λ 有关，也与查询序列长度（m）和数据库中序列总长度（n）有关。K 是搜索空间的一个度量因子。因参数 K 和 λ 是由 Karlin 和 Altschul 于 1990 年提出的，因此常被称作 Karlin-Altschul 统计量。

E 值也可以理解为在一次数据库搜索中，在随机条件下期望发生的得分等于或大于 S 的 HSP 的数目，这也是对 BLAST 搜索假阳性结果的估计。例如，经数据库搜索后，查询序列与某一目标序列的 E 值为 1，表示有 1 个随机的匹配，可获得与当前比对相等或更高的分数。通常在数据库搜索结果中，若 $E<1e^{-5}$（或 1×10^{-5}），则表示序列一致性非常高，查询序列与数据库中搜索的目标序列为同源序列；若 $1e^{-5}\leqslant E<0.01$，则表示序列一致性较高，两条序列同源；若 $0.01\leqslant E<10$，则表示序列相似性较低，匹配得分的可靠性也较低，查询序列与目标序列为亲缘关系较远的同源序列或者不同源；若 $E\geqslant10$，则通常被认为是无关序列间的随机匹配。因此 E 值越小，就意味着相似序列对为同源序列的可能性越大。在实际应用中，人们经常根据查询序列类型、搜索数据库大小和预期获得序列相似性高低等来设置不同的 E 值。基于 web 的 BLAST 搜索中默认的 E 值为 0.05，如果要获得与查询序列相似度很高的序列，可以降低 E 值，提高特异性和搜索速度；如果要寻找亲缘关系较远的序列，则可将 E 值适当增大。

部分数据库的 BLAST 程序为搜索结果提供了 p 值，它是指对查询序列进行数据库搜索，获得记分等于或大于 S 的比对随机发生的概率。p 值是将观测得到的比对得分（S），与同样长度和组成的随机序列作为查询序列做数据库搜索进行比较得到的 HSP 得分的期望分布联系起来计算的。通常使用低于 0.05 来定义统计的显著性。p 值和 E 值都是数据库搜索结果中提供的统计学评估参数，它们以不同的方式表示比对的显著性，找到给定 E 值的 HSP 概率用式（4-2）计算。p 值和 E 值密切相关，尤其当 E 值小于 0.01 时，它们常在数值上很接近。

$$p=1-e^{-E} \tag{4-2}$$

BLAST 输出结果中的原始分数是根据所选的记分矩阵和空位罚分参数计算得到的。由于原始分数无单位，且不同比对若选择的记分标准和比对的数据库大小不同，则根据原始分数无法评判序列比对的好坏，因此 BLAST 程序对原始分数进行归一化处理，得到比特分数。原始分数与比特分数（S'）的关系式为

$$S'=\frac{\lambda S-\ln K}{\ln 2} \tag{4-3}$$

比特分数是由原始分数通过对打分系统的统计变量和数据库大小进行归一化处理后得到的。它和 E 值的关系为

$$E=mn\times2^{-S'} \tag{4-4}$$

因此基于比特分数，即使选用的数据库搜索打分矩阵不同，我们也可以对其结果进行比较和评判。

四、BLAST 程序及应用

BLAST 是一个程序家族，集成了一系列程序，下面以 NCBI 的 BLAST 为例，介绍其主

要程序和基本应用。NCBI 的 BLAST 主页（https://blast.ncbi.nlm.nih.gov/Blast.cgi）列出了以 BLAST 算法为基础的不同程序，方便用户快捷地进行在线数据库搜索。BLAST 在线程序主要分为三大类，即基本 BLAST、基因组 BLAST 和一些特殊类型的 BLAST 程序。在网页界面中间，还列出了单机版 BLAST 程序下载、基于 API 接口和云服务运行 BLAST 的链接。基本 BLAST 按查询序列和搜索数据库的类型来划分，主要分为 3 类，包括核酸类（BLASTN）、蛋白质类（BLASTP）和翻译类，表 4-1 列出了 BLAST 的 5 种基本程序及其查询序列和对应搜索数据库的类型。基因组 BLAST 程序可将查询序列与某一特定物种的基因组序列进行比对，搜索相似序列。特殊类型的 BLAST 程序是针对一些特殊用途开发的 BLAST 程序，如用于载体序列检测的程序 VecScreen，特异引物设计程序 Primer-BLAST，搜索免疫球蛋白和 T 细胞受体序列的 IgBlast，以及保守结构域搜索程序 CD-search 等。

表 4-1 BLAST 的基本程序

程序	查询序列类型	数据库类型	描述
BLASTN	DNA	DNA	用 DNA 序列搜索核酸数据库
BLASTP	蛋白质	蛋白质	用蛋白质序列搜索蛋白质数据库
BLASTX	DNA	蛋白质	用 DNA 序列搜索蛋白质数据库（先将 DNA 序列按 6 个阅读框翻译成蛋白质序列）
TBLASTN	蛋白质	DNA	用蛋白质序列搜索核酸数据库（先将核酸数据库的序列按 6 个阅读框翻译成蛋白质序列）
TBLASTX	DNA	DNA	将查询序列和数据库里的 DNA 序列都按 6 个阅读框翻译成蛋白质序列后再比对

尽管 BLAST 程序较多，但它们的操作方法和产生的结果类似，容易掌握。利用 BLAST 搜索时，首先要确定查询序列类型、搜索的数据库和使用的程序。查询序列包括 DNA 和蛋白质两种；可选择的搜索数据库较多，根据需要选择数据库进行搜索，如基因组数据库、非冗余的核酸或蛋白质序列数据库及某些特定的数据库等。下面介绍基本 BLAST 的操作步骤、主要参数和搜索结果解析。

1. 输入查询序列 进入 NCBI 的 BLAST 主页，点击 Protein BLAST，在 Enter Query Sequence 下面的方框里可以输入查询序列的序列 ID，或者 FASTA 格式的序列。也可选择下方的 upload file，将保存的查询序列文件上传。

2. 设置主要参数 用 BLASTP 进行数据库搜索时设置的主要参数可分为三部分，即搜索序列范围（Choose Search Set）、搜索程序（Program Selection）和算法参数（Algorithm parameters）。搜索序列范围设置包括数据库选择（Database）和序列来源的物种限定（Organism Optional）。BLASTP 默认的数据库选项为非冗余蛋白质数据库（nr），包括了 GenBank CDS translations、PDB、Swiss-Prot、PIR 和 PRF 数据库中的蛋白质序列，也可选择 RefSeq、PDB 等数据库。当需要将比对序列限制在某些特定物种内［或排除（exclude）某些物种序列］时，可在 Organism Optional 方框内输入物种名。搜索程序默认为 BLASTP，也可根据需要选择快速 BLASTP、位点特异性迭代 BLAST（PSI-BLAST）等。

主要的算法参数如下。

Max target sequences：搜索结果中显示相似序列的数目设置（默认值为 100）。

Short queries：短序列搜索选项，即当查询序列长度较短时，程序通过增加 E 值和降低字长等参数来实现短序列间的比对。

Expect threshold：期望值（E 值）的选择，默认为 10。如果搜索目标是要寻找相似度很高的序列，可以降低 *E* 值，以提高搜索速度；如果要寻找亲缘关系较远的序列，则可将该值设置偏大些。

Word size：字长参数，增加该值可以提高搜索的特异性和速度，降低该值则可提高敏感性。

Scoring Parameters：记分参数设置，包括记分矩阵（Matrix）和空位罚分（Gap Costs，空位开启罚分和空位延伸罚分）。

Filter：过滤选项，表示在数据库搜索前，先过滤掉查询序列中的低复杂度区域或重复序列等。因为重复序列也普遍存在于数据库中，若查询序列也有此类序列，按比对算法可能会得到较高的比对得分。但多数情况下，这些区域的高分匹配是随机的，会干扰我们寻找其他重要的相似区域，因此在搜索前应当过滤掉这些低复杂度区域。

设置好以上参数后，点击“BLAST”按钮就开始数据库搜索了，此时可选择在一个新窗口中打开搜索结果。

3．搜索结果解析 搜索结果页面主要包括以下三部分。

第一部分位于网页顶部，列出了本次搜索的基本信息，包括使用的 BLAST 程序及版本号、查询序列类型和长度、搜索的数据库描述等。同时 Search Summary 列出了本次搜索的算法参数、数据库大小和 Karlin-Altschul 统计量的详细数据。

第二部分是位于网页顶部右侧的输出结果过滤设置，可在结果中按物种、序列一致性、*E* 值及查询序列的相似区域范围等进行过滤。

第三部分为数据库搜索的主要结果，包括按设定参数进行序列比对后在数据库中找到的与查询序列相似的目标序列列表（Descriptions），图形化结果显示查询序列与目标序列的匹配概况（Graphic summary），查询序列与目标序列两两比对的详细信息（Alignments），以及将目标序列按物种来源分类的列表（Taxonomy）。

目标序列的列表，每一行显示一条序列，从左至右依次为序列的描述说明、比对记分、*E* 值、与查询序列的一致性和序列收录号等。目标序列与查询序列的相似度越高，其排位越靠前。点击每行的左边框，即可选中该序列用于进一步的多序列比对、系统发育树重建等分析。查询序列与目标序列匹配的图形化结果里的每一条线代表一条相似序列，也按序列间的相似性由高到低排列，且用不同的颜色显示相似度，线条与查询序列的相对位置用来显示其匹配区域。查询序列与目标序列比对记分大于 200 的用红色线条表示，小于 40 的则用黑色线条表示。将鼠标移动到表示目标序列的线条上时，则可显示序列名称信息。在 BLASTP 的图形化结果页面上部，还给出了预测的查询序列保守结构域，可点击图中的结构域查看其详细信息。最后是查询序列与每条目标序列的双序列比对详细信息。

其他 BLAST 程序的操作步骤和搜索结果格式与 BLASTP 类似，仅在部分参数设置上存在差异，其操作方法在此不做赘述。

五、BLAST 本地化

网页版的 BLAST 操作便捷，但当我们需要对批量序列进行数据库搜索，或者对搜索的数据库有特殊要求，需要自定义数据库，又或者是需要执行比较复杂的搜索策略时，基于 web 的 BLAST 不能满足我们的数据分析要求，则要下载单机版 BLAST，执行本地化操作。

下载和安装 NCBI 提供的 BLAST+最新版本的程序（https://ftp.ncbi.nlm.nih.gov/blast/executables/blast+/LATEST），Windows 系统可以直接下载后缀为“exe”的可执行文件，如 ncbi-blast-2.14.0+-win64.exe，点击该文件即可安装 BLAST＋。安装完成后会在安装目录生成

两个文件夹，分别是 bin 和 doc，bin 文件夹中包含了 BLAST＋套件的所有可执行文件，doc 文件夹包含了 BLAST＋的说明文件。打开应用程序“命令提示符”，输入“blastn-version”，如果返回当前 BLASTN 的版本号，则说明 BLAST+安装成功。bin 包含的主要程序及其功能见表 4-2，其中 5 个基本 BLAST 程序的功能与网页版的相同，其具体功能参见表 4-1。

表 4-2　bin 包含的主要程序及其功能

程序	功能
blastdbcheck	检查 BLAST 数据库的完整性
makeblastdb	以 FASTA 格式的序列文件创建 BLAST 数据库
update_blastdb.pl	从 NCBI 下载 BLAST 数据库
BLASTN/BLASTP/BLASTX/TBLASTN/TBLASTX	每个程序的具体功能参见表 4-1

下面以 Windows 系统安装的 BLAST＋进行一次 BLASTP 为例，简单介绍 BLAST 的本地化操作。本例中以人血红蛋白 α 亚基（NP_000549.1）为查询序列，以包括人血红蛋白各亚基，黑猩猩、鼠类等动物血红蛋白 α 亚基在内的共计 16 条蛋白质序列作为搜索数据库，进行 BLASTP 搜索。主要包括 4 步，即创建搜索数据库、准备查询序列、运行数据库搜索和解析结果。

NCBI 的数据库每天更新一次，创建搜索数据库可以通过 FTP（ftp://ftp.ncbi.nlm.nih.gov/blast/db）下载，也可以使用 update_blastdb.pl 自动检索并下载数据库集。此外，还可以使用 makeblastdb 程序将 FASTA 格式的序列生成搜索数据库。准备好 FASTA 格式的序列文件，并将文件保存到 D 盘 test 目录下，命名为 proteins.fa。打开应用程序“命令提示符”，输入“cd D:\test”切换到工作目录后，输入以下命令创建搜索数据库：

makeblastdb-in D:\test\proteins.fa-dbtype prot-parse_seqids

（-in，输入的 FASTA 序列文件路径；-dbtype，序列类型，蛋白质序列为 prot，核酸序列为 nucl。详细说明可输入“makeblastdb-help”查看帮助文件。）

将查询序列也整理成 FASTA 格式的序列文件，并保存在 D 盘 test 目录下，如图 4-3 命名为 NP_000549.1.fa。

图 4-3　BLASTP 的本地化操作

执行以下命令，即可对查询序列进行数据库搜索。

blastp-query NP_000549.1.fa-db proteins.fa-out output.txt

（blastp，运行 BLASTP 程序；-query NP_000549.1.fa，以文件 NP_000549.1.fa 中的序列作为查询序列；-db proteins.fa，搜索的数据库为 proteins.fa；-out output.txt，将搜索结果保存到 output.txt 文件中。详细说明可输入“blastp-help”查看帮助文件。）

打开 output.txt 查看结果文件，其结果呈现的主要内容与网页版 BLAST 结果类似，包括本次搜索的基本信息介绍、搜索到的相似序列列表、查询序列与每条相似序列的双序列比对结果等。

按以上方法创建核酸序列库，运行 BLASTN，可实现核酸序列的本地化搜索。

第三节　高级数据库搜索

基于前面介绍的 5 个基本 BLAST 程序，我们可以对一个蛋白质或基因序列进行常规数据库搜索，找到相似性较高的序列。但当我们的分析目标发生改变，不只局限于找到某一蛋白质或基因的高度相似序列，还要寻找与某一蛋白质相似度较低的远缘同源物；或需要以较长的基因组片段序列作为查询序列，分析染色体片段的相似度；又或需要搜索包含某一保守结构域序列的家族成员等。基本的 BLAST 搜索不能满足这些需求，因此开发了一些高级的 BLAST 程序，下面对几个常用的高级 BLAST 程序作简单介绍。

一、PSI-BLAST

位点特异性迭代 BLAST（position specific iterative BLAST，PSI-BLAST）是在常规 BLASTP 的基础上发展起来的，它将双序列比对和多序列比对结合起来进行数据库搜索，可通过多次迭代搜索出蛋白质家族或超家族中序列相似性较低的成员，弥补了 BLASTP 难以找到进化距离较远的同源序列的不足。PSI-BLAST 的主要思想是通过多次迭代逐步寻找远缘相关的蛋白质。其主要步骤如下。

（1）对查询序列进行常规 BLASTP 搜索。

（2）将搜索到的 E 值低于一定阈值的蛋白质序列（或者手工选定部分序列）进行多序列比对，根据多序列比对结果构建一个位点特异性打分矩阵（position specific scoring matrix，PSSM），即 profile。

（3）使用 PSSM 进行第二轮 BLASTP 搜索。

（4）利用 PSI-BLAST 评估数据库搜索匹配的统计显著性。

（5）循环（2）～（4）步的搜索过程，一般重复 5 次，每次搜索都用一个新的 profile 来记分。当程序只返回极少数的搜索结果，或者新的搜索结果不再出现时，呈现“收敛”信息，表明所有数据库匹配都找完了，即可停止循环比对搜索。

例如，以人血红蛋白 α 亚基（NP_000549.1）为查询序列，搜索大豆的同源蛋白，希望通过多次迭代，找出远缘相关的豆血红蛋白 A（leghemoglobin A，NP_001235928.1）。采用 PSI-BLAST 搜索策略（图 4-4），设定 PSI-BLAST Threshod 为 0.005 进行搜索，即在第二步中，采用 E 值低于 0.005 的序列进行多序列比对，构建 PSSM，用于下一轮搜索。从结果来看，通过第一轮搜索，没有找到 E 值低于 0.005 的序列，仅找到 9 条 E 值更大的序列。如果选择这些序列进行多序列比对，构建 PSSM 进行第二轮搜索，结果显示获得了 12 条 E 值小于 0.005

的序列，且找到了 3 条新序列。经过仔细分析发现，在第一轮搜索中找到的相似序列，经过第二轮搜索，其与查询序列的双序列比对记分增加了，*E* 值降低了，序列间的匹配长度也增加了，同时第二轮搜索还找到了 24 条 *E* 值高于 0.005 的序列。如此循环多次，则有可能在结果中找到豆血红蛋白 A。因此，PSI-BLAST 提高了搜索的敏感性，从而有利于发现进化距离较远的同源序列。

A B C

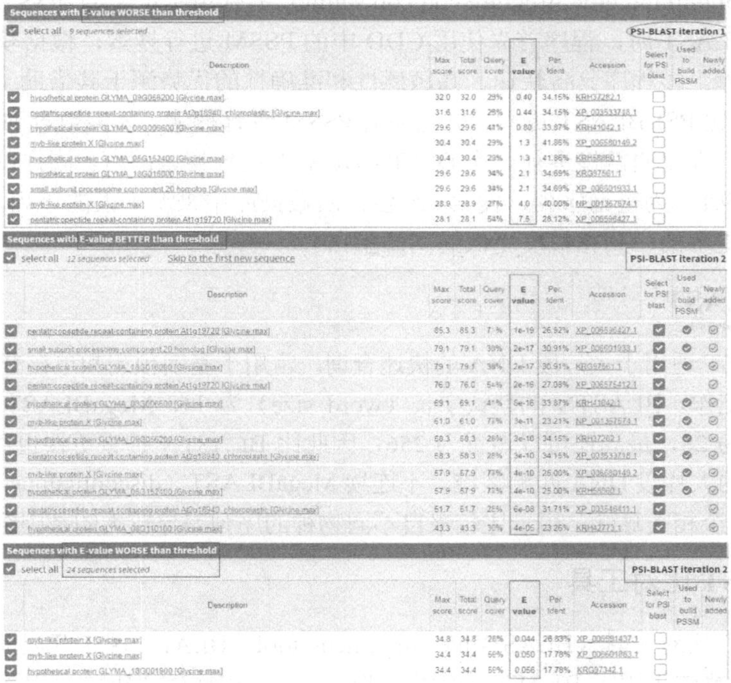

图 4-4　PSI-BLAST 的部分结果

A．第一轮搜索找到的相似序列；B．第二轮搜索获得的低于设定 *E* 值的相似序列；C．第二轮搜索获得的高于设定 *E* 值的相似序列

二、PHI-BLAST

模式识别 BLAST（pattern hit initiated BLAST，PHI-BLAST）用于搜索与查询序列相似，且符合某种模式（pattern）的蛋白质，通常被搜索到的序列都与查询序列属于同一家族或超家族，该模式也是这些蛋白质超家族共有的序列模式。PHI-BLAST 也允许多次循环搜索，可查找远缘的同源序列。例如，以人血红蛋白 α 亚基（NP_000549.1）为查询序列，搜索 nr 蛋白质数据库中来源于人的序列，且在 PHI Pattern 处输入球蛋白的保守模式 H[GA]XKVX(2)A[LV]，来查找符合该模式且与 NP_000549.1 相似的蛋白质序列。在结果中，除高度相似的人 α 血红蛋白外，还有序列相似度较高的其他血红蛋白亚基，以及相似度较低的球蛋白等。若经过多次重复搜索，还可以找到序列相似度更低的其他球蛋白。

序列模式 H[GA]XKVX(2)A[LV]表示在位置 1、4、5 和 8 位的氨基酸分别为对应的保守氨基酸 H、K、V 和 A，第 2 和 9 位的氨基酸也相对保守，2 位只能是甘氨酸或丙氨酸，9 位只能是亮氨酸或缬氨酸。X 表示任意氨基酸，X(2)表示这两个位置均为任意氨基酸。NCBI 给出了各种模式符号的意义，可以查看相关说明文件。

三、DELTA-BLAST

DELTA-BLAST（domain enhanced lookup time accelerated BLAST）是基于结构域增强加速搜索的蛋白质搜索工具，NCBI 在 2012 年推出该程序，其运行快速，且搜索敏感性和准确性均高于 PSI-BLAST。NCBI 的保守结构域数据库（conserved domain database，CDD；https://www.ncbi.nlm.nih.gov/Structure/cdd/cdd.shtml）里有预先定义的 PSSM，输入查询序列运行 DELTA-BLAST 时，程序首先使用 CDD 中的 PSSM 进行搜索，根据获得的 PSSM 再搜索蛋白质数据库。该程序具备快速、高敏感性和准确性的优势源于其借助了 CDD 整合好的 PSSM，可产生比 PSI-BLAST 更大、更完整的 PSSM 进行搜索。大多数查询序列都能与 CDD 的 PSSM 匹配，因此通常仅进行一次 DELTA-BLAST 迭代搜索即可。同样以人血红蛋白 α 亚基（NP_000549.1）为查询序列，搜索 nr 蛋白质数据库中来源于人的序列，DELTA-BLAST 结果中包含了更多的序列相似度更低的同源蛋白。

四、MegaBLAST

MegaBLAST 适用于大片段 DNA 的快速查询，常用于基因预测和单核苷酸多态性（SNP）分析等方面的工作。BLASTN 的默认字长（word size）为 11，MegaBLAST 字长比 BLASTN 大，默认字长为 28，最高还可以设置为 256，因此比 BLASTN 搜索更快也更准确，可以快速找到高度相似的大片段 DNA 匹配区域。不连续 MegaBLAST（discontiguous MegaBLAST）是 NCBI 开发的一个相关算法，用于比较来自不同物种的序列差异较大的基因组及其片段序列。

五、类 BLAST 比对工具

类 BLAST 比对工具（BLAST-like alignment tool，BLAT）用于开展非常快速的基因组 DNA 搜索，其算法采用了 BLAST 的镜像策略，它将基因组数据库的非重复区域 DNA 分解为 11mer（字长为 11）的短片段并组成单词索引表，用数据库的索引表来搜索查询序列。因此，它与常规 BLAST 的本质差别是索引整个基因组数据库而不是查询序列。BLAT 将整个数据库索引化，并一次性读入内存后线性搜索查询序列，可以反复地高速调用，无须访问硬盘，占用的系统资源很少。只要索引建立，查询序列的量越大，BLAT 的快速优势越明显。因此，BLAT 的数据库索引策略也被后来开发的基因组搜索软件广泛采用。

BLAT 设计用来寻找相似度大于等于 95%且匹配长度大于等于 40 个碱基的核酸序列，或者寻找相似度大于等于 80%且匹配长度大于等于 20 个氨基酸的蛋白质序列，相似度更低和匹配长度更短的片段容易被忽略。常用于将大量基因或 cDNA 片段比对到大基因组上，可便捷地查找外显子和内含子，构建基因结构模型。

BLAT 也有两种运行模式，一种是单机版 BLAT（stand-alone BLAT），另一种是网页版，即交互式的客户端/服务器 BLAT（client/server BLAT）。单机版可从程序开发者 W. James Kent 的个人网页上免费下载，可设置多种参数。web-BLAT 服务由美国加利福尼亚大学圣克鲁斯分校（UCSC）提供，打开网页（http://genome.ucsc.edu），在 Tools 中选择打开 BLAT，以人血红蛋白 α 亚基（NM_000558.5）的 mRNA 序列为查询序列，搜索人的基因组序列（图 4-5）。结果显示在 16 号染色体上找到了几条相邻的相似序列（因为人血红蛋白同源基因在 16 号染色体上成簇分布），第一条序列即该基因本身，打开详细比对结果，可看到这条 mRNA 包含的三个外显子区域的比对情况。

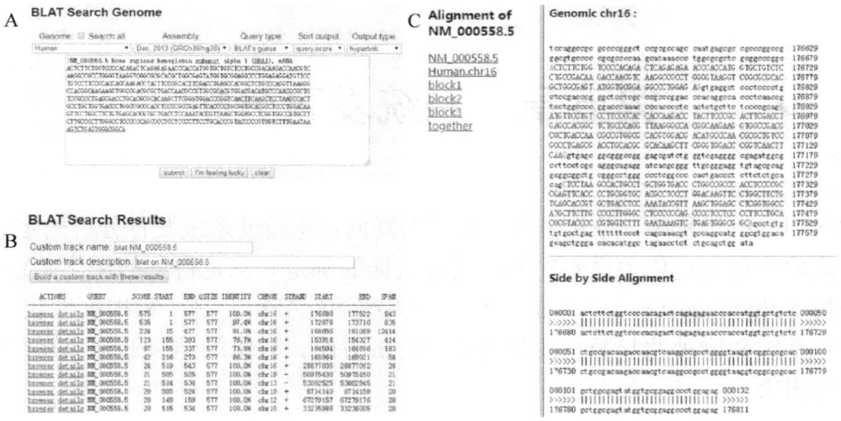

图 4-5　web-BLAT 搜索

A．查询序列输入窗口；B．相似序列列表；C．外显子区域的匹配

六、HMMER 搜索

基因或蛋白质家族常包含家族特有的保守结构域，以已知家族成员的蛋白质序列作为查询序列，经 HMMER 或 BLASTP 搜索，可在全基因组水平进行家族成员的鉴定和分析。HMMER 搜索是基于蛋白质家族保守结构域的隐马尔可夫模型谱（profile hidden Markov model，PHMM）进行的，因此搜索结果的可靠性更高，使 HMMER 成为蛋白质家族成员鉴定最常用的程序。

在 HMMER 程序网页（https://www.ebi.ac.uk/Tools/hmmer）的 Search 页面可采用单个蛋白质序列搜索蛋白质数据库（phmmer）或 PHMM 数据库（hmmscan）；也可采用蛋白质序列比对结果或 PHMM 搜索蛋白质数据库（hmmsearch），以及迭代搜索（jackhmmer）等多种不同的搜索方式进行家族成员鉴定。同时也可下载单机版 HMMER 程序运行本地化搜索。在本地化操作中可基于 Pfam 等数据库下载不同蛋白质家族相应结构域的 PHMM 文件来搜索。

习　题

1．数据库搜索有何意义？

2．简述 BLAST 和 FASTA 算法的核心思想。

3．从数据库里分别获取一条核酸和蛋白质序列，用 BLAST 程序进行数据库搜索，熟悉操作步骤并分析搜索结果。通过设置不同的序列比对参数，解析搜索结果的异同。

4．MegaBLAST 与常规 BLASTN 的主要差别是什么？

5．简述 PSI-BLAST 进行数据库搜索的主要步骤。

第五章　系统发育分析

在生物序列分析过程中，经常会产生这样的疑问：能通过系统发育分析确定序列、基因，以及它们对应的物种的进化关系吗？如何进行这样的确定？确定得到的进化关系是否可靠？系统发育分析（phylogenetic analysis），也称为系统演化分析，是一种根据性状（trait）或基因间距离确定基因和物种的起源与演化关系的分析方法。分析的结果通常以系统发育树的形式直观地呈现出来。

第一节　系统发育概述

一、系统发育简介

进化论是现代生物学研究的重要分支，其主要观点认为：物种的产生是自然界演化的产物；演化是生物与环境相互作用的过程，是遗传系统随时间发生的一系列不可逆改变。系统发生学（phylogenetics）是研究进化关系的科学，是根据现有数据推演进化谱系的科学。由于进化的不可逆性、分析数据的不完整性和分析方法的局限性，推演的系统发育关系并不一定能够完全真实地反映进化关系。

分类学（taxonomy）是现代生物学的重要分支，目前存在两种不同的分类原则：第一种是基于表型特征相似度的分类原则，主要以应用为目的，不涉及物种的生物进化；第二种是基于生物系统发育相关性水平的分类原则，旨在探索各类生物之间的进化关系，建立反映生物系统发育的分类系统。这种以进化论为指导思想的分类学也称为系统学（systematics），其目标不仅仅是物种的识别和归类，更重要的是通过追溯系统发育过程推断进化谱系。

研究进化与系统发育有一个最基本的前提，即两条序列或两个物种越相似，它们越有可能拥有一个新近的共同祖先。如何确定两个物种之间的相似性？经典的物种进化主要依据形态结构、生理生化等表型特征及少量的化石资料来判断物种之间的亲缘关系。由于表型特征有限，而且随着亲缘关系变远，表型差异迅速扩大，远缘物种间的可比性大大降低，因而推断的进化关系往往不准确。随着遗传学的发展、遗传信息流的破解及分子生物学研究的深入和普及，基于生物大分子的结构特征，特别是核酸和蛋白质序列相似性的分子系统发育分析日渐成为系统发育学的热门领域。核酸和蛋白质序列具有数据量大、无偏向性、覆盖物种全面等特点，既可以分析近缘物种，也可以分析远缘物种。而且不同物种中对应序列可通过多序列比对客观地量化相互间的相似性，最终确定物种间的系统发育关系。最经典的实例便是根据细胞色素 c 序列和 16S rRNA 序列构建的系统发育树。

二、系统发育树的概念和类型

研究生物进化和系统发育过程中，常用一种树状分枝图来概括各种生物之间的亲缘关系，这种表征物种或序列进化关系的树状分枝图称为系统发育树（phylogenetic tree），简称系统树或进化树。通常将根据生物大分子序列相似性数值构建的系统发育树称为分子系统发育树。

系统发育树由外枝（或称为叶）和枝组成，外枝代表节点或分类单元，枝则代表节点或分类单元之间的关系。节点又可分为内部节点和终端节点。系统发育树可分为有根树（rooted tree）和无根树（unrooted tree）（图 5-1）。有根树可以显示出共同祖先，而无根树则看不出哪一个是原始祖先。图 5-1A 中 A 和 B 从一个共同祖先分化而来，C 和 D 从另一个共同祖先分化而来，A 和 B 与 C 和 D 的祖先则从一个更早的共同祖先分歧而来，左侧的根则表示所有分枝的共同祖先。树结构中的每一个节点表示进化过程中一个物种分歧为两个独立繁衍的物种，形成的新分枝中的变异独立于其他分枝。

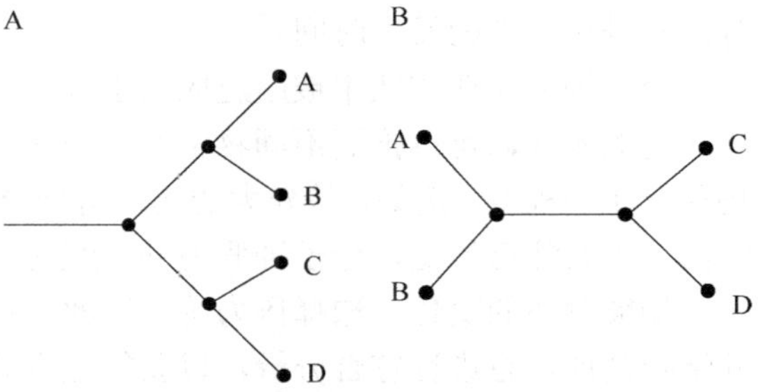

图 5-1　系统发育树的分类

A. 有根树；B. 无根树

图 5-1 中的两个系统发育树都属于二叉树，二叉树中每一个节点有且只有两个分枝。二叉树与进化中一次分歧产生一个新种的期望一致。这种以连续二叉分枝呈现物种间亲缘关系的进化树称为支序图（cladogram）。然而在树中有可能出现一个节点产生多个分枝，可认为它们之间仍是一次分歧产生一个新物种，但相近种类之间差异太小，不能够分辨。枝的长度通常用于表示一个节点到下一个节点变异的程度，枝长度的总和称为树长。用枝长度表示进化时间的系统树称为系统发生图（phylogram）或谱系图，系统发生图是引入时间概念的支序图。支序图主要反映分支事件发生的相对顺序，谱系图不仅强调分支事件，而且量化了变异程度和分歧时间。

根据研究目标的不同，系统发育树可以分为物种树（species tree）和基因树（gene tree）两种类型。物种树关注的是物种之间的演化关系，为了确保结果的可靠性，通常基于多个基因的直系同源序列来构建，以反映不同物种的共同祖先和分化历史。而基因树则关注不同基因的进化历史，利用并系同源序列来构建，揭示基因的演化过程，包括重复、扩张和转移等事件。在基因树中，分类单元是由直系同源基因代表的物种，内部节点的分支点表示物种的分化事件。而在物种树中，分类单元是由并系同源基因代表的物种，其内部节点代表基因复制事件。需要注意的是，基因树和物种树并不一定完全一致。由于基因的演化过程与物种的分化过程并不总是一致的，两者之间可能存在不一致的情况。因此在系统发育分析中，需要综合考虑不同类型的树来获得更全面的信息，并理解基因和物种之间的复杂关系。

三、分子钟假说

在进行系统发育分析时，假如可以推断 A 和 B 两个物种的相似度为 86%，但如何确定它们分歧为两个物种的具体时间呢？这时需要引入“分子钟”的概念。分子钟假说（molecular clock hypothesis）（图 5-2）是生物学中的一个重要假设，用于估计生物进化历史中的时间尺度。20 世纪 60 年代，Emile Zuckerkandl 和 Linus Pauling 在研究血红蛋白和细胞色素 c 时首次提出了分子钟这一概念。根据该假说，对于每个给定的基因（或蛋白质），分子进化的速率大致是恒定的，即分子序列变异在单位时间内积累的速度是相似的。这意味着可以利用分子钟来估计不同物种的分歧

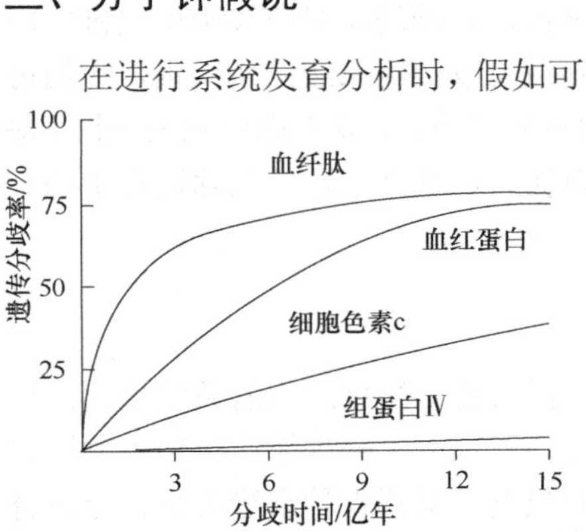

图 5-2　分子钟假说

时间和进化事件的发生时间。

分子钟方法在实践中被广泛应用于分子进化学和系统发育学领域。通过比较基因或蛋白质序列的差异，可以推断不同物种间的分化时间。根据分子序列变异的累积程度，可以推测物种分化的程度。例如，差异大的物种可能分化时间较长，而差异小的物种则分化时间较短。然而，需要注意的是，分子钟假说并非绝对成立。分子序列变异速度可能受到多种因素的影响，如突变率的变化、选择压力等。因此，在应用分子钟假说进行分析时，需要谨慎考虑，并结合其他信息进行综合分析，以获得更准确的进化时间估计值。总之，分子钟假说提供了一种推断不同物种分化时间、寻找共同祖先和研究进化历史的方法与工具。然而，由于生物进化过程的复杂性，该假说的应用仍需进一步完善和细化。

四、分子系统发育树的构建步骤

分子系统发育分析包括 5 个重要步骤：序列获取/数据收集、多序列比对、进化模型选择（可选）、建树方法确定和树的可靠性评估。

（一）序列获取

在系统发育分析中，选择同源序列（包括直系同源序列和并系同源序列）作为序列数据是至关重要的。这些序列数据主要包括 DNA 和蛋白质等。对于非常接近的物种，通常选择 DNA 序列，如基因序列、非编码序列（如内含子、非翻译区、假基因）；对于分歧较大的物种，则常选择蛋白质序列（如组蛋白序列）或进化缓慢的核苷酸序列（如核糖体 RNA 序列）。

在构建系统发育树时，选择合适的分子序列类型需要综合考虑所研究问题、目标和数据的可及性。核酸序列适用于研究进化速率较快的基因和物种，适合进行基因演化和分化时间估算及突变率研究，因为它们直接反映了基因结构和遗传信息。相对而言，蛋白质序列在进化中更为保守，因此更适合研究进化速率较慢或分歧时间较远的基因和物种，可用于分析蛋白质结构、功能、互作、进化和相互作用，以及功能注释。最终的选择应根据所研究问题和生物学背景，有时也可以结合两者以获得更全面的视角，但必须确保数据的一致性和适用性。

（二）多序列比对

多序列比对是系统发育分析的重要步骤之一，也是构建准确系统发育树的关键环节。在进行多序列比对之前，通常需要先剔除非同源序列。比对完成后，需要仔细检查并比较来自多个来源的比对结果，以确定最合理的比对结果。一般来说，正确的比对应该确保关键辅因子残基和具有相似物理化学性质的残基的匹配。如果已知或可以预测二级结构元素，它们可以用来指导比对过程。此外，人工校正是确保比对质量的重要步骤，需要考虑序列的关键（保守）残基和二级结构信息等因素。另外，在构建系统发育树时，通常会适度删除比对中的空格，以提高分析的准确性。

（三）进化模型选择（可选）

进化模型是描述和模拟生物分子（如 DNA、RNA、蛋白质）演化过程的数学模型。这些模型基于生物学假设和数据，以数学形式表示分子的替换、插入、缺失等进化事件的概率和模式。进化模型被广泛用于构建系统发育树、估计时间尺度、推断物种亲缘关系、分析替换事件，以及模拟分子数据的演化过程。进化模型的选择取决于所研究问题的复杂性和数据的性质，它们提供了深入理解生物演化和进化历史的重要工具。

最简单的核酸进化模型 JC69 是由 Jukes 和 Cantor 于 1969 年提出的。该模型假定序列中 4 种核苷酸组成均等，替换概率相同，即碱基之间的替代是均匀的，不受选择压力的影响。这使得 JC69 模型适用于处理较为简单的进化问题，通常用于构建系统发育树的初始估计或作为其他更复杂模型的基准。然而，它并不考虑碱基之间的生物学功能差异，因此在处理某些复杂的进化情况时可能不够准确。

另一个常用的核酸进化模型 K80 是由 Kimura 于 1980 年提出的。与 JC69 模型不同，K80 模型考虑了碱基替代的两种类型：转换（transition）和颠换（transversion），认为转换比颠换更为常见，所以赋予它们不同的替换速率。对于核苷酸在序列中出现的频率，它同样假定为均等。这个模型的优势在于它更为复杂，能够更准确地反映核酸序列的演化过程，尤其是在处理 GC 含量不均匀的序列时，相对于 JC69 模型更具鉴别力。表 5-1 列出了常见的一些核酸进化模型，这些模型的差异就在于核苷酸出现频率是否假定为均等，转换和颠换速率是否相同，4 种核苷酸之间互相替换速率是否相同。这些变化在模型中反映了不同的生物学假设，允许研究者更精确地模拟核酸序列的进化过程。

表 5-1　核苷酸替换模型比较

模型名称	碱基组成比例	不同的转换和颠换速率	所有转换速率相同	所有颠换速率相同	参考文献
JC（JC69）	1∶1∶1∶1	否	是	是	Jukes and Cantor，1969
Felsenstein 81（F81）	可变	否	是	是	Felsenstein，1981
K2P（K80）	1∶1∶1∶1	是	是	是	Kimura，1980
HKY85	可变	是	否	否	Hasegawa et al.，1985
Tamura-Nei（TN）	可变	是	否	是	Tamura and Nei，1993
K3P（K81）	可变	是	否	是	Kimura，1981
SYM	1∶1∶1∶1	是	否	否	Zharkikh，1994
REV（GTR）	可变	是	否	否	Rodriguez et al.，1990

第三章讲过的 Dayhoff 的 PAM，常被用来作为蛋白质进化模型。它基于点突变的概念，假设蛋白质中的氨基酸替换是马尔可夫过程。JTT 模型是 Dayhoff 模型的现代版，被广泛用于蛋白质家族分析。常用的蛋白质模型还包括 WAG（Whelan and Goldman）模型和 LG（Le-Gascuel）模型。

在系统发育构建过程中，从比对中推断出的替换次数并不代表实际发生的真正的进化事件。由于个别位置上的多重替换和趋同等现象（图 5-3），序列间真实进化距离的估计变得不准确。因此，需要使用替换模型（进化模型）来校正系统发育树构建过程中的进化距离。对于 DNA 序列，常用的替换模型包括 JC69、K80 等（表 5-1）。对于蛋白质序列，常用 PAM、JTT（Jones，1992）、泊松、JC、Kimura 等模型校正。另外，对于序列中不同位点，其替换速率是变化的。例如，在 DNA 序列中，不同密码子位置的核苷酸替换速率不同；在蛋白质序列中，由于功能约束，一些氨基酸变化比其他氨基酸要少。为了解决这个问题，可以使用伽马分布来描述可变位点间不均等替换速率的问题。伽马分布是一种连续概率分布，可以描述一系列概率事件的不确定性，并用于描述序列中不同位点的替换速率的变化情况。使用伽马分布可以进一步提高系统发育分析的准确性和精度。

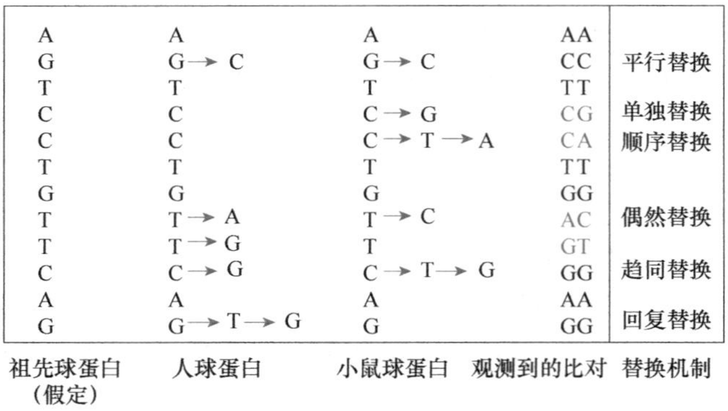

图 5-3　替换的复杂性

（四）建树方法确定

系统发育树的构建方法主要可分为两大类：距离法［如非加权算术平均组对法（UPGMA）、FM（Fitch-Margoliash）法和邻接法］和特征法（如最大简约法、最大似然法和贝叶斯法）。

距离法基于序列间的相异程度和距离来构建树形结构。在 UPGMA 中，通过比较两个物种间的相似性来构建系统发育树，该方法假设进化速率是恒定的，并以等距离方式将物种放置于系统发育树上。FM 法则通过最小化物种之间的总枝长度来构建系统发育树，利用动态规划算法找到最佳的树形结构。邻接法在构建系统发育树时，选择最近邻的物种进行连接，逐步组合形成系统发育树。

特征法（进化模型法）则利用物种的特征、基因序列或其他分子标记对进化的概率进行建模和估计，并根据模型参数推断最合理的树形拓扑结构。常用的特征法包括最大简约法、最大似然法和贝叶斯法。最大简约法通过寻找具有最少进化事件的系统发育树来构建树形结构。最大似然法是利用观察到的分子标记数据，基于特定的进化模型和假设条件，估计出使观察到的数据出现概率最大化的树形结构。贝叶斯法则利用贝叶斯定理，基于先验概率和观测数据，计算系统发育树出现的后验概率，并选择具有最高后验概率的树形结构。

在实际中常用邻接法、最大似然法和贝叶斯法。本章第二节将详细介绍这些构建方法的原理、步骤和应用，帮助读者深入理解系统发育树的构建过程，并掌握如何应用这些方法进行系统发育分析。理解不同方法的原理和适用性，可以帮助读者在实际研究中选择合适的方法，以获取准确和可靠的系统发育树。

（五）树的可靠性评估

在系统发育树构建完成后，对其进行支持度评估是必不可少的。通过评估系统发育树中各个分枝的支持度，可以评估它们的可靠性和准确性。这一过程将在本章第三节中详细介绍。系统发育树的支持度评估是基于多种方法和技术进行的。其中，自展法（bootstrap）是一种常用的评估方法，它通过生成多个重采样数据集来估算分枝的可靠性。支持度的计算也是重要的步骤，它反映了在不同数据集中得到相同拓扑结构的概率。在本章第三节还将深入讨论如何解读分枝支持度的结果。通过理解支持度的含义和解释，可以更好地评估系统发育树的完整性和健壮性。这一部分内容的科学性和严谨性将为读者提供关于系统发育树构建和支持度评估的全面理解，并促使他们在后续的研究工作中运用这些技术和方法。

第二节　分子系统发育树的构建方法

根据序列差异构建系统发育树通常基于距离或字符特征。通常采用距离法、最大简约法、最大似然法和贝叶斯法 4 种方法。相同的数据使用不同方法可能构建出不同的系统发育树，因而采用哪种方法，需要具体问题具体分析。无论采用哪种方法，首先要进行多序列比对，比对结果的好坏会影响最终形成的系统发育树。

在实际的系统发育分析中，主要使用一些免费或商业软件（表 5-2），典型的如 PHYLIP、PAUP、MEGA、IQ-TREE 和 MrBayes 等，每一种软件都提供了多种不同的分析方法，每一种软件都在不断完善。

表 5-2　系统发育分析相关软件及网站

名称	网址	说明
PHYLIP	https://phylipweb.github.io/phylip	通用的系统发育分析软件，免费软件
PAUP	https://paup.phylosolutions.com	通用的系统发育分析软件，商业软件
MEGA	https://www.megasoftware.net	通用的免费分子发育分析软件
PhyML	http://www.atgc-montpellier.fr/phyml	基于最大似然法的系统发育分析软件
RAxML	https://github.com/amkozlov/raxml-ng	基于最大似然法的系统发育分析软件
IQ-TREE	http://www.iqtree.org	基于最大似然法的系统发育分析软件
MrBayes	http://nbisweden.github.io/MrBayes	基于贝叶斯法的系统发育分析软件
PAML	http://abacus.gene.ucl.ac.uk/software/paml.html	基于最大似然法的系统发育分析软件
iTOL	https://itol.embl.de	系统发育树的注释和管理工具网站

一、距离法

距离法（distance method）是首先获得一组序列中两两间的差异，然后根据差异数值构建系统发育树。具有最小变异的序列对称为“近邻”，在树结构中，它们分歧于同一个节点或共同祖先，它们通过枝连接到同一个节点。距离法的目标是鉴定出能够准确反映“近邻”序列在树结构中的位置关系，且枝长能反映序列间差异的系统发育树。距离法既可用于多序列比对，也可用于系统发育树分析。例如，ClustalW 使用寻找“近邻”的方法指导多序列比对；PAUP4.0 提供了使用距离法进行系统发育分析的功能；PHYLIP 软件包中包括 DNADIST 和 PROTDIST 模块，分别用于分析一组 DNA 或蛋白质序列相互间的距离，并输出距离矩阵。

FM 法、邻接法（neighbor-joining method，NJ）和非加权算术平均组对法（unweighted pair group method with arithmetic mean，UPGMA）是依据距离矩阵构建系统发育树的三种主要方法。PHYLIP 软件包中包含 FITCH、FITSCH、NEIGHBOR 三个模块，用于距离法构建系统发育树。FITCH 实现了 FM 法；FITSCH 与 FITCH 模块类似，但引入了分子钟；NEIGHBOR 则实现了使用邻接法和 UPGMA 构建系统发育树。

（一）距离矩阵

在进行多序列比对时，经常关注序列之间的相似度，统计比对后每一列是否相同、是否可替换（参考替换矩阵），从而计算出序列间的相似度数值或得分。通常认为序列相似度越高，则分歧的时间越短。相似度常用百分比衡量，也可用打分系统得到的分值衡量。在进行系统发育分析时，常用序列之间的差异度（距离）来衡量，差异度越大，亲缘关系越远，差异度越小，分歧时间越短。基于蛋白质或核酸序列构建分子系统发育树，首先要进行多序列比对，然后根据两两的差异度构建距离矩阵。例如，有 5 条序列 a～e，序列间的相似度矩阵如图 5-4A 所示，序列间的距离矩阵如图 5-4B 所示。在图 5-4A 的对角线上数值都为 100，而在图 5-4B 的对角线上数值都为 0，这是因为每一序列和自身的相似度为 100%，自己与自己的差异度为 0，其他位置上差异度等于 100 减去相似度。距离矩阵和相似度矩阵都是对称矩阵，因而只需要写出半边就可以。距离矩阵可以用百分比，也可以使用由其他方法计算出的距离。

A 相似度矩阵

	a	b	c	d	e
a	100	65	50	50	50
b	65	100	50	50	50
c	50	50	100	97	65
d	50	50	97	100	65
e	50	50	65	65	100

B 距离矩阵

	a	b	c	d	e
a	0	35	50	50	50
b	35	0	50	50	50
c	50	50	0	3	35
d	50	50	3	0	35
e	50	50	35	35	0

图 5-4　相似度矩阵和距离矩阵

如何依据距离法构建系统发育树，图 5-5 给出了基本的流程。首先进行序列比对，图 5-5A 中对 4 条序列进行了多序列比对，总共有 20 个垂直列。其次计算两两序列之间的距离，图 5-5B 给出了两两序列之间的距离，此处并非使用百分率，而是统计一条序列变成另一条序列所需要的变异次数，如序列 A 和 B 之间的距离为 3。再次构建距离矩阵，如图 5-5C 所示。最后，根据距离矩阵，采用不同的方法构建系统发育树。图 5-5D 给出了推算出的系统发育树，各个枝上用数字标注出相邻两节点间的距离。经过计算任意两节点之间的距离发现，结果与距离矩阵的数值一致，因而得到的系统发育树能够反映原始数据。

A 序列比对

序列A　ACGCGTTGGGCGATGGCAAC
序列B　ACGCGTTGGGCGACGGTAAT
序列C　ACGCATTGAATGATGATAAT
序列D　ACACATTGAGTGATAATAAT

B 两两序列之间的距离

n_{AB}	3
n_{AC}	7
n_{AD}	8
n_{BC}	6
n_{BD}	7
n_{CD}	3

C 距离矩阵

	A	B	C	D
A	–	3	7	8
B	–	–	6	7
C	–	–	–	3
D	–	–	–	–

D 符合距离矩阵的系统发育树

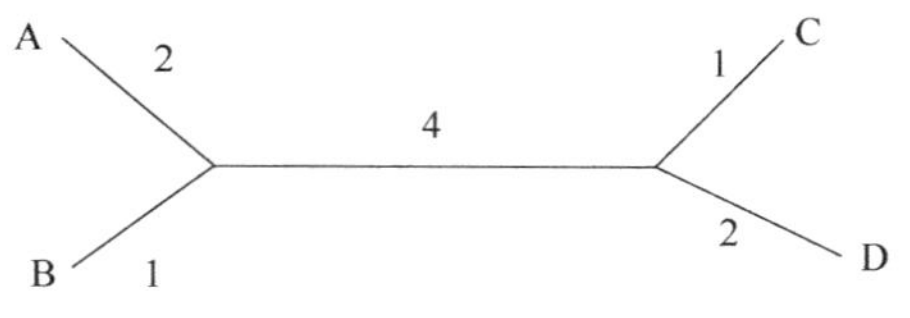

图 5-5　基于距离构建系统发育树的基本流程示例

（二）UPGMA

使用 FM 法和邻接法构建出的系统发育树中，同一节点分歧的外枝的长度可以不同，即不同分支进化的速率不同，或者说这些方法不受进化速率变化的影响。UPGMA 是一种简单的系统发育树构建方法，它假定进化的速率恒定，因而从同一节点分歧的外枝的长度是一致的。除了用于构建系统发育树，UPGMA 也用于序列比对和聚类。该方法首先找出最相关序列，然后认为它们到共同分歧节点的距离相等，且等于它们之间距离的一半。然后将这两条序列看作一条序列，原来的分类单元就少了一条。依次循环直到树中包含了所有序列。

以图 5-6A 中距离矩阵为例。按照 UPGMA 的原则，首先从序列中选出最相关、距离最小的两条序列，即 D 和 E，然后计算其距离的平均值，$d=e=n_{DE}/2=5$。绘制的树结构如图 5-6A 所示。左右为不同样式的树结构，左侧只有水平线代表距离，垂直线的长度不计，距离共同分歧点的枝长相等。将 D 和 E 作为一条序列，原来的 5 条序列变成了 4 条序列。构建新的四序列距离矩阵，距离的计算类似于 FM 法，比如 DE 和 C 之间的距离等于 19。从 4 条序列中再找出关系最近的序列对，DE 和 C 是这一轮中距离最小的序列对，因而将 DE 和 C 挑出，计算 DE 到 C 距离的半值为 9.5。将 C 枝加入图 5-6A 所示的树结构中获得图 5-6B 中所示的树结构，$c=9.5$，$g=4.5$。现在将 CDE 作为一条序列处理，构建三序列距离矩阵。此时最相关序列对为 A 和 B，A 和 B 之间距离的平均值为 11，绘制的 A 和 B 树结构如图 5-6C 所示。将 CDE 作为一条序列，将 AB 作为一条序列，此时只剩下两条序列，计算它们之间距离的一半，等于 n_{AC}、n_{AD}、n_{AE}、n_{BC}、n_{BD} 和 n_{BE} 平均值的一半，即 20.35，将图 5-6B 和图 5-6C 的树结构进行整合，获得图 5-6D 所示的树结构。可推算出 f_1 和 f_2 的长度分别为 9.35 和 10.85。

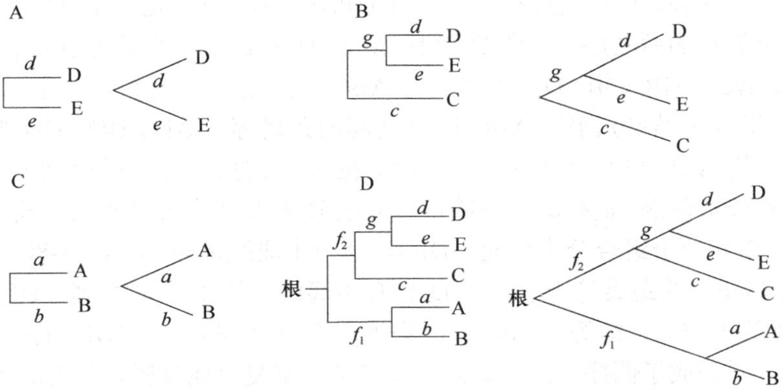

图 5-6　利用 UPGMA 构建系统发育树基本流程

在图 5-6D 中，在 CDE 和 AB 枝交会的节点处添加了根（root），这样无根树便成了有根树。“根”到底应该添加在哪个节点处？为了给树结构添加根，通常需要在构建树的过程中引入或选择外群（outgroup）。所谓外群，就是一条或多条序列，它们与其他序列的亲缘关系较远但又相关，在构建系统发育树的过程中最后加入，并在外群和其他序列的节点处加入根，外群的引入有利于确定根的添加位置。如在图 5-6D 中，假如 A 和 B 来源于不同于其他序列的物种，而且有化石证据表明 A 和 B 来源的物种在进化中先于其他物种出现，这样 A 和 B 就可以作为外群，辅助系统发育树中“根”位置的确定。

（三）Fitch-Margoliash 法

Fitch-Margoliash（FM）法是依据距离矩阵推演系统发育树的方法之一，该方法使用类似图 5-5C 的距离矩阵。FM 法是根据距离首先找到最相关的两条序列，然后将剩余序列看作一条序列。这样多条序列便可看作具有共同起源的三个分类单元，树结构从而简化为起源于同一节点的三个外枝，随后计算出每个枝长。组合序列和其他序列的距离用形成组合的各序列与其他序列间距离的平均值表示，枝长具备可累加性。当一个节点确定后，将首先找到的两条序列看作一条序列，这样原来的序列数目就减少了一个，如此不断循环，最终可构建出基于一组序列距离矩阵的系统发育树。

图 5-7A 是一个三序列距离矩阵，依此可绘出图 5-7B 所示结构的树，A、B、C 三条序列分歧于一个共同的内部节点，a、b、c 分别表示三个枝的长度。根据枝长的可加和性可列出三个算式：$a+b=22$（1）；$a+c=39$（2）；$b+c=41$（3）。算式（2）减（3）可得：$a-b=-2$（4）。算式（4）加（1）可计算出：$a=10$。随后可计算出：$b=12$；$c=29$。将枝长标注在树结构上，如图 5-7C 所示。

A 三序列距离矩阵

	A	B	C
A	-	22	39
B	-	-	41
C	-	-	-

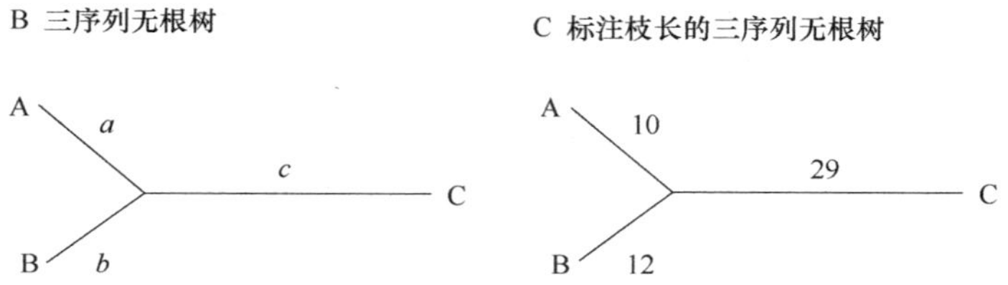

图 5-7　FM 法构建三序列系统发育树流程

如果有更多的序列，该如何进行系统发育分析呢？图 5-8A 是一个五序列距离矩阵。首先从中找出距离最小的两条序列，即 D 和 E。将除 D 和 E 之外的所有序列组合成一个分类单元平均（average）ABC，用 D、E 和平均 ABC 三个分类单元组成一个三样本的距离矩阵（图 5-8B）。组合分类单元平均 ABC 与 D 之间的距离等于 AD、BD、CD 距离的平均值，组合分类单元平均 ABC 与 E 之间的距离依次类推。原来的五序列问题就变成了前面所述的三序列系统发育分析问题。根据距离矩阵可计算出 D 和 E 距内部节点的距离分别为 4 和 6。随后将 D 和 E 作为一个组合分类单元（DE），重新生成距离矩阵（图 5-8C），其他序列到组合分类单元（DE）的距离等于它们与 D 和 E 距离的平均值，如 A 到（DE）的距离等于 AD 和 AE 距离的平均值，即等于 40，依次类推计算出 B 和 C 与（DE）的距离。此时原来的五序列距离矩阵变成了四序列距离矩阵。现在可以重复上述步骤，首先从图 5-8C 距离矩阵中找出距离最近的两条序列，即 C 和（DE），然后将其他序列组合成一个分类单元平均 AB，形成距离矩阵（图 5-8D），参照三序列系统发育分析可计算出 C 和（DE）距共同节点的距离分别为 6 和 10，也可以推算出第一个节点距第二个共同节点的距离为 5。将（DE）和 C 组合为一个分类单元（CDE），重新形成距离矩阵，如图 5-8E 所示，此时，原来的五序列距离矩阵已经变成三序列距离矩阵。按照三序列系统发育分析方法可以计算出 A、B、（CDE）距共同节点的距离分别为 10、12 和 29.7。根据计算出的所有数值及各个样本的“邻近”关系可构建出系统发育树（图 5-8F）。

A

	A	B	C	D	E
A	—	22	39	39	41
B	—	—	41	41	43
C	—	—	—	18	20
D	—	—	—	—	10
E	—	—	—	—	—

B

	D	E	平均ABC
D	—	10	32.7
E	—	—	34.7
平均ABC	—	—	—

C

	A	B	C	(DE)
A	—	22	39	40
B	—	—	41	42
C	—	—	—	19
(DE)	—	—	—	—

D

	(DE)	C	平均AB
(DE)	—	19	41
C	—	—	40
平均AB	—	—	—

E

	A	B	(CDE)
A	—	22	39.7
B	—	—	41.7
(CDE)	—	—	—

F

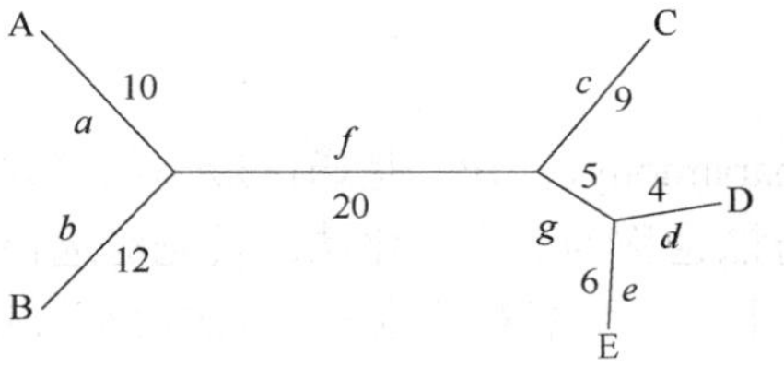

图 5-8　五序列系统发育树构建流程

（四）邻接法

邻接法（neighbor-joining method，NJ）由 Saitou 和 Nei（1987）提出。该方法与 FM 法非常类似，都是先确定距离最近（或相邻）的分类单元对，然后为使系统发育树的总距离达到最小，不断循序将相邻分类单元合并成一个新的分类单元，最终建立相应的系统发育树。不同的是它们用于确定哪两个分类单元相邻的算法不同。FM 法找两两之间距离最小的分类单元组合成对，而邻接法则比较哪两个分类单元组对后树的枝长总和最小。

以图 5-8A 中距离矩阵为例，A、B、C、D、E 五个分类单元在没有进行邻接之前，其相互的关系可用图 5-9A 表示，树型呈星形，所有的分类单元与同一个内部节点连接。此时树的总枝长可用 S_0 表示。S_0 可用式（5-1）计算，但 a、b、c、d、e 的值是未知的，可以用距离矩阵中给出的其他值来表示［式（5-2）］。如果是 N 个分类单位，则枝长之和可用式（5-3）表示。接下来判断哪两个分类单元最邻近。按照邻接法的原则，首先进行所有可能的邻接，然后选择枝长总和最小的邻接组对。如 A 和 B 邻接，则树的拓扑结构就可以表示为图 5-9B 的模式。此时树的总枝长可以表示为 S_{AB}，可用式（5-4）表示，可用式（5-5）求算。假设有 N 个分类单元，当 M 和 N 邻接组对时树的总枝长可以用式（5-6）表示。上述算法可以算出不同分类单元邻接后的总枝长，如 S_{AB}、S_{BC}、S_{CD}、S_{DE} 分别为 66.7、81、76、70。从结果可

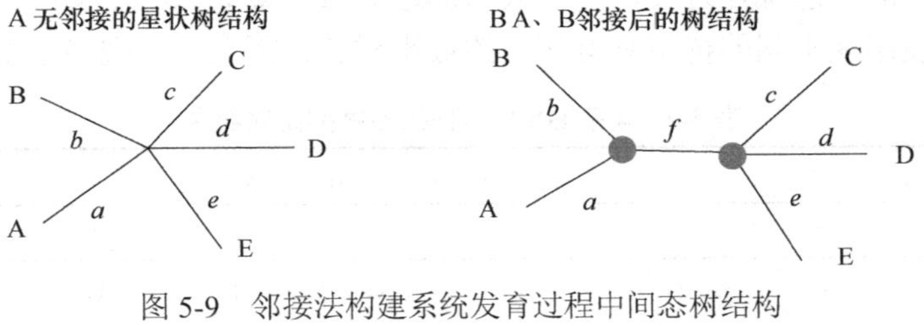

图 5-9　邻接法构建系统发育过程中间态树结构

知当 A 和 B 组对时树的总枝长最小，因而首先将 A 和 B 邻接。随后将 A 和 B 看作一个分类单元，参考 FM 法形成减少了一个分类单元的距离矩阵。随后重复上述方法，从中再找出使树长最小的邻接。依次类推，最终确定每一个分类单元在系统发育树中的相对位置，构建出可信度高的系统发育树。

$$S_0=a+b+c+d+e \tag{5-1}$$

$$S_0=(D_{AB}+D_{AC}+D_{AD}+D_{AE}+D_{BC}+D_{BD}+D_{BE}+D_{CD}+D_{CE}+D_{DE})/4 \tag{5-2}$$

$$S_0=\sum D_{ij}/(N-1)\quad i<j \tag{5-3}$$

$$S_{AB}=a+b+c+d+e+f \tag{5-4}$$

$$S_{AB}=(D_{AC}+D_{AD}+D_{AE}+D_{BC}+D_{BD}+D_{BE})/6+D_{AB}/2+(D_{CD}+D_{CE}+D_{DE})/3 \tag{5-5}$$

$$S_{MN}=\sum(d_{iM}+d_{iN})/[2(N-2)]+d_{MN}/2+\sum d_{ij}/(N-2)\quad i<j \tag{5-6}$$

二、最大简约法

最大简约法（maximum parsimony，MP）是通过最小化序列中产生可观测变异所需要的步数来构建进化树，因而该方法也称为最小进化法。首先对选择序列进行多序列比对，从而确定哪些位置是相对应的。对于每一个配对的位置，按照最小进化的需求处理可观测的变异，以确定系统发育关系，照此分析比对结果中所有信息位点。最终从根据全部信息位点构建出的系统发育树中鉴别出整体变异数最小的树，即最佳的系统发育树。这种方法特别适用于数量较少且非常相似的序列。这种算法不是特别复杂，但它能确保找到最优的树，因为它穷尽了与分析序列相关的所有树。正因为如此，这种算法非常耗时，不能用于序列数目非常多或序列中变异非常多的序列集。这种方法可能会得到一个或多个无根树；也可引入其他假设条件，构建出有根树。

表 5-3 包含了 4 条 DNA 序列的多序列比对结果。虽然比对结果中有 9 个比对位点，但不是所有位点都能提供用于区分不同序列的有效信息。位点 1、6、8 在 4 条序列中完全一致，不能提供任何分类信息。利用最大简约法分析时，只有当某一位点每种类型的核苷酸（或氨基酸）在两个以上序列中出现，该位点才被看作有效的信息位点。因此，位点 2、3、4 也不能作为有效的信息位点，只有 5、7、9 是有效的信息位点。4 条序列理论上只会形成三种拓扑结构的无根树（图 5-10），图 5-10 展现了基于位点 5 差异的三种无根树，以及内部节点可能的变化情况，并根据变异推导出三种树型的树长分别为 1、2、2。依据图 5-10 的分析，树型 1 是最简约的树，因为其树长最短。事实上需要继续分析位点 7 和位点 9，并综合这三个位点最终得出结论。依据位点 7，树型 1、2、3 对应的树长分别为 1、2、2；依据位点 9，树型 1、2、3 对应的树长分别为 2、1、1。综合分析可知，树型 1 是最简约的树，树长为 4。由于该方法要分析所有有效的信息位点，并根据简约原则分析每一种树型的变化和树长，因而如果序列数目过多或者序列中的信息位点过多，会大大增加运算量。最大简约法会产生唯一的最简约树吗？由于最后可能出现不同的树型具有相同的最小树长，因而会出现多个最简约树的情况。

表 5-3　4 条 DNA 序列的多序列比对结果

类别	序列位置（位点）和核苷酸类型								
	1	2	3	4	5	6	7	8	9
1	A	A	G	A	G	T	G	C	A
2	A	G	C	C	G	T	G	C	G

续表

类别	序列位置（位点）和核苷酸类型								
	1	2	3	4	5	6	7	8	9
3	A	G	A	T	A	T	C	C	A
4	A	G	A	G	A	T	C	C	G

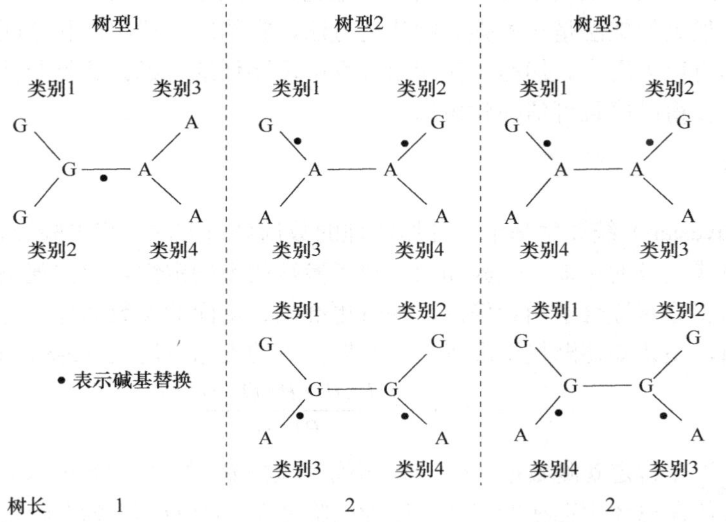

图 5-10　采用最大简约法基于表 5-3 中序列位点 5 的系统进化分析

三、最大似然法

与最大简约法相似，最大似然法也是依据分子序列比对结果直接建树的，通过分析所有可能的树型拓扑结构来确定最优树。与最大简约法不需要任何进化模型不同，最大似然法建树是以进化模型为基础的。进化模型描述核酸或蛋白质分子中的特定核苷酸或氨基酸随时间推移发生替换的可能性。例如，JC69 和 K80 就是最简单的核酸序列进化模型。

在进化模型的基础上，最大似然法要估计由每种可能的树型产生当前的序列比对结果的似然值［式（5-7)］。假定位点间是独立进化的，每种树型的似然值是由当前树型下得到每列比对结果概率累乘得到的。通过对进化模型参数和枝长度进行估计，使得这个似然值最大化，从而得到了该树型的似然值。最后，从所有可能的树型中选择似然值最大的树作为最优树。

$$L=P(D|T)=\prod_{i=1}^{m}P[D^{(i)}|T] \tag{5-7}$$

式中，L 是似然值；i 为多序列比对位点；D 为序列比对结果（data)；T 为可能的系统发育树的拓扑结构。

最大似然法的核心思想是在给定进化模型下，寻找最能够解释观测数据的树状结构。作为一个系统发育分析方法，它具有多个显著优点。首先，最大似然法是以进化模型为基础的，它所使用的进化模型具有高度灵活性，来自不同物种的基因，同一基因不同位点，不同进化时间段的进化速率都可以不同，力求最准确地反映实际进化过程。其次，最大似然法对序列的相似度没有要求，适用于分析各种序列。最后，最大似然法利用所有序列位点的信息来建树，这一特点确保了序列信息的充分利用，从而更有可能获得准确的系统发育关系。值得一提的是，最大似然法建立在坚实的统计学基础上，其结果具有统计学意义。可以通过参数置信区间估计和似然比检验等手段，对建树结果的稳定性和可信度进行评估，进一步增强了方法的可靠性。

然而，最大似然法也面临一些挑战。首先，它的计算复杂性较高，特别是处理大规模数据时需要大量计算资源和时间。其次，最大似然法的结果在很大程度上依赖于所选的进化模型。选择合适的进化模型至关重要，错误的模型选择可能导致结果的偏差，甚至产生误导性的结论。总之，最大似然法是一种强大的建树方法，它的广泛适用性和全面信息利用使其在生物学研究中具有巨大潜力。然而，在应用过程中需要仔细考虑计算复杂性、模型选择及结果的可靠性，以获得准确且可信的建树结果。

四、贝叶斯法

贝叶斯（Bayesian）统计学基于贝叶斯定理的数据分析方法，将先验知识与新数据结合，更新对未知参数或假设的认知。先验知识反映了参数的不确定性，数据观测调整了先验，产生后验分布。后验分布综合了两者信息，提供更准确、全面的参数估计。随着数据积累，后验分布不断更新，使认知逐渐趋于准确。贝叶斯分析的理念可用式（5-8）来表示。

$$P(\theta|D)=\frac{P(\theta)\cdot P(D|\theta)}{P(D)} \tag{5-8}$$

式中，$P(\theta|D)$ 为在给定观测数据（D）后，模型参数（θ）的概率分布，即后验分布；$P(\theta)$ 为特定模型参数值在总体中存在的概率，称为先验分布；$P(D|\theta)$ 为在给定模型参数的情况下，观测数据出现的概率，也被称为似然函数，它反映了模型在给定参数下解释数据的能力；$P(D)$ 是归一化因子，代表观测数据在整个样本空间中的概率，由于不依赖于参数，在推断中通常被省略。

将贝叶斯法应用到系统发育分析领域，形成了贝叶斯系统发育学。传统的系统发育树构建方法，通常从所有可能的进化关系中选择一个最优树。这个选择可以基于某些优化准则（如最大似然法、最大简约法）或聚类算法（如邻接法），然后再通过自展法（bootstrap）等来评估树的可靠性。这些方法在计算上相对高效，但它们仅关注参数的最优值，忽略了参数的不确定性。这可能在数据噪声较大或模型不准确的情况下导致结果产生偏差。在贝叶斯系统发育分析中，通过后验分布来描述系统发育树，以及进化模型参数的不确定性。对于参数，如树的拓扑结构，可以通过总结其边缘后验分布得到。

贝叶斯系统发育分析利用多序列比对结果（D）来推测树的拓扑结构（T）、枝长（τ）及进化模型参数（θ），可以用式（5-9）和式（5-10）来表示。其中 $P(T,\tau,\theta|D)$ 是在已知多序列比对结果 D 的情况下，推断获得相关树的拓扑结构、枝长及进化模型参数的概率；$P(T,\tau,\theta)$ 是先验分布；$P(D|T,\tau,\theta)$ 是似然值，最大似然法用其评估树的优劣；$P(D)$ 涉及对所有树的求和，以及每个树上枝长度和替代模型参数值的积分，代表观测数据出现的概率。

$$P(T,\tau,\theta|D)=\frac{P(T,\tau,\theta)\cdot P(D|T,\tau,\theta)}{P(D)} \tag{5-9}$$

$$P(D)=\sum_{T}\iint P(D|T,\tau,\theta)\cdot P(T,\tau,\theta)\cdot \mathrm{d}\tau\cdot \mathrm{d}\theta \tag{5-10}$$

在贝叶斯系统发育分析中，后验概率的计算在解析上不现实，因此引入数值方法来近似计算，其中最常用的是马尔可夫链蒙特卡罗（Markov chain Monte Carlo，MCMC）方法。首先，从参数空间中随机选择初始树结构和模型参数，作为 MCMC 链的起点。然后，在每一步中引入随机扰动生成新的树状态，计算其接受概率，根据一定规则接受或拒绝新状态，更新当前状态，重复迭代直至达到稳定状态。通过这个过程，MCMC 链在参数空间中随机游走，逐渐收敛到后验分布。在达到稳定状态后，采样获得的状态构成了后验分布的近似，可以用于估计树的拓扑结构、模型参数及与之相关的不确定性。最终，利用采样得到的后验状态，可以计算树的拓扑结构、参数均值、置信区间等信息，用于构建可靠的系统发育树并评估进化模型的性能。

最大似然法和贝叶斯法在构建系统发育树方面各有独特优势。最大似然法专注于找到最能解释观测数据的参数值，适用于大数据集且计算高效。然而，它只提供单一估计值，忽视参数的不确定性，对于复杂模型和小样本数据的效果较差。贝叶斯法则更全面地考虑参数的不确定性，结合先验知识和数据生成后验分布，提供参数概率分布和不确定性度量。它适用于融合先验信息、处理复杂模型和不完整数据等情况。贝叶斯法能计算后验分布，为分支提供后验概率值，类似最大似然法中的自举支持度，增强了树的可靠性评估。然而，贝叶斯法的计算复杂、计算量大，对先验选择敏感，也需较长的计算时间。

第三节　系统发育树的评估

正如本章开始所说，进化是一个不可逆的过程。根据现有的各种数据、距离矩阵重构的系统发育树是否可靠，是否与真实的进化过程一致，的确是一个关键的问题。如何才能得到最佳的系统发育树呢？如前所述，相同的序列采用不同方法可能产生不同的系统发育树，不同的方法具有不同的特点和适用度。对于一组序列最好采用不同的方法进行分析，如果不同的方法获得的结果相同或近似，则获得的系统发育树可靠；如果不同的方法分析的结果差异较大，则要作更深入的分析，判断哪一种结果更可靠。

在系统发育分析过程中，为保证分析结果的可靠性，需要对系统发育树的分树支持度进行评估。目前主要采用自展法（bootstrap）、超快自展法（ultrafast bootstrap）、Shimodaira-Hasegawa 近似似然比测试（SH-aLRT）、后验概率法等检验方法。下面对这些评估方法作简要介绍。

一、自展法

自展法是一种重抽样技术，用于估计统计样本的不确定性或可靠性，在系统发育学中常用于评估所构建的系统发育树的稳健性，即树的拓扑结构是否在不同数据子集上保持稳定。

利用自展法评估系统发育树可靠性的步骤如下：首先生成重抽样数据集，通过放回式抽样从原始多序列比对结果中抽取与原始比对结果长度相同的伪样本。然后利用伪样本构建系统发育树，得到自展树。重复上述过程多次，生成一组自展树。最后对这组自展树进行分析，计算各节点在所有自展树中的出现频率，节点的出现频率表示该节点在不同数据子集上出现的稳定性。

自展法允许研究者估计系统发育树节点的可靠性。如果一个节点的自展值很高（如大于70%或 95%），则表示这个节点在不同数据子集上的出现频率很高，树的拓扑结构在多次抽样下保持稳定，因此可以认为这个节点是可靠的。相反，如果自展值较低，可能意味着树的拓扑结构不够稳定，需要谨慎解释。

自展法可以在大多数软件如 PHYLIP、PAUP、MEGA、PhyML、RAxML、IQ-TREE 等中实现。

二、其他评估方法

邻接法、最大简约法等建树方法由于“长枝吸引”，准确性有限。随着计算机算力的增加，最大似然法和贝叶斯法等准确性和可靠性相对较高的建树方法愈发受到关注并被广泛应用。然而在使用这些方法建树检验时，传统经典的自展法速度相对较慢。因此，研究者提出了一些针对最大似然法建树检验的超快自展法和 SH-aLRT 方法，以及针对贝叶斯法的后验概率法等。最近几年，由于运行速度非常快，这些方法已经被广泛采用。然而，它们与传统经典方法在具体参数解释方面可能存在一些差异。有关这些方法的具体解释和使用方法，可以查阅相关软件如 IQ-TREE 的说明或相关的原始文献。

习　　题

1. 什么是系统发育分析？
2. 分子钟假说的主要内容是什么？
3. 系统发育树构建的一般步骤包括哪些？
4. 常用的系统发育树构建方法有哪些，如何理解？
5. 找一组序列使用 PHYLIP 软件包中的不同方法分别进行系统发育分析。
6. 系统发育树如何评估？

第六章　自然选择的检验

生物进化是自然界中普遍存在的现象，它表现为物种在适应环境的过程中不断变异和演化。突变、选择和随机漂变是进化的基本原则。同时，生物之间也存在着相互依存、合作共赢的关系。自然选择在漫长的进化历程中发挥了至关重要的作用。分子层面的自然选择检验可以较为容易地发现其特定规律。自然选择在群体层面上对不同表型的个体进行选择，从而影响到群体内不同基因型的分布。另外，在群体层面，也可以利用一些统计量来描述自然选择的检验结果。本章主要介绍分子层面的自然选择检验理论，这些理论提供了理解自然选择在分子水平上如何影响进化的生物信息学工具。同时，本章也会对群体层面常用的统计量进行简要介绍，这些统计量可以帮助读者更好地理解自然选择在群体层面上的作用。通过学习这些理论和方法，本章可以更好地理解生物进化的机制，为生物信息学的研究提供重要的理论支撑。

第一节　生物进化重要理论概述

一、分子层面自然选择检验方法

基因和基因组的适应性进化是最终决定生物形态、行为和生理适应性的关键因素，同时也推动了物种的分歧和进化创新。因此，在分子进化研究中，分子适应性的研究是一个备受关注的重要主题。自然选择在形态和行为进化方面似乎起到了普遍的作用，但在基因和基因组进化中的作用仍存在争议。分子进化的中性理论认为，大多数观测到的物种内部和物种之间的变异不是由自然选择决定的，而是由等位基因的随机变异固定决定的。在群体遗传学中，已经发展出许多方法来检验序列特征是否偏离中性模型。本章将主要介绍正向选择、负向选择和分子进化的基本概念，以及一些中性检验的理论与方法。其中将重点介绍如何使用密码子模型来检测系统发育中推动有利突变固定的自然选择。

相对于内含子或非编码 DNA，蛋白质编码基因在自然选择检测中具有显著优势，因为它们能够区分同义突变（不改变所编码氨基酸的核苷酸突变）和非同义突变（改变所编码氨基酸的核苷酸突变)。这一区分能力源于自然选择主要作用于蛋白质水平，对同义突变和非同义突变施加不同的选择压力，从而具有不同的固定速率。同义突变和非同义突变速率的比较，为理解自然选择在蛋白质水平上的作用提供了一种可行的检测方法。如果使用同义突变速率作为标准，可以推断出非同义突变的固定是否受到自然选择的帮助或阻碍。设定非同义突变和同义突变速率比率 $\omega=\dfrac{d_N}{d_S}$，用于检测蛋白质水平的选择压力，其中 d_S 代表单位同义位点同义突变数量，d_N 代表单位非同义位点非同义突变数量。在选择没有作用的情况下，非同义突变将会和同义突变以相同的速率固定（中性选择)，此时，$d_N=d_S$ 或 $\omega=1$。如果非同义突变是有害的，负向选择（纯化选择或净化选择）将降低其固定速率，导致 $d_N<d_S$ 或 $\omega<1$。而如果非同义突变是有利的，受到自然选择（正向选择，达尔文适应性选择）偏爱，其将以

比同义突变更高的速率固定，即 $d_N>d_S$ 或 $\omega>1$。因此，非同义突变速率比同义突变速率显著高是蛋白质适应性进化的重要证据。

二、中性理论核心观点

在群体遗传学中，使用选择系数（s）来测量新突变的等位基因 a 与野生型的等位基因 A 的相对适合度。在半显性模型的前提下，基因型 AA、Aa、aa 的相对适合度分别为 1、$1+s$ 和 $1+2s$。因此，$s<0$、$s=0$ 和 $s>0$ 分别对应负向选择、中性选择和正向选择。新突变的等位基因受到自然选择和随机漂变的共同影响，随着世代的增加或减少，其频率也会相应地发生变化。自然选择和随机漂变对群体基因频率影响的相对大小取决于有效群体大小（Ne）。如果 $|Ne|>1$，自然选择对等位基因的命运起主导作用；如果 $|Ne|<1$ 甚至接近于 0，那么突变是中性或者近中性的，其命运就主要由随机漂变决定。需要注意的是，在小群体的遗传漂变过程中，即使新突变是相对有利的，但低频等位基因很可能也会丢失。因此，不能忽视遗传漂变的影响，尤其是在小群体中。

早在 20 世纪 30 年代，Fisher（1930）、Haldane（1932）和 Wright（1931）就已经完成等位基因频率变化动力学的许多理论研究工作。一直到 20 世纪 60 年代，人们普遍接受的看法是，自然选择是进化的驱动力。人们认为自然种群几乎处于最佳状态，遗传变异很少。大多数新突变是有害的，会很快从种群中消失；偶尔会出现一个有利的突变，并传播到整个种群。然而，1966 年，利用多聚酶电泳在果蝇中检测到了大量的遗传变异（Harris，1966；Lewontin and Hubby，1966）。中性理论或中性突变随机漂移假说是由 Kimura（1968）与 King 和 Jukes（1969）提出的，主要是为了适应这一惊人的发现。根据中性理论，分子水平上观测到的遗传变异（种内多态性或种间分歧）大多不是自然选择推动的有利突变固定，而是中性突变的随机固定。下面是该理论的一些主张和预测（Kimura，1983）。

（1）基因重要功能区域（如编码区）自然发生的大部分突变是有害的，并由负向选择（纯化选择）清除。

（2）核苷酸替换速率等于中性突变速率。如果中性突变速率在物种间是固定不变的，替换速率也将保持固定不变。这一观点解释了分子钟假说。

（3）功能上重要的基因或基因区域进化较为缓慢，因此核苷酸替换速率会较低。功能重要性和突变速率之间呈负相关关系是分子序列水平上的基本特征。例如，错义替换速率几乎总比同义突变速率低；第三位密码子的进化速率通常高于第一位和第二位密码子；具有相似理化性质的氨基酸彼此替代比不相似氨基酸的替换更频繁。相反，如果基因功能改变导致正向选择的出现，则功能重要基因将比功能不重要基因具有更高的进化速率。

（4）种内多态性和种间分歧是中性进化相同过程的两个阶段。

形态学特征（包括生理学、行为等）的进化是由适应性进化推动的，分子水平的进化更符合中性理论。对于中性理论的争论促进了大量群体遗传学理论和分析工具的产生。中性理论能做出简单且可检测的预测，同时过去几十年间，DNA 和蛋白质序列数据的快速积累促进了这一领域各类检测方法的发展。

在严格中性理论模型中，假定只有两类突变：严格中性突变（$s=0$）和被纯化选择在出现时迅速清除的高度有害突变。然而，当应用于真实数据时，严格中性模型往往被拒绝。因此，Ohta（1973）对木村资生的中性理论进行了修正，提出了轻微有害突变假说。该假说允许存在少量具有轻微负向选择系数的突变，其命运受到随机漂变和纯化选择的共同影响。这种突变的固定概率大于 0，但相较于中性突变要小。该模型后来发展为近中性理论。严格中性模型中的动力学仅依赖于中性突变速率，而不依赖于群体大小和选择压力。相比之下，在近中性模型中，轻微有害或近中性突变的固定概率取决于所有参数。因此，修正后的理论很难被证实或证伪。这同样适用于各种选择模型（Gillespie，1991）。图 6-1 对这些不同的理论进行了描述和展示。

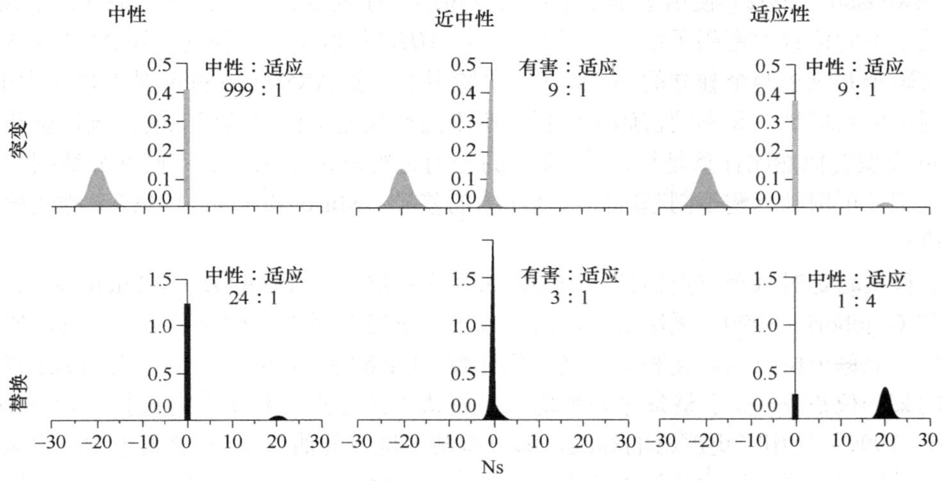

图 6-1　不同分子进化模型下突变和替换的适合度（Ns）分布

包括中性、近中性和适应性模型可能的分布，曲线以下的面积总和为 1。为了清晰起见，对中性突变在 Ns=0 处的短柱被加粗。Sawyer 和 Hartl（1992）提出的服从泊松随机实验模型的取样公式用于将突变适合度密度转换为替换适合度密度。据 Akashi（1999a）重绘，数据由 Hiroshi Akashi 提供

第二节　氨基酸位点的适应性进化

d_N 和 d_S 之间的显著差异表明自然选择作用于蛋白质的氨基酸位点，并影响其非同义突变的固定概率。在估计 d_N 和 d_S 之后，可以使用统计检验来确定 d_N 是否显著高于 d_S。对于最大似然估计（maximum likelihood estimation，MLE），可以使用似然比检验（likelihood ratio test，LRT），即将 ω 设为 1 的零假设与没有设置约束条件的备择假设进行比较。似然比统计量被定义为两个假设之间的二倍对数似然差异（$2\Delta\ell$），其分布接近于自由度为 1 的卡方分布，用于比较检验 ω 值是否与 1 显著不同。在实践中，这种检验很少检测到正向选择（即 $\omega>1$ 或者 $d_N>d_S$），因为 d_N 和 d_S 在计算时对整条序列进行了平均。

一、适应性进化的三种检测策略

蛋白质的所有氨基酸位点受到相同选择压力的假定（即具有相同的非同义突变和同义突变速率比率 ω）并不符合实际情况。大多数蛋白质含有高度保守的氨基酸位点，这些位点的 ω 接近 0。因此，要求 ω 在蛋白质所有位点的均值大于 1 是检测适应性进化的一个极为严格的条件，而在模型中允许 ω 在位点间可变是合理的。因此，正向选择可以表示为 ω 大于 1 的位点，但并不要求整个基因的 ω 均值都大于 1。

检测影响单氨基酸位点的正向选择策略主要有三种。

第一种策略基于外在信息（如蛋白质晶体结构等）的判断，只有当这类信息存在时，该策略才是可行的。一个经典的例子是来自人类 *MHC* 基因的分析（Hughes and Nei，1988；Hughes et al.，1990）。该基因的整体 ω 高于大多数其他蛋白质编码基因，但仍小于 1，因此无法提供正向选择的充分证据。然而，通过研究该分子的三级结构（Bjorkman et al.，1987a，1987b），确定了构成结合外来抗原识别位点（ARS）区域的 57 个氨基酸残基。因此，Hughes 和 Nei（1988）关注了这 57 个密码子，发现它们的 ω 显著大于 1。该研究中使用了双序列比对方法。Yang 和 Swanson（2002）使用了基于系统发育树的多序列联合分析似然策略分析了该数据，对其中处于不同位置的密码子赋予不同的 ω。在 *MHC* 的例子中，分别估计 ARS 区域和其他区域的密码子并赋予两个独立的 ω，似然比检验用于检验 ARS 区域的 ω 是否显著大于 1。该模型为固定位点模型，和不同密码子位置采用不同替换速率模型是相似的。该模型和所有位点一个 ω 模型的似然比计算是相似的，唯一的差别是校正 ω 用来计算不同部分数据的转换概率。该模型还可用于检测不同基因间选择压力的差异。Muse 和 Gaut（1997）称此检验为相对比率检验。

第二种策略是对每个位点估计一个 ω，而无须对位点进行先验分类。Fitch 等（1997）与 Suzuki 和 Gojobori（1999）采用最大简约法基于系统发育树重新构建了祖先序列，使用重构序列对分支上每个位点的同义和非同义变化计数。Fitch 等（1997）分析了人类 *HA* 基因，如果计算的某一位点 ω 高于整条序列平均值，则认为该位点受到了正向选择。而 Suzuki 和 Gojobori（1999）使用了更严格的标准，即只有某一位点的估计 ω 显著大于 1，才能确定该位点受到了正向选择。该检验用 Nei 和 Gojobori（1986）的方法分析位点计数和各位点的差异。计算机模拟结果（Suzuki and Gojobori，1999；Wong et al.，2004）表明，该检验功效依赖于大样本序列，该策略在大数据的探索性分析中非常实用。

在 Fitch 等（1997）与 Suzuki 和 Gojobori（1999）的方法中，重建祖先序列的过程具有重要意义。然而，这些序列本身并不是真实观测数据。特别是，正向选择位点通常位于序列比对中变化较大的区域，这也使得这些位点成为祖先序列估计中最不可靠的部分。这个问题可通过最大似然法对所有祖先序列状态进行平均来解决。Suzuki（2004）、Massingham 和 Goldman（2005）及 Pond 和 Frost（2005）提出了使用最大似然法对每个位点估计一个 ω 的方法。通常，当使用 ω 对所有位点进行估计时，该模型中的其他参数如枝长度针对所有位点是一致的。密码子替换模型的使用，使该模型能考虑转换、颠换速率差异和不同密码子频率。对每个位点采用卡方分布或计算机模拟产生的分布进行零假设 $\omega=1$ 检测［位点似然比检验（SLR）］。该模型允许 ω 在位点上自由变化，但随着序列长度的增加，参数数量会无限增加，因此没有最大似然估计的渐进性（Stein，1956，1964；Kalbfleisch，1985）。解决这种无限参数困境的方法是对 ω 设置先验分布，再根据数据的似然函数获得 ω 的后验分布，这是下面要讨论的第三种策略。Massingham 和 Goldman（2005）的计算机模拟提供的 SLR 检验，获得了良好的假阳性率和高效性，但是对于位点的 ω 估计还不太可靠。

需要注意的是，以上策略中所有方法（Fitch et al.，1997；Suzuki and Gojobori，1999；Suzuki，2004；Massingham and Goldman，2005；Pond and Frost，2005）都是设计用于检测单个位点的正向选择。检验序列中是否含有受到正向选择的位点（如氨基酸是否受到正向选择）应使用多重检验校正。例如，Wong 等（2004）使用修正的 Bonferroni 准则对 Suzuki 和 Gojobori（1999）的数据进行了检测，以确定蛋白质中的正向选择。

第三种策略是使用统计分布（先验分布）描述位点上 ω 的随机变化（Nielsen and Yang，1998；Yang et al.，2000）。该模型假设不同位点具有不同的 ω，但不知道每个位点 ω 的确切值。为了检验是否存在正向选择，可以使用 LRT 来比较两个统计分布的零假设。其中一个假

设是不存在 ω 大于 1 的位点，而另一个假设是存在 ω 大于 1 的位点。当 LRT 表明有 ω 值大于 1 的位点时，经验贝叶斯法可用于计算给定数据位点每个位点 ω 的条件概率分布（后验分布）。该模型被称为随机位点模型（Yang and Swanson，2002），将在下面章节中进行详细讨论。

二、随机位点模型下正向选择的似然比检验

假设任一位点的 ω 是来自先验分布 $f(\omega)$ 的随机变量。因此，关于 ω 的推断是基于给定数据 X 的 ω 后验分布 $f(\omega|X)$。在简单的统计问题中，先验分布 $f(\omega)$ 可从数据中估计得到，而无须假设任何特定的分布形式，这种方法被称为非参数经验贝叶斯法（Robbins，1955，1983；Maritz and Lwin，1989；Carlin and Louis，2000）。然而在此例中，该方法难以操作，因此 Nielsen 和 Yang（1998）与 Yang 等（2000）采用了有参模型 $f(\omega)$ 并估计了这些密度所涉及的参数。假设同义突变速率在位点间是固定的，只有非同义突变速率是可变的。枝长度 t 被定义为所有位点平均的每个密码子核苷酸替换的期望数量。

该模型与位点间速率可变的伽马和离散伽马模型有相同的位点变异速率结构。似然值是 ω 分布中参数（但不是 ω 自身）和模型中的其他参数（比如枝长度和转换颠换比率 κ）的函数。某个位点观测数据出现的概率（位点 h 的数据 x_h）是 ω 分布的平均：

$$f(x_h)=\int_0^{\infty} f(\omega)\, f(x_h\,|\,\omega)\,\mathrm{d}\omega \cong \sum_{k=1}^{K} p_k f(x_h\,|\,\omega_k) \tag{6-1}$$

如果 $f(\omega)$ 是离散分布，则积分变成求和。连续 $f(\omega)$ 的积分难以处理分析，因此可采用离散逼近，即用 $K=10$ 个等概率类去逼近连续密度，式（6-1）中的 p_k 和 ω_k 可作为连续密度 $f(\omega)$ 参数的函数来计算。

为检测正向选择或存在 $\omega>1$ 的位点，LRT 用来比较不允许 $\omega>1$ 的零模型和允许 $\omega>1$ 的备择模型。经过计算机模拟发现两对模型都非常有效（Anisimova et al.，2001，2002；Wong et al.，2004）。表 6-1 对这些模型进行了总结。第一对模型包括了零模型 M1a（中性），该模型假定两个位点类别分别占比 p_0 和 p_1（$=1-p_0$），分别满足 $0<\omega_0<1$ 和 $\omega_1=1$，备择模型 M2a（选择）添加了从数据中估计的一部分比例的 $\omega_2>1$ 的 p_2 位点。M1a 和 M2a 是对 M1 和 M2 模型的轻微修饰（Nielsen and Yang，1998）。由于 M2a 比 M1a 多了两个参数，因此或许可用 χ_2^2 分布来检验。然而，渐进 χ^2 分布的条件不满足，正确零分布也不可知。首先，当固定 $p_2=0$ 时达到参数空间边界，M1a 等价于 M2a；其次，当 $p_2=0$ 时，ω_2 无法确定。那么 M1a 和 M2a 之间的差别没有两个自由参数大，使用 χ_2^2 就可能太保守了。

表 6-1　位点间 ω 可变模型中的参数

模型	#p	参数
M0（单速率）	1	ω
M1a（中性）	2	p_0（$p_1=1-p_0$），$\omega_0<1$，$\omega_1=1$
M2a（选择）	4	p_0，p_1（$p_2=1-p_0-p_1$），$\omega_0<1$，$\omega_1=1$，$\omega_2>1$
M3（离散）	5	p_0，p_1（$p_2=1-p_0-p_1$），ω_0，ω_1，ω_2
M7（β）	2	p，q
M8（β 和 ω）	4	p_0（$p_1=1-p_0$），p，q，$\omega_s>1$

注：#p 为 ω 分布中参数的个数

第二对模型包括了零模型 M7（β），该模型假设 ω 服从贝塔分布，密度函数为

$$f(\omega; p,q)=\frac{1}{B(p,q)}\omega^{p-1}(1-\omega)^{q-1},\quad 0<\omega<1,\ p>0,\ q>0 \tag{6-2}$$

均值为 $\frac{p}{p+q}$，方差为 $\frac{(p+q)^2}{p+q+1}$。贝塔分布仅在（0,1）取值，因此可作为零模型。贝塔分布依赖于两个参数 p 和 q，能够呈现出各种形状，非常灵活（图 6-2）。备择模型 M8（β 和 ω）是正向选择模型，其中加入了另一类 $\omega_s>1$ 的位点。M8 比 M7 多两个参数，因此可以使用 χ_2^2 统计量进行 LRT。与 M1a 和 M2a 的比较类似，使用 χ_2^2 统计量会使检验更加保守。

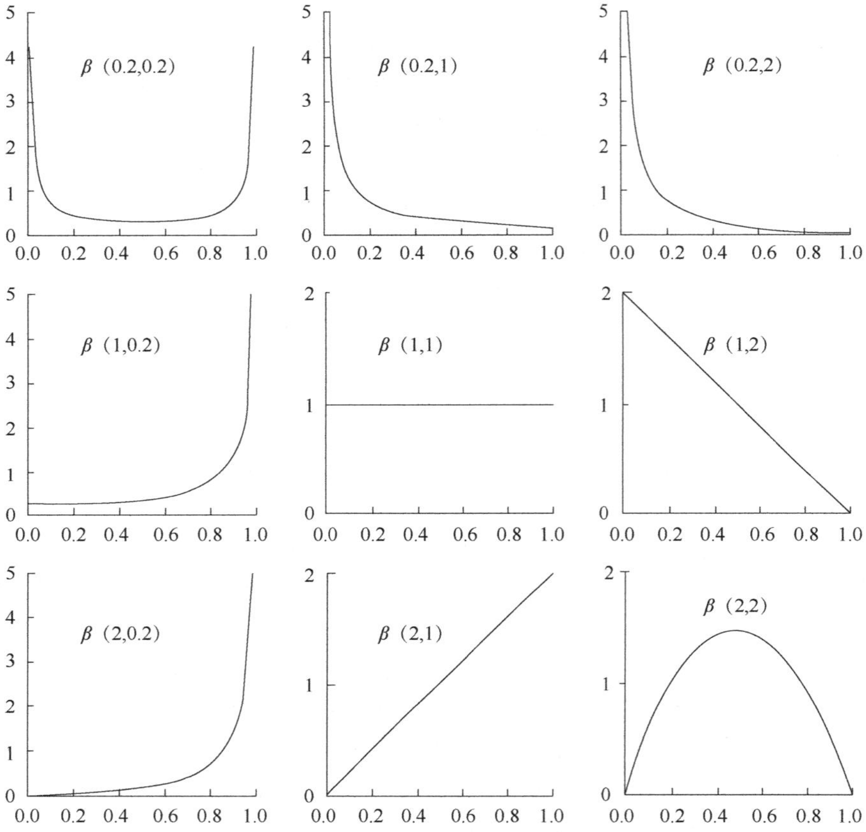

图 6-2　β 分布的密度 $\beta(p,q)$

x 轴为 ω，y 轴与具有该 ω 的位点个数成比例

在 M3 离散模型中，K 个位点类别的频率和 ω 作为自由参数进行估计。这里讨论的所有模型都可以作为一般有限混合模型的特殊例子进行考虑。在这些混合模型中，通常只有一些类可以拟合真实数据类型。模型 M3 可以和模型 M0（单比率）进行比较以构建 LRT。然而，这个检验更多的是检测位点间选择压力的变化，而不能被视为真实正向选择的可靠检验。

三、正向选择位点的确定

当 LRT 确定存在正向选择位点时，一个自然的问题是这些位点的确切位置。经验贝叶斯法可用于计算源于特定位点类别的每个位点的后验分布概率，具有高后验分布概率（$P>95\%$）且来自 $\omega>1$ 的位点类别更可能受到正向选择：

$$f(\omega_k|x_h)=\frac{p_k f(x_h|\omega_k)}{f(x_h)}=\frac{p_k f(x_h|\omega_k)}{\sum_j p_j f(x_h|\omega_j)} \tag{6-3}$$

这个方法和用于估计伽马或离散伽马模型下位点的替换速率的方法相同。该方法能够检测正向选择，并确定受到正向选择的位点，即使整条序列在所有位点的平均 ω 远小于 1。

式（6-3）需要模型参数信息，如位点类别的比例、位点类别的 ω 及树的枝长度。Nielsen 和 Yang（1998）及 Yang 等（2000）通过最大似然估计替换了这些参数。这种方法称为朴素经验贝叶斯（NEB）法，忽略了参数的采样错误，但对小数据可能会不可信。一些计算机模拟研究已发现该缺陷（Anisimova et al.，2002；Wong et al.，2004；Massingham and Goldman，2005；Scheffler and Seoighe，2005）。Yang 等（2005）提出了更可靠的方法，称为贝叶斯经验贝叶斯（BEB）法（Deely and Lindley，1981）。该方法通过整合各参数的先验分布，修正了 ω 分布中各参数最大似然估计值的误差，其他对 ω 推断影响很小的参数如枝长度，仍使用最大似然估计确定。

四、正向选择举例

在这里，使用随机位点模型来分析人类 *MHC* 基因（Yang and Swanson，2002）。该数据来自 *A*、*B* 和 *C* 基因座上的 192 个等位基因，每条序列长度为 270 个密码子（移除比对空位后）。Ⅰ型 *MHC* 受到明显的选择压力以识别和结合大量外来肽。裂缝中的 ARS 位点结合外来抗原（Bjorkman et al.，1987a，1987b）。ARS 的确定能够将数据分成 ARS 和非 ARS 位点并解释 ARS 中的正向选择，否则如果仅通过双序列比对检测整条序列的平均速率，将无法准确检测到 ARS 中的正向选择信号（Hughes and Nei，1988；Hughes et al.，1990）。

随机位点模型中没有使用结构信息。基于最大似然法估计双序列的距离，然后通过邻接法构建树型。为计算简便，枝长度通过模型 M0（单比率）估计，其他模型数据拟合时固定。平衡密码子频率用三个密码子位置（F3×4 模型）的碱基频率计算，以数据中观测到的频率作为估计。随机位点模型参数的最大似然估计和对数似然值如表 6-2 所示。例如，M2a 的最大似然估计表明约 8.4%的位点 $\omega=5.4$，受到正向选择。LRT 统计量比较模型 M1a 和 M2a 是 $2\Delta\ell=519.68$，远大于 χ_2^2 的临界值。模型 M7 和 M8 的检测也得到了同样的结论。NEB 检验［式（6-3）］可用参数估计表（表 6-2）计算不同位点类别每个位点的后验分布。图 6-3 展示了 M2a 的结果，正向选择的位点类别后验概率 $P>95\%$的氨基酸残基在图 6-4 的三维结构中展示。这些位点中大部分在构成 ARS 的 57 个氨基酸残基中，三个不在其中但也处于相同结构区域。需要注意的是，推断得到的位点在序列中（图 6-3）是分散的，但在结构中（图 6-4）是聚集的。由于数据类型很大，参数估计可靠。通过 NEB 和 BEB 分析得到了几乎一致的后验分布和正向选择位点列表（Yang et al.，2005）。另外，模型 M2a 和 M8 得到了高度相似的结果（表 6-2）。

表 6-2　可变 ω 模型下，192 个 *MHC* 等位基因位点中的对数似然值和参数估计值

（Yang and Swanson，2002；Yang et al.，2005）

模型	$\#p$	ℓ	参数估计值	正向选择位点
M0（单比率）	1	−8225.15	0.612	无
M1a（中性）	2	−7490.99	$\hat{p}_0=0.830$（$\hat{p}_1=0.170$），$\hat{\omega}_0=0.041$（$\omega_1=1$）	不被允许

续表

模型	#p	ℓ	参数估计值	正向选择位点
M2a（选择）	4	−7231.15	$\hat{p}_0=0.776$，$\hat{p}_1=0.140$（$\hat{p}_2=0.084$）$\hat{\omega}_0=0.058$（$\omega_1=1$），$\hat{\omega}_2=5.389$	**9F 24A 45M 62G 63E 67V 70H 71S 77D 80T 81L** 82R 94T **95V 97R** 99Y 113Y **114H 116Y 151H 152V 156L 163T 167W**
M7（β）	2	−7498.97	$\hat{p}=0.103$，$\hat{q}=0.354$	不被允许
M8（$\beta\&\omega$）	4	−7238.01	$\hat{p}_0=0.915$（$\hat{p}_1=0.085$），$\hat{p}=0.167$，$\hat{q}=0.717$，$\hat{\omega}_s=5.079$	**9F 24A 45M 63E 67V** 69A **70H 71S 77D 80T 81L 82R 94T 95V 97R** 99Y **113Y 114H 116Y 151H 152V 156L 163T 167W**

注：#p 为 ω 分布中参数的个数。在 M0 模型（单比率）下，枝长度由其 MLE 值固定。各模型的转换与颠换比率 κ 的估计值为 1.5～1.8。已标出后验概率 $P\geq95\%$时的正向选择位点，达到 99%的正向选择位点用粗体标出。氨基酸参考序列来自 PDB 结构文件 1AKJ

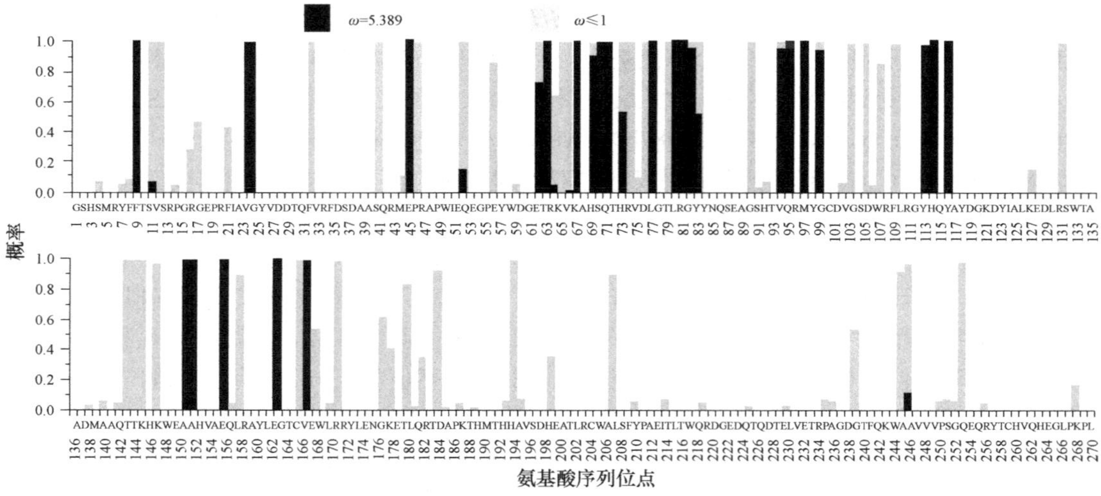

图 6-3　在 M2a（选择）模型下两种位点类别的后验概率

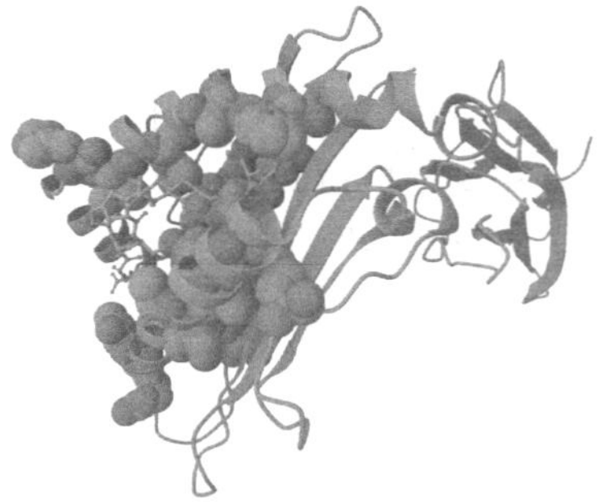

图 6-4　Ⅰ型 *MHC* 的 *H-2Db* 基因的结构（PDB 文件 1AKJ，A 链）

其中与之相结合的抗体以球-棍模型显示。空间立体球中展示了随机位点模型 M2a 下鉴定为处于正向选择的氨基酸残基，它们均位于 ARS 结构域内

这些后验概率是通过使用 NEB 法从 192 个 *MHC* 等位基因数据集中计算得出的。该模型下参数的 MLE 值表明，具有 $\hat{\omega}_0=0.058$，$\omega_1=1$，$\hat{\omega}_2=5.389$ 的位点种类，所占比例分别为 $\hat{p}_0=0.776$，$\hat{p}_1=0.140$，$\hat{p}_2=0.084$（表 6-2）。这些比例可作为位点是否属于这三类位点的先验概率。由于位点数据（不同序列的密码子构型）对先验概率有很大的影响，因此后验概率可能会与先验概率存在很大差异。例如，在位点 4 上，后验概率分别为 0.925、0.075 和 0.000，因此该位点很可能存在强烈的净化选择。在位点 9 上，后验概率分别为 0.000、0.000 和 1.000，因此该位点可能存在正向选择。表 6-2 中列出了后验概率 $P>0.95$ 且属于类型 2 的位点，并在图 6-4

的蛋白质结构中显示。BEB 法得出的后验概率与直观判断完全一致。

第三节　特定位点和分支的适应性进化

一、正向选择的分支位点模型

对于许多基因而言，仅基于分支或仅基于位点的正向选择检测都被认为是比较保守的。在分支检测中，沿着分支只有当 ω 在所有位点平均都显著大于 1 时，正向选择才能被检测到。如果某个蛋白质大部分位点都受到纯化选择，则 ω 接近 0，即使一些位点由于受到正向选择驱动进化很快，所有位点 ω 平均值可能都不会超过 1。类似，仅当树上所有分支平均 ω 大于 1 时，位点检验才能检测到正向选择。对于涉及如宿主和病原体竞争的遗传竞赛的基因，它们受到固定压力的多样化选择，该假设是合理的。这或许也能解释在确定受到正向选择的基因时，位点检验比分支检验更成功的事实。对于大多其他基因来说，正向选择可能只影响到特定分支的一些氨基酸位点。分支位点模型（Yang and Nielsen，2002）试图检测这些局部短暂出现的正向选择信号。

在分支位点模型（Yang and Nielsen，2002）中，将树上的分支预先划分成前景和背景两个类别，LRT 用来比较允许前景分支某些位点受到正向选择的备择模型和不允许的零模型。经模拟研究（Zhang，2004）发现，该检验对基础模型假设敏感，当假设冲突时会产生大量假阳性。引入轻微的修饰后发现该模型有较好的表现（Yang et al.，2005；Zhang et al.，2005）。本部分将介绍修饰的检验。

表 6-3 总结了经过该校正后的模型（称为分支位点模型 A）。在背景分支中，有两类位点：保守位点（$0<\omega_0<1$）和中性位点（$\omega_1=1$）。在前景分支中，有（$1-p_0-p_1$）比例的位点受到正向选择（$\omega_2>1$）。该模型下似然值可用位点模型中的方法计算。由于不知道每个位点源于哪个位点类别的先验分布，位点数据概率是所有 4 种位点类别的平均结果。定义 $I_h=0$，1，$2a$，$2b$ 表示位点 h 来源的位点类别，可得

$$f(x_h)=\sum p_{I_h} f(x_h \mid I_h) \tag{6-4}$$

式中，h 为位点；I_h 为位点类别；x_h 为位点 h 上观测到的数据；p_{I_h} 为 I_h 的分布；$f(x_h)$ 为 x_h 的概率密度函数。给定位点来自位点类别 I_h，位点 h 观测数据 x_h 的条件分布 $f(x_h \mid I_h)$ 容易计算，因为当 $I_h=0$ 或 1 时，位点进化服从单比率模型；当 $I_h=2a$ 或 $2b$ 时，位点进化服从分支模型。

表 6-3　分支位点模型 A 中假定的 ω

位点类型	组成比例	背景 ω	前景 ω
0	p_0	$0<\omega_0<1$	$0<\omega_0<1$
1	p_1	$\omega_1=1$	$\omega_1=1$
$2a$	$\frac{(1-p_0-p_1)\ p_0}{p_0+p_1}$	$0<\omega_0<1$	$\omega_2>1$
$2b$	$\frac{(1-p_0-p_1)\ p_0}{p_0+p_1}$	$\omega_1=1$	$\omega_2>1$

注：表中展示的是正向选择分支位点检测中的备择模型，其中包含 4 个参数：p_0、p_1、ω_0、ω_2。检验的零假设是相同的模型，但 $\omega_2=1$ 固定，包含 3 个自由参数

在正向选择的分支位点检验中，模型 A 是备择假设，而零假设是相同的模型 A，但其中 $\omega_2=1$ 被固定。虽然零模型只少了一个参数，但因为 $\omega_2=1$ 被固定在了备择模型参数空间的边界上，零分布应该是点质量 0 和 χ_1^2 的 1∶1 混合分布（Self and Liang，1987）。在 5%和 1%水平上的临界值分别是 2.71 和 5.41。使用 χ_1^2（在 5%和 1%水平上的临界值分别是 3.84 和 5.99）更为保守，能避免模型假设冲突。经计算机模拟发现，分支位点模型检验的假阳性率可接受（Yang and dos Reis，2011），并且也比分支检验更具有效力（Zhang et al.，2005）。然而该模型只允许两类分支：前景和背景分支，这可能对某些数据类型而言并不真实。

NEB 和 BEB 检验也可以在分支位点模型中应用，类似于基于位点的分析，以确定在前景分支中受到正向选择的氨基酸位点（Yang et al.，2005）。然而，这种分析的后验分布概率通常达不到 95%，这表明存在一定的功效缺乏。

与分支检验类似，分支位点检验需要使用前景分支的先验分布。在存在明确的生物学假设的情况下，这种方法更为适用，如在检测基因复制后适应性进化驱动功能分化的过程中。然而，如果没有可用的先验假设，这种检验可能会很难应用。当这种检验方法应用到树上的某些或所有分支时，则需要多重检验校正（Anisimova and Yang，2007）。

二、其他相似模型

一些其他密码子模型允许选择压力的 ω 在分支和位点上都发生变化。Forsberg 和 Christiansen（2003）与 Bielawski 和 Yang（2004）使用了分化支（clade）模型。在系统发育树上的分支是先验分布，可被分成两个或更多的分化支，LRT 用于检验不同分化支上选择压力差异，其中选择压力用 ω 来衡量。该分化支模型与 Gu（2001）及 Knudsen 和 Miyamoto（2001）的功能差异模型类似，其中氨基酸替换概率被作为功能约束的标志。

Bielawski 和 Yang（2004）的分化支模型 C 总结在表 6-4 中。该模型假定 3 个位点类别。类别 0 包含 $0<\omega_0<1$ 的保守位点，类别 1 包含 $\omega_1=1$ 的中性位点；这两种位点都应用于各个分支。类别 2 包含位于不同分化支上受到不同选择压力的位点，分化支 1 具有 ω_2，分化支 2 具有 ω_3，依次类推。可能会没有任何位点受到 $\omega>1$ 的正向选择。两个分化支时，该模型的 ω 分布包含 5 个参数：p_0、p_1、ω_0、ω_2、ω_3。起初的应用只允许两个分化支，现在扩展到多个分化支（Yoshida et al.，2011）。Bielawski 和 Yang（2004）用 LRT 比较分化支模型 C 和位点模型 M1a（中性），其中假定有两个自由参数（p_0 和 p_1）的两个位点类别。Weadick 和 Chang（2012）指出更合适的零模型是 M2a 的变体，有 3 个位点类别：$\omega_0<1$，$\omega_1=1$，$0<\omega_2<\infty$。如果模型中有 c 个分化支，自由度应为 $c-1$。

表 6-4　分化支模型 C 中假定的 ω

位点类型	组成比例	分化支 1	分化支 2
0	p_0	$0<\omega_0<1$	$0<\omega_0<1$
1	p_1	$\omega_1=1$	$\omega_1=1$
2	$p_2=1-p_0-p_1$	ω_2	ω_3

注：两个分化支时，模型中包含 5 个参数：p_0、p_1、ω_0、ω_2、ω_3。如果多于 2 个分支，位点类型 2 将含有比率 ω_2、ω_3、ω_4，等等

Guindon 等（2004）实现了密码子替换的转变模型。该模型允许任意位点的 ω 在 3 个不同值 ω_1、ω_2、ω_3（$\omega_1<\omega_2<\omega_3$）之间转变。除了密码子替换的马尔可夫模型，在该模型中，隐

马尔可夫链随时间运行，用以描述任意位点在不同选择性机制（比如三种 ω）间的转变。该模型在结构上和可变替换概率的共变异模型相似，其中每个位点在高速率和低速率之间转变（Tuffley and Steel，1998；Galtier，2001；Huelsenbeck，2002）。转变模型是位点模型的扩展（Nielsen and Yang，1998；Yang et al.，2000），其在每个位点都有固定的 ω。LRT 可用于比较它们。Guindon 等（2004）发现转变模型拟合 *HIV-1 env* 基因数据比位点模型更好。经验贝叶斯（EB）策略用于确定 ω 高的分支和位点。和分支位点模型比较，转变模型不需要划分分支为前景和背景类别的先验分布，并允许背景分支更灵活地选择机制特征。因此，该模型对探索性分析非常有用，能产生实验确定的假设。然而，如果有可用生物学理论预测某个分支可能会受到正向选择，这样通过前景分支可确定先验分布，分支位点检测要比基于转变模型的检测更有效力（Shan et al.，2009）。

三、适应性进化举例

在此，使用分支检验和分支位点检验两种检验方法来检测光敏色素基因 *phy* 亚家族进化过程中的正向选择。光敏色素是阐释最好的植物光传感器之一。它们是植物发育过程中调控大量光响应基因表达和许多事件的色素蛋白，包括种子萌发、开花、果实成熟、茎的伸长、叶绿体发育（Alba et al.，2000）。至今描述的所有被子植物都含有一个小的 *phy* 基因家族编码的 PHY 蛋白。在此分析的数据源于 Alba 等（2000）。本部分使用源于 A 和 C/F 亚家族的 16 条序列。图 6-5 展示了系统发育树。沿着分开 A 和 C/F 亚家族的分支检测基因是否受到正向选择，该分支代表基因复制事件。

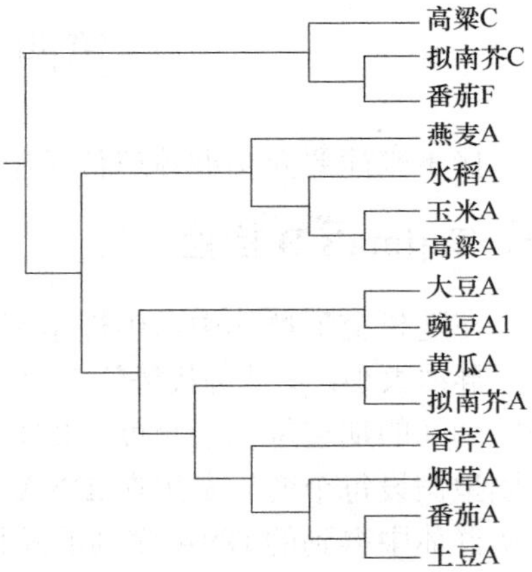

图 6-5　被子植物中光敏色素 *phy* 基因家族的系统发育关系

假设将亚家族 A 和 C/F 分开的分支在基因复制后处于正向选择。这是分支检验和分支位点检验中的前景分支，其他所有分支为背景分支（表 6-5）

单比率模型 M0 给出的估计值 $\hat{\omega}=0.089$（表 6-5a），是所有分支所有位点的平均值，表明在 *phy* 基因家族进化过程中纯化选择占主导地位。在分支模型（表 6-5b）中，两个 ω 赋给背景分支（ω_0）和前景分支（ω_1）。LRT 统计比较单比率和双比率模型结果为 $2\Delta\ell=2\times0.64=1.28$，自由度为 1，$p=0.26$。因此该分支检测没有为正向选择提供证据。

表 6-5　各种模型下光敏色素基因 *phy* 中 A 和 C/F 亚家族的对数似然比和参数估计值

模型	#p	ℓ	参数估计值
a. 单比率（M0）	1	−29 984.12	$\hat{\omega}=0.089$
b. 分支模型（双比率）	2	−29 983.48	$\hat{\omega}_0=0.090$，$\hat{\omega}_1=0.016$
c. 分支位点模型 A，ω_2 固定为 1	3	−29 704.74	$\hat{p}_0=0.774$，$\hat{p}_1=0.073$（$\hat{p}_2+\hat{p}_3=0.153$），$\hat{\omega}_0=0.078$，$\omega_1=\omega_2=1$
d. 分支位点模型 A，$\omega_2>1$	4	−29 694.80	$\hat{p}_0=0.813$，$\hat{p}_1=0.075$（$\hat{p}_2+\hat{p}_3=0.111$），$\hat{\omega}_0=0.080$，$\hat{\omega}_2=131.1$

注：其中#p 是 ω 分布中自由参数的个数。κ 估计值约为 2.1。枝长度未展示。密码子频率基于 F3X4 模型在密码子三个位置使用碱基频率进行计算

于是进行分支位点检验。检验统计量 $2\Delta\ell=2\times9.94=19.88$，使用 χ_1^2，$p=8.2\times10^{-6}$；或使用 0 和 χ_1^2 以 1∶1 比例混合，$p=8.2\times\dfrac{10^{-6}}{2}=4.1\times10^{-6}$。该检验提供了强有力的正向选择证据。基于分支位点模型 A 的参数估计表明，前景分支约 11%的位点 ω_2 非常高，可能受到正向选择。基于模型的 BEB 检测确定了前景分支 27 个氨基酸位点在后验分布 95%临界值可能受到正向选择。这些位点是：55R、102T、105S、117P、130T、147S、171T、216E、227F、252I、304I、305D、321L、440L、517A、552T、560Y、650T、655S、700A、736K、787N、802V、940T、986M、988Q 和 1087D（氨基酸序列位置参考玉米序列）。祖先序列重建预测到这些位点是沿着分支发生了改变的位点的子集。

第四节　群体自然选择检验

接下来简要介绍群体遗传学中几种常用的中性检验。

一、Tajima's D 检验

在随机交配群体中，中性基因座上保持的遗传变异数量由 $\theta=4N\mu$ 决定，其中 N 是（有效）群体大小，μ 是每代每位点突变速率。在每个位点的基础上定义 θ 是群体中随机抽取的两条序列间的期望位点杂合度。群体数据通常只涉及很少的变异，因此通常使用无限位点模型，该模型假设每个变异发生在 DNA 序列中的不同位点，并且不需要对多次突变进行校正。使用从群体中得到的 DNA 序列的随机样本，可用两种简单的策略来估计 θ。第一种，n 条序列样本的分离（多态）位点数量 S 已知具有期望 $E(S)=l\theta a_n$，其中 l 是序列位点数量，$a_n=\sum_{i=1}^{n-1}\dfrac{l}{i}$，因此 θ 可以由 $\hat{\theta}_S=\dfrac{S}{la_n}$ 估计（Watterson，1975）。第二种，n 条序列所有双序列比对的平均核苷酸差异比例具有期望 θ，因此可用来估计；令其为 $\hat{\theta}_\pi$（Tajima，1983）。在中性突变模型下两种 θ 的估计都是无偏的，假定没有选择，没有重组，没有群体分化或群体大小变化，且突变和漂变之间平衡。然而，违背模型假设时，不同因子对 $\hat{\theta}_S$ 和 $\hat{\theta}_\pi$ 的影响不同。例如，在一个群体中轻微有害突变以较低频率维持就能极大地影响 S 和 $\hat{\theta}_S$，然而对 $\hat{\theta}_\pi$ 的影响很小。两种 θ 估计值之间差异的方向和大小能够让人们深入了解导致偏离严格中性模型的因素和机制。因此，Tajima（1989）构造了如下的检验统计量：

$$D=\frac{\hat{\theta}_\pi-\hat{\theta}_S}{\mathrm{SE}(\hat{\theta}_\pi-\hat{\theta}_S)} \tag{6-5}$$

式中，SE 为标准误差。在零中性模型下，D 具有均值 0 和方差 1。Tajima 建议使用标准正态分布和贝塔分布确定 D 是否显著和 0 不同。或者可用模拟来有效产生零分布。

Tajima's D 检验的统计意义可能与几种不同的解释相容，并且难以区分。如上所述，负的 D 值可能是由于纯化选择或群体中存在轻微有害突变。然而，负的 D 值也可由群体扩张引起。在扩张的群体中，许多新突变可能会分离，在数据中将作为单一次数的单个碱基突变（singleton）被观测到，其中只有一条序列具有一个不同的核苷酸，而所有其他序列都是相同的。单一次数的单个碱基突变增加了分离位点的数量，导致 D 值为负。同样，正的 D

值与平衡选择相容，平衡选择能够维持中等频率的突变。然而，一个收缩的群体也可以产生正的 D 值。

二、Fu-Li's D 检验和 Fay-Wu's H 检验

考虑到在 n 条序列样本中携带突变的位点是从群体中随机抽取的。在无限位点模型中，突变核苷酸的频数可为 $r=1$，2，…，n。设 s_j 为正好 j 条序列携带突变的位点数。向量（s_1，s_2，…，s_n）称为样本的位点频数谱。这明显比样本中分离位点数量 S 携带了更多的信息。一个近相关外群物种通常被用来推断祖先和得到的核苷酸状态。例如，如果观测核苷酸在一个由 5 条序列构成的样本中的一个可变位点是 AACCC，如果外群是 A 并被假定为祖先类型，那么突变核苷酸具有频数 $r=3$。如果在相同样本的观测核苷酸是 AAAAA，但外群是 G，频数为 $r=5$。Fu（1994）认为 r 是突变的大小。如果祖先状态未知，就不可能区分突变大小 r 和 $n-r$，因此那些突变被分到相同类。位点频数谱被认为是折叠的（Akashi，1999b）。当然，折叠构象的信息量远小于非折叠的。因此，使用外群推断祖先状态应提高分析的效力。尽管如此，检验可能会受到祖先序列重建错误的影响（Baudry and Depaulis，2003；Akashi et al.，2007；Hernandez et al.，2007）。不同自然选择类型会导致位点频数谱以不同方式偏离中性期望。因此，位点谱分布或其综合统计量可用于构建中性统计检验。例如，Tajima's D 就是这种检验；它将单碱基突变（主要贡献 S）和中等频数的单碱基突变（主要贡献 π）进行了对比。另外两种其他检验也是相似的想法。

Fu 和 Li（1993）区分了内部和外部突变，其分别出现在系统树的内部或外部分支。令这两种突变的数量为 η_I 和 η_E。注意 η_E 是单突变数量。Fu 和 Li 构造了下面的统计量：

$$D=\frac{\eta_I-(a_n-1)\eta_E}{SE[\eta_I-(a_n-1)\eta_E]} \tag{6-6}$$

式中，$a_n=\sum_{i=1}^{n-1}\frac{1}{i}$；SE 为标准差。与 Tajima's D 检验相似，该统计量也是基于中性模型两种 θ 估计值差异除以差异的标准差而构建的。Fu 和 Li（1993）指出，分离群体的有害突变倾向于新近发生且位于树的外部分支，对 η_E 有贡献，而内部分支的突变更可能是中性的，对 η_I 有贡献（Williamson and Orive，2002）。除了式（6-6）中的 D，Fu 和 Li 还构建了其他一些此类检验。这些检验的效力取决于存在选择时用于检验的两种 θ 估计值差异的程度。Braverman 等（1995）、Simonsen 等（1995）、Fu（1997）、Akashi（1999a，1999b）及 McVean 和 Charlesworth（2000）通过模拟验证了该检验的功效。

Fay 和 Wu（2000）提出了类似的思路，构造的 θ 估计值（$\hat{\theta}_H$）为

$$\hat{\theta}_H=\sum_{i=1}^{n}\frac{2s_i i^2}{n(n-1)} \tag{6-7}$$

式中，s_i 为 i 大小突变的数量。然后，定义统计量 $H=\hat{\theta}_\pi-\hat{\theta}_H$，在严格中性模型下，其具有期望 0。零分布由计算机模拟产生。注意在这个记号中，$\hat{\theta}_\pi=\sum_{i=1}^{n}\frac{2s_i i(n-i)}{n(n-1)}$。因此，中等频数突变（即 i 接近于 $\frac{n}{2}$）对 $\hat{\theta}_\pi$ 的贡献较大，而高频数突变（即 i 接近于 n）对 $\hat{\theta}_H$ 的贡献较大。因此，Fay-Wu's H 统计量比较了中等频数和高频数突变。在中性选择条件下，位点频数谱是 L 型的，低频数突变普遍存在，高频数突变较为稀有。当中性突变和处于正向选择的位点紧

密相关时，如果选择推动有利等位基因在选择位点固定，该突变可能上升为高频数突变。这种中性突变是由遗传搭车效应引起的（Smith and Haigh，1974；Braverman et al.，1995）。Fay和 Wu（2000）指出，具有显著负值的 H 值表明高频数突变过多，这是搭车效应的明显特征。该检验需要来自外群物种的序列用来推断分离位点的祖先和现在的状态。

三、McDonald-Kreitman 检验

中性理论表明，种内多态性和种间分歧都是进化的同一过程中的两种状态，都是由于选择中性突变的随机漂变而产生的。因此，如果同义突变和非同义突变都是中性的，种内同义和非同义多态的比例应与种间同义和非同义差异的比例相同。McDonald-Kreitman 检验于1991 年验证了这一预测。

来自近相关物种蛋白质编码基因的可变位点被分为 2×2 列联表中的 4 类，分类依据在于位点是否具有多态或固定差异，以及这种差异是同义或非同义（表 6-6）。假定从物种 1 中抽取 5 条序列，从物种 2 中抽取 4 条序列。在物种 1 中具有 AAAAA 和在物种 2 中具有 GGGG 的位点称为固定差异。在物种 1 中具有 AGAGA 和在物种 2 中具有 AAAA 的位点称为多态性位点。需要注意的是，基于无限位点模型，无须校正隐藏变化。中性零假设等同于认为列联表中行和列是独立的。如果计数较小，可用卡方分布或费希尔精准检验来检验这一假设。McDonald 和 Kreitman（1991）对果蝇子群中三个物种的乙醇脱氢酶（*Adh*）基因进行了测序，得到了表 6-6 的计数结果。p 值＜0.01，表明显著偏离中性期望。相比种内存在的替代差异，种间存在更多的替代差异。McDonald 和 Kreitman 解释这种模式可作为正向选择推动物种分歧的证据。

表 6-6　果蝇 *Adh* 基因中存在沉默突变、替换突变及多态性位点的个数（McDonald and Kreitman，1991）

变化类型	固定差异	多态性
替换突变（非同义）	7	2
沉默突变（同义）	17	42

为了深入理解这个解释背后的原因，要考虑选择在物种分歧后出现的非同义突变中的作用，并假定同义突变是中性的。有利替代突变期望迅速固定，并在种间形成固定差异。因此，过量替代固定差异，如在 *Adh* 位点观测到的，是正向选择的标志。然而，正如 McDonald 和 Kreitman 指出，这种模式也可能有另一种解释。那就是过去的群体规模可能比现在的小，并且存在轻微有害的替代突变。这种突变可能在过去通过随机漂变而固定下来，然后成为种间分歧并被纯化选择从现在的大群体中清除。McDonald 和 Kreitman 认为他们分析的 *Adh* 基因不太可能出现这种情况。

四、HKA 检验

Hudson-Kreitman-Aquade（HKA）检验（Hudson et al.，1987）验证了种内多态和种间分歧是同一过程的两个阶段的中性预测。该检验使用来自至少两个近相关物种多个不连锁基因座（通常是非编码的）的序列数据，以检验这些基因座的多态和分歧是否相容。基本理论是，在具有高突变率的位点，多态和分歧都高，而在具有低突变率的位点，多态和分歧都低。

假设存在 L 个基因座。令两个物种 A 和 B 在基因座 i 分离位点数量分别为 S_i^A 和 S_i^B，两个物种在该基因座的差异数量为 D_i。S_i^A 和 S_i^B 衡量种内多态，而 D_i 衡量种间分歧。Hudson

等（1987）假定 S_i^{A} 、S_i^{B} 和 D_i 是独立的正态变量，并基于中性模型得到它们的期望和方差构建拟合优度检验统计量：

$$X^2=\sum_{i=1}^{L}\frac{[S_i^{\mathrm{A}}-E(S_i^{\mathrm{A}})]^2}{V(S_i^{\mathrm{A}})}+\sum_{i=1}^{L}\frac{[S_i^{\mathrm{B}}-E(S_i^{\mathrm{B}})]^2}{V(S_i^{B})}+\sum_{i=1}^{L}\frac{[D_i-E(D_i)]^2}{V(D_i)} \tag{6-8}$$

上式表示零中性模型的统计量，其中包含 $L+2$ 个参数、两个物种群体大小的比率、物种分歧时间（T）、物种 A 中每个基因座的多样性（v_i）（共 L 个基因组）。观测结果共有 $3L$ 个：每个基因座 $i=1$，…，L 对应的 S_i^{A} 、S_i^{B} 和 D_i。因此，检验统计量的自由度为：$3L-(L+2)=2L-2$。最终构建的统计量符合 χ^2 分布，从而利用所构建的 χ^2 统计量检验数据是否符合中性期望。

习　题

1. 自然选择的方向性如何理解？
2. 中性理论的核心观点是什么？
3. 正向选择常用的模型有哪些？
4. 如何判定正向选择位点？
5. 分支位点模型的原理是什么？
6. 群体自然选择的常用统计量有哪些？

第七章 基 因 组 学

基因组学是一门探索生命遗传蓝图的前沿科学，它深入研究生物体内丰富的遗传信息，涵盖所有基因、DNA序列和基因组元件相互作用，利用尖端的测序技术采集精确的遗传数据，并运用诸如序列比对、组装和基因注释等分析方法来解读这些数据。从人类基因组计划到现在的高通量测序，基因组学发展迅速，应用范围涵盖疾病风险基因识别、快速诊断、个性化医疗、进化研究及农业领域的作物改良等。站在科研的前沿，基因组学正不断地重塑着医疗健康、生物科学及其相关行业的未来。因此，对基因组学的学习不仅是生物信息学内在的主体要求，更是生命科学发展的必然趋势。

第一节 基因组学概论

一、基因组

基因组（genome）是一个生物体中包含的遗传物质（DNA或RNA）的集合。其中基因组中的DNA分为编码DNA、非编码DNA、线粒体DNA和叶绿体DNA。基因组可以分为病毒基因组、原核生物基因组和真核生物基因组三大类，本节主要介绍真核生物和原核生物的基因组。

生物学上，将生物分为原核生物和真核生物两种类型。真核生物的基因组是由线性DNA分子构成的染色体及存在于细胞器中的环状DNA组成的；相比之下，原核生物的基因组通常由单个环状DNA分子组成，称为拟核，因为它们没有围绕着基因组的膜结构，即细胞核。原核生物的染色体数量较少，一般只有一条，且基因组相对简单，原核基因内核苷酸编码序列一般是连续的，不会穿插非编码序列。除了编码序列，原核生物基因组中同样含有少量的非编码核苷酸序列，它们构成调控元件，如启动子。原核生物的功能相关基因通常集中在序列的几个特定位置，这些位置所形成的单元可以被转录成多个mRNA分子，称为多顺反子。以大肠杆菌为例，它是生物学实验中常用的原核模式生物。实验室常用的大肠杆菌一般拥有4228个基因，每个基因的长度约为950bp，常用于基因工程实验。

真核生物基因组与原核生物基因组的结构并不相同，真核生物基因组是由线性的染色体及线粒体或叶绿体的环状DNA组成的。真核生物染色体众多，结构复杂，它们由DNA和蛋白质（组蛋白和非组蛋白）组成的复合结构称为核小体，进而形成染色质。真核生物DNA的复制过程涉及多个起点，这样可以同时在多个位置启动复制过程，加快整个复制过程的速度，以支持细胞的生长和分化。与原核生物的多顺反子不同，真核生物的基因表达通常呈现单顺反子模式，即一个基因编码一条mRNA，翻译成一条多肽链。根据拷贝数的不同，可以将真核生物的序列分为高度重复序列、中度重复序列、单拷贝序列（或低度重复序列）三种类型。在真核生物中，基因通常是不连续的，由编码蛋白质的序列（外显子）和非编码序列（内含子）组成。内含子不直接编码蛋白，但在RNA加工和调节基因表达方面发挥着关键作用。人类是典型的真核生物，人类基因组由23对染色体组成、约30亿bp，研究表明人类基因组中的外显子只占到其全长的1%～2%（图 7-1）。

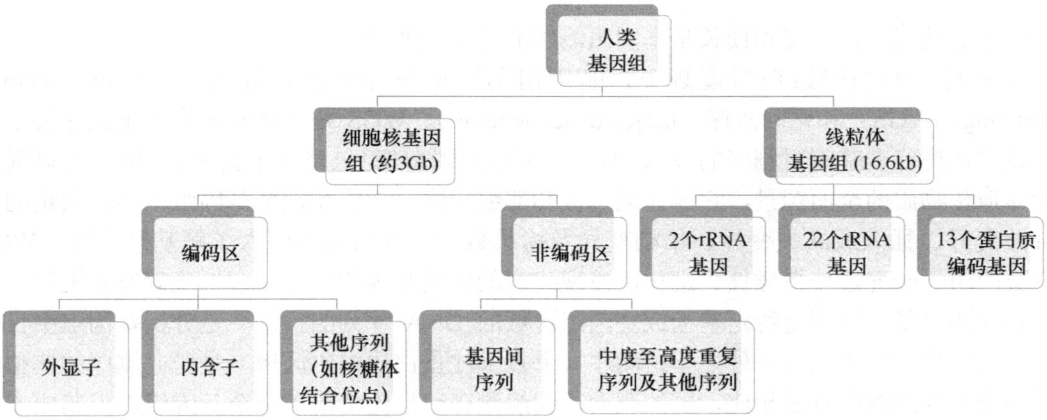

图 7-1 人类基因组组成

基因组在中心法则（central dogma）中占据核心地位。中心法则阐述的是生命遗传信息流动的方向和规律，主要内容包括DNA的自我复制、DNA转录成RNA、RNA翻译成蛋白质、RNA的自我复制、RNA逆转录成DNA这几部分。中心法则的提出不仅是现代生物学的理论基石，也为现代生物学理论的大统一奠定了基础。

二、基因组学概念

对基因组学的研究起源于20世纪50年代DNA的发现，在20世纪90年代至20世纪初的人类基因组计划（HGP）中达到顶峰，该计划对整个人类遗传密码进行了第一次测序。基因组学（genomics）是一门从整体水平研究生物体全部遗传物质的结构、组成、功能及进化的生命科学的前沿学科。基因组学中的两个核心理念分别是“生命是序列的”和“生命是数字的”，正是从这两个理念衍生出了基因组中核心技术的分支——序列测定和基因组信息学，如今两个核心技术随着时代的进步迅速发展壮大。

基因组学是分子生物学的一个分支，重点研究生物体的整个基因组，包括其所有基因、非编码DNA、调控元件和其他功能元件。它涉及对遗传信息进行测序、组装、全面分析和解释，以了解生物体中基因及其产物的结构、功能、进化和相互作用。基因组学提供了对遗传变异、疾病、进化关系及在医学、农业和生物技术等领域中潜在应用的全面见解。高通量测序技术的快速进步推动了后基因组时代的发展，使全面的基因组学研究成为可能。如今，基因组学已不是简单的测序，而是已经深入功能、表观基因组和宏基因组等领域，塑造了人们对遗传学、生物学和健康的理解，并对生物医学、农业科学、环境科学等各个领域产生深远影响。

三、基因组测序策略

基因组测序是一项变革性的技术，它通过确定核苷酸碱基（腺嘌呤、胸腺嘧啶、胞嘧啶和鸟嘌呤）的精确顺序，破译生物体基因组中编码的完整遗传信息，为人们了解生物体基因、调控元件、非编码区分布，以及物种进化关系、遗传多样性、疾病机制等方面的信息提供了宝贵的数据。

（一）基因组测序策略的主要分类

测序的基因组覆盖度和读长是基因组测序的两个主要特征。

按照测序的基因组覆盖度划分，基因组测序可分为全基因组测序（whole genome sequencing，WGS）和靶向测序（targeted sequencing）。WGS 是一种利用高通量测序技术对个体或群体进行全基因组测序的技术。WGS 的测序数据理论上覆盖了整个基因组，可以提供生物体遗传物质的全面图景，它涵盖编码区和非编码区，能够发现全基因组范围内大量的单核苷酸变异、插入或缺失变异、结构变异及拷贝数变异等信息并深入了解基因功能。WGS 被广泛应用于研究遗传多样性、进化、发现疾病的致病基因和突变、解析疾病发病机制等领域。靶向测序是一种测定特定基因或基因组区域的 DNA 序列的技术，是分析基因组中目标区域特定突变的有用工具，外显子组测序（重点关注蛋白质编码区域）是靶向测序的典型代表。与全基因组测序方法相比，虽然靶向基因组测序数据无法覆盖整个基因组，但其成本显著降低，还可以产生更小、更易于管理的数据集，从而使分析变得更加容易。

按照测序读长，可以将测序技术分为短读长（short reads）测序和长读长（long reads）测序。短读长测序又被称为第二代测序或者下一代测序（next-generation sequencing，NGS）。该方法可并行生成数百万至数十亿个相对短的等长 DNA 片段，这些读长的长度通常为100～300 个碱基。NGS 短读长测序通常包括单端测序（single-end sequencing）和双端测序（paired-end sequencing），具有高通量和低成本的优势，常用于全基因组测序、外显子组测序和转录组测序等。长读长测序，又被称为第三代测序（third-generation sequencing），代表性技术平台有 PacBio 和 Oxford Nanopore，可生成长达数千甚至数百万个碱基的读长。这些较长的读长在解析基因组的复杂区域、检测大范围结构性变异和从头基因组组装等方面具有显著优势。然而，与短读长测序相比，长读长测序的错误率还相对较高。

除了基因组覆盖度和读长，在测序时还需要考虑数据量、文库片段长度、单端测序或双端测序的选择及测序质量等信息，并根据具体项目目标（如需要检测的基因组变异的类型和长度）选择合适的测序类型。

（二）基因组测序的一些概念

1．基因组测序的覆盖面和覆盖度　基因组测序是一项复杂而关键的任务，要求将生物体的所有基因组 DNA 序列解析出来。在构建测序文库时，可能需要将基因组 DNA 序列分配到克隆群体中。在理想情况下，无限大的随机克隆群体包含基因组所有的 DNA 序列。但在实际测序过程中，DNA 序列被随机地分散到不同的片段，我们只能将有限的 DNA 克隆数目应用到测序中，这可能导致 DNA 片段丢失的情况。

为了定量评估 DNA 片段丢失的程度，确保克隆群体的大小满足要求，就要用到基因组测序覆盖面这个概念，它描述了测序得到的序列总长度与单倍体基因组序列总长度之间的比例。该值越大，DNA 片段丢失就越少。那么在实际进行基因组测序时，一个关键问题是要确定所需的测序规模，以达到预定的覆盖面。一般可采用随机事件发生频率的公式来计算覆盖面（m）与丢失的概率（P_o）之间的关系：

$$P_o = e^{-m} \tag{7-1}$$

根据式（7-1）可以看出，随着覆盖面的增加，丢失的概率会减少。例如，当覆盖面为 1 时，丢失的概率为 37%；当覆盖面增加到 5 时，丢失的概率降低到 0.67%。由于基因组 DNA

测序随机分布的特点，如果想要达到 99.9%的覆盖率，覆盖面需要达到 8 以上。人类基因组总长为 3×10^9 碱基对，如果在测序时确定覆盖面为 5 个单倍体基因组，仍有 $3.0\times10^9\times0.67\%\approx$20 100 000 个碱基长度的 DNA 片段会被丢失。这些片段分布在各个染色体区段，形成了间隙（gap）。另一个常用的概念是基因组覆盖度（genome coverage）（或覆盖率），它描述了测序序列能够覆盖的基因组总长度与单倍体基因组序列总长度之间的比例，基因组覆盖度为 0～1。

2．序列间隙和物理间隙 如上文所述，在进行基因组测序时，无法避免地会出现两种类型的间隙，即序列间隙和物理间隙。这些间隙可能导致基因组信息的不完整，需要通过特定方法来填补。

序列间隙是指在基因组测序过程中被遗漏的 DNA 序列片段。尽管这些序列仍然存在于尚未挑选到的克隆中，但由于技术和方法的限制，它们未被准确地测序和记录。为了填补序列间隙，常采取以下步骤：①收集已知间隙两侧的序列；②根据间隙两侧的序列设计专一性探针；③从基因组文库中筛选阳性克隆，以获得涵盖间隙的片段；④利用已知序列设计特异性的 PCR 引物，从阳性克隆中扩增序列间隙区域；⑤进行克隆和测序，以最终确定填补后的序列。

物理间隙是指在构建基因组文库时丢失的 DNA 序列片段，这些序列从已有的克隆群体中永久性地消失。物理间隙产生的原因可能包括：①特殊碱基组成，某些区域的高度重复序列缺少适当的酶切位点，导致难以获得大分子 DNA 克隆；②高度重复序列的不稳定性，在克隆载体中，高度重复序列很不稳定，容易在扩增过程中丢失；③毒性表达产物，某些基因的表达产物对宿主菌具有毒性，如果在克隆细胞中进行表达，可能导致宿主菌死亡，使克隆的 DNA 丢失。填补高度重复序列的物理间隙较为困难，目前尚缺乏行之有效的方法。然而，针对毒性表达产物导致的序列丢失，可以使用基因型不同的宿主菌构建不同的基因组文库，从而降低这类序列丢失的比例。

3．双端测序 随着基因组测序技术的不断革新，全自动化的测序方法已成为主流。在这个过程中，插入片段的双端测序为基因组测序提供了一种高效且可靠的方法，使获得基因组信息变得更加便捷。双端测序通过对测序文库中的 DNA 片段或插入片段的两个末端分别进行测序，这种方法的关键在于设计针对插入片段两端的引物，这两个引物通常是根据插入片段位点附近的序列设计的。通过对每个插入片段的两端进行测序，可以获取一个基因组片段两端的序列。双端测序实现了一种桥接效果。虽然两个末端之间的序列不连续，但通过收集测序文库所有的两端序列，可以更加有效地覆盖整个基因组。双端测序在基因组组装和基因组结构变异检测等方面具有独特的优势。

第二节 基因组分析

一、测序技术介绍

按照时间顺序可以将当前测序技术主要分为三类，即第一代、第二代和第三代测序技术（图 7-2）。科学发展最主要的动力源泉在于技术的突破，而测序技术发展到今天主要经历了 4 个突破：在 20 世纪 70 年代，首次实现了直接读取核苷酸序列，主要以化学降解和桑格测序（又称双脱氧链终止法）为主；随后，在 20 世纪 80 年代，自动化测序迈出了重要一步，平板凝胶电泳测序仪的问世具有重要意义；进入 20 世纪 90 年代，测序技术进一步发展至规模化阶段，四色荧光毛细管凝胶电泳自动测序仪的出现是一个新的里程碑；21 世纪初，大规模平行高通量技术的突破，尤其是第二代测序技术的出现，进一步推动了测序领域的进步。

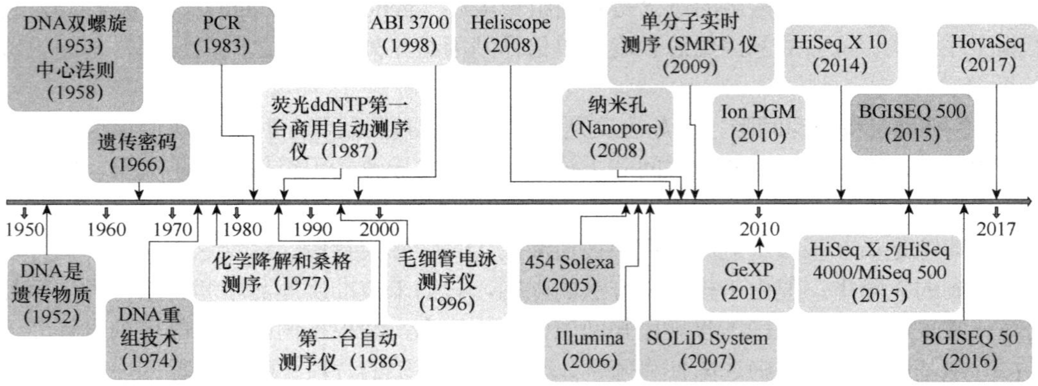

图 7-2　测序技术发展线

第一代测序技术（first generation sequencing techniques）的最大优势在于实验结果的准确性。其中最具有代表性的是 1977 年的双脱氧链终止法（dideoxy chain-termination method）（流程如图 7-3 所示），双脱氧链终止法的核心技术就是在 DNA 聚合酶合成 DNA 链的过程中按一定比例掺入双脱氧核苷酸（ddNTP），导致 DNA 链在掺入 ddNTP 时终止延伸。理论上所有的位点均有可能掺入 ddNTP，从而产生终止于任何一个位点的寡核苷酸片段，每个片段的 3′端都是一个 ddNTP 残基，因为 4 种 ddNTP 上各有一种发光基团，在最后的识别中通过收集到的荧光信号就能够确定末端的 ddNTP。

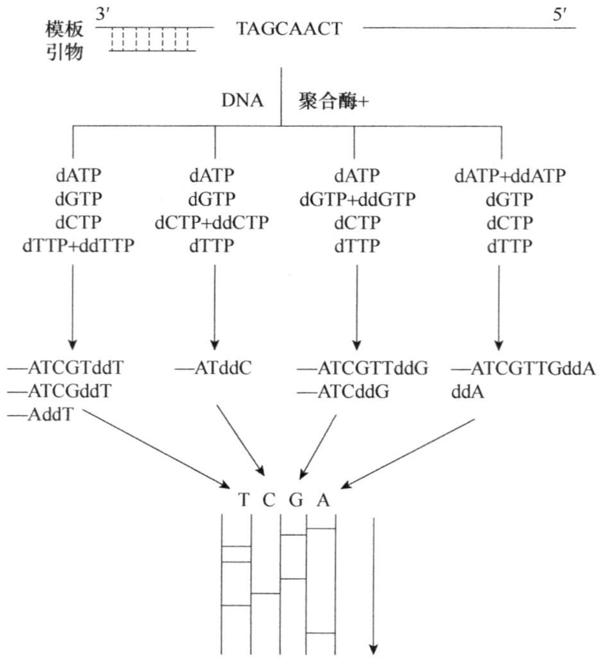

图 7-3　双脱氧链终止法简要流程
（Sanger et al.，1977）

第一代测序技术虽然实现了自动化直接测序，但存在通量低、成本高的缺点。第二代测序技术（second generation sequencing techniques）则以其高通量、低成本的显著优势迅速崭露头角，并得到了广泛应用。具有代表性的第二代测序技术包括 Illumina 测序、454 测序、Solexa 测序和 SOLiD 测序等。第二代测序技术，也被称为下一代测序技术（next-generation sequencing technology，NGS），相对于第一代测序技术，实现了高通量平行测序。其成本仅为传统第一代测序技术的 1%，使得第二代测序技术在当前研究中被广泛应用。接下来，将简要介绍两种典型的第二代测序技术。

454 测序采用焦磷酸测序原理（图 7-4）。在测序过程中，4 种不同的碱基（A、T、C、G）被分别装在 4 个单独的试剂瓶中，然后依次循环进入 PTP 板①。每次进行碱基配对并完成测序时，都会释放出焦磷酸。这种焦磷酸在一个酶的作用下将荧光素转化为氧化荧光素，这个转化阶段会产生光信号。这些光信号与特定的碱基配对相对应，从而能够确定待测序列。

作为当前第二代测序技术中的佼佼者，Illumina 的测序仪被广泛应用于现代科研领域。以下将简要介绍 Illumina 测序的原理（图 7-5～图 7-7）。

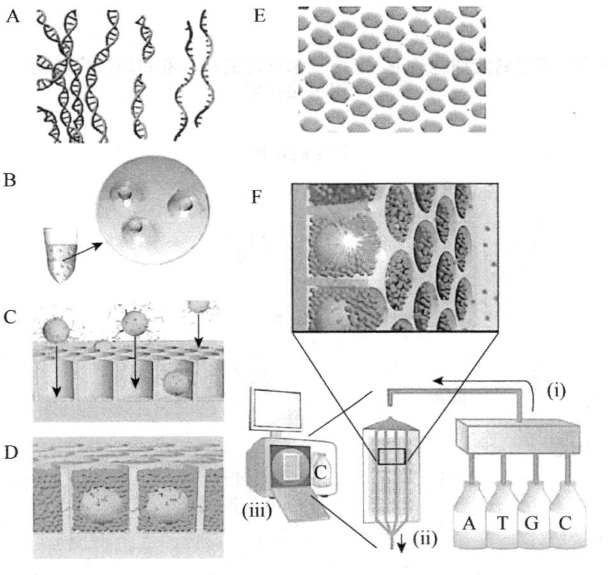

图 7-4　454 测序流程（Rothberg and Leamon，2008）

A．分离基因组 DNA，并随即将其切割成小片段，每个片段两端连接上接头序列，并变性形成单链。B．将 A 图中制成的单链分子与微珠连接，每个微珠连接上一条单链分子，然后将这些微珠在乳液中包裹成一个个油包水的小液滴，每个液滴中包含一个微珠，然后进行乳液 PCR 扩增，最后每个微珠上都会携带有上千万条待测模板分子。C．打破液滴，收集微珠，然后将微珠放置到芯片上的小孔中，每个小孔中一个微珠。D. 在每个小孔中置入吸附有焦磷酸测序反应所需酶的小微珠。E．微珠置入前的芯片图像。F．454 测序仪主要包括的几个部分：（i）液体试剂供应装置；（ii）反应池；（iii）光线探测成像系统和计算机控制系统

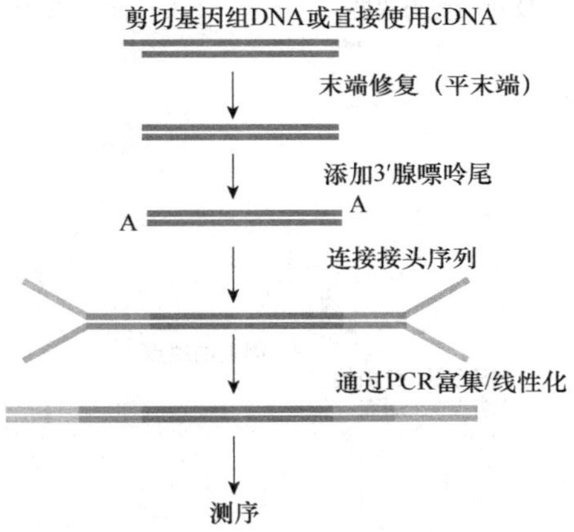

图 7-5　Illumina 测序流程——建库
（引自 http://tucf-genomics.tufts.edu/home/faq）

① PTP 板是一个 60mm×60mm 的光纤板，包含约 160 万个微反应器小室，每个小室（直径 29μm）只能容纳一个磁珠（直径 28μm），每个小室中都载有焦磷酸测序所需的各种酶和底物。

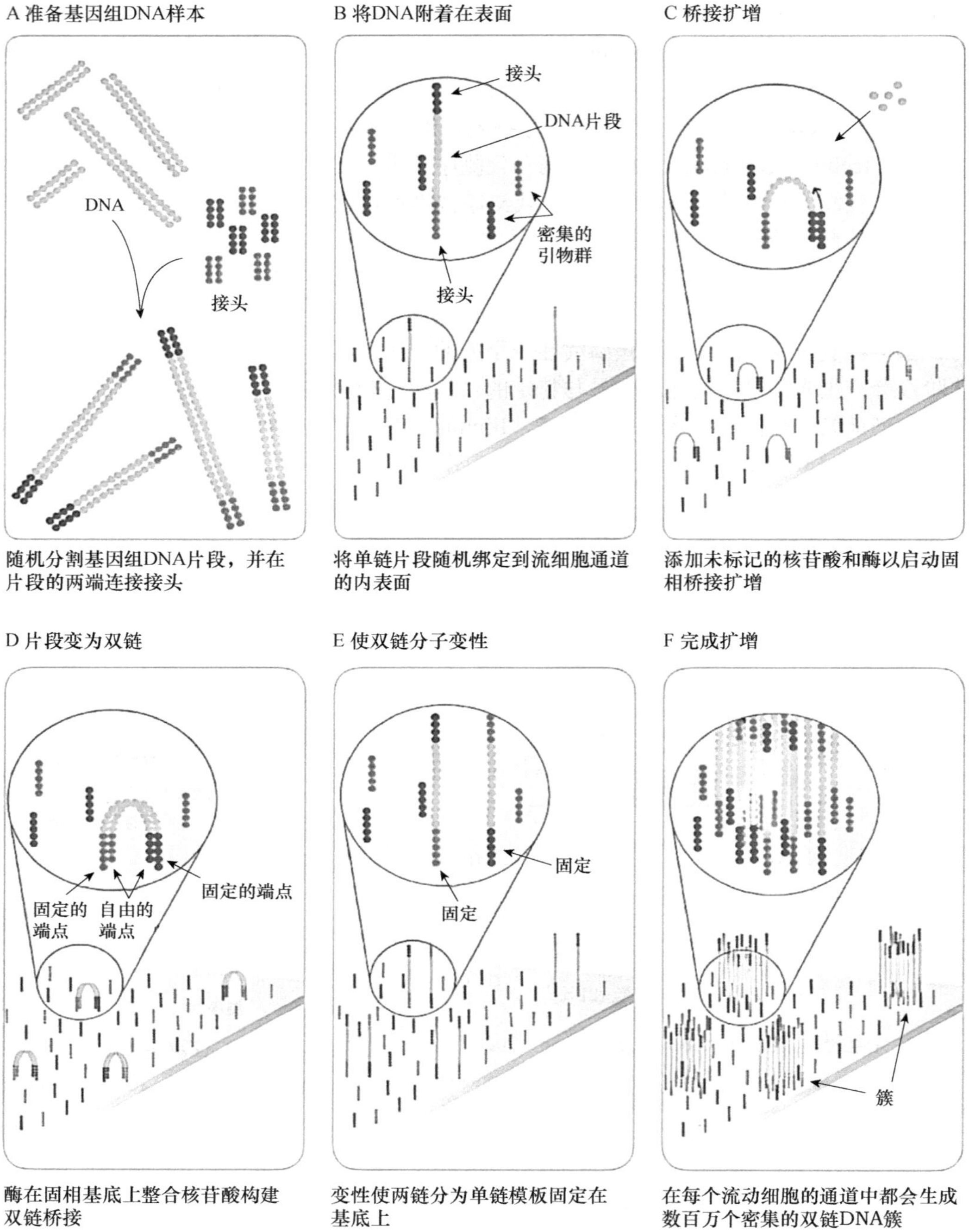

图 7-6　Illumina 测序流程——桥式 PCR（边合成边测序）（Patrinos and Ansorge，2009）

首先是基因文库的制备阶段，简单来说就是将基因组切割，并在切割后的 DNA 片段两端添加接头（adapter）序列，其中适配序列不仅包含与测序芯片上序列互补的序列，还可能包含用于样本标识的索引（index）序列。接下来，为了形成 DNA 簇，文库会在测序芯片上不断扩增，采用桥式 PCR 的方法，随后切掉反向链以获得正向序列。

其次是测序阶段，采用了 Illumina 独特的边合成边测序（sequencing by synthesis）的原理。改造过的 DNA 聚合酶及 4 种带荧光标记的 dNTP 被加入到 DNA 簇中。由于每次 DNA 链延伸只能加入一个碱基，在待测序列中的每个位置都会根据携带的特定荧光标记来进行判断。激光被用来读取不同核苷酸种类后的荧光信号，然后通过化学手段切割这些核苷酸。随后，第二个核苷酸被加入，此过程循环进行，直到每条模板链都被完全聚合成双链结构。最终，通过统计每次收集到的荧光信号，精准地读取 DNA 片段的序列信息。

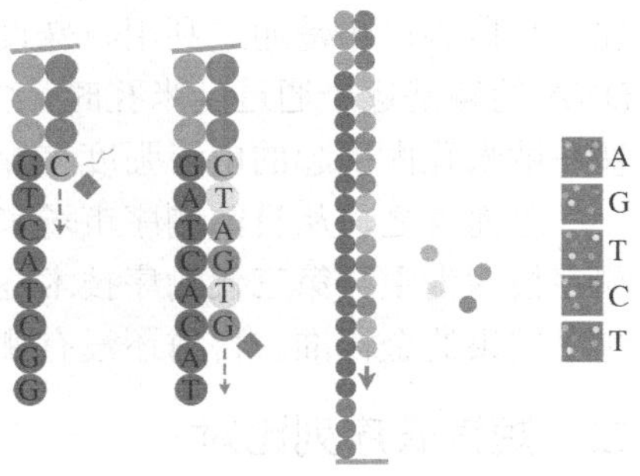

图 7-7 Illumina 测序流程——荧光基团定位

近年来，随着测序技术的不断进步，第三代测序技术（third-generation sequencing techniques），也被称为单分子测序（single molecule sequencing），逐渐崭露头角。代表性的技术包括 PacBio 的 SMRT 和牛津纳米孔技术公司（Oxford Nanopore Technologies）的纳米孔单分子测序技术。相较于第二代测序技术，它最显著的优势在于能够实现单分子测序，且无须经历 PCR 扩增这一步骤。

PacBio SMRT 技术采用了与 Illumina 相似的边合成边测序的基本流程，利用 SMRT 芯片作为测序载体。其基本原理如下：DNA 聚合酶与 DNA 模板相互结合，通过四色荧光标记 4 种碱基。在碱基配对的过程中，不同碱基的加入会发出不同波长的光信号。最终通过读取这些波长和峰值，可以确定每个核苷酸的类型，依次完成整个核苷酸序列的读取过程。

然而，牛津纳米孔技术公司的测序技术与上述的方法截然不同，它采用了电信号而不是光信号作为基础。这项技术被称为纳米孔测序（工作流程如图 7-8 所示），得名于其独特的原

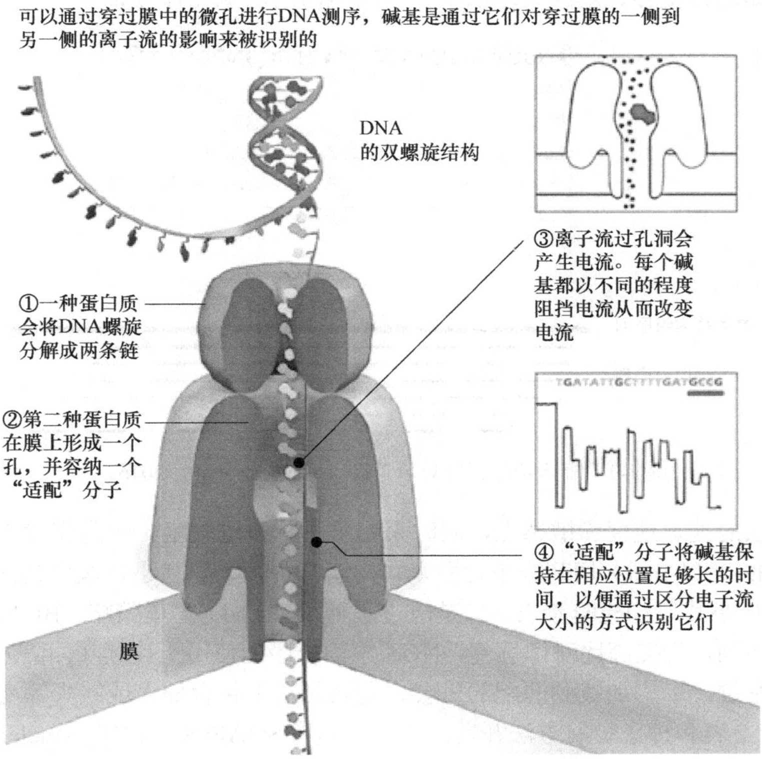

图 7-8 纳米孔测序流程（Yadav et al.，2018）

理。其核心思想是通过利用特殊设计的纳米孔进行测序，孔内通过共价键连接分子接头。当DNA的碱基逐个通过纳米孔时，纳米孔的电流强度会出现短暂的变化。正是通过监测不同碱基在纳米孔内引起的电流强度差异，从而精确地判断出序列上不同的碱基类型。

总而言之，从目前测序市场来看，三代测序技术在市场上是共存的，目前仍然以第二代测序技术为主，第三代测序技术逐渐有赶超之势，但第一代测序还是经常作为验证其他两代测序结果的金标准。目前还没有哪一种单一技术能解决所有问题，各有优势与不足。

二、短读长序列比对

继桑格测序后，自2005年以后出现的一批功能强大的新测序技术，统称为第二代测序技术。其突出特点是测序快、成本低，每个测序平台一次运行可以产生几百万至数亿条短读长（short reads，或短读段）序列，每个短读长序列通常有50～300bp。在第二代测序数据的分析中，常需要将这些短读长经序列比对后定位到参考基因组上，前文中介绍的常规BLAST和MegaBLAST、BLAT等程序均不具备处理这么大规模的短读长序列的能力，因此在这些程序的基础上，开发了提高搜索速度和敏感性的算法，以满足第二代测序读长的基因组定位分析的需要。

在基因组学和分子生物学领域，短读长比对是DNA和RNA序列分析中的一个基础性过程，发挥着至关重要的作用。短读长比对是指确定每一个短读段在参考（reference）基因组或者转录组中的精确位置和方向的过程。参考基因组作为已知模板，与短读长进行比较（图7-9）。比对的主要目标是揭示短读长与参考基因组之间的关系，使研究人员能够了解各种生物现象，如遗传变异、基因表达水平和基因组内的功能元件分布等。

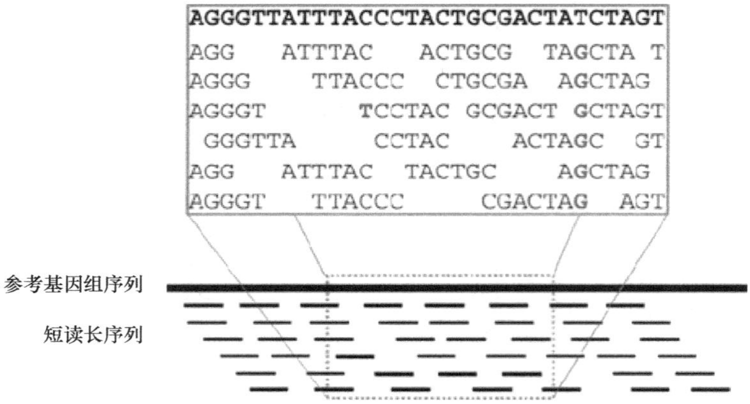

图7-9　短读长序列比对示意图（McVicar et al.，2016）

为提高算法的搜索速度和敏感性，同时采用了两种改进策略。一是将参考基因组序列按参数定长核苷酸串（*k*-mer）切割成小片段，并构建哈希表来建立小片段序列的索引，或者将NGS读段切割成小片段创建哈希表。二是改进了种子（seed）扩展策略，BLAST使用连续精确匹配的种子序列，为提高比对敏感度，NGS短读长序列使用不连续（间隔）的种子，允许种子之间存在空位，以增加找到匹配的机会，尤其是对于包含插入或缺失等变异的序列。通过改进、优化哈希表和种子扩展方法开发的比对工具有SOAP（Short Oligonucleotide Alignment Program）、MAQ（Mapping and Assembly with Qualities）、ELAND（Efficient Large-scale

Alignment of Nucleotide Database）和 NovoAlign 等，其中 SOAP 和 NovoAlign 对参考基因组进行索引，MAQ 和 ELAND 对 NGS 短读长进行索引。

以上方法需要占用较大的内存来存储这些索引的短片段，序列比对时也需要大量密集地使用内存和处理器，因此运算速度不是很快。为进一步提高速度和减少对计算资源的需求，在使用后缀数组（suffix array）和 BWT（Burrows-Wheeler transform）对参考基因组序列建立索引的基础上（图 7-10）开发了新方法，以全文本形式压缩基因组序列的索引数据结构，再重排列，实现短序列在基因组中候选位点的快速搜索，减少内存占用率。例如，人类基因组约含 30 亿碱基对（约 3Gb），若不使用新方法索引，需要 12GB 内存来存储，而使用新方法每隔数行建立一个索引，所需内存可缩小到约 1.3GB。当前广泛采用的 Bowtie2、BWA 和 SOAP2 等工具都使用了后缀数组和 BWT 的优化索引方式。此外，在 RNA 序列比对方面，STAR 和 HISAT2 被广泛使用。STAR 主要是基于后缀数组、BWT 索引和种子序列搜索，而 HISAT2 是一个基于 BWT 索引（index）、分层图 FM 索引（hierarchical graph FM index）和基于图形的序列比对（graph-based alignment）方法，将短读长序列准确地定位到基因组上并鉴定 RNA 选择性剪接位点的方法。

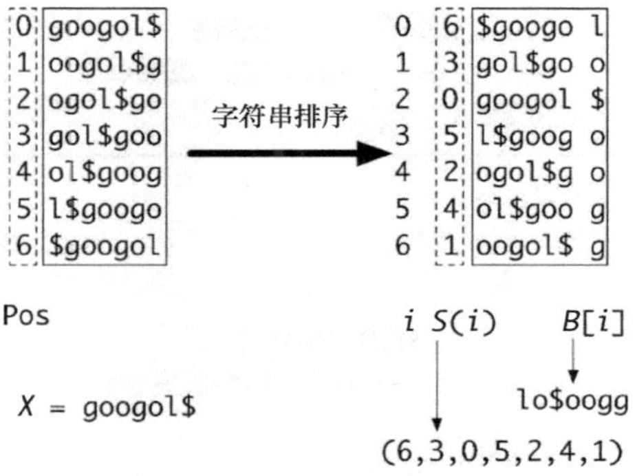

图 7-10 后缀数组和 BWT 基本构建算法示意图（Li et al.，2009）

图 7-10 展示的是字符串 X＝googol$构造后缀数组和 BWT 字符串的基本过程。循环该字符串生成 7 个新字符串，然后对字符串按字典顺序排序。排序后，第一个符号的位置串联形成后缀数组（6，3，0，5，2，4，1），最后一个符号串联后得到 BWT 字符串 lo$oogg。在序列比对中，假设字符串 X 为参考序列，后缀数组和 BWT 字符串将扮演该参考序列的索引，帮助字符串 X 的子字符串在 X 上快速定位。

三、基因组组装

基因组组装（genome assembly）是将测序产生的短读长片段经过拼接，生成完整基因组碱基序列的过程。尽管第三代测序技术在读长长度上有显著进步，但获取大型生物的完整基因组序列仍具挑战。基因组组装分为从头组装（*de novo* assembly）和基于比对的组装（mapping-based assembly）两类。

基于比对的组装是指对某一物种已有的基因组参考序列进行同一物种不同个体的序列比对和组装。其中最著名的例子是人类基因组计划（HGP）。在该计划完成后，人类基因组的组装便主要依赖于使用已有的人类基因组参考序列进行映射比对的方法。尽管映射比对组装相对简单，但也存在许多限制。其中之一是映射比对需要已有同种或近源物种的参考序列，从而大大限制了这种方法的适用范围。因此，当需要组装一个新物种的基因组时，映射比对的方法将不再适用。

从头组装是指不依赖于任何基因组参考序列信息而进行的序列组装。如今的从头组装算法主要分为三类：OLC（overlap-layout-consensus，先重叠后扩展）法、de Bruijn 图（de Bruijn graph，DBG）法和穷举法。

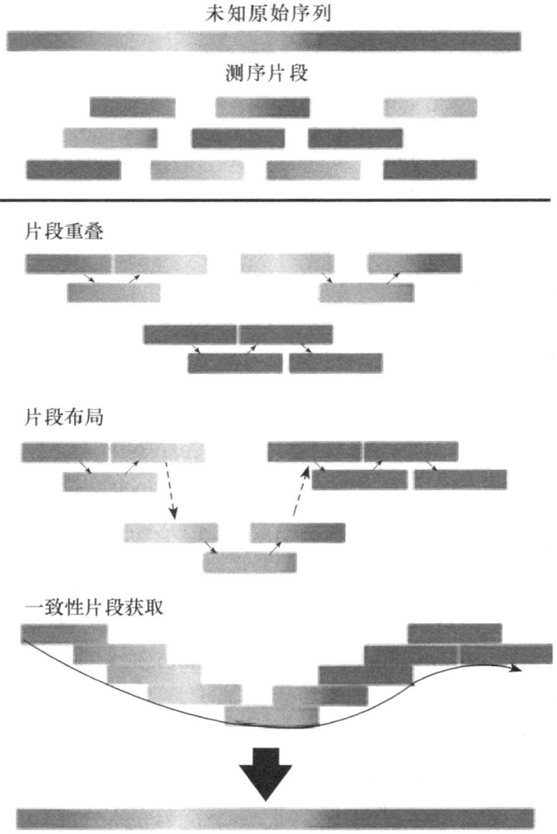

图 7-11　基因组组装 OLC 法流程

OLC 法（流程如图 7-11 所示）是一种最直观且经典的算法，其原理是基于序列间的重叠关系。它主要适用于第一代和第三代测序数据，因为这些数据的读长相对较长，更容易捕捉重叠关系。OLC 法包括三个主要步骤：①首先对读长进行索引，然后对所有序列进行相互比对，以识别片段的重叠信息。设置最小重叠长度的阈值，若两条序列的最小重叠长度小于此阈值，则表示这两段序列的排列关系较差。②基于获得的重叠信息，构建重叠片段之间的组合关系，形成所谓的重叠群（contig）。③通过多序列比对技术，利用重叠群的原始数据片段，寻找在重叠群中质量最佳的序列路径，这条序列即最终的基因组序列。OLC 法是基因组组装领域中的重要方法，其过程旨在通过逐步建立重叠关系和组合关系，从而形成完整的基因组序列。

DBG 法（图 7-12）的最大特点是无须进行读长之间的比对，其核心思想是将序列拼接问题转化为熟悉的欧拉图（Euler graph）问题。该方法的关键在于将序列分解为 k-mer，即将读长逐个碱基切分为长度为 k 的子序列。随后，我们进行 de Bruijn 图的构建，这是一种有向图。在构建过程中，我们将之前得到的子序列作为图的节点，如果两个节点有 $k-1$ 个共同重叠的子集，就将它们连接在一起，从而呈现出序列的顺序和连续性。

最后要介绍的是一种最耗时的方法，即穷举法。在这种方法中，首先会选择符合特定要求的读长作为重叠群的起始种子。然后，寻找与该起始读长两端具有重叠区域的其他读长，并对其进行延伸。这一操作会不断地重复，直到无法再进一步延伸为止。随后，选择下一条读长并以相同的方式重复上述操作，持续执行这些步骤，直至整个组装过程完成。然而，由于这种方法需要花费相当长的时间进行操作，因此当前穷举法的应用范围并不广泛。

除了上述提到的一些方法，对于具有复杂基因组的物种，或者对基因组完整度有较高要求时，还可以采用多策略的组装方法。针对复杂基因组测序，主要有两种策略的结合：大克隆文库与小克隆文库的结合，以及短读长和长读长的结合。而对于基因组的精细图（fine map），则主要采用以下策略：首先通过大规模并行高通量测序技术（massively parallel high-throughput，MPH）测序与 de Bruijn 图结合获得基因组的大部分区域，然后结合基因组步移（genomic walking）法和桑格测序法来填补可能存在的间隙（gap）。

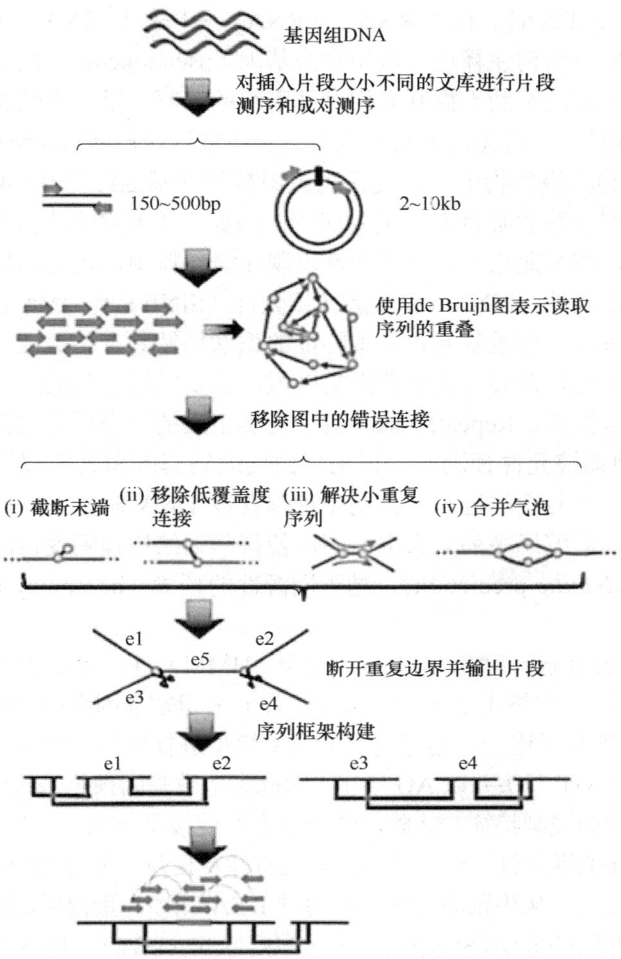

图 7-12　基因组组装 DBG 法流程（Li et al.，2010）

四、基因组注释

基因组注释（genome annotation）又称 DNA 注释，是指识别和标记基因组内各种特征与功能元件（如基因、非编码 RNA 和调控元件）的过程。它在理解生物体基因组的遗传组成和功能潜力方面发挥着至关重要的作用，帮助我们更好地理解基因在生物体内的作用，更好地探寻各基因的功能。基因组注释一般是在组装后进行的，可以分为结构注释（structural annotation）和功能注释（functional annotation）两大类，结构注释是功能注释的先决条件，下面将分别进行阐述。

（一）结构注释

寻找 DNA 的特征结构，如外显子、内含子、启动子、转座子等，称为结构注释。虽然结构注释试图在基因组序列中找到基因，但随着现代基因组学的发展，基因的定义也发生了变化。基因可以被定义为产生功能产物所必需的序列区域。基因的功能产物包括蛋白质和 RNA，因此产生蛋白质的基因称为编码蛋白质的基因，其他不编码蛋白质而只编码功能性 RNA 分子的基因称为非编码基因。非编码基因包括编码核糖体 RNA（rRNA）、转移 RNA （tRNA）、微 RNA（miRNA）、核小 RNA（snRNA）和核仁小 RNA（snoRNA），以及长链非编码 RNA（lncRNA）。结构注释还可以识别假基因（pseudogene），假基因有时也参与基因调控。因此，对它们的预测有助于提升人们对基因组的理解。以下是结构注释的主要步骤。

1．重复区域屏蔽　首先需要对基因组进行重复区域屏蔽（repeat masking）。DNA 重复发生在原核生物和真核生物中。重复序列占原核生物基因组的 0～42%甚至以上。同样，有些真核生物基因组也包含数百万个重复序列。例如，重复序列占人类基因组的 2/3。重复序列可以串联定位，即彼此相邻，并且通常出现在着丝粒中，也可以散布在不同形式的转座元件中，如长散在核元件（LINE）和短散在核元件（SINE）及 DNA 转座子等。尽管重复序列识别方面取得了进展，但重复元素基本特征的识别仍然具有挑战性。因此，为了避免重复序列影响注释的准确性，需要首先屏蔽重复区域。重复区域序列的屏蔽工具依赖于包含已识别重复序列列表的数据库。RepeatMasker 就是此类工具的一个很好的例子。

2．基因及其他调控元件预测　识别蛋白质编码基因和其他调控元件是基因组注释的核心。基因预测是一个复杂的过程，特别是预测真核 DNA 时更是如此。外显子和可变剪接变体之间的内含子（非编码序列）大小不同，使得基因结构预测变得困难。基因预测工具可以分为从头预测（*ab initio* prediction）、基于同源性的预测（homology-based prediction）及其组合方法三类。

从头预测方法使用统计模型隐马尔可夫模型（HMM），根据编码序列的特征［如开放阅读框（ORF）、起始密码子和终止密码子及剪接位点］来识别基因组序列中的启动子、编码或非编码区域及内含子-外显子连接，通过现有的概率模型进行预测。例如，由于已测序基因组中大约 99%的内含子以 GT 开头并以 AG 结尾，因此大多数基因预测系统将这些特征标记为用于选择性剪接位点检测的强制特征。此外，结合强大的剪接供体共识，如 GC-AG 剪接位点，可以提高基因预测程序的准确性。该方法不依赖已有注释信息，可对全新物种进行注释，但该方式的缺点是准确性较低。从头预测方法可以通过 RNA 测序和蛋白质测序数据来提高预测准确性。第二种基于同源性的方法是将序列与表达序列标签（EST）、互补 DNA（cDNA）或蛋白质证据进行比对，通常还会将待注释基因组与相关物种的已知基因序列进行比较，使用检测到的相似性进行基因预测。目前，由于有大量可用的 EST 和 cDNA 序列数据库，基于同源性的方法在基因组注释中发挥着核心作用。常用的辅助注释的数据库有 GenBank、欧洲核苷酸档案（European Nucleotide Archive，ENA）、DDBJ、UniProt、Pfam、Prosite、TIGRFAM、CATH-Gene3D 和 PANTHER 等。第三种方法是将从头预测和同源预测方法相结合，以提高准确性，该方法常见步骤包括：①运用生物信息学工具如 SNAP 等从头寻找基因；②运用软件如 GenomeThreader 对同源蛋白进行预测，对内含子进行分析；③将 EST 序列、全长 cDNA 序列和组装的转录组与基因组进行比对；④运用合适的软件进行整合。表 7-1 中总结了一些常见的结构注释方法。

表 7-1　基因组结构注释的常用方法

方法分类	程序名称	描述
从头预测（快速、简便地识别新基因的方法）	BRAKER1	基于 RNA-seq 的无监督真核基因组注释流程
	EasyGene	基于 HMM 的原核生物自动基因预测器，按统计显著性对开放阅读框进行排名
	FGENESH	基于 HMM 的基因结构预测
	GeneMark	一系列针对细菌、古菌、宏基因组、宏转录组和真核生物的自训练基因预测程序
	GeneZilla	广义隐马尔可夫模型（GHMM）真核基因查找器

续表

方法分类	程序名称	描述
从头预测（快速、简便地识别新基因的方法）	GenScan	从头开始预测脊椎动物、果蝇和植物基因组序列中完整基因结构的算法
	GlimmerHMM	基于 GHMM 的真核基因查找器，在 Unix 环境下整合了 GeneSplicer 的剪接位点和 GlimmerM 的决策树
	HMMgene	基于 HMM 的脊椎动物和线虫基因预测器，可以预测完整的基因或者局部的、不完整的基因
	MAKER2	多线程、并行基因组注释和数据管理应用程序
	mGene	使用预训练模型预测真核生物基因结构的网络服务，包括蛋白质编码基因和非翻译区（UTR）
	NCBI Eukaryotic Annotation Pipeline	真核生物基因组注释的自动化流程
	NetGene	预测人类、线虫和拟南芥 DNA 的剪接位点
	RNAmmer	基于 HMM 和全基因组序列的 rRNA 基因预测器
	SNAP	适用于真核和原核生物基因组的半 HMM 通用基因查找程序
	tRNAscan-SE	基于协方差模型的程序，提供 tRNA 基因的基因组坐标、预测功能和二级结构
同源预测（准确性更好，适合功能注释）	GeMoMa	使用注释基因来推断目标基因组中蛋白质编码基因的程序
	GenomeThreader	使用 cDNA、EST 和蛋白质序列通过剪接比对预测基因结构
	PPFINDER	哺乳动物假基因注释
	PseudoPipe	哺乳动物假基因注释
	TWINSCAN	GenScan 的扩展，利用相关基因组同源性的基因结构预测系统
从头预测与同源预测相结合的方法	AUGUSTUS	从头基因预测程序，还可以合并其他同源信息，如 EST 比对、蛋白质比对和合成基因组比对
	JIGSAW	基因模型预测器，结合了其他基因查找器、剪接位点预测器和序列比对的输出
	DFAST	原核基因组注释流程
	PGAP	当外部证据不足时，使用从头预测方法，在有足够的比较数据时利用序列相似性

（二）功能注释

进一步预测通过结构注释识别的基因及其他基因组结构的功能的过程称为基因组功能注释。通过使用局部比对工具（如 BLAST）可以实现自动高通量的功能预测，如在蛋白质数据库中搜索高分比对。这些工具通过发现序列之间的直系同源和旁系同源关系来识别进化关系。基于局部比对的功能注释工具使用方法简单，并且在许多情况下表现良好。然而，它们也有一些缺点，如数据库源错误、比对阈值的相关性、低敏感性/特异性，以及从不相关的局部相似区域过度注释等。目前，最常用的基因组功能注释数据库是基因本体数据库（The Gene Ontology Resource，GO 数据库），该数据库涵盖基因功能的三个方面：分子功能（基因产物在分子水平上的活性）、细胞成分（基因产物的位置）和生物过程（使用基因功能的生物程序）。研究人员基于 GO 数据库开发了许多功能注释工具，包括 FastAnnotator、GO FEAT、Gotcha、PANNZER2、PoGO、Prokka 和 RAST（Rapid Annotations using Subsystem Technology）等。

目前许多注释方法已经可以整合包括重复序列屏蔽、结构注释、功能注释在内的所有步骤，实现自动化处理。NCBI 上的真核细胞注释流程如图 7-13 所示，感兴趣的读者可以将此相关内容作为课后阅读材料。

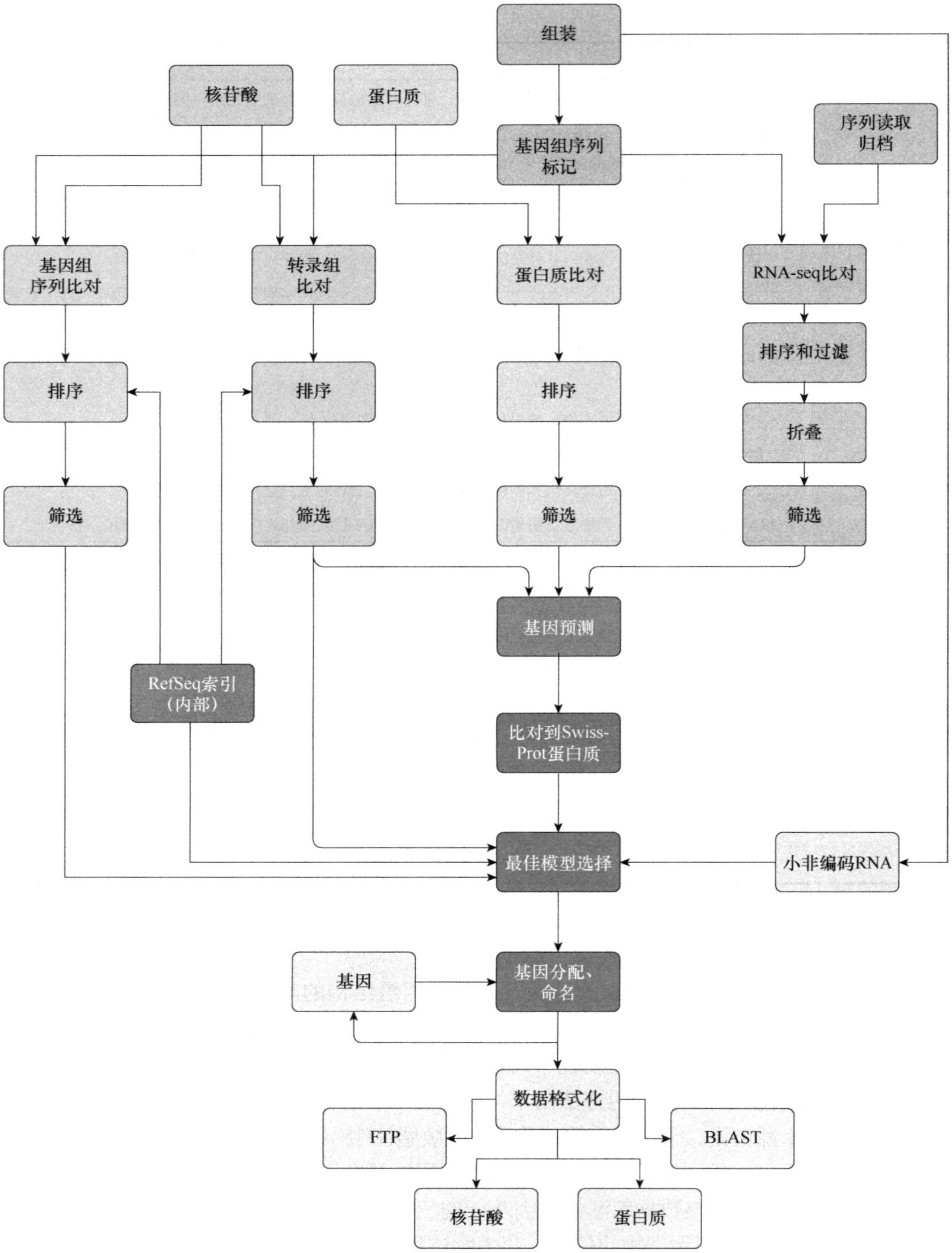

图 7-13　真核细胞基因组注释流程（McGarvey et al.，2015）

五、基因组重测序

随着第二代测序技术的进步和测序成本的降低，许多动植物的基因组已经被测序完成。这时，我们开始更加关注物种之间或群体内的差异比较，于是基因组重测序（genome re-sequencing）这一技术应运而生。基因组重测序是指对已知基因组序列的物种进行不同个体的基因组测序，然后在此基础上对个体或群体进行差异性分析，包括单核苷酸多态性（SNP）、插入或缺失（indel）多态性、结构变异（SV）等。目前，这项技术主要被用于检测基因组中的大量遗传变异，用于遗传进化研究，以及预测重要性状的候选基因。随着测序技术的不断发展和成本的降低，基因组重测序在动植物分子育种等领域发挥着重要作用，具有重要的科研和产业价值。对于个体样本而言，基因组重测序技术可以提供全面的基因组突变谱信息；而对于群体样本，该技术可以用来研究物种的进化、自然选择等生物进化指标。基因组重测序技术的主要路线如下：首先，将提取的基因组 DNA 进行随机打断，然后通过电泳分离，回收所需长度的 DNA 片段，并加上适当的接头。接下来，进行簇（cluster）制备或 PCR 扩增处理，最终使用 Illumina 等方法对插入的 DNA 片段进行重测序。图 7-14 以 Solexa 为例，展示了整个实验方案。

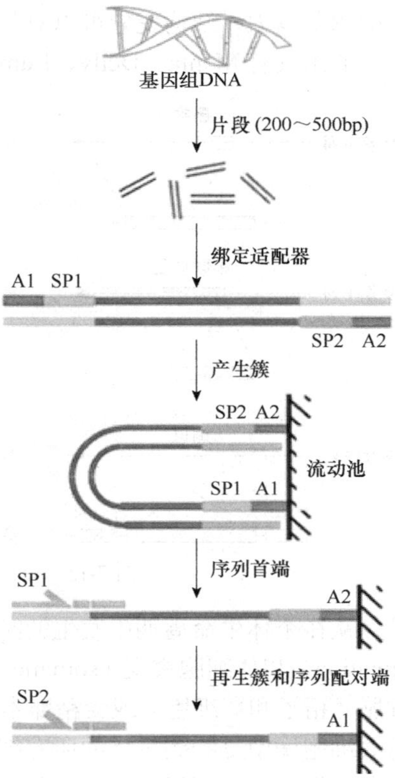

图 7-14　基因组重测序技术流程图（White，2013）

六、基因组变异

基因组变异是指一个物种内的不同个体之间的基因组序列（一般指 DNA 序列）中存在的差异和改变。这些变异在塑造生物体的特征、对疾病的易感性和进化历史方面发挥着重要作用。基因组变异有助于提升群体内的遗传多样性，随着时间的推移，变异的积累导致了每个个体独特的基因组成。

从变异结构上看，基因组变异可以分成以下几个主要类别。

（1）单核苷酸变异（single nucleotide variation，SNV）：为最常见的变异类型，涉及 DNA 序列中的单碱基变化。SNV 可以影响基因功能、疾病易感性和药物反应。常用的检测 SNV 的生物信息学工具有 GATK HaplotypeCaller 和 SAMtools 等。

（2）小片段插入或缺失（insertion or deletion，indel）：是指在 DNA 序列中插入或删除了少量核苷酸，indel 的小片段长度通常为 2～50 个碱基，可以引起移码突变或改变蛋白质功能。检测 indel 的常用工具有 GATK HaplotypeCaller、Pindel 和 Platypus 等。

（3）拷贝数变异（copy number variation，CNV）：通常指长度大于 100 个碱基的 DNA 片段拷贝数变化，CNV 一般是较大 DNA 片段的重复［duplication，即一个 DNA 片段重复出现多次，包括串联重复（tandem duplication）和间隔重复（interspersed duplication）］或删除（deletion，指缺失了一个 DNA 重复片段），范围从几百个碱基到上百万个碱基，可以影响基因剂量和表达水平。检测 CNV 的专门工具包括 CNVnator、bicseq2、CNVkit 和 GATK-gCNV 等。

（4）结构变异（structural variation，SV；如图 7-15 所示）：通常指长度大于 1000 个碱基的大片段 DNA 发生结构性改变，包括 DNA 片段拷贝数的变化（CNV）、插入（insertion）、缺失（deletion）、倒位（inversion）、易位（translocation）和染色体重排（rearrangement）。由

于影响范围大，结构变异可以对基因组的结构和功能产生尤为深远的影响。常见的检测结构变异的工具有 Manta、Delly、Lumpy 和 SMRT Link 等。

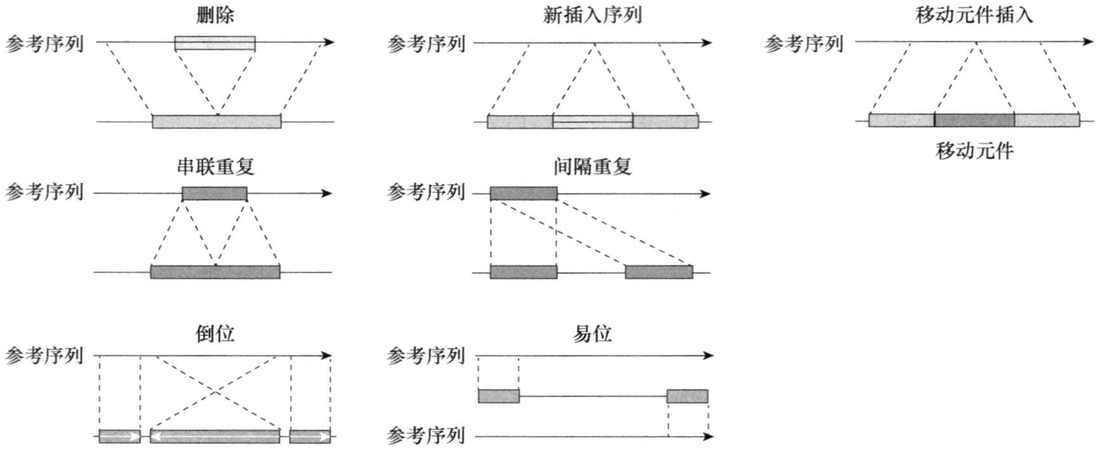

图 7-15　基因组结构变异示意图（Alkan et al.，2011）

从在个体生命周期中发生的时间和位置上看，基因组变异可以分成生殖系突变（germline mutation）和体细胞突变（somatic mutation）两大类。生殖系突变是发育早期阶段发生在生殖细胞（精子和卵细胞）或受精卵本身的遗传变化。这些突变存在于个体生殖细胞的 DNA 中，随着细胞增殖复制到机体的所有细胞中，并且可以遗传给后代。生殖系突变导致个体整个身体所有细胞的基因组改变，一部分生殖系突变会导致遗传性状改变和遗传性疾病，并对生物进化具有重要影响。相比较而言，体细胞突变是受精卵形成后在生物体细胞（somatic cell）中发生的遗传变化，会影响个体的一部分细胞。这些突变发生在非生殖细胞中，因此不会遗传给后代。但是体细胞突变促进了单个生物个体内细胞的多样性，有些情况下可能导致癌症、神经系统紊乱等疾病。

检测上述基因组变异的过程可以划为重测序分析的范畴。上述各类型的基因组变异还可以根据所处基因组位置、细胞组织和相关疾病类型的不同进一步细分，不同类型的变异往往需要采用特定的方法进行检测。例如，相对于大片段的变异，单碱基变异的检测对测序文库长度和读长长度的要求低得多；体细胞突变往往比生殖系突变更难检测到，因为前者的发生率往往比后者更低，需要各自制定相应的策略进行鉴定。目前并不是所有类型的体细胞突变都有相应的专门检测工具，已有的检测体细胞突变的工具包括 SomaticSniper、GATK Mutect2、cfSNV、Retrosom 等。

第三节　基因组学研究方向及应用

基因组学是对生物体整个基因组进行研究，它结合了重组 DNA 和 DNA 测序实验技术及生物信息学分析技术，用于对基因组的结构和功能进行排序、组装和分析。快速发展的测序技术极大地提升了基因组测序的速度和容量，同时也显著降低了测序的成本。此外，生物信息学的进步促成了数百个生命科学数据库和项目的建设，为更多科学研究提供了支持。这些存储在数据库中的信息得以有效组织和检索，从而方便进行比较和分析。这进一步推动了基因组学在生物医学、农业育种等多个领域的广泛应用。

一、三维基因组学

虽然基因组通过线性序列的方式存储了遗传密码，但 DNA 在三维空间内的物理折叠在基因调控、基因表达、调控元件相互作用、DNA 复制、DNA 修复和各种细胞过程中起着至关重要的作用。为了研究这一现象，三维基因组学应运而生。它是一个新兴且发展迅速的学科，是对细胞核内基因组 DNA 的三维空间结构的研究，主要内容包括染色体构象、染色体三维折叠、三维结构动态变化、基因组调控元件的长距离物理相互作用及其相应的生物学功能研究。

在 20 世纪，三维基因组学研究主要依靠荧光原位杂交（FISH）实验实现低通量、展现远距离 DNA 片段相互作用的可视化效果。随着“完全对完全”（all-to-all）的空间邻近信息捕获技术高通量染色质构象捕捉技术（high-throughput/resolution chromosome conformation capture，Hi-C）和基于配对末端标签测序的染色质互作分析（chromatin interaction analysis by paired-end tag sequencing，ChIA-PET）等高通量技术应用的突破，三维基因组学在过去 10 年发展迅速。然而，以 Hi-C 为代表的技术还存在噪声大、自连接率高、测序深度要求高等不足。近年来，基于非近端连接的实验技术取得了长足进步，为更高效、准确地获取基因组的三维结构信息奠定了重要的基础。

作为基因组学中新兴的领域，三维基因组学具备多样性的应用，并且产生着重要的影响。三维基因组学在免疫肿瘤学、神经病学、心血管疾病及传染病等领域的基础和临床研究中具备广阔的应用前景。特别值得注意的是，三维基因组学在疾病机制研究方面发挥着关键作用，可以用于探究肿瘤的异质性、组织的形态特征、组织发育机制，以及对治疗干预的响应情况。例如，有研究人员利用基因组空间模式的差异识别某些疾病的诊断生物标志物（diagnostic biomarker）。研究人员利用空间技术研究与肿瘤相关的三级淋巴结构，以表征与晚期黑色素瘤对检查点抑制剂反应相关的分子模式。有研究人员应用三维基因组学技术来理解严重急性呼吸综合征冠状病毒 2（SARS-CoV-2）感染患者的机制，以及由此产生的肺、脑和心脏组织的免疫反应。还有研究人员发现人乳头瘤病毒（HPV）在宿主基因组中的整合位置与宿主三维基因组拓扑结构域恰好吻合，并通过实验证实了病毒整合位点可能通过影响 DNA 三维结构的形成，进而影响宫颈癌的发病进程。

二、单细胞空间多组学

单细胞多组学技术是单细胞测序技术和高通量组学方法的发展，可以在单细胞分辨率下同时整合转录组、基因组、表观遗传组、蛋白质组及空间状态等两种或多种组学信息。与单细胞单组学技术相比，单细胞多组学技术能够以多层次、多角度的方式描绘细胞间的异质性，同时挖掘各层组学之间的直接和潜在联系。这进一步使得对细胞状态和命运的描绘更加全面和系统，在生命科学和医学等领域具有广泛的应用前景。

大量的多组学分析如多维基因组学和蛋白质基因组学分析，已被证实是人们全面了解细胞事件的有力手段。这一优势推动了单细胞多组学分析的发展，使得对细胞类型特异性基因调控的检测成为可能。此外，一种名为原位测序（*in situ* sequencing）的方法已经被开发出来，它可以在组织中对数百个基因进行直接测序，同时保留了空间信息的完整性。研究人员利用这一方法对新鲜、冷冻或福尔马林固定石蜡包埋（FFPE）样本进行了分析，快速创建了数百个基因的单细胞基因表达图谱。美国国立卫生研究院（The National Institutes of Health，NIH）也发起了利用空间转录组学进行疾病诊断的大脑倡议（BRAIN Initiative）。最近的研究中，来自韩国的研究团队在 *Experimental & Molecular Medicine* 中介绍了单细胞多组学分析技术（mRNA-基因组、mRNA-DNA 甲基化、mRNA-染色质可及性、mRNA-蛋白质）及单细胞多组学数据的综合分析方法。

（1）单细胞分离（single cell separation）与条形码化：在单细胞多组学分析中，需要从同一细胞中分离出多种类型的分子，这涉及单细胞的分离和随后对多种类型的分子进行条形码化。要想实现单细胞分离，首先需要通过机械或酶法来实现活细胞的分离，然后从分离的细胞悬浮液中捕获单个细胞，随后对被捕获的单细胞进行多种类型分子的分离。基因组 DNA（gDNA）位于细胞核内，而大多数 mRNA 则存在于细胞质中。通过使用质膜选择性裂解缓冲液进行处理，细胞核与细胞质得以分离，然后通过离心将它们分离开。这样，gDNA 从细胞核中被分离出，而 mRNA 则从细胞质中被分离出，确保位于细胞核中的 mRNA 得以保留。

（2）基因组与转录组数据的综合分析：目前已经涌现出多种方法，用于进行基因组与转录组的单细胞多组学分析，其中包括 scTrio-seq（single-cell Trio-seq）、G&T-seq（gDNA & mRNA-seq）、DR-seq（DNA & RNA-seq）、SIDR（simultaneous isolation of genomic DNA and total RNA）及 TARGET-seq（targeted amplification and resequencing of genomic DNA）等。一些运用这些方法的研究报告表明，基因组的变化与基因组改变区域的基因转录水平之间存在着密切的关联。

（3）转录组与表观基因组数据的整合分析：DNA 甲基化、组蛋白修饰（如甲基化和乙酰化）及染色质可及性共同调控基因的表达，并且已经被证明可以在单细胞分辨率下进行测量。在单细胞染色质可及性方面，包括了诸如 scDNase-seq（single-cell DNase-seq）、sci-ATAC-seq（single-cell chromatin accessibility by transposase accessible chromatin sequencing）、scATAC-seq（single-cell assay for transposase-accessible chromatin using sequencing）、NOMe-seq（nucleosome occupancy by methylation and ethenoblocking sequencing）及 scMNase-seq（single-cell micrococcal nuclease-seq）等方法。研究人员利用这些方法发现，DNA 甲基化的差异与整个单细胞的基因转录变化紧密相关。

（4）转录组与蛋白质组数据的综合分析：目前已经涌现出几种可以同时测量单细胞转录组与蛋白质组的方法，其中包括 PEA/STA（parallel expression analysis of amplicons/single-target amplification）、PLAYR（parallel linked-assay for yeast research）、CITE-seq（cellular indexing for transcriptome and epigenome sequencing）及 REAP-seq（RNA enrichment and profiling using amplicon sequencing）等。许多运用这些方法的研究已经在不同的细胞系统中开展，以探索单细胞水平的转录组和蛋白质组之间的关联。

（5）单细胞组学数据分析方法：单细胞单组学分析为人们提供了多种类型的信息，包括单细胞水平上的基因组变异（如突变和拷贝数变异）、DNA 甲基化位点、开放染色质位点，以及 mRNA 或蛋白质丰度等数据。针对不同类型的数据，人们采用不同的方法以实现不同的研究目标。在处理 scRNA-seq 数据方面，已经涌现出多种方法，用于识别细胞群、调控网络及细胞发育轨迹。而在处理单细胞全基因组测序（scWGS）数据时，主要关注点是在单细胞水平上识别 CNV 和单核苷酸变异（SNV）。至于单细胞表观基因组数据，主要目标则是确定单细胞中的开放染色质区域和 DNA 甲基化位点。每一类数据都有其独特的分析方法，以满足不同的研究需求。

（6）单细胞多组学数据的综合分析：为了对单细胞多组学数据进行综合分析，相关研究人员已经开始扩展和组合单细胞单组学数据的分析方法。这些策略可以分为三个主要方向：

首先是单细胞单组学数据之间的相关性分析；其次是分析某一类型的单细胞数据［如胞质小RNA（scRNA）序列］，然后将其与另一类型的单细胞数据［如来自scWGS的SNV或来自高通量测序测定转座子可及染色质（assay for transposase-accessible chromatin with high throughput sequencing，scATAC）序列的开放染色质位点］进行整合；最后是对所有类型的单细胞组学数据进行综合分析，以构建出更为全面的整体单细胞图谱。

尽管实验方案提供了丰富的单细胞组学数据，但对于单细胞多组学数据的综合分析方法的开发仍处于初始阶段。在数据整合过程中，需要有效处理转录组和其他类型单细胞全向性数据之间的信息覆盖率差异，从而构建更为复杂的多组学统计模型。同时，面对缺失值、系统性噪声和覆盖率差异等问题，有必要改进现有的数据分析方法或者开发新的方法，以优化从单细胞多组学数据整合分析中获得的信息。此外，当前用于单细胞多组学分析的大多数方法仅针对两个组学层次的同时整合。随着能够测量更多组学层次的单细胞多组学技术的出现，需要能够整合三个或更多类型的组学数据，以有效地揭示不同组学层次之间的调控关系。单细胞多组学分析的实验技术和数据分析方法的进步对于揭示疾病发病机制中关键分子在不同组学层次之间更准确的调控关系至关重要。这些调控关系能够让人们在单细胞水平上认识全新的关于疾病相关过程的分子机制，而这一点已经通过综合分析多组学数据得到验证。这些分子机制的揭示能够为疾病提供新的诊断标志物和治疗靶点，从而有可能彻底改变当前的疾病诊断和治疗策略。

三、基因组学在医学和农业中的应用

1．医学领域 基因组数据获取技术迅猛发展，信息收集的效率显著提升，为医学临床医生和研究人员提供了新的广阔前景。这不仅有助于他们更深入地理解基因组学和基因在疾病的发生与预防中扮演的角色，而且为研究人员开辟了更多的机会，使其能够更全面地探索基因组学的奥秘。基因组学在人类对传染病的理解方面做出了重要贡献，从揭示疾病的发病机制和抗生素耐药性传播，到探究宿主的免疫反应等多个层面，都借助了基因组学的研究成果。

1）基因组学在理解、预防传染病中的应用 基因组测序为基因组描述、诊断工具开发、药敏性测试及分子流行病学研究等领域提供了机遇。在过去的10年里，宿主-病原体基因组学和转录组学的发展加深了人们对人体与分枝杆菌之间相互作用的理解，同时也有助于鉴定潜在的诊断和预后标志物。

基因组学分析在识别和监测耐药性相关的突变方面发挥了巨大的作用。全基因组分析揭示了分枝杆菌耐药性的很大部分归因于单核苷酸多态性（SNP）。例如，利福平（rifampicin，RIF）的耐药性源自*rpoB*基因的突变，而*katG*和*inhA*的突变则导致了对异烟肼（isoniazid）的耐药性。如今，许多基于基因组学的工具已被开发出来，用于检测耐药性，如Mykrobe Predictor、PhyResSE和TB-Profiler等。这些工具易于使用，能够在获得序列后的几分钟内预测耐药性。基因组学分析在确定菌株的进化历史和传播路径方面也发挥着重要作用，对于监测疫情具有重要意义。以全基因组分析为例，已经有研究表明它能够用于检测感染并解析疫情的传播动态。例如，在破译越南结核分枝杆菌的传播动态方面，基因组学已被广泛应用。研究结果揭示，ESX-5Ⅶ型分泌蛋白EsxW中的SNP可能有助于增强传播。这种方法使人们能够更深入地理解疾病传播的机制，从而有助于采取更有效的控制和预防措施。

2）基因组学在疫苗靶点识别和药物发现中的应用 目前，宿主和病原体的全基因组序列可从不同数据库（如GenBank）中获取，这使得计算机筛选（in silico screening）能够实现对疫苗和药物靶点的高通量识别，从而将昂贵的实验室筛选集中在选定的高亲和力靶点上。

例如，已有研究人员对丝状病等病原体的基因组、转录组和蛋白质组进行分析，确定了新的潜在生物标志物，该进展在疾病诊断、疫苗和药物开发中具有重要价值。目前，对人类的比较基因组研究在恶性疟原虫中新的药物靶点的鉴定中已发挥指导作用。另一项研究对特定抑制剂敏感的必要基因（靶点）进行识别与鉴定，发现了40个潜在的药物靶点，其中包括已知的靶点如钙依赖蛋白激酶，以及以前未知的靶点如磷酸异构酶和羧化酶。

在疫苗靶点鉴定中，研究人员扫描病原体基因组，以识别编码具有疫苗候选特性的蛋白质或分子的基因，如低抗原变异、多态性和免疫原性。例如，通过使用全基因组扫描发现了免疫原性抗原，为针对病原虫、分枝杆菌、艾滋病病毒等病原体的全生物疫苗（whole-organism vaccine）制备提供了一种潜在方法。

2．农业领域　随着全球人口的增长、气候变化和环境压力的增大，迫切需要加快生产产量较高、具有更强的耐干旱或耐热性且农药使用较少的新作物。基因组学的进展为加快开发具有良好农艺性状的作物提供了潜力。通过对植物物种基因组结构、组织和动态的了解，可以深入了解基因如何通过自然和人工选择来应对环境限制，以及它们操纵作物改良的能力。而对于畜牧业来说，世界对牲畜产品的需求可能在未来几十年增加，但由于土地、水、粮食、谷物和化肥的竞争，以及气候变化及环境的影响，生产成本的增长可能快于价格的增长。为了保持这些产品的竞争力，畜牧业必须大幅提高生产效率。基因组技术可帮助降低繁殖的最低年龄，从而大大提高遗传增益率。这将有助于长期提高生物效率和短期定制牲畜，以满足特定市场和机会的需求。

1）*基因组学在植物育种中的应用*　基因组学在一定程度上可以减少科学研究中的试验失败，从而提高农作物的质量和产量。通过将性状与基因或基因特征关联起来，基因组学有助于改进作物育种，以培育具备最理想品质的杂交种。科学家利用基因组数据来确定所需的特征，然后将这些特征转移到不同的生物体中。目前，科学家正在探索如何通过基因组学来提高农业生产的质量和产量。举例来说，科学家可以利用理想特征创造出有益的产品或改进现有产品，增强其对影响其生长的因素的抵抗力，如害虫、疾病、干旱、霜冻和洪水等。这些基因组学技术有望为农业带来更精确的选育方法，从而节省时间和资源，为实现粮食安全和可持续农业发展做出贡献。

2）*基因组学在牲畜生产中的应用*　近年来，用于农业的动物基因组研究取得了快速的发展，从基本的基因组图谱到性状图谱再到基因发现。这些进展是动物基因组计划紧随人类基因组计划步伐的结果，人类基因组计划为家畜基因组研究打开了大门。同时，这也为基因组选择育种、基因编辑等生物育种提供了关键性的生物大数据理论和技术支撑。家畜物种的基因组研究反过来有助于人们理解染色体的进化，并为人类基因组提供宝贵的信息。随着家畜基因组学进入测序时代，测序技术的突破及基于 DNA 的工具的不断创新，使得基因组学在动物健康和生产方面发挥着更为显著的作用。

习　题

1．真核生物基因组有什么特点？
2．请简述基因组注释的主要类别和相关方法。
3．请简单比较第一、二、三代测序技术的优点和局限性。
4．基因组重测序的作用是什么？
5．基因组组装主要可以分为哪两类，这两类有什么区别？
6．基因组学有哪些应用？

第八章　转 录 组 学

第二代测序技术迅猛发展，由于其具有高通量、快速、低成本的特点，成为越来越多的生物学研究者在解决生物学问题时的首选，尤其在转录组测序方面更显示出极大的潜力。转录组（transcriptome）是指特定生物体在某种状态下所有基因转录产物的总和，转录组研究是功能基因组研究的一项重要内容。转录组是连接基因组遗传信息与生物功能（蛋白质组）的必然纽带，同时相对于真核生物全基因组测序来说，转录组测序得到的序列不含有内含子及其他非编码序列，因此有着无可比拟的高性价比优势。目前转录组测序及分析技术可以解决新基因的深度发掘、低丰度转录本的发现、转录图谱绘制、可变剪接的调控、代谢途径确定、基因家族鉴定及进化分析等各方面的问题。

第一节　转录组概述

中心法则指出，生物体的遗传信息以密码形式存储在 DNA 分子上，表现为特定的核苷酸序列，并通过复制（replication）使遗传信息从亲代传向子代。生物体在生长发育过程中，其遗传信息通过转录（transcription）传递给 RNA 分子，再被翻译（translation）成蛋白质，进而行使特定的生物功能。因此，mRNA 可被认为是 DNA 与蛋白质之间生物信息传递的“桥梁”。

转录组（transcriptome）是 RNA 分子的集合（Wang et al.，2009）。广义上，转录组包括相同环境（或生理条件）下，在同一个细胞或一群细胞中转录出的所有 RNA：mRNA、rRNA、tRNA 及 ncRNA 等；狭义上，则指细胞所转录出的所有 mRNA（Wang et al.，2009）。对这些 RNA 进行测序称为转录组测序（RNA sequencing），简称 RNA-seq。

近年来，RNA-seq 成为应用较多的组学分析工具，这不仅是因为高通量测序技术的快速发展，更因为转录组数据为研究带来的便利：快速、准确地评估全基因组上的基因转录本及其剪接方式、表达量及其生物学意义。基于目前主要的测序技术，转录组测序分为短读长 cDNA 测序（short reads cDNA sequencing）、长读长 cDNA 测序（long reads cDNA sequencing）及长读长 RNA 测序（long reads RNA sequencing）三种，技术上各有优劣（表 8-1）（Stark et al.，2019），其产生的数据，可根据研究目的进行个性化分析，进而实现数据的多次挖掘和利用。

表 8-1　三种 RNA-seq 测序技术比较（Stark et al.，2019）

测序技术主流平台	技术优势	技术劣势
短读长 cDNA 测序 Illumina、Ion Torrent	1）高通量，高测序准确度 2）可包容降解的 RNA 3）目前已开发出大量的研究方法和计算流程	1）样本制备中反转录、PCR 扩增、片段化大小选择等会增加偏向性 2）异构体检测和转录本定量能力有限 3）需通过比对或组装的方法检测转录本
长读长 cDNA 测序 PacBio、Oxford Nanopore	1）读长可覆盖大多数全长转录本 2）直接检测转录本，无须组装 3）计算分析方法简单	1）中低通量，成本更高 2）样本制备时反转录、PCR 会增加偏向性 3）不推荐用于降解的 RNA

续表

测序技术主流平台	技术优势	技术劣势
长读长 RNA 测序（又称直接测序）Oxford Nanopore	1）读长覆盖大多数全长转录本 2）直接检测转录本，无须组装 3）直接 RNA 测序，无须反转录、PCR，减少引入偏向性 4）可检测 RNA 的修饰 5）可获得 polyA 序列	1）通量低，成本高 2）样本制备和测序偏向性不明确 3）不推荐使用降解的 RNA

第二节　RNA-seq 实验和分析的基本思路

RNA-seq 研究的成功取决于实验设计的合理性和数据获得后的生物信息分析，两者紧密相关、相互依赖，缺一不可。本节首先从实验设计说起。

一、实验设计

研究的成败很大部分取决于是否有一个合理的实验设计，如生物学重复、测序深度、文库构建等（图 8-1A）。

（一）生物学重复

一个严谨性的实验，会考虑生物学重复和技术重复。对于转录组测序，生物学重复（biological replicate）是指不同生物个体样本进行相同处理后测序；而技术重复（technological replicate）则是指同一样本进行的多次测序实验。技术重复主要是为了消除 RNA 提取、建库、测序等实验技术带来的差异；但囿于测序成本和样本量等，目前绝大多数研究很少考虑技术重复。生物系统固有的随机变异在转录组中尤为常见，这要求常规的 RNA-seq 实验至少有一个生物学重复，而额外的重复能够帮助实验者发现异常样本；此外，也需要通过生物学重复的数据来评估重复样本间的差异（组内差异）和不同处理样本间的差异（组间差异）。理论上，随着样本重复数目的增加，统计性差异的可靠性会增强。所以生物学重复一般建议至少选择三个（Conesa et al.，2016），也有研究者通过数据比较（比较了两种处理下的各 48 个重复样本 RNA-seq 数据），提出对于 RNA-seq 的研究，至少需要 6 个生物学重复（Schurch et al.，2016）。如果研究者经费有限，鉴于重复样本的必要性，可通过降低测序深度，提高重复样本数量（Liu et al.，2014）。

为了得到重复样本间的高重复性，很多研究者采取的是将相同处理的不同样本进行混合，再平均分成三份，进行建库测序；甚至建库后，平均分成三份，再上机测序。类似这样的处理方式，实际已经或多或少失去其生物学重复的意义，不建议采用。

（二）测序深度

测序量是指对于每个样本，测定读长的总数量（以 Mb 为单位）。在具体测序深度计算方面，将读长总数量［更准确的方法是采取比对读序（mapping reads）的总数量］和读长的长度相乘得到测序的碱基数（以 Gb 为单位），该数据除以所测基因组大小（如人类基因组约 3Gb，有研究仅使用外显子组大小），即测序深度。理论上，测序深度越大，即获得读长数越多，低表达量基因被检测到的可能性越大。测序深度的选择往往取决于研究目的，如果仅仅是想了

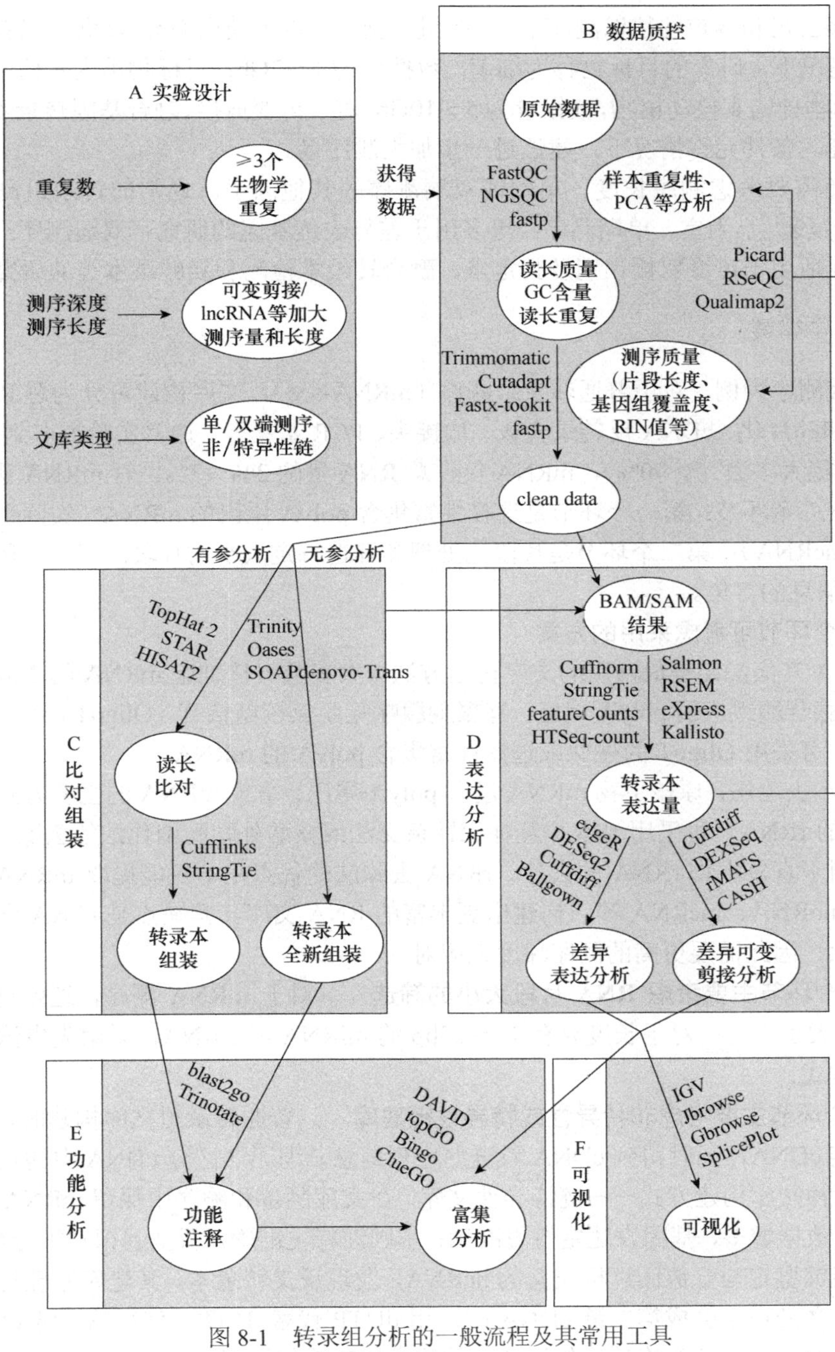

图 8-1 转录组分析的一般流程及其常用工具

PCA．主成分分析；RIN．RNA integrity number，RNA 完整性数

解基因组整体的表达，对于绝大多数真核生物来讲，5～10Mb 的测序读长数量基本能达到分析需求；如果研究编码基因的可变剪接，那么往往需要更高的测序深度，则需要 20～60Mb 的测序量；如果是定位重新发现一些表达量极低的转录本、非编码 RNA 或需要重新构建转录本等，则往往需要 100～200Mb 的测序量。当然，具体的测序量，需结合所研究物种的基因组和转录组大小、测序读长长度、经费预算等共同决定。

鉴于测序公司和客户往往以测序单位 Gb 进行交流，以下使用 Gb，以供研究者后期参考使用。通常情况下，研究的目标物种为细菌，数据量为 1～2Gb；目标物种为真菌，数据量为 2～4Gb；目标物种为真核动植物，数据量为 5～10Gb。对于可变剪接、融合基因转录本、lncRNA 等方面的研究，条件允许情况下，建议进一步加大测序量。

另外，还需要考虑测序长度、单端或双端测序等其他因子。通常的转录组测序以选择 200～300bp 片段大小为宜。单端测序：更多用于差异表达基因的研究；双端测序：帮助去除比对的歧义，适用于可变剪接识别及其定量、融合转录本检测和新转录本等的研究。

（三）文库构建

以第二代测序为例，对于普通转录组测序（mRNA-seq），文库构建可分为总 RNA 提取、mRNA 富集和碎片化、cDNA 反转录合成、加接头、PCR 富集等。通常实验提取到的总 RNA 中，rRNA 占绝大多数（＞90%），mRNA 仅占总 RNA 量的 2%～3%。对 mRNA 进行富集，往往包括以下三个环节：第一个环节是选择性富集含 polyA 尾巴的 mRNA（实际也能富集到含 polyA 的 lncRNA）；第二个环节是片段化处理和筛选特定大小的片段；第三个环节是保留 RNA 编码链信息的富集。

1．第一个环节可考虑采用的方案

（1）polyA 富集法：是最常用的文库构建方法。大多数真核细胞 mRNA 的 3′端通常具有由 20～30 个腺苷酸组成的 polyA 尾巴，寡聚胸腺嘧啶脱氧核糖核苷（OligoT）可以与之配对结合。因此，可采用 OligoT 的磁珠或过滤柱富集含 polyA 的 mRNA。

（2）rRNA 去除法：原核生物 mRNA 没有 polyA 尾巴，富集 mRNA 的主要方式是去除总 RNA 中含有的 rRNA，可采用 rRNA 互补探针杂交法或核酸外切酶消化法等去除 rRNA。这种方法也可用于真核生物 rRNA 的去除。rRNA 去除法的优点是不仅能提取 mRNA，还可提取 snRNA、snoRNA、lncRNA 等，构建出更丰富的 RNA 文库。其缺点是 rRNA 含量太高，不易完全去除，因此需要更高的测序深度来应对。

2．第二个环节主要考虑 RNA 片段大小的筛选　对于 mRNA 测序，通常选择 200～300bp 的片段大小为宜；对于长度只有 17～25bp 的 miRNA 或 siRNA，采用先电泳收集，再扩增建库的方式。

3．第三个环节主要考虑非特异性或特异性链建库　普通转录组文库构建时，将 mRNA 反转录为双链 cDNA，同时得到 cDNA 双链的序列信息，但无法区分 cDNA 中的正义链和反义链。而另一种文库构建方式——链特异性文库，在文库制备和测序中保留 mRNA 的方向信息，使得有效数据增多，基因表达定量更准确；基因注释更准确，新基因识别等分析更可靠；同时该方法能够鉴定与开放阅读框反义的 ncRNA，发现反义转录本。其建库原理与普通转录组类似，不同之处在于合成第二链 cDNA 时，用 dUTP 代替 dTTP，使得第二链 cDNA 上布满了含 dUTP 的位点。接头连接后使用特定的酶在尿嘧啶位置产生单核苷酸缺口，从而消化掉第二链 cDNA，只保留第一链 cDNA，随后进行 PCR 扩增纯化，得到只含第一链 cDNA 信息的文库。此外，还有一些构建链特异性文库的方式，以富集含有特定序列的 mRNA。例如，富集 mRNA 3′端用于标签 RNA-seq 及可变多聚腺苷酸分析（alternative polyadenylation analysis，APA）；富集 mRNA 5′端用于转录起始位点鉴定。

二、转录组数据处理

转录组数据处理是从数据获取后开始的，一般流程是获得原始数据、数据质控、数据比对（依赖参考基因组或参考转录组的比对）、转录本组装、转录本定量和标准化、差异基因表达（differential gene expression，DGE）分析、可变剪接、可视化等分析（图 8-1B～D）。

（一）测序数据文件

测序得到的结果一般以 fastq 格式进行压缩存储（如 ATL0-yecon-1_FRAS202100820-1r_1.fq.gz）。以 fastq 格式存储的每条读长的信息，都分 4 行进行标示（图 8-2）：第一行以“@”开始，存储了该条读长的测序平台及其测序坐标；第二行是碱基序列本身，通常以 AGCTN 来表示；第三行以“＋”开始；第四行存储了序列的测序质量，与第二行的碱基序列一一对应。其中每个符号的美国信息交换标准代码（American Standard Code for Information Interchange，ASCII）是对应位置碱基的 Phred 值，其值越大则测序质量越好。不同版本对应的 Phred 值不同。

```
@ST-E00126:128:HJFLHCCXX:2:1101:7405:1133
TTGCAAAAAATTTCTCTCATTCTGTAGGTTGCCTGTTCACTCTGATGATAGTTTGTTTTGG
+
FFKKKFKKFKF<KK<F,AFKKKKK7FFK77<FKK,<F7K,,7AF<FF7FKK7AA,7<FA,,
```

图 8-2 fastq 文件的一般格式

图中显示了一条读长的序列和测序质量

（二）测序质量控制

由于测序技术的局限性，或多或少存在低质量的读长，为了保证后续分析的准确性，需要对原始数据（raw data）进行质量控制，获得 clean data。该过程需要对测序数据进行多角度质量评估，包括 rRNA 污染、冗余序列分析、测序饱和度、基因组覆盖度、样本重复性等。常用的质量评估软件包括 FastQC、NGSQC（Patel and Jain，2012）、RSeQC（Wang et al.，2012）等。首先，去除相应接头（包括索引和接头等）、去掉含 N 碱基过多的读长、去掉质量低的读长等。目前常用的去除低质量读长的软件包括 Trimmomatic（Bolger et al.，2014）、Cutadapt（Martin，2011）、Fastx-tookit 等（图 8-1B）。Trimmomatic 采用滑动窗口的方式对读长质量进行评估，如果窗口碱基质量均值小于指定值，则会将该条读长去除。此外，该软件还可以用于读长的修剪和接头的去除，如可以去除读长 3′/5′端指定长度的或者质量低于指定值的碱基等。Cutadapt 软件偏重于对接头的处理，如存在于读长内部或者两端的 3′/5′接头的去除、设置接头错配率、接头是否含有 indel 及在接头中设置通配碱基 N 等。此外，该软件还可以去除含 N 碱基过多的读长、低质量碱基等。

此外，还有一些集成了质量评估和质控功能的软件，如 fastp（Chen et al.，2018）等。相对于 Trimmomatic 和 Cutadapt 等需提供接头，fastp 可直接自动识别测序接头，完成接头序列和低质量读长的去除等，并且其速度更快，用起来更快捷方便（图 8-1B）。

以下简要介绍 fastp 的使用方法，如果测序结果来源于单端测序，可使用以下命令：

```
$fastp-i rawdata.fq.gz-o cleanData.fq.gz
```

如果测序结果来源于双端测序，则使用以下命令：

```
$fastp-i rawdata1.fq.gz-I rawdata2.fq.gz-o cleanData1.fq.gz-O cleanData2.fq.gz
```

其中，rawdata.fq.gz、rawdata1.fq.gz 和 rawdata2.fq.gz 为输入文件；cleanData.fq.gz、cleanData1.fq.gz、cleanData2.fq.gz 为输出文件。此外，fastp 还会产生一个质控报告文件 fastp.html（此处略）。

（三）依赖参考基因组的比对和转录组组装

对于第二代测序技术，在构建文库的过程中，长链 RNA 往往被打断，测序得到的读长往往只是基因上的部分序列，将杂乱无章的读长比对到目前物种基因组上不是一件简单的事，至少需要考虑以下问题。

1. 计算运行速度　随着测序价格的下降和数据深入挖掘的需要，测序量越来越大，海量读长比对到基因组或转录组上，要求速度上必须更快，所以越来越多的软件不仅在多线程上进行设计优化，在比对运算方式等其他方面也做了关键性调整。比如，Bowite2（Langmead et al.，2009）采用了 BWT（Burrows-Wheeler transform）算法进行数据转换，通过 BWT 算法将基因组序列按一定规律压缩并建立索引，不仅压缩了数据所占空间，同时还大大加快了查找和回溯来定位读长的运行速度。

2. 硬件资源消耗　有些基因组可能需要庞大的内存空间，通常来说，基因组越大，占用的内存越大。因此，对于大型基因组，如人类基因组，优化内存消耗是很关键的一点。为了解决这个问题，人们使用了很多办法。比如，在 BWT 算法基础上，HISAT2（Kim et al.，2015）采用了改进的 FM 索引算法，对于人类基因组及其转录组，只需要 4.3GB 左右的内存。

3. 参考基因组和转录组组装　真核生物普遍存在外显子和内含子，所以读长在基因组上的位置，其中间可能存在内含子。在比对转录组数据时，就要考虑跳过这些内含子。因此，一些软件如 TopHat2 等（Kim et al.，2013），一般先将读长比对到转录组上，没有比对上的读长再比对到基因组上；没有比对到基因组上的，再考虑将读长分割成片段，再次比对到基因组上，以发现新的剪接位点。该方法很大程度上依赖于转录组注释的准确性和基因组的完整性，但不幸的是，即使是人们研究最多的人和小鼠或植物拟南芥基因，也或多或少地存在注释问题，这对某些研究（如 lncRNA 或可变剪接等）的影响很大。因此，基因注释模板的准确性往往决定了后续研究的可靠性，研究者一般应选择注释版本较高的基因组及其基因注释。例如，毛竹基因组第一版本注释了 31 987 个编码基因（Peng et al.，2013）；基于更先进的第三代测序技术等，第二版本则注释到了 51 074 个编码基因（Zhao et al.，2018），这表明第一版本的基因组注释可能存在大量的缺失。同样，尽管第二版本有了大幅度的提高，但严格意义上来讲，基因注释不可能把所有条件下的基因表达都能注释到。所以，除了依赖于一个较好的比对模板，有一些软件如 StringTie（Pertea et al.，2015）等，可以在比对模板的基础上，进一步构建新的转录本或基因，以发现新基因或新的可变剪接位点。

4. 比对准确性　在基因组上，短读长可能存在多个匹配位点。一般而言，软件使用的策略是保留一个匹配位点：有些是只保留第一个匹配位点，有些是按照概率分布选取保留的位点。但不管哪种策略，或多或少都存在一些争议，所以在测序时，建议尽量使用双端或者更长读长测序来避免该问题的出现。另外，对于突变或单核苷酸多态性（SNP），碱基插入或缺失，或测序质量不高等因素使得读长序列和基因组上的序列无法完全匹配的情况，目前绝大多数软件会支持容许错配或空位的出现。很多软件为了加快计算运行速度，使用了索引或种子，即比对上种子序列后，再向两边延伸。例如，Bowtie2 在默认情况下，种子序列长度为 22 个核苷酸，匹配不容许出现错误。但考虑到种子序列中也可能存在测序错误等，使用

者可以修改参数 N[①]来容许错配。毫无疑问：提高容错率，势必会增加运行时间。对于某物种不同群体的研究，比较群体间的差异性，在读长比对时，其错配和插入（或缺失）的参数设置尤为重要。

综上，获得经过质控的读长后，后面需要进行序列比对（图 8-1C），主要的比对软件有 TopHat2（Kim et al.，2013）、STAR（Dobin et al.，2013）、HISAT2（Kim et al.，2015）等，比对前，须建立各自相应的基因组索引（index）。根据前人评测结果，推荐使用 STAR 或 HISAT2。比对后，可进一步对转录组进行组装，以期发现新的转录本或新的基因，常用的软件有 Cufflinks（Trapnell et al.，2012）、StringTie（Pertea et al.，2015）等，推荐使用 StringTie。

完成比对后，读长比对到基因组上的数目和总读长数目之比，即比对率，经常被用于衡量测序是否有污染，样本的 RNA 是否主要来源于目标研究物种；此外，还可根据比对的读长在基因上的分布，如绝大多数读长集中于编码基因的 3′端，则表明样本 5′端 RNA 的质量不太稳定，可能或多或少存在降解。可见，除了比对前，比对后也可进一步对测序样本的可靠性进行质量评估；常用的软件有 Picard、RSeQC（Wang et al.，2012）、Qualimap2（Okonechnikov et al.，2016）等。

（四）非依赖参考基因组的转录组组装

如上所述，将测序数据与参考基因组进行比对的分析，简称为有参分析；而无参转录组分析则是对测序数据进行拼接以得到转录本，简称无参分析（图 8-1C）。

顾名思义，对于没有参考基因组的物种，往往需要首先对测序读长进行拼接，之后识别拼接结果中的可能转录本，再对转录本进行功能注释，最后进行下一步的分析工作。此外，一些样本可能存在转录本异常，如人肿瘤转录组，尽管有参考基因组，但也可考虑使用无参分析，以发现新的异常转录本。目前，基于无参分析的组装软件有 Trinity（Haas et al.，2013）、Oases（Schulz et al.，2012）和 SOAPdenovo-Trans（Xie et al.，2014）等。这里简要介绍一下 Trinity，该软件核心流程分为三个步骤：Inchworm、Chrysalis 和 Butterfly。①Inchworm：从读长中提取所有的重叠 *k*-mer，根据丰度递减的顺序检查每个 *k*-mer，然后将重叠的 *k*-mer 延长到不能再延长，称为重叠群（contig）。②Chrysalis：将生成的重叠群聚类，对每个类构建 de Brujin 图。③Butterfly：根据构建的 de Brujin 图，分开旁系同源基因的转录本，同时识别出同一基因通过可变剪接产生的不同转录本（该过程错误率较高）。除用于转录组组装分析外，该软件也集成了大量的可灵活使用的程序脚本，包括差异基因表达（differential gene expression，DGE）分析等，用户友好度较高。

值得注意的是，由于是无参组装，动辄组装出 10 万以上非冗余基因（unigene）或转录本，里面可能存在大量错误组装的转录本。为提高研究的准确性，可通过多种方法去除这些“噪声”（图 8-3）。

（五）比对结果

有参和无参分析都需要评估转录本的表达量，SAM（the sequence alignment/map format）文件或 BAM（binary alignment map）文件存储了读长比对到转录本或基因组位点上的位点等相关信息。SAM 文件由于体量过大，一般都用 BAM 文件进行存储。同一数据文件，存储为二进制 BAM 文件后，其大小大约是 SAM 文件的 1/6。

---

① N 代表多种碱基均可，是程序控制比对容错率的一个参数。

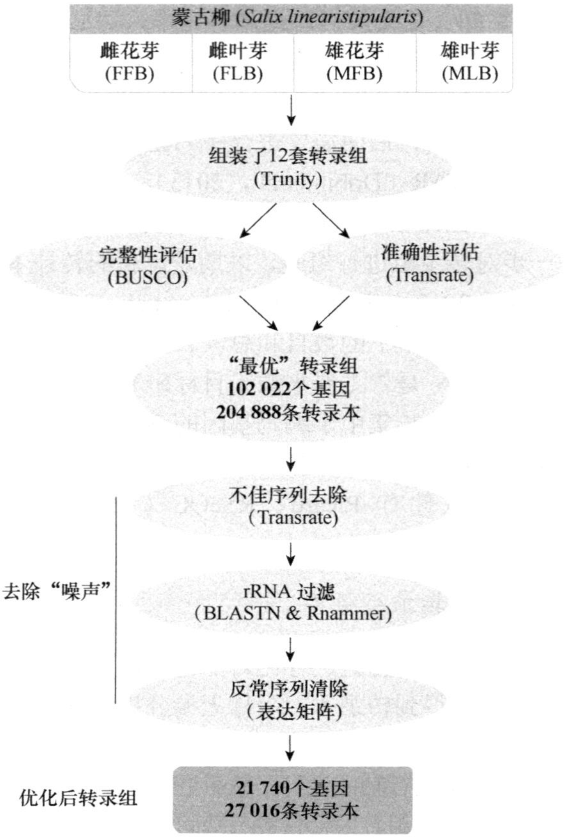

图 8-3　优化 Trinity 构建出的转录组（Ye et al.，2021）

基于 Trinity 不同参数，构建了 12 套转录组，评估其完整性和准确性，筛选出“最优”的一套转录组（但依然含>10 万个非冗余基因，>20 万条转录本）。经过进一步优化，“噪声”去除后，最后获得仅约 21 740 个基因，后续基因差异表达分析的准确性得以极大提升

SAM/BAM 文件由两部分组成（图 8-4）：①头部区（the header section），以“@”开始，含有比对的基本信息，如比对的染色体及其长度、样本、比对运行的命令等；②主体区（the alignment section），显示比对结果，每个比对结果是一行，有 11 个主列和 1 个可选列。其中，SAMtools（Li et al.，2009）和 BEDTools（Quinlan and Hall，2010）等软件可对 SAM/BAM 格式文件进行进一步的查看或分析。

```
@HD     VN:1.0  SO:coordinate
@SQ     SN:1    LN:248956422
@SQ     SN:10   LN:133797422
@SQ     SN:11   LN:135086622
@SQ     SN:12   LN:133275309
SRR1039510.11823256  355  1  11612  1  63M  =  12055  506  GTCTAGGAATGCCTGTTTCTCCACAAAGTGTTTACTTTTGGATTTTTGCCAGTCTAACAGGTG
FJIGGIECHHJIIJGHHHHIIGIIIIIG0B?DFADFHGIJJBHGICGIIIEHCEHGHC3;?;?  AS:i:0  ZS:i:0  XN:i:0  XM:i:0  XO:i:0  XG:i:0  NM:i:0  MD:Z:63  YS:i:0  YT:Z:CP  NH:i:5
SRR1039510.11823256  355  1  11612  1  63M  =  182574  126074  GTCTAGGAATGCCTGTTTCTCCACAAAGTGTTTACTTTTGGATTTTTGCCAGTCTAACAGGTG
FJIGGIECHHJIIJGHHHHIIGIIIIIG0B?DFADFHGIJJBHGICGIIIEHCEHGHC3;?;?  AS:i:0  ZS:i:0  XN:i:0  XM:i:0  XO:i:0  XG:i:0  NM:i:0  MD:Z:63  YS:i:0  YT:Z:CP  NH:i:5
SRR1039510.10246902  355  1  11619  1  63M  =  11664  108  AATACCTGTTTCTCCACAAAGTGTTTACTTTTGGATTTTTGCCAGTCTAACAGGTGAAGCCCT
HJJJJJJJJJJJJJJJJJJJJFHHIJIJJJJJJJGIJJJJJJJIJJJJJJJJJJJIJIJJIJJJ  AS:i:-6  ZS:i:-6  XN:i:0  XM:i:1  XO:i:0  XG:i:0  NM:i:1  MD:Z:3G59  YS:i:0  YT:Z:CP  NH:i:5
SRR1039510.10246902  355  1  11619  1  63M  =  182183  125676  AATACCTGTTTCTCCACAAAGTGTTTACTTTTGGATTTTTGCCAGTCTAACAGGTGAAGCCCT
HJJJJJJJJJJJJJJJJJJJJFHHIJIJJJJJJJGIJJJJJJJIJJJJJJJJJJJIJIJJIJJJ  AS:i:-6  ZS:i:-6  XN:i:0  XM:i:1  XO:i:0  XG:i:0  NM:i:1  MD:Z:3G59  YS:i:0  YT:Z:CP  NH:i:5
SRR1039510.10246902  403  1  11664  1  63M  =  11619  -108  TCTAACAGGTGAAGCCCTGGAGATTCTTATTAGTGATTTGGGCTGGGGCCTGGCCATGTGTAT
CDDEEEEEEFFFFFHHHHJJJJJJJJJJJJJJJJJJJJJJJJJJJJJJJJJJJJJJJJJJJJH  AS:i:0  ZS:i:0  XN:i:0  XM:i:0  XO:i:0  XG:i:0  NM:i:0  MD:Z:63  YS:i:-6  YT:Z:CP  NH:i:5
```

图 8-4　BAM 文件查看

BAM 文件需要 SAMtools 软件命令查看（Li et al.，2009）；SAM 格式文件可直接使用 head 等命令查看

（六）定量及标准化

基因和转录本定量通常是通过比对到各个基因转录本上的读长数量来评估，也有的直接通过读长上的 *k*-mer 数量来评估，如 Sailfish（Patro et al.，2014）。这里，我们主要介绍基于比对后的表达量计算。最直接的方法是利用 HTSeq-count 或 featureCounts 来评估读长表达到各个基因、转录本或外显子［简称特征（feature）］的数目；但该指标未考虑测序样本之间的测序量差异、基因长度等其他因素。

为什么要进行标准化？主要原因有两方面。首先，不同基因，其长度往往不同；同一条件下，不同长度的基因产生不对等的读长数量，基因越长，该基因的读长数量可能越多。其次，不同样本数据，其测序量往往不同。同一条件下，测序深度越深，测序到的读长数量越多。标准化就是要去除这些偏差。RPKM（reads per kilobase per million mapped reads）是去除了测序深度和特征（即基因、转录本或外显子）长度影响的标准化指标，类似指标还有 FPKM（fragment per kilobase per million mapped reads）、TPM（reads per kilobase per million mapped reads）等。其中，RPKM 和 FPKM 的计算方式基本一样，不同的是，在双端测序中，FPKM 一个片段（fragment）来源于两条读长；而 RPKM 一个片段就是一条读长。

在计算过程中，FPKM/RPKM 是先按列（即样本的总读长比对数量）进行标准化，然后对基因长度进行标准化。例如，RPKM＝10，表示对于 1kb 长度的基因，每 1M 比对读长，该基因被测到 10 次。不同于 FPKM/RPKM，TPM 的计算方式是先对基因长度进行标准化，然后对列（而不是样本的总读长数量）进行标准化。可见，TPM 和 FPKM 之间可以转换。FPKM/RPKM 直接与测序量相关，而 TPM 经过处理，使所有基因加和为 10^6，总体上二者有比较好的正相关关系。此外，为了去除某些极端高表达基因（包括 rRNA 污染等）对后续差异表达基因分析的影响，样本间往往也需要标准化，常用的指标有 TMM（trimmed mean of M-values）；但 TMM 标准化未考虑基因长度，在 TMM 的基础上，Smid 等（2018）提出了 GeTMM 指标，综合考虑了不同/相同基因在样本间和样本内的表达比较。

不同软件使用的基因表达指标不同。例如，Cufflinks（Trapnell et al.，2012）主要使用 FPKM/RPKM，edgeR（Robinson et al.，2010；Smid et al.，2018）主要使用 TMM 和 GeTMM，DESeq2（Robinson et al.，2010；Love et al.，2014）主要使用 TPM 和 TMM 的类似指标（RLE），StringTie（Pertea et al.，2015）可选择 TPM 和 FPKM。

（七）数据检查

转录组数据经处理后，需要检查组内多个生物学重复的平行性，以保证后续分析结果的可靠性。可以使用样本 hclust 图、距离热图、主成分分析（principal component analysis，PCA）图、相关性热图等方式检查样本间的相似性和不同分组的聚类情况。相关性热图是通过计算两个因子间的 Pearson、Spearman 等相关系数，获得相关性的数值矩阵，以热图形式直观展示样本间基因的表达水平相关性，相关系数越接近 1，表明样本间表达模式越相似。组内重复间的相关性较低时，表明有离群样本，可根据需要剔除离群样本。相关性的计算也可以用于转录组下游的基因共表达分析。PCA 是通过新的线性组合变换，将原先众多的有一定相关性的指标重组降维为一组新的相互独立的综合指标，使用降维分析以降低数据复杂度。PCA 把相似的样本聚到一起，距离越近表明样本间相似性越高。有离群样本出现时，该样本会偏离组群，可根据需要剔除离群样本。图 8-5（Wang et al.，2023）显示了拟南芥和垂枝桦在冷胁迫下 4 个时间段数据降维后的 PCA 图。结果显示，这两个物种在冷胁迫下的相同时间点样本聚类清晰，表明生物学重复具有高度一致性。

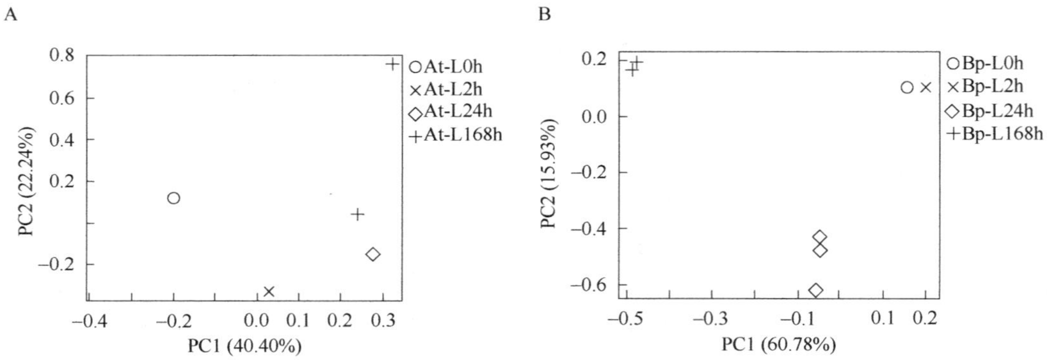

图 8-5　转录组 PCA 可视化案例（Wang et al.，2023）

A．冷胁迫下拟南芥 4 个时间段 PCA 图；B．冷胁迫下垂枝桦 4 个时间段 PCA 图

三、转录组数据分析

（一）基因功能注释

对于无参分析，应对拼接得到的转录本进行功能注释，以确定各个转录本的功能。功能注释可基于不同的策略方法，如下所述。

（1）基于同源的方法（homolog-based approaches）：一般情况，基因 *A* 具有某种功能，基因 *B* 是基因 *A* 的同源基因，那么基因 *B* 也被注释含有这种功能。

（2）基于结构的方法（structure-based approaches）：蛋白 A 具有特定结构 X，那么含有 X 结构的编码基因，其具有与蛋白 A 相同的功能。

（3）基于模体的方法（motif-based approaches）：已知一类基因具有相同的功能，并含有基序 X，那么含有基序 X 的其他基因也具有该功能。

（4）连坐法（guilt-by-association）：基因 *A* 有某种功能，基因 *B* 与 *A* 相关（结构域融和、进化、蛋白质互作、共表达等），那么基因 *B* 也具有基因 *A* 的该功能。

但在实际的分析过程中，因为（3）和（4）假阳性太高，（2）分析太复杂耗时等，所以目前的主流方法还是基于同源的思想进行注释，其相似性越高、全长覆盖度越完整，*E* 值越小，注释结果则往往越准确。常见的功能注释工具主要有 BLAST2GO（Conesa and Gotz，2008）和 Trinotate（Bryant et al.，2017），其都使用了同源搜索软件 BLAST 或 HMMER。与 BLAST 相比，HMMER 算法更适合同源关系较远的蛋白质搜索。

（二）差异表达基因分析

一般而言，转录组差异表达分析是指差异表达基因（differential expressed gene，DEG）分析，但也可以是转录本和外显子等的差异表达分析，具体何种分析，往往取决于研究目的。这里，我们主要讲差异表达基因分析。差异表达基因分析的目的，是将差异表达基因从转录组数据中提取出来，在比较组间差异时，同时也要考虑组内的差异。此外，因为差异表达基因分析往往是成千上万个基因，随机性误差将会显著性提高，所以一般都要考虑多重检验，消除过高的假阳性。最终的显示结果一般是表格，该表格按照一定的规则排序，使人们能够直观地拿到想要的结果。差异表达基因分析的结果可使用火山图（volcano plot）进行可视化（图 8-6），主要参数有多重检验校正 P 值（P_{adj}）、差异倍数（fold change）等，按照一定的阈值获得上调基因或下调基因。差异倍数即两组样本间表达差异的倍数变化，反映的是表达差异的变化幅度。通常将 $\log_2$（差异倍数）$\geqslant 1$ 且 $P_{adj} < 0.01$ 的基因定义为上调基因；将 $\log_2$（差异倍数）$\leqslant -1$ 且 $P_{adj} < 0.01$ 的基因定义为下调基因（根据研究需要，可灵活设定该阈值）。火山图横轴一般为差异倍数，纵轴为显著性［$-\log_{10}$（P_{adj}）］，通过火山图可以快速得出样本间基因的差异表达情况。

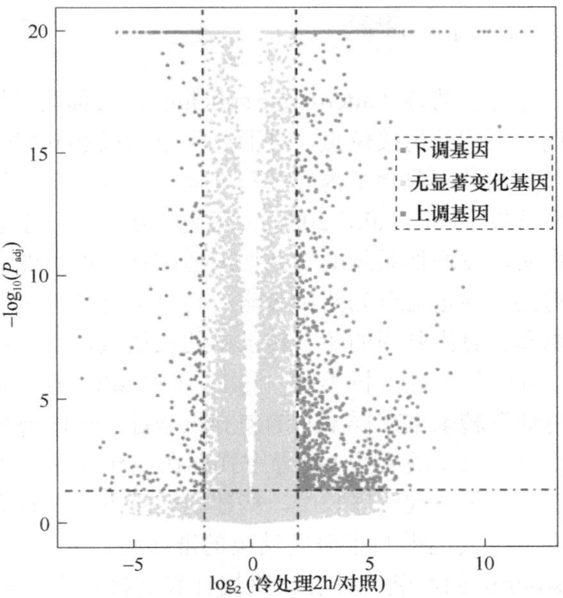

图 8-6　差异表达基因火山图

图中例子为拟南芥叶片样本冷处理 2h 后，相对于对照组的差异表达基因火山图，上调基因数量显著多于下调基因

RNA-seq 分析的基因比对读长数目，典型的特点是离散性，一般使用统计模型来拟合实验得到的结果。其基本思想是：每个读长是从转录本碎片化的片段库中独立抽样而来，对某基因来说，其比对到的测序片段数量应服从二项分布，近似泊松分布（Poisson distribution）。但实际上，大量基因在样本间的表达水平差异较大，故采用负二项分布（negative binomial），其过度离散参数（overdispersion parameter）可用于描述样本间的生物学变异程度。例如，edgeR 和 DESeq2 等（Robinson et al.，2010；Love et al.，2014）软件采用负二项分布来模拟基因的表达量。

此外，在分析时，不同批次的转录组差异很大，批次效应（batch effect）会无形中扩大组内差异（即噪声），造成组间差异显著程度降低，导致与处理相关的差异基因无法检测出，这类由实验条件不一致导致的批次效应在高通量测序中普遍存在。同一种处理，但样本背景条件不同，样本提取、建库、测序等都可能引入批次效应，不仅造成与处理相关的差异基因无法检出，也导致与实验无关的随机误差被放大。同样，从网络数据库［如基因表达综合库（Gene Expression Omnibus，GEO）］下载数据，我们也会发现不同研究项目（project）的数据间也存在明显的批次效应，所以去除批次效应对某些分析尤为重要。在分析时，可使用 R 包 ComBat 软件（Li and Johnson，2007）去除批次效应。

总之，由于差异表达分析是 RNA-seq 分析的关键应用点，目前已经发表的相关软件过百篇，关于主流软件的评测也有很多报道。尽管 Cuffdiff 和 Ballgown 的性能值得怀疑（Rapaport et al.，2013；Sahraeian et al.，2017），但由于上下游软件兼容齐全，流程简单，帮助文档友好，在应用中被广泛使用。此外，edgeR（Robinson et al.，2010）和 DESeq2（Love et al.，2014）基于原始测序片段的算法，特别是在组间标准化方面突出，软件性能整体表现优异，也被广泛使用。Gfold 特异性地针对无生物学重复的实验设计（Feng et al.，2012），对于单样本的研究来说是一个不错的选择。鲜有软件对于不同的数据都表现良好，因此可考虑对于重要的研究，利用多个软件综合进行分析。

（三）可变剪接分析

可变剪接（alternative splicing），又称选择性剪接，是指 mRNA 前体通过不同剪接方式，选择不同的剪接位点，进而产生不同成熟 mRNA 剪接异构体的过程。真核生物基因序列中，大多数基因包含了内含子与外显子。例如，人类多外显子基因，有 95%以上的基因发生了可变剪接（Pan et al.，2008）。可见，在不同时空里，同一基因可通过可变剪接编码出不同的蛋白质，以增加系统的复杂性或适应性，但可变剪接的识别和鉴定是转录组分析的难点。可变剪接的鉴定可分为两种策略：转录本全长和可变剪接位点。基于转录本全长的策略，首先预测和计算出基因的各个转录本的表达量，之后再分别计算这些转录本的表达差异，该方法和差异表达基因分析类似。同上，Cuffdiff（Trapnell et al.，2012）软件首先计算转录本的表达，再计算转录本在样本间的差异显著性。软件 rSeqDiff 和 FDM（flow difference metric）也是先推导转录本的表达（推导方式存在差异），再计算样本间的转录本表达的差异，这些方法主要受限于第二代测序长度，构建的转录本存在较高的假阳性；而第三代测序，可获得全长转录本，极大地提升了研究结果的准确性。基于可变剪接位点或可变外显子的策略，不受限于 isoform 的组装和计算，直接计算剪接位点或可变外显子区域读长数目的差异。比如，软件 DEXSeq（Reyes et al.，2012）先根据基因外显子和可变区域的分布，将基因分割成多个外显子区块（exon bin）的形式，之后分别计算 bin 上比对到的读长数量，再计算样本间该 bin 的表达差异；rMATS 软件（Shen et al.，2014）基于交叉连接的读序（junction reads）和可变外显子包含事件，计算样本间可变外显子包含事件的差异；综合性的可变剪切寻找者（comprehensive as hunting，CASH）（Wu et al.，2018）先构建可变剪接事件位点，之后再计算样本间这些位点含有 junction reads 等数目的差异。基于第二代测序，在可变剪接分析的准确性方面，可变剪接位点或可变外显子策略明显优于转录本全长策略。

（四）差异表达及可变剪接可视化

在大数据时代，怎样将大数据简单化和图形化，一直是研究的热点。转录组数据的可视化在很大程度上依赖于参考基因组数据的可视化。目前，主要流行的可视化软件有 IGV（integrative genomics viewer）（Thorvaldsdottir et al.，2012）、UCSC browser（Mangan et al.，2014）、GBrowse（Stein，2013）和 JBrowse（Buels et al.，2016）等，这些软件被广泛应用于多组学的研究中。例如，利用 IGV 软件，不仅可呈现基因的表达水平差异，也可呈现基因的可变剪接变化。图 8-7A 显示了拟南芥冷逆境主要响应因子 *CBF1*（*AT4G25490*）、*CBF2*（*AT4G25470*）、*CBF3*（*AT4G25480*）在正常情况下表达量极低，冷胁迫 2h 达到高峰，24h 表达量下降的动态变化情况；图 8-7B 不仅显示了 *CCA1*（*AT2G46830*）基因的差异表达，同时也显示了其在冷胁迫下的可变剪接变化情况。除这些可用于不同组学研究的工具外，也有人专门为转录组开发了各具特色的软件，如 RNAseqViewer（Roge and Zhang，2014）、SplicePlot（Wu et al.，2014）等；但使用的普遍性远不及 IGV。

（五）GO/KEGG 富集分析

基因表达分析后，需要对差异表达基因进行功能和通路富集分析。基因本体（gene ontology，GO）富集分析可以用来找出差异表达基因在特定生物过程（biological process）、细胞组分（cellular component）和分子功能（molecular function）三个方面聚集的条目（term）；

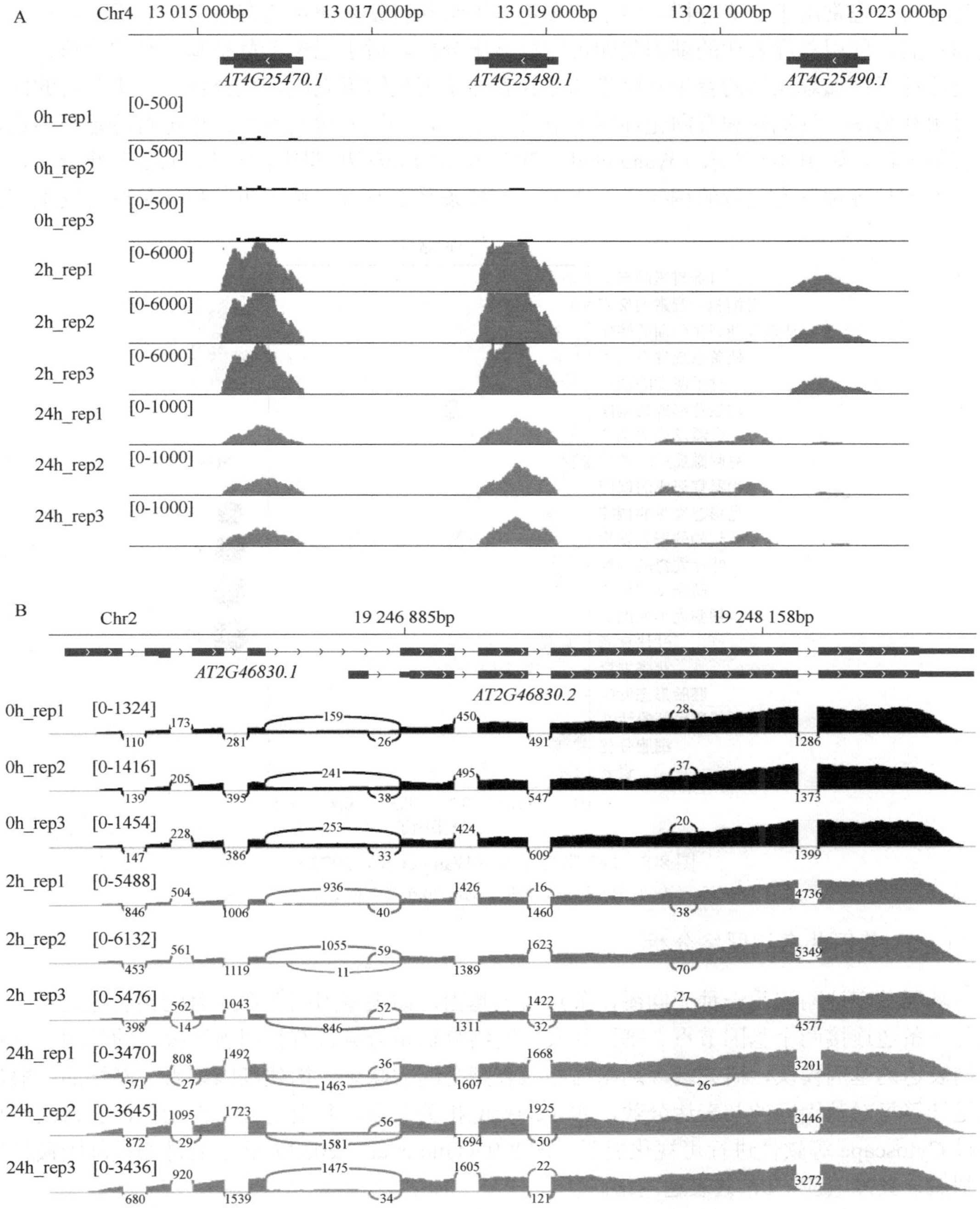

图 8-7 转录组基因表达和可变剪接 IGV 可视化案例（Nie et al.，2022）

A．冷胁迫下 *CBF1*（*AT4G25490*）、*CBF2*（*AT4G25470*）、*CBF3*（*AT4G25480*）基因的表达变化情况；

B．冷胁迫下 *CCA1*（*AT2G46830*）基因的表达和可变剪接的变化情况；［0-500］表示转录本长度，下同

京都基因和基因组数据库（Kyoto Encyclopedia of Genes and Genomes，KEGG）富集分析可以用来找出差异表达基因富集到的生物代谢途径和信号转导通路。

Python 包软件 GOATOOLS 和 KOBAS 以 Fisher 精确检验的方式计算富集结果的显著性，并对检验结果的 p 值进行多重检验，进行 GO 和 KEGG 富集分析。R 包 clusterProfiler 基于超

几何分布，也常用于富集分析。对于有参考基因组和背景基因集的有参富集分析，加载参考基因集后，使用差异表达的基因集即可完成富集分析。对于无参考背景基因组的情形，完成功能注释后，加载注释的背景基因集和差异表达基因集即可完成富集分析。富集分析的结果可以用柱形图、气泡图和有向无环图等形式展示。除差异表达基因外，也可对特定基因集进行富集分析。如图 8-8 所示（Wang et al.，2022），对 *PtrTCP* 基因家族进行 GO 富集分析，发现该家族与各种发育过程的调控显著相关，如枝条系统发育、种子萌发和胚胎形态发生等。

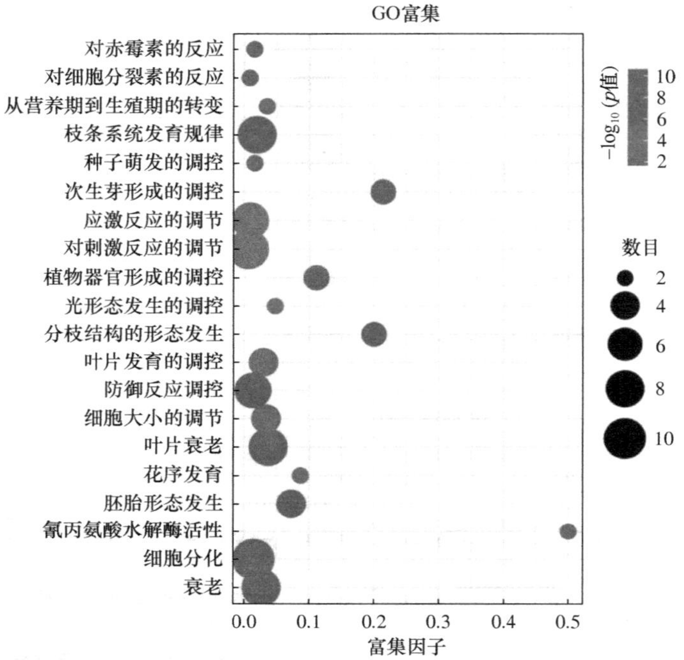

图 8-8　GO 富集案例（Wang et al.，2022）

气泡图展示 *PtrTCP* 基因家族富集到的前 20 个显著性最高的生物过程

（六）基因共表达网络分析

基因共表达网络是一种无向图，节点代表基因，如果基因间存在显著的共表达关系，则使用一条边连接两个基因节点。基因共表达网络分析是查看具有相同表达模式的基因，寻找协同表达的基因模块，研究基因网络与相应表型之间的联系。构建基因共表达网络的一般步骤是计算每对基因间的共表达分数，如 Pearson 相关系数，并设定显著性阈值，获得的结果通过 Cytoscape 等软件进行可视化展示。图 8-9（Guo et al.，2022）展示的是相关基因被扩增复制后，其冷响应 *CBF* 共表达网络。

权重基因共表达网络分析（weighted gene co-expression network analysis，WGCNA）是常见的另一种共表达网络分析方法，用于描述基因表达数据之间的关联模式。它将多个样本中成千上万的基因，根据它们的表达模式划分成数个或数十个模块，然后以模块为单位进行分析。基于 WGCNA 的假设，划分到同一模块的基因可能处于同一通路、功能相关或存在共调控关系。通过 WGCNA 的结果，获取感兴趣的共表达模块，提取该模块的性状关联信息，以用于下游分析。如图 8-10A 所示（Ye et al.，2022），对差异表达基因进行 WGCNA，获得了 21 个共表达模块；其中，MEturquoise、MEcyan 和 MEyellow 模块分别与叶、茎、根组织的

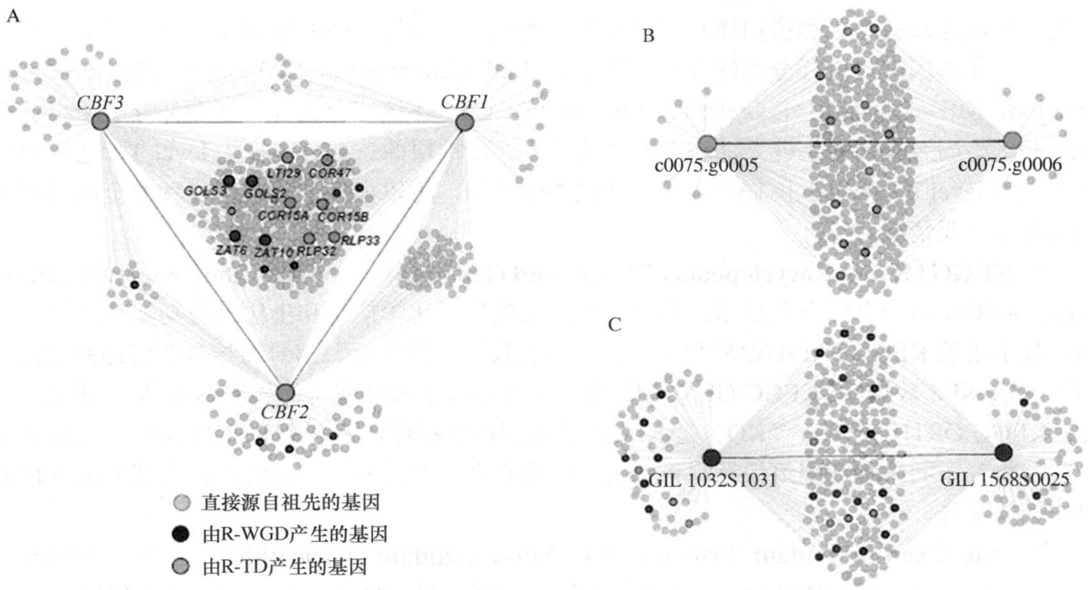

图 8-9　基因共表达网络分析案例（Guo et al.，2022）

拟南芥（A）、垂枝桦（B）和山核桃（C）基因组复制（WGD）和串联复制（TD）后，冷响应 *CBF* 共表达网络受到的影响

R-WGD. 近期的全基因组复制事件；R-TD. 近期的串联重复事件

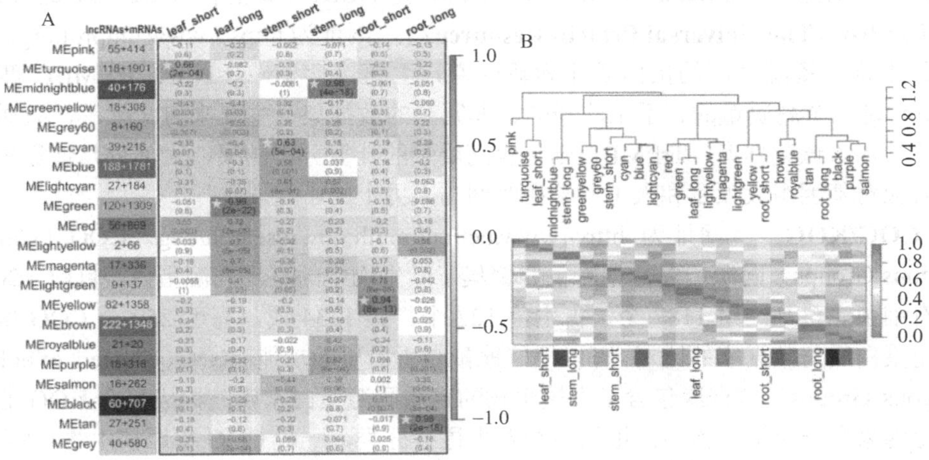

图 8-10　WGCNA 分析案例（Ye et al.，2022）

A. 共调控模块-特征的相关性，行和列分别代表模块和特征的名称；B. 模块及其特征之间的进一步关系

短期盐胁迫响应显著相关，而 MEgreen、MEmidnightblue 和 MEtan 则与长期盐胁迫响应显著相关；图 8-10B 进一步显示了特征（又称性状）和基因网络的关联性。

第三节　转录组常用数据库

目前，转录组分析常用的数据库如下。

1．GO（The Gene Ontology Resource）　网址为 http://www.geneontology.org。该数据库将与基因有关的研究结果进行分类汇总，对不同数据库中关于基因和基因产物的生物学术语进行标准化，对基因和蛋白质功能进行统一的限定和描述。GO 数据库主要从以下三个方面对基因和基因产物进行分类注释：生物过程（biological process，BP）、分子功能（molecular function，MF）和细胞组分（cellular component，CC）。在这三个大分支下面又分多个小层级（level），小层级级别数字越大，功能描述越细致。最顶层的三大分支视为 level 1，之后的分级依次为 level 2、level 3 和 level 4 等。通过 GO 注释，可以大致了解某个物种的全部基因产物的功能分类情况。

2. KEGG（Kyoto Encyclopedia of Genes and Genomes）　网址为 http://www.genome.jp/kegg。KEGG 是一个综合数据库，整合了基因组信息、化学信息和生化系统功能信息等。比如，最常用的 KEGG PATHWAY 数据库包含细胞代谢、膜转运、信号转导等图解通路信息；KEGG GENES 数据库、KEGG GENOME 数据库则包含了部分或者完整序列的基因/基因组信息；KEGG ORTHOLOGY（KO）是 KEGG 直系同源数据库，将各个 KEGG 注释系统联系在一起，将分子网络和基因组信息联系起来，根据直系同源关系，实现跨物种的基因组或转录组的功能注释。

3. NR（Non-redundant Proteins）/NT（Non-redundant Nucleotide）　网址为 https://ftp.ncbi.nih.gov/blast/db/FASTA。NR 数据库属于非冗余蛋白质序列数据库，是 NCBI 官方的蛋白质序列数据库，数据来源于 GenPept、Swiss-Prot、PIR、PDF、PDB 及 NCBI RefSeq，是默认的蛋白质比对数据库。NT 数据库属于非冗余核酸序列数据库，是 NCBI 官方的核酸序列数据库，数据来源于 GenBank、EMBL 及 DDBJ，是 NCBI 默认的核酸 BLAST 比对数据库。

4. UniProt（The Universal Protein Resource）　网址为 https://www.uniprot.org。UniProt 是信息最丰富、资源最广的蛋白质序列数据库，主要包含 Swiss-Prot、TrEMBL 两部分。Swiss-Prot 是一个高质量的、手工注释的、非冗余的数据集；主要来自文献等，有质量保证的数据才被加入该数据库；TrEMBL 则包含高质量的计算分析结果，大部分是计算机自动注释，主要应对基因组大项目和人工校验在时间与人力上的不足。

5. COG/KOG　网址为 http://www.ncbi.nlm.nih.gov/research/cog。COG（Clusters of Orthologous Groups）同源蛋白数据库主要聚集了微生物中的直系同源蛋白，目前（2024 年 5 月）含有细菌完整基因组 1187 个，古生菌 122 个，共 1234 属，有近 250 个 COG 聚集簇。通过鉴定蛋白质与数据库的比对，可以很好地预测蛋白质的功能。KOG（Clusters of euKaryotic Orthologous Groups）数据库包含了真核生物的直系同源蛋白家族，构成每个 KOG 的蛋白质集被假定为来自一个祖先蛋白。根据系统发生进行分类，一般 COG 指原核生物，KOG 指真核生物，KOG 与 COG 提供了相似的基因同源物分类信息。

6. InterPro　网址为 https://www.ebi.ac.uk/interpro。InterPro 是集成的蛋白质结构域和功能位点数据库，包含关于蛋白质家族、域、重复序列和作用位点等数据资源。其综合了多种不同的数据库，如 Pfam、Prosite、SMART（Simple Moclular Architecture Research Tool）、PANTHER、CDD 等，在整合多个数据库的同时，去掉冗余，提供统一接口，对序列进行注释。此外，还提供了 interproscan 工具，可方便对蛋白质进行大规模注释。

7. SRA（Sequence Read Archive）　网址为 https://www.ncbi.nlm.nih.gov/sra。其是目前世界上最大的用于存储高通量测序数据的数据库，可与数据库 EMBL 和 DDBJ 共享用户提交的测序数据。SRA 中数据结构的层次关系为：studies（研究）→experiments（实验）→samples（样本）→runs（测序）。首先，studies 研究课题或项目，一个课题可包含多个 experiments。experiments 包含了 samples、DNA source、测序平台、数据处理等信息，可能包含一个或多个 runs。runs 表示测序运行所产生的读长。对于这些关系，SRA 数据库用不同的前缀加以区分：ERP 或 SRP 表示 studies；SRS 表示 samples；SRX 表示 experiments；SRR 表示 runs。

8．GSA（Genome Sequence Archive） 网址 https://bigd.big.ac.cn/gsa。近年来，生物数据安全受到越来越多的关注。在这种情况下，GSA 数据库应运而生。该数据库是组学原始数据汇交、存储、管理与共享系统，是国内首个被国际期刊认可的组学数据发布平台。目前已整合国际核苷酸序列数据库合作联盟（International Nucleotide Squence Database Collaboration，INSDC）组学数据，提供统一检索、数据下载及数据导向服务。经过 5 年多的发展，越来越多的国内外科学家将高通量数据上传到该数据库共享以促进科学研究；并且近年来，GSA 受到越来越多国际期刊的认可，已被国际著名出版商 Elsevier 收录为指定基因数据归档库。

习 题

1．什么是转录组？
2．RNA-seq 中什么是有参/无参？如何选择？
3．什么是可变剪切？
4．能否提取部分基因来做差异分析？
5．权重基因共表达网络分析的原理是什么？

第九章　蛋白质组学

遗传信息从 DNA 传递到 RNA，再传递到蛋白质，这是中心法则遗传信息传递的核心规则。蛋白质是生命活动的物质基础，作为生理功能的执行者，参与细胞中几乎所有的生命活动过程。在前两章基因组学和转录组学的基础上，本章重点介绍蛋白质组学，主要包括蛋白质组分析策略、蛋白质组数据的产生和分析方法等。

第一节　蛋白质组学概述

一、蛋白质组学的定义

蛋白质组（proteome）的概念于 1994 年由 Marc Wilkins 首先提出。蛋白质组是指由一个基因组表达的全套蛋白质，或者指一个细胞、组织或生物个体在特定时间或状态下表达的所有蛋白质的总和。细胞、组织或生物个体在不同的发育阶段和环境条件下所表达的蛋白质数量与种类存在明显的差异，因此蛋白质组是动态变化的。患有特定疾病的人和健康人的蛋白质组也不同。例如，肝肾疾病患者的谷草转氨酶和谷丙转氨酶等蛋白质的表达会上调；植物在病虫害、干旱或盐碱等不同生物或非生物逆境中，抗氧化相关酶类等蛋白质的表达也会上调。一个蛋白质组不是一个基因组的直接产物，蛋白质组中蛋白质的数目常比基因组包含的基因数目多。在转录水平，一个基因可有多种 mRNA 剪接体；且还存在转录后和翻译后调控，使蛋白质表达量并不与 mRNA 表达量成正比，如部分 mRNA 在转录后发生降解，翻译后不同修饰可产生不同活性的蛋白质。因此，仅基于基因组和转录组等遗传信息预测蛋白质表达和功能是困难的，为此产生了蛋白质组学研究。

蛋白质组学（proteomics）是以蛋白质组为研究对象，探究细胞、组织或生物个体的蛋白质组成及其变化规律的科学。其本质是应用各种技术手段，从整体角度分析生物样本的蛋白质特征，包括蛋白质的组成成分、表达水平、翻译后修饰，以及蛋白质互作及动态变化等，揭示蛋白质功能与细胞生命活动规律的关系，进而在蛋白质水平全面认识疾病发生、细胞代谢等过程。因此，蛋白质组学研究不仅为揭示生命活动规律提供物质基础，也为阐明疾病机制及药物开发奠定基础。例如，通过比较正常和病理个体间的蛋白质组差异，可以找到疾病特异性的蛋白质分子，为疾病的早期诊断提供潜在的生物标志物（biomarker），或者某些特异蛋白质也可能成为新药设计的分子靶点，开发治疗疾病的新药物。

二、蛋白质组学的研究策略及发展

蛋白质组学研究内容丰富，可分析生物样本中蛋白质的种类、表达量变化、翻译后修饰、蛋白质定位、蛋白质互作及生物学功能等（图 9-1），基于不同的分析内容可以采用不同的蛋白质组学分析技术和策略。与基因组学相比，蛋白质组学的技术平台尚不完善，目前没有合适的方法能一步实现对复杂蛋白质混合物的定性和定量分析，需将蛋白质或肽段的分离、鉴定、定量及数据处理手段进行整合。尽管曾报道的蛋白质组学研究方式多种多样，但随着蛋白质分离技术的发展（从双向电泳到高通量自动化的色谱分离技术），概括起来主要有两种研究策略（图 9-2）。第一种是双向电泳分离、胶内酶解（或差异蛋白质识别、胶点切取、分离及酶解），并结合质谱技术进行蛋白质鉴定。第二种是先将混合蛋白质酶解，经过适当的色谱分离后，对肽段进行质谱分析后实现蛋白质的鉴定和定量。通过样本间比较进行相对定量时，可对蛋白质或肽段进行稳定同位素标记或亲和标记等。当前第二种研究策略更常用，但仍可根据实际需求，考虑样本量、复杂程度及分析目标等不同，选择合适的研究策略。

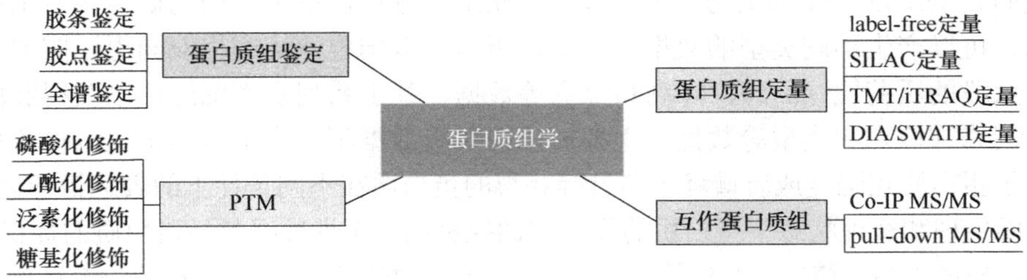

图 9-1　蛋白质组学分析的主要内容

label-free．蛋白质非标记定量技术；SILAC．细胞培养条件下稳定同位素标记技术；iTRAQ．同位素标记相对和绝对定量技术；SWATH．根据二级碎片离子的全扫描结果实现二级离子的定量技术；Co-IP MS/MS．免疫共沉淀质谱；pull-down MS/MS．蛋白质体外结合实验；PTM．蛋白质翻译后修饰（protein post-translational modification）；TMT．串联质谱标记（tandem mass tag）；DIA．数据非依赖性的扫描模式（date-independent acquisition）

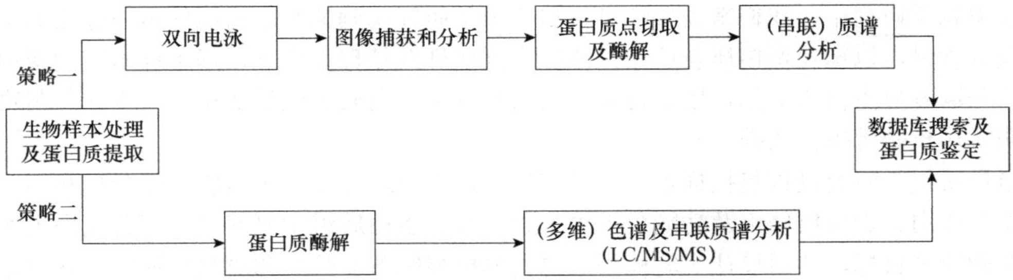

图 9-2　蛋白质组学分析的主要研究策略

第一种研究策略发展得较早，提取生物样本的蛋白质，先通过双向电泳对蛋白质进行分离。第一向是利用蛋白质的等电点不同，通过等电聚焦分离蛋白质；第二向基于分子量大小，通过 SDS 聚丙烯酰胺凝胶电泳（SDS-PAGE）进行分离。因此，包含复杂蛋白质集合体的样本通过双向电泳，基于等电点和分子量进行分离，分辨率比单向分离大幅提高，更有利于大规模地进行组学分析。经电泳和染色后，用蛋白质凝胶成像系统将凝胶成像并进行分析，初步发现表达量有差异的蛋白质点，然后将感兴趣的蛋白质切下、酶解后用质谱技术鉴定。采用该策略经质谱鉴定的许多蛋白质都是相同的，表明其检测的动态范围有限。同时该策略通常只能检测到高丰度蛋白质，对低丰度蛋白质的检测也有限。但随着双向电泳技术和质谱技术的不断发展与完善，如预处理双向电泳分离前的样本，开发更灵敏的染色方法及更高分辨率的分离胶等，检测蛋白质的范围增大，敏感度更高。

第二种研究策略是近年来随着色谱、质谱技术的发展和数据库的不断完善而发展起来的新策略，其起源可追溯到 1992 年，Hunt 及其同事首先采用液相色谱和串联质谱研究蛋白质复合物。该策略先将所有蛋白质酶解，肽段经色谱分离后直接进行质谱分析，如果样本为复杂蛋白质体系，酶解后肽段数目极多，进行蛋白质定性和定量研究存在很多困难。例如，一维色谱的峰容量不足；单级或串联质谱对肽段的定量检测不理想；实验产生大量数据，缺乏相应的处理和分析手段等。随着多维色谱分析技术、高分辨率的串联质谱技术平台的不断发展，近年来采用该策略的研究越来越多，相应原理和分析过程将在本章后续内容中进行介绍。

第二节　蛋白质组数据的产生

对细胞、组织及个体等生物样本进行蛋白质组学分析，基于不同的研究内容采用不同的检测技术，可以产生不同类型的数据。例如，蛋白质双向电泳可产生双向电泳图谱数据；质谱可产生肽段的质荷比（*m/z*）、峰高和峰宽等数据，基于系列质谱图还可以获得肽段序列、蛋白质不同修饰位点和类型等数据。主要的蛋白质组数据可分为定量和定性两种数据。定量数据是基于蛋白质点强度或质谱峰图信息等获得的蛋白质在不同条件下的表达量变化，可深入分析在不同生理和病理状态下蛋白质的作用和调控机制。定性数据包括蛋白质的标识和鉴定，可明确蛋白质的类型、修饰、互作等。当前蛋白质组数据在生物医学及动植物育种领域都得到广泛应用。下面主要介绍基于质谱的蛋白质组学研究中数据产生的实验设计、原理和基本流程等内容。

一、蛋白质组学研究的实验设计及基本流程

在生物学研究中，我们常需要通过蛋白质组学研究明确细胞或组织样本中存在的全部蛋白质及其含量，以构建蛋白质表达谱；或在不同病理及处理条件下，基于样本间的蛋白质表达谱，获取差异蛋白质信息，鉴定特异蛋白质和分析蛋白质表达量变化，可为探寻药物靶点和阐明疾病机制等提供依据。

蛋白质组学研究过程包括样本获取及前处理、蛋白质分离、蛋白质丰度分析和鉴定、蛋白质相互作用、蛋白质修饰及功能分析等步骤。开展蛋白质组学研究时，应首先提出科学问题，明确研究目标，然后设计实验模型，再根据模型制备实验组和对照组材料，获得相应细胞或组织样本。例如，探究疾病机制时，可获取健康组织和处于疾病不同发展阶段的病变组织作为分析样本；探究药物作用机制时，可获取未给药及不同给药剂量和时间的个体组织作为样本等。获取各样本后，对样本进行适当的前处理及蛋白质提取和纯化后，可采用图 9-2 中的研究策略一，对蛋白质样本进行双向电泳分离，并对分离蛋白质进行图像扫描和初步分析。依照分析结果，选择样本间的差异蛋白质点进行切取，然后用胰蛋白酶等对脱色后的蛋白质点进行酶解，通过质谱获得多肽指纹谱或小肽段的序列；最后结合数据库中的信息，基于肽质量指纹谱和肽序列标签进行蛋白质鉴定。蛋白质组学中的定量一般指相对定量，即蛋白质在不同样本中的表达量变化的测定。因此，基于凝胶蛋白质点的大小和颜色、质谱峰的高度等信息，可对蛋白质进行定量分析，评估样本间蛋白质的表达量差异。

采用图 9-2 中的策略二进行研究时，先将提纯的混合蛋白质样本用序列特异性酶（如胰蛋白酶等）进行酶解，将蛋白质混合物酶解成肽段混合物，再使用高效液相色谱（HPLC）对肽段混合物进行预分级，将一个样本的肽段混合物分成多个馏分（fraction），此步骤称为肽段离线预分级；或者将酶切后的肽段利用纳升级高压液相色谱（nano-HPLC）进行在线分离。对分离后的肽段再进行质谱分析，经串联质谱分析后也可获得肽序列标签，通过数据库搜索进行蛋白质鉴定。在定量分析时，可采用代谢标记法、化学标记法和酶标记法等引入同位素或化学基团，对不同样本进行标记后评估表达量；也可不对样本作标记，基于谱图计数

法或色谱离子流图峰面积的计算来分析蛋白质表达量。

二、蛋白质的提取和分离

蛋白质组学的研究对象是细胞（如 HeLa 细胞系）、组织/器官（如肝、肾等）、个体（微生物菌体）或者体液（尿液、血清/血浆等）等各类生物样本。为提取出样本中包含的所有蛋白质（也就是蛋白质组），或尽可能多地提取出蛋白质，通常需要对样本进行前处理，不同的样本类型及不同的实验目的所使用的样本前处理及蛋白质提取方法有所不同。

蛋白质组学研究期望鉴定到生物样本中尽可能多的不同种类的蛋白质组分，然而由于蛋白质组的复杂性（蛋白质种类和数量众多且性质各异，如亲疏水性、是否带电荷及电荷性质和数量、分子结构和大小等都呈现出极大差异），大规模分离并定量分析一个细胞系或组织表达的所有蛋白质具有极大的挑战性。随着各类分级、分离技术的发展和完善，分析样本中的所有蛋白质组分成为可能，并且还可精确地分离和鉴定部分感兴趣的蛋白质组分。蛋白质分离技术主要分为多维色谱法和多维电泳法，前者包括离子交换色谱、反相高效液相色谱等，后者包括双向电泳、自由流动电泳、毛细管区带电泳等。蛋白质分离是深入挖掘蛋白质组的重要步骤，也是后续蛋白质鉴定和分析的基础。

（一）蛋白质的双向电泳分离

双向电泳（two-dimensional electrophoresis，2-DE）技术于 1975 年由 O'Farrell 和 Klose 首次建立并被用于大规模蛋白质分离。它将等电聚焦电泳和 SDS-PAGE 组合，首先使用等电聚焦技术，依据蛋白质等电点进行分离，然后将分离后的蛋白质转移至 SDS-PAGE 凝胶上，与第一向呈 90°，再根据分子量进行分离。经双向电泳分离后的蛋白质，通过考马斯亮蓝等染料染色后，得到二维分布的蛋白质电泳图，借助图像分析软件，通过蛋白质点位置、峰面积和强度来标识样本中的蛋白质及其表达水平，可以鉴定和定量蛋白质。也可比较不同样本的双向电泳图谱，选择感兴趣的差异蛋白质点，切胶，溶解，再使用质谱技术进行鉴定和定量。双向电泳结合蛋白质所带电荷和质量进行两次分离，有效提高了一维电泳分辨率，一次可以分离几千个蛋白质，检测分离蛋白质的速度更快、敏感度更高。

后来在双向电泳的基础上，通过引入荧光染色，发展了差异凝胶电泳。不同样本经多重荧光标记混合后，进行双向电泳分离，在不同波长的激发下，位于同一块凝胶上的蛋白质点将被检测到带有不同颜色的荧光信号，实验中的每个蛋白质具有唯一的信号，借助图形捕获和分析软件可以对不同样本中的同一蛋白质点进行直接定量比较和丰度值的校正。差异凝胶电泳可以直接比较多个样本，克服了双向电泳重复性差的缺点，避免了胶的差异对蛋白质定量的干扰。该技术的人为干扰因素少，实现了实验的高通量，提高了准确性，但由于费用昂贵，其应用受到一定制约。

双向电泳技术大大提高了蛋白质分离效率，有效解决了蛋白质组的定量和差异表达分析等问题。此外，使用计算机图像软件不仅可以快速进行数据挖掘、采集和分析，也能进行斑点检测、归一化、蛋白质图谱背景校正等，还可以提供电荷、分子量和构象状态等多方面的蛋白质信息，用于分析蛋白质翻译后的不同修饰（如磷酸化和糖基化），寻找疾病生物标志物等。但双向电泳技术也有其缺点和局限，主要表现在分辨率和敏感度较低，难以实现自动化。一般情况下可分离 2500 多个蛋白质点，但真核生物细胞蛋白质总数至少要高一个数量级，通常一个胶点可能包含多个蛋白质。经典的凝胶电泳对于强碱性蛋白质和强疏水性蛋白质（如膜蛋白）的鉴定效果也不佳。高分子质量蛋白质（＞100kDa）难以进入胶条，电泳时会丢失。

另外，细胞中不同蛋白质丰度有 4～6 个数量级的差别，低丰度蛋白质不容易检测出来。实验过程中图像采集、蛋白质点切取和质谱鉴定都很难自动化，是限速步骤。为了提高蛋白质的分离效率和实现自动化检测，当前研究者更多地使用高效液相色谱分离与质谱检测联用的方法进行蛋白质组研究。

（二）蛋白质的色谱分离

色谱（chromatography）也称层析，是一种分离复杂混合物中各个组分的有效方法，在蛋白质组的分析中发挥着重要作用。该方法的原理是物质在色谱分离系统固定相和流动相中有不同的分配系数，流动相携带样本穿过固定相时，与固定相作用力弱的组分移动速度快；反之，移动速度慢。由于样本各组分的理化性质存在差异，当两相发生相对运动时，这些物质在两相间进行反复多次的分配，使各物质流经时间不同而达到分离的目的，形成不同的色谱峰。根据不同的保留时间，收集特定属性的样本进行后续鉴定。影响色谱峰的因素包括温度、柱长、固定相、粒径、流动相修饰剂、梯度斜率等。色谱有多种，可以按固定/流动相类型和分离原理进行分类，根据流动相的不同可分为气相色谱和液相色谱。根据相互作用类型的不同，色谱可分为吸附色谱、物理吸附、分配色谱、离子交换色谱、尺寸排阻色谱、亲和色谱等。目前，在蛋白质组学研究中，用得最多的是分配色谱，其根据样本在固定相与流动相之间溶解度的差异来实现多肽或蛋白质的分离。实际上其利用的是多肽或蛋白质疏水性的差异。

高效液相色谱（high performance liquid chromatography，HPLC）又称高压液相色谱，以液体为流动相，采用高压输液系统将待分离样本泵入装有固定相的色谱柱，依据混合物各组分与固定相的结合力不同，在柱内被分离。在蛋白质组学中常用 HPLC 对肽段混合物进行预分级，称为肽段离线预分级。当将肽段混合物进行质谱前，为降低样本复杂度，根据肽段的亲疏水性在色谱柱中进行逐步分离，常将一个样本的肽段混合物分成多个（10～30 个）馏分（fraction），再分别进行质谱，从而可鉴定出更多的肽段或蛋白质。肽段混合物也可进入 nano-HPLC 进行肽段在线分离［即液相色谱-质谱法（LC-MS）中的 LC］，肽段会因为在色谱柱填料上保留时间的不同，得到预分离，使样本中的肽段在一定时间范围内先后进入质谱仪检测。

通常的色谱分析，固定相为亲水性，流动相为疏水性，所以极性亲水性分子与固定相结合更紧密，非极性疏水分子首先洗脱，极性越强的分子洗脱得越晚。当前的蛋白质组学分析中，常将液相色谱-质谱联用仪应用于蛋白质等生物大分子检测中，即色谱分离后的样本直接进入质谱仪，进行电离和后续质谱检测分析，即高压液相色谱-质谱法（high performance liquid chromatography-mass spectrometer，HPLC-MS）。因此，蛋白质分离一般使用反相高效液相色谱（reversed phase high performance liquid chromatography），它的固定相为疏水性，流动相为亲水性，所以亲水性小分子首先洗脱，疏水性越强的分子越晚洗脱。

为提高分离效率，人们还发明了二维及多维色谱。二维液相色谱是一种采用正交分离模式的多维分析工具，包括简单中心切割、全二维等工作模式。其中，简单中心切割是指第一维馏分收集间隔时间必须大于第二维分析时间，前提要求是第一维与第二维采用分离机制差异很大的色谱柱或色谱条件，能提高部分样本体系的色谱分离能力。全二维工作模式是指第一维所有组分都进入到第二维后，再次进行分析，能提高整个样本体系的色谱分离能力，适用于分析天然提取物、食品、聚合物及其生化样本等复杂样本。二维液相色谱具有提升分析度和敏感度、简化前处理等作用，在分析复杂生物样本时，能大大提高分辨率、显著降低样本的复杂度。

三、基于质谱的蛋白质鉴定

对色谱分离后的蛋白质或肽段进行鉴定是蛋白质组研究的重要内容，如何鉴定数千个蛋白质/肽段是蛋白质分离后所面临的挑战。目前应用最广泛的高通量蛋白质鉴定方法是质谱。质谱（mass spectrometry，MS）分析是一种通过测量离子质荷比（*m/z*），从而获得无机、有机和生物分子的分子量与分子结构的技术，能对多种复杂混合物的各种成分进行定量或者定性分析。图 9-3 显示了质谱分析的基本流程，当样本中的蛋白质或肽段经 HPLC 分离后，不同馏分的肽段进入质谱仪，各组分首先在离子源中发生电离，生成带电荷的离子，再进入质量分析器，基于 *m/z* 将肽段离子分离，并按 *m/z* 由小到大的顺序先后通过质量分析器到达离子检测器，并被系统记录后生成质谱图，最后结合质谱图与数据库的信息进行蛋白质/肽段鉴定。

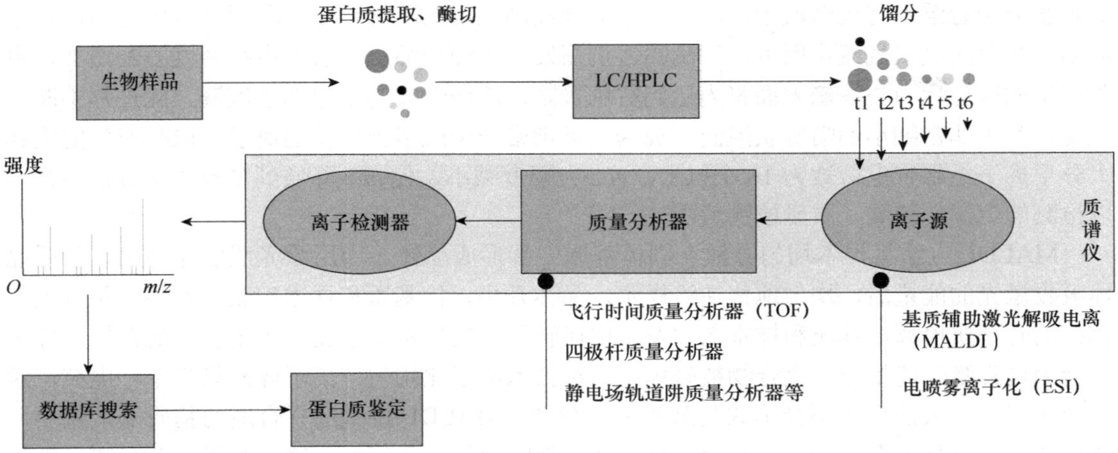

图 9-3　质谱分析的基本流程

不同类型的质谱仪尽管在设计和功能上存在差异，但它们的工作原理相同，都能实现样本离子化和质量分析这两个基本功能。因此离子源（ion source）、质量分析器（mass analyzer）和离子检测器（ion detector）是质谱仪的三个重要组成部分，其作用分别是将肽段转化为气态的离子，根据离子的不同质荷比将离子分开及检测分离后的不同离子。下面重点介绍质谱分析及其蛋白质鉴定的原理。

（一）样本离子化

20 世纪早期发明的质谱仪主要被用于同位素测定和无机元素分析，60 年代出现的气相色谱-质谱联用仪主要用于有机小分子分析。蛋白质和核酸这类生物大分子需要高能量才能离子化，但是高能量会引起化学键断裂，使生物大分子遭到破坏而无法分析。直至 80 年代发明了电喷雾离子化（electrospray ionization，ESI）和基质辅助激光解吸电离（matrix assisted laser desorption/ionization，MALDI）两种软离子化（soft ionization）技术（图 9-4），因其不会破坏生物大分子的结构，使传统应用于小分子物质分析的质谱技术发生了根本性变革，可用于生物大分子测定，推动了生物质谱技术的发展。两项技术也于 2002 年获得诺贝尔化学奖。

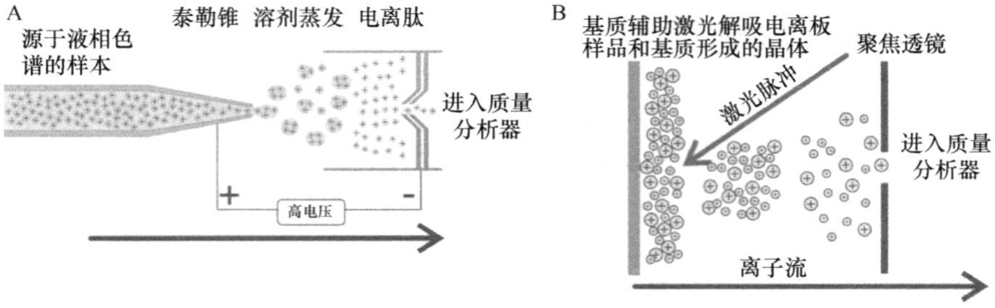

图 9-4 不同电离方式的流程（Ribeiro，2013）

A. 电喷雾离子化；B. 基质辅助激光解吸电离

ESI 样本常以液相引入质谱仪，在离子源中将溶液中的离子转化为气相离子，适合与液相分离手段联用，如液相色谱与 ESI-MS 联用（即 LC-MS），适合分析复杂样本。ESI 样本中的多肽分子悬浮于有机溶液中，流入一个被施加高电压的喷雾针中，利用高压电场喷出带电液滴，在温暖氮气气流作用下，液滴的溶剂蒸发，表面积缩小，表面电荷密度不断增加，直到产生的库仑斥力与液滴表面张力达到雷利极限，液滴爆裂为带电的子液滴，此过程不断重复，产生非常细小的喷雾状液滴，成为大量携带一个或多个电荷的离子。ESI 产生的生物大分子离子经常带电荷数为 10 个以上，*m*/*z* 大幅度减小，使 *m*/*z* 降低到多数质量分析器都可以检测的范围，扩展了质量检测范围。

MALDI 方法将样本均匀分散在固体基质中并形成晶体，当用激光照射晶体时，基质晶体吸收激光的能量后，均匀地传递给样本，晶体升华，使基质和样本膨胀，瞬间气化进入气相；同时基质电离，基质和样本之间发生电荷转移，使样本离子化。由于基质的保护，样本不会因过强激光能量导致化合物被破坏。这种技术离子化均匀，离子碎片只带单一电荷，对于分子质量较大的样本不会形成复杂的多电荷图。MALDI 技术选择合适的基质非常重要，基质通常是小分子有机酸，其具备 3 种功能：能吸收能量；能使生物大分子彼此分离；能使被分析的生物大分子离子化。MALDI 使用脉冲式激光，每一脉冲激光产生的一批离子得到一张质谱图，多次脉冲激光扫描质谱峰累加，得到最终质谱图。MALDI 对样本的要求低，能耐高浓度盐、缓冲剂和其他非挥发性成分，测定速度快，混合样本不需分离；敏感度高。谱图中单电荷分子的离子峰占主要地位，碎片离子少。

（二）质量分析

质量分析器负责将离子化的样本各组分根据质荷比进行分离和检测。在蛋白质组学研究中常用的质量分析器有飞行时间（time of flight，TOF）质量分析器、四极杆（quadrupole rod）质量分析器、离子阱（ion trap）和静电场轨道阱（orbitrap）质量分析器，以及傅里叶变换离子回旋共振质谱分析器（Fourier transform ion cyclotron resonance mass analyzer，FTICR）等（图 9-5），这些质量分析器还可以串联使用，形成多级串联质谱。

飞行时间质量分析器由调制区、加速区、真空飞行管和检测器等部分组成，分析物的质荷比是根据其在真空飞行管中的飞行时间来推算的。通过离子源得到离子后，用脉冲将离子瞬间引入加速区，施加电场使被测离子获得相同的初始动能后，进入一个没有电场的真空飞行管，不同质量的离子具有不同的能量，重离子飞行慢，轻离子飞行快，最终离子都会通过真空飞行管到达检测器，依次被收集和检测。离子的飞行时间与质荷比的平方根成正比，因

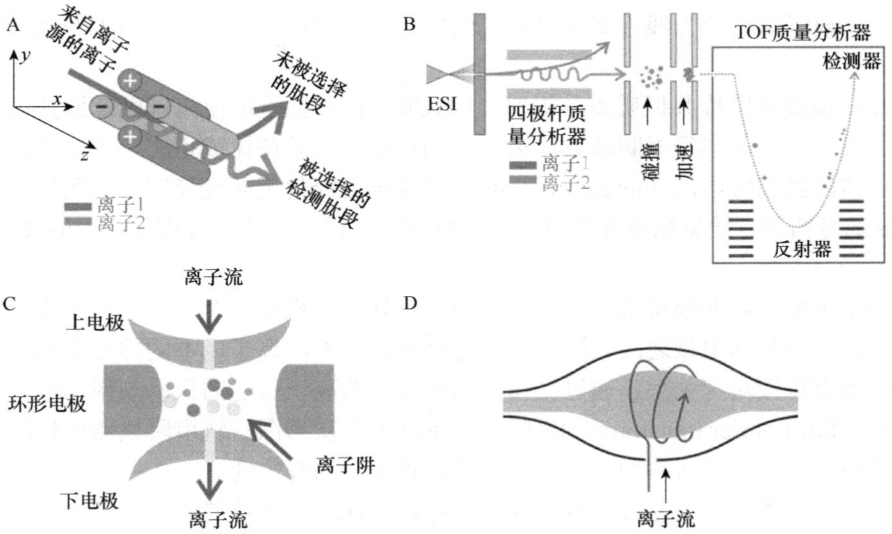

图 9-5　常用的质量分析器（Ribeiro，2013）

A．四极杆质量分析器；B．四极杆和 TOF 质量分析器串联使用；C．离子阱质量分析器；D．轨道阱质量分析器

此通过测定飞行时间可计算离子的质荷比。TOF 质量分析器质谱仪结构简单、扫描速度快、敏感度高、质量范围宽。TOF 质量分析器的另一特点就是非常长，为了提高分辨率，让离子尽可能飞行远一些。在高分辨率的 TOF 质量分析器飞行管中通常还包括一个反射器，当离子到达第一级飞行管的末端时，通过在反射器上施加一个反射电场，使离子朝反方向飞行，进入第二级飞行管并被检测器检测，因此将反射器与延时提取装置结合可以获得更高的分辨率。

四极杆质量分析器由 4 根平行的棒状电极组成，电极分成两组，两个相对电极为一组，在相对电极上加上相同的交流电压和直流电压，而在相邻的电极上，则加上等值相反的交流电压和直流电压，通过叠加交流电压和直流电压，在四极杆空间内产生双曲型电场。加速离子从离子源入射后，穿过四极杆双曲型电场时受到电场作用，特定质荷比的离子以限定的频率稳定地沿着一条轨迹飞行，通过四极杆滤质器到达检测器，而其他质荷比的离子由于轨迹不稳定，最终将偏离质量分析器，碰到极杆被吸滤掉（这种工作模式称为选择模式）。通过改变四极杆上的电压，可以让不同质荷比的离子依次穿过质谱仪，到达检测器（该工作模式称为全扫描模式）。四极杆质量分析器结构简单、体积小，仅用电场不用磁场，扫描速度快，离子流通量大，应用较广，但是检测分辨率和敏感度不太高，尤其对高质量离子分辨率更低。离子在质量分析器中飞行速度慢，与 MALDI 不方便直接结合，常使用 ESI 作为离子源。

离子阱质量分析器与四极杆质量分析器的原理类似，包含两个端盖电极和一个环形电极，前者施加直流电压，后者施加射频电压，电压适当时就可形成一个离子阱（即陷阱），使离子沿一定的轨迹转圈飞行，而不能飞出质谱仪。根据射频电压的大小，离子阱可以捕捉某一质量范围的离子，然后将捕捉的离子储存起来，待离子累积到一定数目后，升高环形电极上的短射频电压，离子按质量从高到低依次离开离子阱，被检测器检测。在捕集腔内还需要充满稀释的惰性气体，被选择的离子与气体分子碰撞后裂解，形成碎片化的二级离子，可采用扫描模式检测二级离子的质量。离子阱质量分析器比四极杆质量分析器的敏感度更高，质量范围更大。离子阱可分为线性离子阱和三维离子阱。线性离子阱具有更大的离子容量和扫描速度。

傅里叶变换离子回旋共振质谱分析器（FTICR）使用强磁场使离子做螺旋式运动，利用电场频率激发离子回旋半径不断增大，离子运动速度与其质荷比成正比，当离子运动接近检测器时，可监测到镜像电流（image current）。镜像电流经傅里叶变换即可得到质荷比信息。FTICR-MS 的分辨率、质量精度和敏感度都特别高，可检测质荷比范围较宽，但仪器体积大，价格昂贵。

轨道阱也是傅里叶变换质谱仪的一种，由两个外部电极和一个中心电极组成。进入轨道阱的离子，在两个外部电极之间，围绕中心电极振荡；不同离子以不同的频率振荡，共振频率和离子质量有直接对应关系。通过测量外部电极上的离子引起的振荡频率信号，再经快速傅里叶变换（fast Fourier transform，FFT），得到离子的质谱图。轨道阱仪器操作较简便，尺寸更小，价格更便宜，分辨率和质量精度不错，目前应用较广泛。

综上，不同类型的质量分析器有着各自的特点。TOF 只能检测不同质荷比的离子，四极杆和离子阱既可检测离子，也可实现离子选择，将特定质荷比的离子穿过四极杆或留在离子阱中，经碎裂可进行二级质谱分析。所以四极杆或离子阱质量分析器具有质量过滤器和质量检测器两种功能。FTICR 和轨道阱都是基于离子在场中的回旋运动，通过测定回旋共振频率，并进行傅里叶变换来测定离子质荷比。区别在于轨道阱用电场，而 FTICR 用磁场，所以轨道阱性价比高，应用更广。

离子源、质量分析器和检测器三个核心部件决定了质谱仪的三个主要性能指标，即质量范围（敏感度）、分辨率和准确度。质量范围是指质谱仪能够分析的样本的相对原子质量范围。TOF 质谱仪的检测范围最宽，其次是 FTICR、轨道阱和四极杆质谱仪。分辨率（resolution）是指质谱仪可以分辨最靠近的两个质谱峰的质量差值。其一般用质谱峰的半峰宽（即峰高一半处的峰宽，full width at half maximum，FWHM）来表示。两个靠近的峰，测定其中任何一个质谱峰的半峰宽，然后用任何一个峰的质荷比除以半峰宽，就得到分辨率。FTICR 的分辨率最高，其次是轨道阱、TOF 和四极杆质量分析器。准确度（accuracy）反映质谱仪的质量测量误差，用理论质荷比与实际质荷比差值，除以理论质荷比乘以 100 万而得到，称 ppm（part per million）。准确度最高的质量分析器是 FTICR，可达到 0.1～1ppm，其次是 TOF、轨道阱和四极杆质量分析器。

（三）串联质谱及蛋白质鉴定

利用质谱数据鉴定蛋白质主要有两种方法，即基于肽质量指纹谱（peptide mass fingerprinting，PMF）或肽段序列信息，并结合数据库进行蛋白质鉴定。首先介绍基于 PMF 进行蛋白质鉴定的原理。如图 9-6 所示，假设通过双向电泳分析，获得了样本间的差异蛋白质点，切胶回收蛋白质并用胰蛋白酶酶解为肽段后，通过质谱分析可获得该蛋白质包含的系列肽段的质量图谱，即肽质量指纹谱。同理，我们可以对数据库中的蛋白质用胰蛋白酶进行虚拟切割，再生成每个肽段的理论谱图。将实验获得的实际肽段的质谱图与数据库中蛋白质的理论肽段的质谱图对比，从而鉴定蛋白质的身份。质谱测定分子质量的精度是 PMF 鉴定准确性的关键所在，当蛋白质发生翻译后修饰时，可能使 PMF 的质量数与理论值不符，影响蛋白质鉴定的准确度。但若质谱能精确测定肽段质量，也可用来检测翻译后修饰。

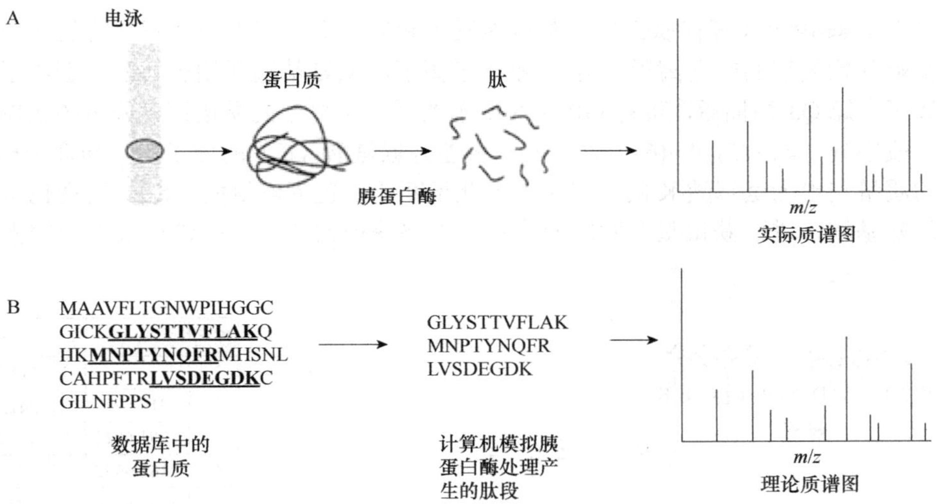

图 9-6 肽质量指纹谱（Graves and Haystead，2002）

A．利用电泳技术检测获得的质谱图谱；B．蛋白质数据库中的多肽图谱

单一蛋白质或简单蛋白质混合物样本离子经单个质量分析器（即一级质谱）分析可获得其质荷比，产生质谱图，基于上述的 PMF 鉴定蛋白质。但复杂蛋白质混合样本通过一级质谱分析，获得的质谱图太复杂而无法基于谱图进行蛋白质鉴定，通常需要得到蛋白质或肽段序列，进而基于肽段序列来鉴定蛋白质。因此，常需要在一级质谱的基础上对样本离子进一步碎片化后，进行二级质谱甚至多级质谱分析，通过碎片化离子的信息推断肽段序列后再鉴定。

串联质谱仪（tandem mass spectrometer）可连续进行两次质谱分析，它由离子源、多级质量分析器和碰撞室等组成（图 9-7）。一级质量分析器（Q1）起质量过滤器的作用，从总离子中挑选出需要进行序列分析的母离子（parent/precursor ion），进入碰撞室，母离子经高流速惰性气体碰撞诱导裂解（collision induced desorption，CID），产生子离子/碎片离子（daughter/product ion），由第二级质量分析器（q2）分析子离子的质荷比。通过母离子和子离子的质量，根据其裂解规律，得到母离子的序列信息。串联质谱分为空间串联和时间串联。所谓空间串联，是指一级质谱、碎片化和二级质谱三个步骤在仪器不同部位完成，如三重四极杆质量分析器（QqQ）（图 9-7）。时间串联，即在同一个空间依次完成一级质谱、碎片化和二级质谱三个步骤。例如，四级离子阱（quadrupole ion trap）和 FTICR 质谱仪中可实现时间串联。

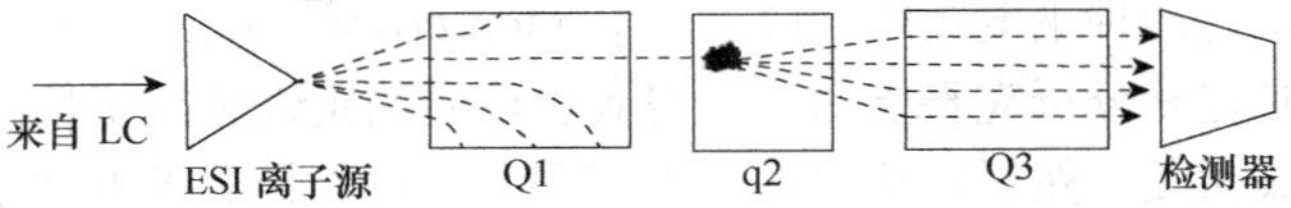

图 9-7 三重四极杆质量分析器的空间串联（张继仁，2005）

图 9-7 中的三重四极杆质量分析器（triple quadrupole mass analyzer）由 3 个顺序连接的四极杆质量分析器组成。第一个四极杆质量分析器选定不同质荷比的离子使其通过，这样将母离子在时间上进行区分，第二个四极杆质量分析器加入气体碰撞，使母离子碎片化解离为子离子，进入下一级，即第三个四极杆质量分析器，且用扫描模式检测全部子离子。假设一个包含 12 个氨基酸残基的肽段（LKECCDKPLLEK），在 Q1 中被选择为母离子，经

q2 碰撞裂解，理论上在任何肽键位置都可能发生断裂，则可产生一套完整的裂解子离子。把从羧基端开始裂解的一套离子称为 y 系列子离子，从氨基端开始裂解的一套离子称为 b 系列子离子。经 Q3 扫描后，可得到图 9-8 所示的系列子离子的质谱图。分析该谱图，则可推断出肽段序列。如 y(5)和 y(6)子离子的质量差为赖氨酸（K）的分子量，同理 b(6)和 b(7)子离子的质量差也为氨基酸 K 的分子量，因此推断该位置为赖氨酸（K）。同理也可推断其他位置的氨基酸，进而获得整个肽段的序列。再将获得的肽段序列进行数据库搜索，则可实现蛋白质鉴定。

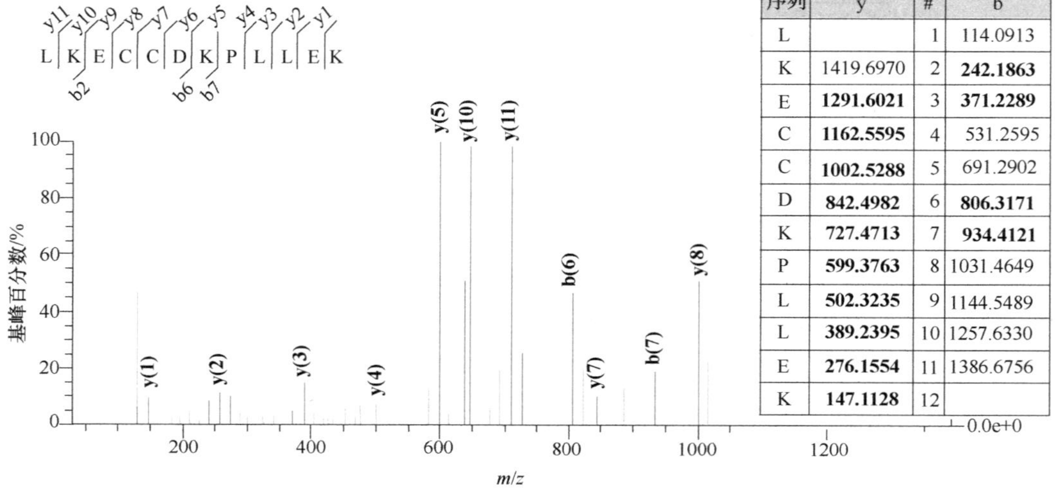

序列	y	#	b
L		1	114.0913
K	1419.6970	2	**242.1863**
E	**1291.6021**	3	**371.2289**
C	**1162.5595**	4	531.2595
C	**1002.5288**	5	691.2902
D	**842.4982**	6	**806.3171**
K	**727.4713**	7	**934.4121**
P	**599.3763**	8	1031.4649
L	**502.3235**	9	1144.5489
L	**389.2395**	10	1257.6330
E	**276.1554**	11	1386.6756
K	**147.1128**	12	

图 9-8　基于串联质谱解析肽段序列

除三重四极杆质量分析器串联使用外，按分析需求，也可将其他不同类型的质量分析器进行串联使用。例如，四极杆飞行时间质谱仪（quadrupole-time of flight mass analyzer）的串联也被广泛应用，图 9-5B 所示的质量分析器由三部分组成，两个四极杆质量分析器分别用于母离子选择和离子碎片化，即作为过滤器和碰撞器，飞行时间质量分析器用于子离子的检测。因此，其集中了两种质量分析器的优点，检测分辨率、准确度、速度和敏感度都比较高。

第三节　蛋白质组数据的分析

蛋白质组研究采用两种主要策略：自上而下（top-down）和自下而上（bottom-up）方法。自上而下方法直接测定和分析完整蛋白质，得到蛋白质的定性和定量信息。自下而上方法先将蛋白质用酶水解成肽段，然后对这些肽段进行质谱分析，最后推测样本中蛋白质的种类和表达量。

目前自下而上方法用得更为广泛，因为目前的质谱仪测定能力与肽段的质量范围和碎片化特征更匹配。虽然自下而上方法在高通量分析中应用广泛，但也有其局限性。由于蛋白质在消化过程中被酶水解成短肽段，这些肽段通常包括几个到十几个氨基酸。较短的肽段可能在多个蛋白质中共存，导致无法准确判定肽段的源蛋白质。另外，蛋白质通常在细胞中通过多种化学修饰来调控其功能，不同修饰位点可能被酶水解到不同的肽段中，从而导致修饰信息分散在不同的肽段中，难以综合分析。

自上而下方法的优点在于提供了蛋白质的全长序列、翻译后修饰及可变剪切产物信息。尤其在纯蛋白质或简单蛋白质混合物的分析中，自上而下方法具备出色的分辨率和准确性。然而，自上而下方法也面临一些挑战和限制。首先，由于蛋白质的复杂性，该方法需要高分辨率的质谱仪来实现准确地分析。其次，自上而下方法需要对样本进行预分馏（prefractionate），这限制了其在高通量样本分析中的应用。此外，由于蛋白质组的复杂性，自上而下方法在大规模蛋白质组分析中面临技术和数据处理方面的挑战。

这里重点介绍目前应用广泛的自下而上的蛋白质组学分析方法。该方法首先将蛋白质水解成适当的肽段，以便后续分析。为了实现蛋白质表达的定量分析，通常会采用同位素标记不同样本。利用反相高效液相色谱技术对样本中肽段进行分离，通过质谱仪对分离的肽段进行精确分析，以获得关于蛋白质的详细信息。

一、自下而上的蛋白质组学实验流程

（一）蛋白质酶解

将蛋白质水解为肽段是蛋白质组学中的关键步骤，常用的蛋白酶包括胰蛋白酶（trypsin）、胰凝乳蛋白酶（chymotrypsin）、内切酶（endonuclease）（如 Lys-C、Arg-C 等）等，其中胰蛋白酶使用最广。作为一种丝氨酸蛋白质酶，胰蛋白酶在蛋白质序列中专一性地水解精氨酸或赖氨酸的 C 端肽键，当其 C 端氨基酸不为脯氨酸时，其水解位点表示为[RK].<P>。改良型的胰蛋白酶/P 水解位点也在精氨酸和赖氨酸 C 端，但不受脯氨酸影响，即使后面紧跟着脯氨酸也可正常水解。

通过胰蛋白酶的作用，蛋白质分子被切割成一系列的肽段，这些肽段的大小通常为 500～3000Da，非常适合进行后续的质谱分析。在水解后的肽段中，C 端氨基酸通常是赖氨酸或精氨酸。在酸性的条件下，这些肽段可以很有效地质子化，获得正电荷，从而在后续的质谱、色谱分析中更容易离子化和碎片化。

胰蛋白酶的使用具有多重优点。首先，胰蛋白酶价格较为经济实惠，使其在实验中得到了广泛应用。其次，胰蛋白酶的专一性较高，其水解作用相对特异，有助于生成具有较短氨基酸序列的肽段。此外，胰蛋白酶相对稳定，可以在不同浓度和条件下正常工作。

（二）稳定同位素标记样本

在蛋白质组研究中，常需要区分不同处理、组织或时间点下蛋白质表达差异，这要求采用有效的定量分析方法以区分样本。蛋白质组学定量分析主要采用两种途径：稳定同位素标记法（stable isotope labeling）和无标记法（label-free）。

稳定同位素标记法通过在不同样本中引入具有特定同位素标记的化合物，以便在质谱分析中区分不同样本。这种定量方法可能在标记阶段引入一些偏差，但标记完成后，所有样本混合进行后续分析，降低了后续实验中的差异。

无标记法无须对样本进行标记，每个样本分别处理、独立分析。它的优点是对于样本数量无限制；不需要引入同位素标记蛋白质，样本制备简单；对于样本来源无要求，可用于临床样本分析。其缺点是因为每个样本单独制备和质谱分析，可能在这些阶段引入技术变异（technical variation），所以它对仪器设备的稳定性要求更高。

稳定同位素标记法包括代谢标记法、化学标记法和酶标记法。代谢标记法在活跃代谢的细胞内进行同位素标记，如均匀 ^{15}N 标记和细胞培养条件下稳定同位素标记技术（stable isotope labeling with amino acids in cell culture，SILAC）。化学标记法在细胞裂解后，在蛋白质或肽段水平进行标记，包括同位素标记相对和绝对定量（isobaric tags for relative and absolute quantification，iTRAQ）、串联质谱标记（tandem mass tag，TMT）和同位素编码亲和标记（isotope-coded affinity tag，ICAT）等。酶标记法则是在蛋白质水解为肽段的同时进行同位素标记，实验复杂，使用相对较少。

1. 代谢标记法　代谢标记法中，最常使用的是 SILAC 方法。SILAC 方法的核心思想是利用细胞的代谢活性，在其生长过程中将同位素标记引入蛋白质，使其在质谱分析中产生特定的质荷比，从而实现样本间的定量比较。这一过程是通过使用包含不同稳定同位素的氨基酸培养基实现的（图 9-9）。在 SILAC 中，常用的标记氨基酸包括精氨酸、赖氨酸、蛋氨酸和亮氨酸等，常用 ^{14}N 和 ^{15}N、^{12}C 和 ^{14}C 及 ^{1}H 和 ^{2}H 来标记这些必需氨基酸，达到区分不同样本中相同蛋白质的目的。研究表明，SILAC 所使用的同位素培养基并不会对细胞的形态、生长和生殖产生不良影响，因此它可用于研究不同条件下细胞的蛋白质表达差异。

SILAC 方法的主要优势在于标记过程完全在细胞生长阶段完成。标记细胞和非标记细胞在裂解后以 1∶1 的比例混合，然后进行后续的质谱分析。这一设计确保了不同样本的后续处理是一致的，不会在这个阶段引入差异，从而保证结果的准确性。另外，SILAC 方法不涉及任何化学反应，操作简单而高效。通过巧妙地设计稳定同位素氨基酸的使用，一次实验能同时比较多达 5 种处理或样本的蛋白质表达水平。当然，代谢标记法也有其限制。SILAC 方法适用于能够在特定培养基中生长的细胞，因此不适用于临床样本的分析。

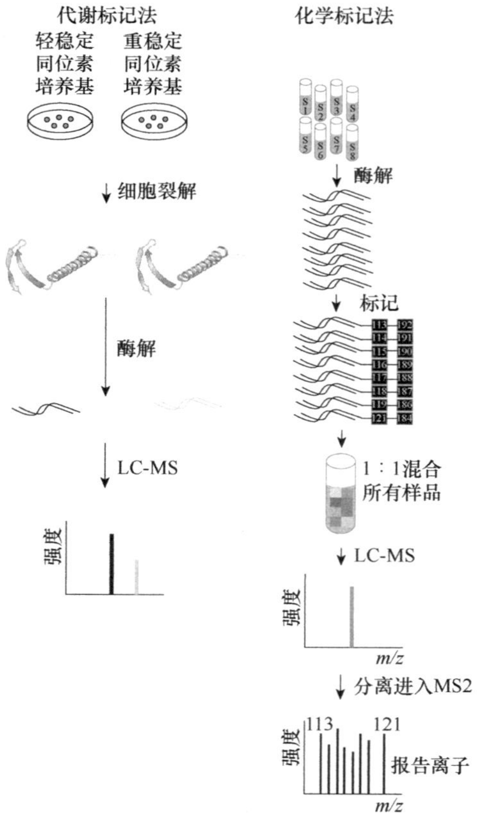

图 9-9　自下而上蛋白质组学中用于定量的稳定同位素标记方法示意图

2. 化学标记法　与代谢标记法不同，化学标记法通过标记蛋白质中特定氨基酸，实现不同样本蛋白质表达量的比较（图 9-9）。在这种方法中，每个样本先单独进行标记，然后混合在一起进行后续分析。常用的化学标记法有 iTRAQ、TMT 和 ICAT 等。

在 iTRAQ 方法中，每个样本都会使用不同的 iTRAQ 试剂单独进行标记。这些试剂由三部分构成：报告基团（reporter group）、质量平衡基团（mass balance group）和肽反应基团（peptide reactive group）。尽管不同试剂的报告基团和质量平衡基团的分子量不同，但它们的质量之和相等。在第一次质谱分析时，相同蛋白质在不同样本中的质谱峰会重叠。然而，在肽段碎片化后的第二次质谱分析中，报告基团会被解离，从而产生不同样本之间质谱图的差异。

TMT 方法与 iTRAQ 类似，通过引入不同质量的化学标记试剂，在质谱中产生特定的质荷比峰，实现定量比较。TMT 试剂包括质量标记（mass tag）、固定基团（fixed group）和试剂的反应性基团（reactive group）。不同 TMT 试剂的质量标记有略微不同，导致质谱中产生特定的质荷比峰，用于区分不同样本中的蛋白质。固定基团和反应性基团与样本的伯胺基反应，引入标记，并保证稳定连接 TMT 标记。TMT 中的固定基团和反应性基团在一级质谱阶段解离，由于质量标记的差异，产生的质荷比峰在一级质谱图中即可区分不同样本中的相同蛋白质。TMT 可同时标记 16 个样本，进一步提高实验效率。

与代谢标记法相比，化学标记法可同时比较更多样本，比如 iTRAQ 方法可同时标记 8 个样本，TMT 方法可同时标记 16 个样本，从而提高实验效率。此外，化学标记法适用于不同样本类型，包括细胞裂解物和组织提取物等，甚至可用于临床样本分析。相对于代谢标记法，化学标记法引入稳定同位素的时间较晚，这可能会稍微增加实验偏差，但仍然是一种高效、可靠的定量蛋白质组学研究方法。

3. 酶标记法　酶标记法是在蛋白质水解为肽段的同时进行标记，用 ^{18}O 替换水解片段羧基端的 ^{16}O。胰蛋白酶和胰凝乳蛋白酶常被用于酶标记法中。因为有不完全标记等问题，这种方法使用较少。

（三）HPLC-MS 分离和检测蛋白质

色谱分析中，一般使用亲水性固定相与疏水性流动相的组合，使得疏水性较强的分子先洗脱，亲水性小分子则会相对晚些洗脱。对于蛋白质组学研究，反相高效液相色谱利用蛋白质分子的亲疏水性，为蛋白质分离和纯化提供高效可靠的手段。蛋白质分子中的疏水性区域，如氨基酸的疏水性侧链，趋向于在水环境中聚集形成疏水核心。固定相的疏水性表面为这些区域提供了“隐蔽”环境，导致蛋白质分子倾向于在固定相上吸附。流动相的成分会逐渐改变，使蛋白质分子的疏水性区域与固定相的相互作用发生变化。因此，不同蛋白质分子会在不同流动相条件下以不同速率从固定相上洗脱，实现它们的分离。分离后的蛋白质样本进入质谱分析阶段。在质谱中，蛋白质分子被电离为带电离子，并根据它们的质荷比（m/z）进行检测和分析。

二、质谱数据采集策略

目前蛋白质组学研究主要采用自下而上的方法，其中高效液相色谱-串联质谱联用技术（HPLC-MS/MS）应用最广。根据研究目标的不同，质谱数据采集策略主要有三种（图 9-10）：

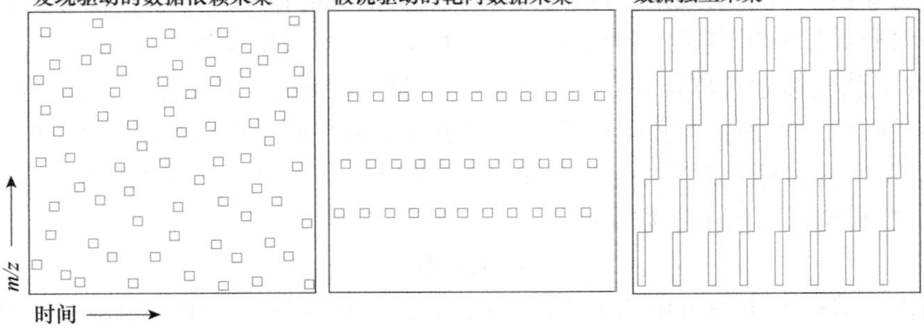

图 9-10　质谱数据采集策略示意图（Smith et al.，2019）

发现驱动的数据依赖采集（data dependent acquisition，DDA）、假说驱动的靶向数据采集（target data acquisition）和数据独立采集（data independent acquisition，DIA）。

数据依赖采集策略，也被称为鸟枪蛋白质组学（shotgun proteomics）。它在一级质谱中自动筛选出强度最高的母离子进行碎片化处理，然后在二级质谱中进行检测。每次筛选到的母离子可能存在一定差异，所以对于每个肽段来说，碎片化处理和二级质谱检测一般进行一到两次。这种方法检测范围宽，一次实验能检测样本中几千种蛋白质，实验操作和数据分析相对简单，但对于低丰度蛋白质很难检测。另外，实验稳定性差，重复度不高，定量结果也不够准确。

靶向数据采集策略[如 SRM/MRM（selected/multiple reaction monitoring）和 PRM（parallel reaction monitoring）] 也称靶向蛋白质组学，聚焦于少量目标蛋白质或肽段。在一级质谱后，选择性地对这些目标蛋白质进行碎片化处理，然后进行二级质谱分析。由于目标蛋白质或肽段的碎片化处理和二级质谱扫描会进行多次，定量结果的准确性较高。虽然靶向蛋白质组学通常每次分析仅限于几十个预先设定的蛋白质，但其敏感性和定量能力使其非常适用于假说驱动的研究及临床研究，但不适用于全面蛋白质组学研究。

数据独立采集策略将质谱可检测范围（*m*/*z*）划分为多个窗口，依次进行碎片化和采集，多次扫描以获取全面的蛋白质信息。虽然与 DDA 检测蛋白质数目相当，但 DIA 对同一肽段进行多次扫描，显著提升了定量结果的准确性。尽管数据量较大，需要复杂的数据处理和分析，但 DIA 策略巧妙综合了 DDA 和目标数据采集方法的优势，同时提高了检测范围和准确度。虽然仍无法检测极低丰度的蛋白质，但其高通量性和综合性使其在蛋白质组学研究中的应用不断拓展。

三、蛋白质组数据分析方法及流程

（一）定性分析方法

1. 肽段鉴定　自下而上的蛋白质组学研究先通过数据库搜索来鉴定肽段，然后根据肽段信息推测蛋白质。肽段鉴定步骤如下：首先，对所研究物种的所有已知蛋白质序列，利用酶切位点特征，进行虚拟酶解（in silicon digestion），生成理论酶解肽段。然后预测这些肽段的理论质谱图，构建该物种的理论肽段质谱图数据库。最后使用实验质谱图搜索理论质谱图数据库，寻找最佳匹配，所有得分超过阈值的肽段被称为 PSM（peptide spectrum match）。

为了控制肽段鉴定的假阳性率，一般会使用目标-诱饵（target-decoy）策略。目标是所研究物种所有已知蛋白质序列数据库，诱饵是一个人工生成的自然界中不存在的蛋白质数据库。例如，通过将原数据库蛋白质序列反向，即可生成与目标数据库蛋白质组成和长度相同的诱饵数据库。以上肽段搜索过程同时在目标和诱饵数据库中进行，如果在诱饵数据库发现 PSM，则可认定为假阳性。因为目标和诱饵数据库大小和组成相同，可以用诱饵数据库中发现的假阳性 PSM 数量作为目标数据库中假阳性 PSM 的估计，从而利用错误发现率（false discovery rate，FDR）控制允许的假阳性数量：

$$\mathrm{FDR}=D/T \tag{9-1}$$

式中，D 为诱饵数据库中鉴定出的 PSM 数量；T 为在目标数据库中鉴定得到的 PSM 数量。通过 FDR 控制所获得的 PSM 中往往同时包含真阳性和假阳性 PSM。

肽段从头测序（peptide *de novo* sequencing）是肽段鉴定的另一种重要策略，主要用于鉴定未知蛋白质的肽段序列，而无须依赖已知数据库信息。该方法通过分析质谱数据中的碎片化信息，重新组合碎片离子的质荷比和质量差异，以推测肽段的氨基酸序列。在这一过程中，算法考虑了碎片离子的特征，如质量差异和氨基酸侧链特性，以尽可能准确地预测肽段的序列。肽段从头测序方法可以发现新的蛋白质序列，尤其是那些在已知数据库中未被收录的蛋白质。它的缺点是对于复杂的质谱图和较长的肽段，算法的效果可能会受到影响，导致推测的肽段序列不够准确。尽管如此，肽段从头测序方法为研究人员提供了一种独立的、无偏的分析途径。该方法也有助于验证和补充数据库搜索结果，提高蛋白质鉴定的准确性。

肽段鉴定还可通过将 PSM 搜索和肽段从头测序方法相结合的混合算法来进一步提升精确性与全面性。该方法首先利用 PSM 搜索对质谱数据进行初步鉴定，利用已知数据库中的蛋白质信息进行匹配。然后，针对未被 PSM 搜索鉴定出的肽段，采用肽段从头测序方法进一步分析。混合算法能够填补 PSM 搜索漏检的空白，尤其对于未被收录在数据库中的蛋白质具有优势。它不仅充分利用了已知数据库信息，还能应对数据库覆盖不足的情况。尽管混合算法需要更复杂的数据处理和分析，但其高度整合的特性使其成为蛋白质组学研究中的强大工具。

2．蛋白质鉴定　得到肽段信息后，就可以依据肽段信息推测样本中蛋白质组成。因为一条蛋白质可能包含多个肽段，而同一个肽段可能存在于不同蛋白质中，这导致肽段与蛋白质之间呈现多对多的关系。只出现在某一个蛋白质中的肽段称为唯一肽段（unique peptide），通常情况下，较长的肽段更有可能是唯一肽段。唯一肽段在推测其所属蛋白质时提供了可靠的信息。

推测算法有两大类，即简约法和统计模型法。简约法遵循奥卡姆剃刀原则，试图找到最少数量的蛋白质组合，以解释所有观察到的肽段。该方法倾向于选择最长或覆盖最多氨基酸的蛋白质。统计模型法则更为复杂，利用统计模型评估肽段和蛋白质之间的关系，综合考虑质谱数据和覆盖情况，通常使用贝叶斯统计模型或最大似然估计。这种方法能够更准确地推测存在的蛋白质序列，但计算复杂度较高。

在鉴定结果中，蛋白质通常被组织成蛋白质群（protein group）。蛋白质群是一组可能共享相同肽段的蛋白质序列的集合，这些蛋白质在某些肽段上存在重叠。在蛋白质群中，通常有一个蛋白质被定义为“前导蛋白质”（leading protein），该蛋白质具有最多的唯一肽段，因此可以被视为该蛋白质群的代表。其他蛋白质则被定义为“相关蛋白质”（related protein），它们可能与前导蛋白质共享部分肽段，或者只有非唯一肽段支持。

蛋白质群的形成能够更全面地反映复杂的蛋白质组成情况，同时也充分考虑了肽段鉴定中的多对多关系。在蛋白质群中，每个蛋白质都被赋予了与其相关的肽段信息，这种综合性的结果更有助于了解样本中的蛋白质组成情况。需要注意在肽段和蛋白质鉴定过程中都要严格控制 FDR，以免产生太多的假阳性（图 9-11）。

（二）定量分析方法

质谱蛋白质组学的定量方法有绝对定量（absolute quantification）和相对定量（relative quantification）之分。

绝对定量主要用于靶向蛋白质组学，旨在精确测定目标蛋白质的绝对丰度。这一定量方

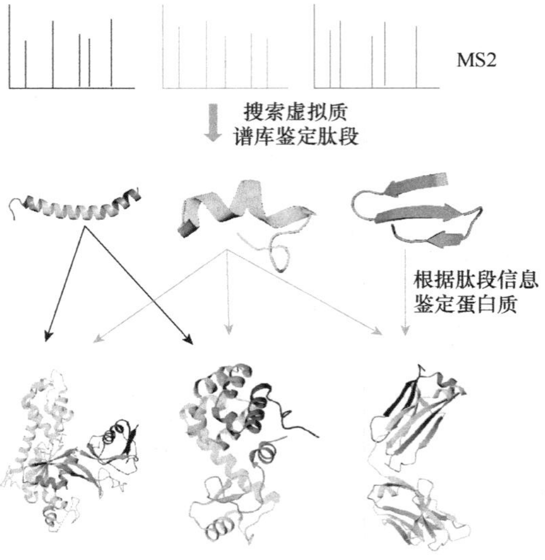

图 9-11　肽段和蛋白质鉴定流程

法利用稳定同位素标记的人工合成肽段［内标物（spike-in；internal standard substance）］。这些人工合成肽段与待检测肽段在氨基酸组成、长度、质荷比及理化性质等方面具有相似性，以确保定量结果的准确性和可靠性。通过向样本中添加不同浓度的内标物，构建标准曲线，从而将信号强度与蛋白质的绝对表达量相关联，从而实现了绝对定量的目标。绝对定量方法提供精确的蛋白质绝对表达量信息，对不同样本的可比性高，不受实验条件和仪器参数的影响，可用于疾病标志物研究。同时该方法需要合成稳定同位素标记的肽段，增加了实验的复杂性和成本。

相对定量不需添加内标物，通过比较样本之间的信号强度或谱图数量来推断蛋白质的相对丰度变化。相对定量方法不需要进行复杂的内标物添加和标准曲线建立，相对更为简便和经济，尤其适用于高通量实验。

对于利用稳定同位素标记的样本，相对定量比较简单，只需比较质谱数据中标记和未标记肽段的信号强度，即可确定蛋白质的相对丰度或表达水平。

无标记样本的定量方法主要有两种策略：基于强度（intensity-based）定量和谱图计数（spectral counting）定量。基于强度的定量方法通过分析质谱数据中离子信号强度来估计蛋白质的相对丰度。该方法通过提取 LC-MS/MS 运行（run）中每个肽段的离子色谱图，并在色谱时间尺度上对其质谱峰面积进行积分，然后通过对不同样本中相同肽段离子强度标准化，从而获得蛋白质表达水平数据。谱图计数定量法通过比较不同样本中已鉴定肽段的 MS/MS 质谱图数量，以评估蛋白质的丰度。该方法基于质谱实验中的观察，发现蛋白质的丰度越高，其产生的肽段和谱图数量也越多，因此提出了谱图数量与蛋白质丰度成正比的基本假设，为蛋白质定量分析提供了理论依据。

（三）质谱数据分析流程

1．样本中蛋白质的定性和定量　在获得质谱数据结果后，首先需要对样本中蛋白质进行定性和定量分析。常用质谱数据分析软件如 MaxQuant、Mascot 和 PEAKS 等都可进行定性和定量分析。分析流程通常包括加载原始质谱文件，选择使用的酶解方法，标明是否使用同位素标记和标记方法，设定搜索用的蛋白质数据库，调整其他相关参数等。一旦所有参数设置完成，就可以执行蛋白质的定性和定量分析。分析结果会得到蛋白质群及其在不同样本中表达量信息的矩阵（表 9-1），每一行表示一个蛋白质群，每一列对应一个样本。

表 9-1　蛋白质群表达量矩阵

蛋白质群 ID	1 号样本	2 号样本	……
蛋白质群 #1			
蛋白质群 #2			
……			

获得蛋白质群表达量信息后，为确保数据准确性，需进行进一步预处理，剔除无效数据，填补缺失值，并对表达量数据进行标准化，以确保数据一致性。处理后的数据才可用于后续的差异表达分析。一旦获得差异表达蛋白质，可继续进行功能分析，深入了解这些蛋白质的生物学功能、参与的代谢途径等相关信息。

2. 缺失值处理　质谱蛋白质组学检测中，表达量数据常出现缺失值（missing value），即某些蛋白质在样本中未被检测到，或只在部分样本中有表达数据。缺失值的出现既有生物学因素，如不同样本中蛋白质是否表达或表达量水平存在差异；也有技术因素，如质谱技术敏感度有限或蛋白质离子化能力存在差异。根据缺失值出现机制，一般将其分为三类：随机缺失（missing at random，MAR）、非随机缺失（missing not at random，MNAR）和完全随机缺失（missing completely at random，MCAR）。具体到质谱蛋白质组学，随机缺失即数据是否丢失与表达量数据值大小无关，与其他因素相关。例如，不同蛋白质分子离子化能力不同，导致一些不易离子化分子的数据可能丢失。非随机缺失即数据是否丢失与其表达量数据值本身大小相关。例如，某种处理下有些蛋白质表达急剧下调，低于质谱仪的检测范围，因此表达量值缺失。完全随机缺失即缺失值的出现与样本内外的任何因素都没有关系，是纯粹的随机性。

处理缺失值最简单的方法是删除含有缺失值的蛋白质群。然而，这仅适用于缺失值数量较少的情况；否则丢掉大量数据可能在数据集中引入偏差，通常不推荐这种做法。针对不同的缺失机制，需要采用不同的处理方法。

对于随机缺失，可采用 *k* 近邻（*k*-nearest neighbor，KNN）、奇异值分解（singular value decomposition，SVD）、最大似然估计（maximum likelihood estimation，MLE）、贝叶斯 PCA（Bayesian PCA，bPCA）和随机森林（random forest，RF）等方法进行插补。对于非随机缺失，可使用样本均值、中位数或最小值替代缺失数据值［如确定性的最小值（deterministic minimum，MinDet）］，但这可能会降低数据方差。更常用的方法是概率最小值法（probabilistic minimum，MinProb），它以最小值为中心进行正态分布随机抽样，有助于维持数据方差。基于分位数回归的左截尾数据分位回归法（quantile regression imputation of left-censored data，QRILC）通过估计数据在不同分位数上的值来填补左截尾数据，减少了数据处理偏差，受异常值的影响更小，也是常用方法。对于完全随机缺失，可以使用均值或中位数进行插补。如果数据同时存在多种缺失，可以综合使用以上方法进行处理。

3. 表达量数据的转化和标准化　在质谱分析中，检测到的蛋白质表达量受多种因素影响，如技术敏感度限制、蛋白质离子化能力不同、蛋白质丰度范围等。当蛋白质低表达时，由于技术敏感度的限制，质谱可能无法检测到；离子化能力不同也会使一些蛋白质更难以被检测到，所以导致数据呈现左侧截断的特征。

显著性检验［如 *t* 检验（*t*-test）、方差分析（ANOVA）等］基于正态分布的假设，如果原始数据不满足这一要求，可能会影响检验结果的准确性和可靠性。左侧截断数据的分布经常呈现非对称、偏斜且方差不齐的特点，不符合正态性假设。数据转化可使数据分布更加对称，接近正态分布，从而满足统计假设的要求。

一种常见的转化方法是对数转化，即对数据取对数。通过对数转化，可以将左侧截断的数据变换为更接近正态分布的形态，从而提升显著性检验的准确性和可靠性。通常软件会使用以 2 为底的对数，正好对应 2 倍的表达量差异。但需要注意，对数转化可能在数据值为零时出现问题，为避免无法计算的问题，可以在转化前对数据进行平移或添加一个常数。

在生物学研究中，存在生物变异（biological variation）和技术变异（technical variation）。在蛋白质组学研究中，生物变异可以体现为不同疾病状态下蛋白质表达水平的差异。例如，在肿瘤组织与正常组织中，某些蛋白质的表达可能显著增加或减少，反映了肿瘤细胞的生物学特性。而技术变异是由实验操作和仪器性能引起的，如在同一实验条件下，由于质谱仪器的性能波动，同一蛋白质在不同实验中的峰强度可能存在差异。这种差异不反映生物学真实情况，而是由实验技术所引起的。因此，在蛋白质组学研究中，需要通过适当的标准化方法，将技术变异控制在合理范围内，以确保所观察到的变异主要来自生物变异，而非技术因素的影响，这对于无标记定量数据尤其重要。

数据标准化方法很多，比如分位数标准化（quantile normalization）方法通过对每个样本的数据排序，计算排名百分位，并将样本的值映射到平均排名百分位，实现分布一致。方差平稳标准化（variance stabilization normalization）方法通过局部平滑估计使数据的方差稳定且与均值无关，从而提高数据的可比性和可靠性。线性回归标准化（linear regression normalization）方法使用最小二乘法建立一个线性回归模型，将数据点映射到回归线上，然后将数据减去预测值，得到标准化后的数据。线性回归标准化适用于具有线性关系的技术变异，但可能对于非线性关系的情况效果不佳。局部回归标准化（local regression normalization）方法将每个数据点周围的邻近点作为训练集，应用局部回归模型来预测目标数据点的标准化值。这种方法适用于样本之间存在非线性技术变异的情况，能够更准确地捕捉数据的变异模式。

（四）差异表达蛋白质鉴定

1．统计检验　蛋白质组学分析的关键目标之一是识别在不同条件下蛋白质表达水平的显著变化，这通常被称为差异表达蛋白质的鉴定。在这一过程中，研究人员需要从海量的原始质谱数据中找出那些在样本之间存在显著差异的蛋白质，以揭示潜在的生物学信息。在进行差异表达蛋白质鉴定时，统计方法的选择至关重要。针对不同数据分布和样本情况，研究人员常采用多种方法来确保结果的准确性和可靠性。

对于符合正态分布的数据，常常使用 t 检验和 ANOVA 来进行两组或多组样本的比较。当数据不符合正态分布时，可采用非参数检验方法，如 Wilcoxon 秩和检验与 Mann-Whitney U 检验，它们不对数据分布做要求，适用于小样本或偏斜数据。

置换检验（permutation test）也是一种用于鉴定差异表达蛋白质的统计方法，类似系统发育分析中的自展法（bootstrap）检验的思想。通过随机重新排列样本标签（如处理和对照），构建零假设下的随机数据分布，然后将实际数据与随机分布进行比较以评估差异的显著性。置换检验适用于数据分布不满足正态假设、样本量较小或数据结构复杂的情况。它避免了假设分布的假设，更具灵活性，可以有效发现差异表达蛋白质。

蛋白质组数据往往受到多个因素的影响，这些因素可能相互作用并导致复杂的变化。线性模型能同时考虑多个影响因素，应对复杂的实验设计，有效控制误差率，增强统计显著性的可靠性，因此在差异表达蛋白质鉴定中被广泛应用。利用线性模型进行差异表达蛋白质鉴定，首先要建立蛋白质表达与批次效应、样本相关性等多个因素的关系模型。然后拟合模型、估计参数并计算各因素的影响。最后通过假设检验推断蛋白质表达是否存在显著差异。通过参数估计可以解释不同因素对蛋白质表达的影响程度和方向，揭示潜在的生物学机制。线性模型的灵活性使其适用于不同数据分布和实验设计，为深入理解蛋白质差异表达的复杂性提供了重要工具。例如，Limma 软件包使用经验贝叶斯方法（empirical Bayes method），通过整合多个样本中的信息来估计每个蛋白质的真实方差和均值，以减少单个样本中的随机变异对差异表达分析的影响，提高差异分析的准确性。

2．多重检验校正　在蛋白质组学研究中，同时检验大量蛋白质的差异表达会引发多重检验问题。假设有一个蛋白质组实验，检验了 1000 个蛋白质在两个不同条件下的表达差异。如果每个检验的显著性水平设定为 0.05，那么预期会有 5%的蛋白质被错误地标记为显著差异表达，即假阳性。然而，由于进行了 1000 次独立的检验，可能会有 50 个蛋白质被错误地标记为显著差异。对于这种情况需要进行多重检验的校正，控制假阳性率，确保只有真正显著的差异被识别出来，避免偶然误差导致的虚假显著结果。

Bonferroni 校正是最早也是最简单的多重检验校正方法之一。它通过将显著性水平除以假设检验的总次数来进行校正，以控制整体错误率。然而，Bonferroni 校正可能过于保守，导致错过许多真实的差异。FDR 校正是一种更灵活的方法。它关注的是在所有被拒绝的原假设中错误拒绝的比例。Benjamini-Hochberg 过程是 FDR 校正的典型方法，通过按照 p 值的大小排序，确定一个阈值，使得被拒绝的假设的 FDR 不超过预设的水平。这种方法能够在控制一定程度的错误率的同时，增加发现真实差异的能力。

3．差异表达蛋白质的功能分析　在蛋白质组学研究中，鉴定差异表达蛋白质是揭示生物学过程和疾病机制的关键一步。然而，仅仅获得差异表达蛋白质的列表并不足以完全理解其生物学功能和参与的分子机制。因此，对这些蛋白质进行功能分析是必不可少的，它能够将蛋白质表达变化与生物学过程和功能联系起来，为研究提供更全面的视角。

常用的蛋白质功能分析方法包括基因本体（gene ontology，GO）分析、富集分析、通路分析及蛋白质互作网络分析等。基因本体分析是一种将蛋白质分类到不同的生物学过程、分子功能和细胞组分等术语中的方法。通过这种方法，可以了解差异表达蛋白质在哪些生物学活动中发挥作用，以及它们可能的功能特征。富集分析用于检测差异表达蛋白质在特定生物学通路、功能和过程中的富集情况。这种方法可以发现差异表达蛋白质在特定生物学过程中的累积情况，从而揭示其可能的生物学活动。通路分析则更加关注差异表达蛋白质在代谢和信号转导等通路中的作用。通过将差异表达蛋白质与生物学通路数据库进行关联，可以深入了解这些蛋白质在细胞内的功能和相互作用。蛋白质互作网络分析则关注蛋白质间的相互作用关系。通过建立蛋白质互作网络，可以识别出核心蛋白和功能模块，揭示差异表达蛋白质在细胞内的相互关系，有助于理解差异表达蛋白质如何协同作用以实现特定的生物学功能。以上分析方法在本书其他章节有详细介绍，这里不再赘述。

这些功能分析方法在蛋白质组学研究中扮演着重要的角色。它们不仅能够帮助研究人员从差异表达蛋白质的角度深入了解生物学过程和分子机制，还可以指导后续的实验设计和验证。综合运用这些功能分析方法，可以更全面地揭示差异表达蛋白质的生物学含义，为进一步的生物学研究提供有力支持。

习　题

1．什么是蛋白质组？谈谈蛋白质组与基因组和转录组的区别与联系。

2．简介蛋白质组学研究的主要策略及其应用。

3．蛋白质及肽段有哪些主要的分离技术？

4．简述 ESI 和 MALID 离子化的原理。

5．举例说明利用质谱进行蛋白质鉴定的原理。

6．简述利用质谱进行蛋白质定量分析的流程。

7．蛋白质组学分析中常产生哪些数据？列举其中两类数据的分析流程。

8．如何利用质谱分析鉴定未知蛋白质？

第十章 代 谢 组 学

代谢是生命活动中所有生物化学变化的总称。在这些有序生化反应中，生物体内源性代谢物质的动态整体，称为代谢组（metabolome）。代谢（物）组学（metabonomics/metabolomics）是以系统学的研究思路，对生物体内所有代谢物进行表征及定量分析，探寻代谢物与生理病理变化的相对关系的学科。它是以物理学基本原理为基础的分析化学、以数学计算与建模为基础的化学计量学和以生物化学为基础的生命科学等多学科交叉的一门新学科，是生物信息学的一个重要组成部分，受到了医学、食品等多行业和领域的关注与应用。

第一节 代谢组学概述

代谢组学是系统生物学的重要组成部分。其通过对特定系统中代谢物谱系和含量的全面评估，研究代谢物之间的复杂相互作用，揭示机体内在的分子调控关系，为生命科学的研究提供了技术手段。代谢物是基因组表达和生化反应的下游产物，因而与其他“组学”策略相比，代谢组学与生物体表型的联系更紧密，观察细胞稳态的视角也更为独特。

一、代谢组学在系统生物学中的地位

代谢组学是系统生物学的重要组成部分。生物的个体发育，是由 DNA、RNA、蛋白质和代谢物之间的动态平衡关系调节的细胞生命活动及个体表型呈现的过程（图 10-1）。生物的系统发育，也是由遗传物质的变化所引起的蛋白质、代谢物的变化，从而形成的群体特征。DNA、RNA 和蛋白质是生物学事件或过程发生的物质基础，但这个事件或过程是否能够产生影响，存在不确定性，取决于基因转录或表达调控“开关”。因而，单从基因组、转录组和（或）蛋白质组层面研究生理病理发生的规律及原因，仍不完整。代谢物是这些调控“开关”的下游产物，其存在和变化说明生命过程中上游事件已经发生。代谢物的变化正是对生物事件或过程的直接反映。因而，可以认为，基因组学和蛋白质组学告诉人们什么可能会发生，而代谢组学则告诉人们什么确实发生了。可见，与基因组学和蛋白质组学相比，代谢组学与系统表型的生物学距离更近。

图 10-1 遗传信息的传递进程

实线箭头代表遗传信息的传递过程；虚线箭头代表如果代谢物存在，上游的遗传信息传递已发生

代谢组可以分为几个部分：①内源性代谢组，它包括每种细胞类型、组织，生物或生物体液的所有代谢物特征，反映了特定的环境条件及生理需求。②微生物群产生的微生物

代谢组。③外源性代谢组，其中包括来自药物、污染物和饮食化合物的所有外来代谢物。因此，代谢（表）型（metabotype 或 metabolic phenotype）是个体遗传、营养、药理和环境状况的综合体（图 10-2）。因此，代谢组的实际大小和复杂性仍然不确定，不仅会根据公认的定义而变化（如果还考虑外源性化合物，则人体中代谢物的数量可能会超过 100 000 种），还要考虑所研究的不同生物系统（如细胞室、细胞、生物流体、组织、器官或有机体）的复杂性。

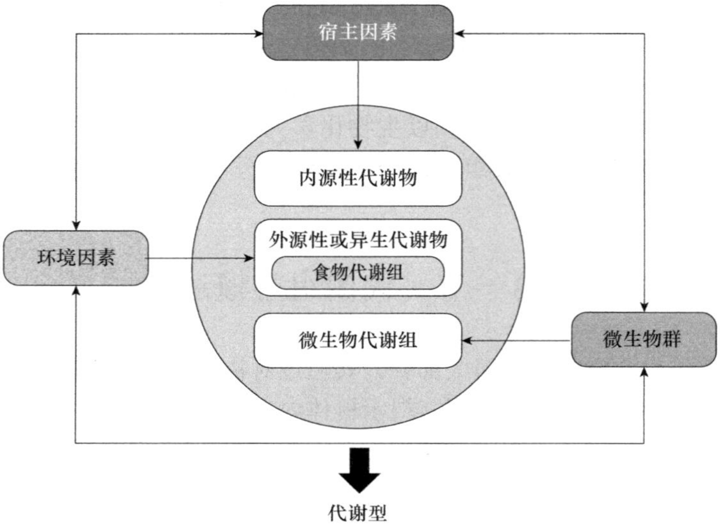

图 10-2　影响代谢型的因素

代谢型受遗传因素（宿主因素，如性别、年龄和遗传多态性）、环境因素（如饮食、生活方式、药物、疾病和环境压力）和微生物群的影响，导致个体之间呈现代谢型差异

此外，对完整代谢物的了解，还不足以预测表型。实际上，必须根据其生化途径来理解代谢物。代谢物的生产和降解的独特代谢过程，或多或少会受到精细调节和相互联系的影响。因此，为了解释和理解代谢物水平的改变，需要了解细胞整体动态的通量变化。

代谢组学的应用范围广泛，包括：①疾病诊断；②药物的发现与开发；③药代谢组学和个性化医学（如预测药物反应表型）；④营养学（如评估饮食成分、基因组与食物代谢的相互作用，以及个性化饮食改善人类健康的可能性）；⑤代谢工程/生物技术（如增强食品的营养价值、创造“功能性食品”，以及改善微生物菌株产生特定代谢物，或改变植物的代谢、生理和开发抗病植物的能力）；⑥功能基因组学（如预测未知基因的功能）；⑦功能蛋白质组学；⑧毒理学（如药物安全性评估）；⑨分类学和系统发育学。所有这些代谢组学的应用，具有一个共同的研究属性，即认为生物对环境的应激响应，会引起代谢反应变化，从而导致代谢物组的丰度变化，产生具有特征模式的代谢型。这个研究属性有助于人们探究生物的内在动态平衡体系。

二、代谢组学的分析策略

代谢组学（metabonomic）和代谢物组学（metabolomics）这两个术语通常可以互换。这两个术语的区别主要是概念上的，而不是技术上的。代谢组学旨在测量生物系统对生物刺激或基因操作的整体动态代谢反应，重点是了解复杂的多细胞系统中随时间变化的系统性变化。

代谢物组学是指通过对复杂生物样本的分析描述，旨在表征和定量此类样本中的所有小分子。可见，代谢组学是对生物系统及其动态变化规律的研究，是一个整体动态的概念；而代谢物组学主要强调代谢物的分析，是一个静态的概念。实际上，这些术语在分析和建模过程中是相同的，一般不做区分。如果将这两个概念综合起来，代谢组学的分析策略可以分为两种不同的类型，即靶向分析（靶向代谢组学）和非靶向分析（非靶向代谢组学），进一步可以定义5种不同的代谢组学分析方法（图10-3）。

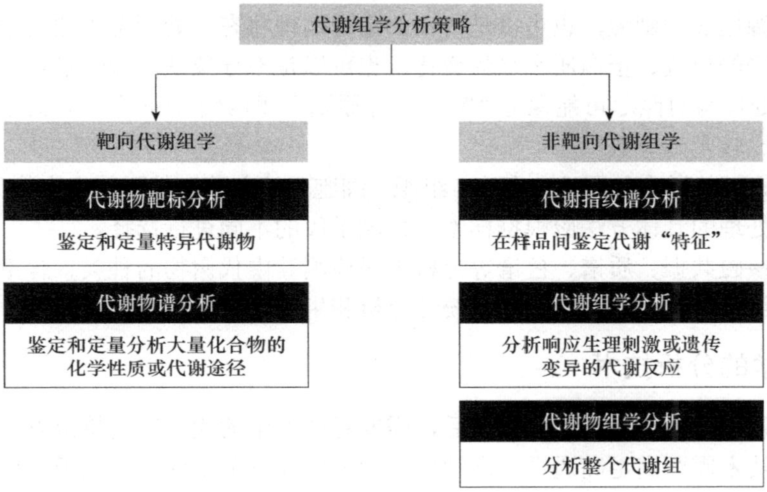

图10-3 代谢组学分析策略

（1）代谢物靶标分析（metabolite target analysis）：是使用最合适的分析技术针对一小部分代谢物（目标代谢物）进行鉴定和定量分析的技术。这种分析方法通常需要采取一些样本预处理以去除干扰物质，从而提高检测的敏感性。

（2）代谢物谱分析（metabolite profiling）：类似于代谢物靶标分析，对少数特定类型、特定结构或特定代谢通路的标志性代谢物进行定量分析。这种分析需要利用检测目标的理化性质来对样本中的代谢物进行分离提取。

（3）代谢指纹谱分析（metabolic fingerprinting analysis）：是通过产生生物样本的代谢“特征”对样本进行快速分类，以便在规模较大的样本种群中进行比较，从而筛选出样本之间的差异。一旦检测到这些区分性信号，就可以鉴定出代谢物，并阐明其生物学相关性。通常，这种方法不需要鉴定和定量单个代谢物，属于半定量分析。

（4）代谢组学分析（metabonomics analysis）：被定义为在生物系统中由疾病、药物、毒素或其他扰动（如基因改造）引起的代谢反应的量度。

（5）代谢物组学分析（metabolomics analysis）：可以简单地定义为对分离的生物、细胞、组织或生物体液的所有代谢物（称为代谢组）的综合（鉴定和定量）分析。这种方法提供了生物系统的“代谢型”（代谢表型）。该分析应提供所有代谢物的无偏鉴定和定量分析。

研究人员在具体研究中可根据具体研究目的和各自的优势进行综合评判选择。代谢组学研究的最终目标是对特定样本中的所有代谢物进行鉴定和定量分析，但目前的代谢组学技术还无法完成这个目标。

三、代谢组学的研究流程

代谢组学实验包括不同的步骤，这些步骤必须确保最佳的样本处理，代谢物提取、分离、检测、鉴定和定量，以及自动的数据收集、分析和解释。所有这些步骤可以分为 4 个阶段：①样本的收集和准备；②代谢物的分离和检测；③数据挖掘和提取；④数据分析和解释。

代谢组研究的一般流程如下。首先，充分考虑统计学实验设计后，样本收集的时间、部位、种类、样本群体等信息，以及对照和处理的比较关系。然后对样本进行处理试验，处理试验可以是外源施加的刺激，也可以是内在的生理病理状态。处理可以通过干扰导致基因的改变、转录水平的更改、蛋白质水平的变化，也可以是不导致基因和转录水平发生变化的某些环境因素。处理与对照尽可能保证“唯一差异原则”，即除了处理条件，其他试验因素保持一致，以确保比较基础一致。

其次，采集相关样本如尿液、血液、组织、细胞和培养液，甚至整个生物体的生物样本。样本采集和预处理的具体方法应根据样本与检测手段的不同进行选择。

最后，用核磁共振、质谱、色谱等分析手段检测其中代谢物的种类、含量、状态及其变化，建立代谢组数据。最终对数据进行统计分析和生物学意义的挖掘。

四、代谢组学的分析技术

在完成代谢组样本的提取和预处理后，需要对样本中的代谢物用特定方法进行测定。代谢组学的分析技术需要满足高通量、高敏感性和无偏性三个条件。相比于其他组学而言，代谢组的研究对象代谢物的分子量、挥发性、带电性、极性等理化性质差异较大，因而单一的分析技术难以完全囊括样本中所有的代谢物。目前，代谢组研究的核心技术是核磁共振技术和质谱技术，还包括毛细管电泳、红外光谱等手段。现有的分析方法基本上可以归为三类：核磁共振波谱法、色谱-质谱联用法和色谱-核磁-质谱联用法。

核磁共振波谱法是分析分子内各官能团如何连接成确切结构的强有力工具。核磁共振技术被认为是分析生物流体（尿液、血浆、细胞培养液等）代谢物的理想方法。核磁共振技术具有明显的优势：没有偏倚性、具有无损伤性，可以进行实时和动态的检测。其缺点是检测敏感性相对较低，很难同时测定生物体系中共存的浓度相差较大的代谢物，所需硬件的投资也较大。

色谱技术因其卓越的分离性能、高敏感性，已被广泛用于复杂体系（如体液）中的靶标分析（如标记物分析）。近年来，越来越多的研究者将质谱及其色谱联用技术用于代谢组学的研究，如液相色谱-质谱联用、气相色谱-质谱联用。色谱-质谱联用仪能鉴别和分析各类化合物及其在复杂生物样本基质中含量极低的代谢物类型。此外，NMR、色谱和质谱三种技术联合可以发挥各自的优点。

此外，代谢组学技术与基因组学和蛋白质组数据结合，将会成为一种有力的分析工具，并有广阔的应用前景。

第二节　代谢组学数据处理的常用方法

目前代谢组学的研究方式分为两种，一种叫作代谢物靶标分析（靶向代谢组学），另一种叫作代谢物轮廓分析（非靶向代谢组学）。前者专注于分析某一种或数十种已知代谢物，产生的数据简单；而后者采用高通量的分析手段，以检测出尽可能多的小分子代谢物而获得某一生物数据分析表型或生理状态的代谢轮廓，进而比较不同样本或组别之间的代谢物组成和含量差异。

常用的代谢组学测定方法包括核磁共振（nuclear magnetic resonance，NMR）、质谱（mass spectrometry，MS）及其与色谱联用技术（GC-MS、LC-MS）等，分析平台的选择往往要综合考虑其化学选择性、敏感性和检测速度。不管采用哪种测定方法，应用代谢组学技术都可以测定到许多内源性化合物的定性/定量信息。这些信息在输出的谱图上表现为许多信号峰，在色谱-质谱图上表现为不同保留时间出现的色谱峰；在质谱图上表现为在不同质荷比上出现的质谱峰；在核磁共振谱图上表现为不同化学位移处的谱图信号（图 10-4）。

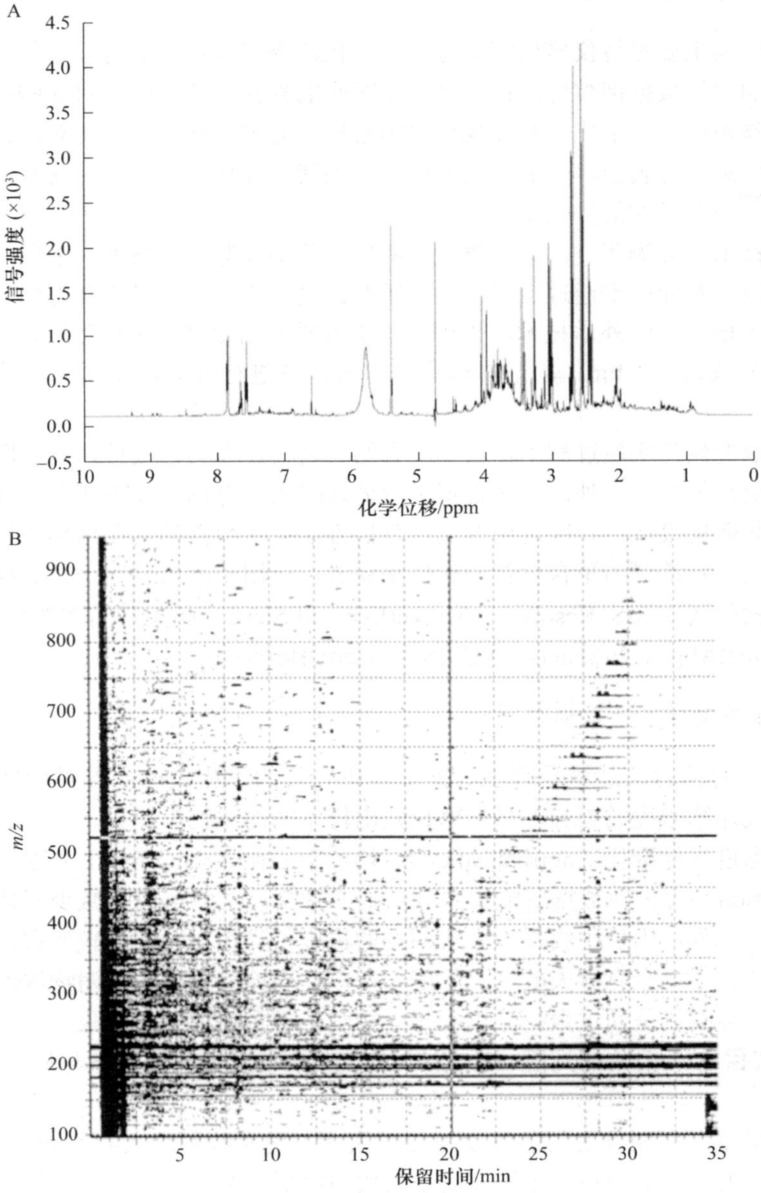

图 10-4 代谢谱

A．一维 HNMR 谱；B．LC-MS 轮廓的二维轮廓图每个信号峰都既包含了检测分子的定性/结构信息，也包含定量信息。以液相色谱-质谱检测为例，样本中的分子经过色谱柱分离后在色谱图上的不同时间出现，输出的总离子流图上的每个色谱峰都包含该物质定性信息（每个时间点所对应的质谱图和色谱峰的保留时间）和定量信息（峰高或峰面积）。对于特定化合物来说，其定性信息就是该化合物的特征谱图和色谱保留时间，是化合物鉴定的基础；其定量信息就是该化合物的色谱响应强度，如峰高、峰面积，也是定量比较不同样本或组别之间差异的基础。

一、数据预处理

（一）数据预处理——信号转换

数据信号转换主要是将仪器检测信号转换成代谢物定量信息的过程。每一份样本由分析仪器检测产生的原始数据都被记录在一个与之对应的独立文件之中，对这些原始数据采用适当的方法去除噪声信号、干扰、基线飘移等因素后，通过数据提取和比对，最终生成一张信息汇总表。在信息汇总表中，一般行代表样本，列代表与代谢物对应的变量，表中的元素代表某个样本中某个变量的信号强度。

数据提取技术可分为两类：第一类主要应用于色谱及其联用技术，采用峰的积分结果作为变量进行提取，其他样本通过保留时间或质荷比进行峰匹配，最终获得原始数据矩阵。第二类主要应用于核磁、红外谱技术，也可应用于液质联用数据，采用等间距的切片（slice，用于一维谱图）或切块（bin，用于二维谱图）对谱图进行拆分，将区间内的信号积分作为变量。

在数据提取的软件实现过程中，往往二者结合使用，尤其在处理像液质联用平台所产生的多维数据时更是如此。此外，在对数据进行处理时还应考虑到以下 4 个方面：①所用的分析检测平台；②研究设计；③欲选用的数据分析方法；④数据的内在结构属性（如维度等）。目前数据的前处理，都可由平台自带的软件来完成。应用于液质联用平台数据前处理的软件包括商品化的软件（如 MS Resolver、MarkerLynx 和 Sieve）和免费的软件平台（MZmine、MAthDAMP、metAlign、MSFacts、XCMS 和 MeltDBczoc）。

（二）数据预处理——数据标准化

数据预处理的目的，是尽量减小数据中与研究目的不相关的变异对后期数据分析的影响，使样本间代谢物浓度的差异尽量能够反映出样本间的生物学差异。

通过对数据进行标准化（normalization）、均值中心化（centering）、缩放（scaling）和转换（transformation）等，使数据更能反映与生物学意义相关的信息，减少干扰因素的影响，如测量误差等。此外，由于生物样本中代谢物的浓度差异很大，相比较而言，对于代谢组学数据，含量高的代谢物会有很大的绝对浓度偏差，从而掩盖低含量代谢物浓度变化所包含的信息，因此数据标准化是通过数据分析获得生物学信息之前的关键步骤。

1．与研究目的不相关的问题　数据预处理中，需要考虑以下与研究目的不相关的问题。

（1）生物样本中代谢物之间的浓度差异很大（表现在数量级上的差异）。从生物学角度而言，那些浓度大的代谢物不一定比浓度小的代谢物更重要。

（2）在同样的实验条件诱导下，代谢物间浓度的变化程度存在着巨大差异。比如，处于中心代谢途径的代谢物与处于次级代谢途径的代谢物相比，后者往往表现出比前者更剧烈的浓度变化。

（3）即使在相同的诱导条件下，有些代谢物会“自发”地出现波动，这部分变异通常被称为与研究目的不相关的生物学变异。这部分变异是很难控制的。

（4）此外，还有一部分变异是由于实验技术性原因，如样本采集、分析前处理、仪器分析等环节中引入的变异。

2．预处理方法　对样本维度的数据（即同一化合物在不同样本的丰度）标准化，往往以样本的总信号强度、参考样本、参考代谢物（以标准品作内参）等作为标准化因子，其目的在于使样本之间具有可比性；对变量维度（即同一样本内，不同化合物的丰度）的操作则要复杂且方法种类很多，如均值中心化、缩放、转换。

1）均值中心化　均值中心化以后，代谢物变量值围绕着零而非均值波动，以调整高低丰度代谢物浓度变化的差异。它使得数据更能体现出它的变异（波动）部分。

2）缩放　其过程为每个变量除以各自的缩放因子（scaling factor），借以调整不同代谢物浓度变化程度的差异。缩放方法的选择对后期数据分析建立模型的影响很大，尤其对代谢标志物的筛选有直接影响。

若以变量的离散度作为缩放因子，则缩放包括自缩放（autoscaling）、帕尔托缩放（Pareto scaling）、范围缩放（range scaling）和变量稳定性缩放（variable stability scaling，Vastscaling）。自缩放又称为单位或单位变异缩放（unit variance scaling，UVscaling），经过自缩放后的变量的标准差均为 1。如同经过均值中心化以后的数据，对自缩放后的数据进行的分析，是基于变量间的相关性而非协方差。帕尔托缩放与自缩放的唯一区别是以标准差的平方根代替标准差作为缩放因子，该方法的效果处于不进行缩放和进行自缩放处理之间，既缩小了不同丰度代谢物浓度变化程度的差距又不破坏数据结构。变量稳定性缩放是对自缩放的一种扩展，它更关注那些变异小的稳定变量，以标准差和变异系数作为缩放因子。该方法所造成的结果是：在数据分析时会给予稳定性好的变量（标准差小）较高的权重。变量稳定性缩放可以在有监督模式下进行，此时样本的组别信息也会被考虑进缩放因子。范围缩放以极差作为缩放因子，但是该方法对界外值敏感。

若以变量的均值或中位数作为缩放因子，此时的缩放称为水平缩放（level scaling）。水平缩放将变量的变异转换为相对于均值或中位数的百分比的变化，常应用于研究关注较大的相对值变化，如应激反应研究或寻找样本中含量高的生物标志物。

3）转换　是对数据进行非线性转换（如对数转换、指数转换等）以纠正数据的方差异性，将数据间的倍增关系转换为加和关系，调整数据分布，纠正偏态分布。对数据进行转换后往往还要对其进行缩放处理，但二者之间如何优化互补尚待研究。

数据预处理方法，尤其是缩放方法的选择，对后期数据分析有着很大的影响，尤其是当运用模式识别方法时，帕尔托缩放是比较常用的预处理方法，其次是自缩放。自缩放适用于以下情况：对数据没有先验知识，且构建模型时给予基线噪声和样本信号相同的加权值。对于以寻找代谢标志物为目的的研究，帕尔托缩放是更合适的选择。

二、单变量统计分析方法

目前常用的数据统计分析方法根据研究目的的不同大致可以分为两类：一类是单变量统计学方法，如单变量检验中的 *t* 检验、非参数检验中的 Whitney U 检验和单变量检验的一元方差分析方法等。该类方法常用于寻找两组间具有差异的代谢物。另一类是模式识别方法，代谢组学中常用的模式识别方法包括主成分分析（principle component analysis，PCA）、偏最小二乘法（partial least square method，PLS）和正交偏最小二乘法（orthogonal partial least square method，OPLS）。该类方法多用于构建预测模型和寻找代谢标志物，且为最常用的数据分析方法。

对于方法本身而言，这些方法大致可以分为两类：一类是有监督方法，如人们熟悉的 t 检验、非参数检验、方差分析、偏最小二乘法等；另一类是无监督方法，如主成分分析、层聚类分析等。有监督方法和无监督方法的不同之处在于在进行数据分析时有无先验知识的干预，假如已知样本类别（组别）信息且将其作为描述变量参与分析，所用的方法为有监督方法；否则该方法为非监督方法，在多元统计分析中非监督方法可近似看作传统单变量统计分析中的探索性分析。

（一）数据的统计分布

数据的分布在统计中起着重要的作用。变量的值（例如，一组有 n 个样本的化合物的浓度）具有一定的经验分布；对其进行目视检查，可更好地了解数据（图 10-5）。一维散点图沿直线绘制数据，对于较小的数据集或不太接近的值，显示效果较好。柱状直方图是常用的

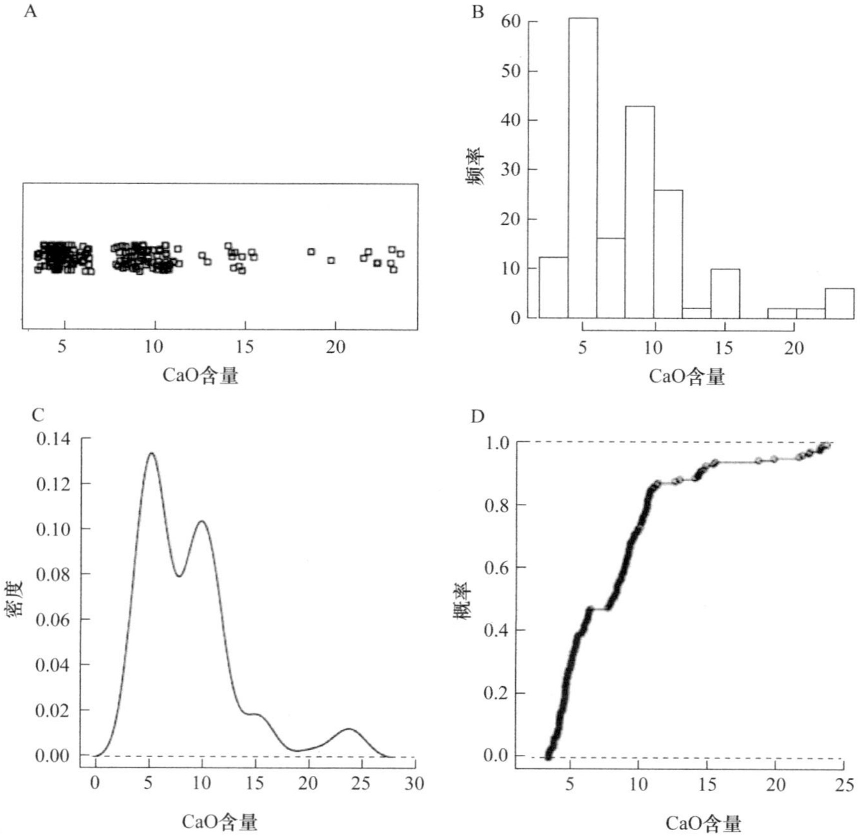

图 10-5　代谢组数据分布的图形

A．一维散点图；B．柱状直方图；C．概率密度图；D．累积图

分布图，但受异常值的影响较大，对于类间隔的数量依赖性也较强。概率密度图是柱状直方图的平滑拟合线，纵坐标被缩放以使曲线下的面积为 1，但平滑参数会影响曲线的外观。累积图可以从柱状直方图或概率密度图获得，适用于对象数量较少的数据。如累积分布呈 S 形，则表示数据近似正态分布。

箱线图是一种信息丰富的图形，用于显示基于中位数和四分位数的数据分布（图 10-6）。箱线图可以定义如下：箱形的高度由第一个和第三个四分位数给出，中间的线表示中位数。图 10-6A 中显示了 CaO 含量可变的箱线图，并对其定义进行了解释。箱线图常用于比较不同的数据分布。而图 10-6B 中则显示了 4 个平行的箱线图，分别表示 4 组玻璃容器中的 CaO 含量。可以清楚地看到，组 3 和 4 的数据值是不重叠的，并且与前两组的数据值不同。

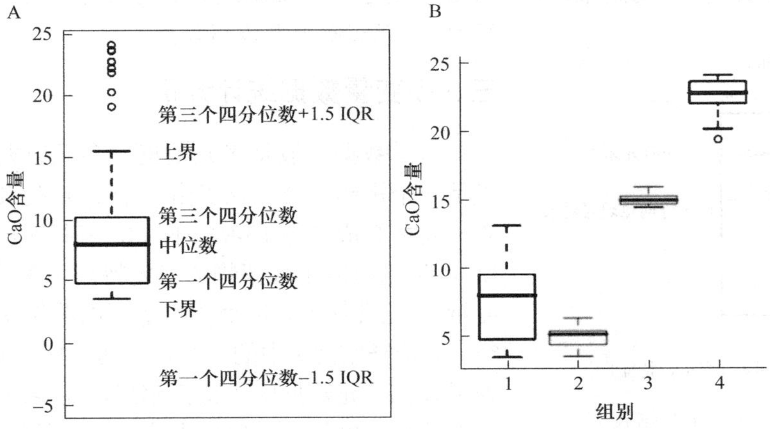

图 10-6　箱线图

IQR．interquartile range，四分位距，又称四分差。A．箱线图及其定义和异常边界；B．平行箱线图

探索性数据描绘图是综合了以上描述性统计图形，在一维散点图中描述数据大致分布情况，在箱线图中标记异常值，通过柱状直方图和密度曲线可视化分布的形式（图 10-7）。

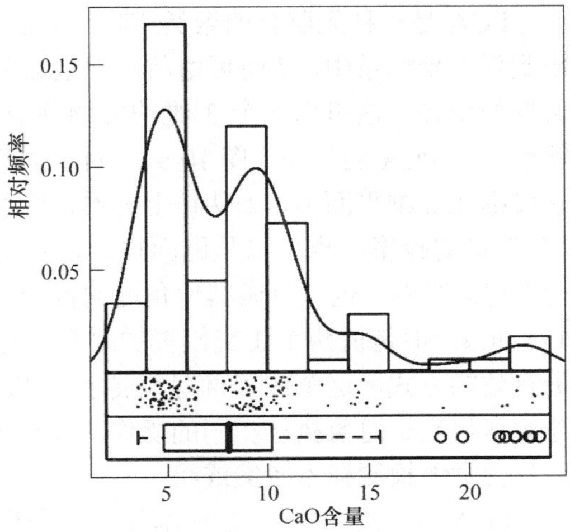

图 10-7　探索性数据描绘图

探索性数据描绘图结合了一维散点图、柱状直方图、概率密度图和箱线图

（二）统计学差异检验

单变量显著性检验如 t 检验、单变量方差分析和非参数检验等方法，可以被用于检测不同类别样本间的统计学差异。由这些方法得出的 p 值将是一个非常直观地衡量每个变量在不同样本组间差异的标准。

在组学范畴内，会同时检验多种代谢物的组间差异性。因而，关于传统生物学中的显著性水平（α=0.05 或 0.01）是否适用于代谢组学研究，有两种截然相反的观点：一种观点认为由于代谢组学数据变量个数多，而且变量之间存在一定的相关性，在进行单变量分析时尤其是在进行多重比较时必然导致假阳性率升高，所以有必要引入一些校正方法如 Bonferroni 校正等。另一种观点认为在代谢组学研究中，由于分析检测工具的高分辨率（尤其是质谱平台），相对于一种代谢往往可能检测到数个峰信号，这在一定程度上也就抵消了单变量同时分析的个数。所以在不严格的情况下，显著性水平依然可以设为 $\alpha=0.05$ 或 0.01。

作为对错误发现率（false discovery rate，FDR）概念的延伸，q 值也赋予每个检测变量相应的显著性测量指标，只不过 p 值表示的是假阳性率，而 q 值表示的是假发现率。假阳性率表示的是真阴性结果被判为阳性的概率，而假发现率则表示的是所发现的阳性结果中可包含真阴性的比率。q 值在衡量每个变量的显著性水平时，自动考虑到上千个变量同时被检测这个事实。因此，如果我们假设以 $q\leqslant 5\%$作为变量有统计学意义的标准，那么对于整体变量，会得到一个 FDR 为 5%的结果，也就是说，对于所有被筛选出的有统计学意义的变量，其中有 5%可能实质上并没有差异。

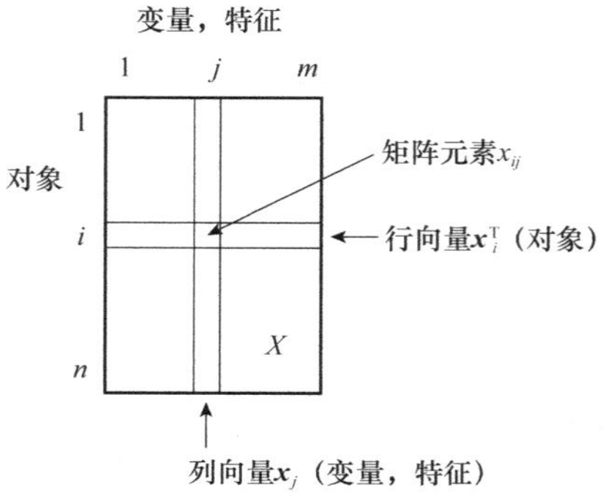

图 10-8 代谢组数据表

三、多变量数据统计分析

组学数据一般是多元数据。多元数据的一种简单形式是一个矩形表 X，该表由 n 行、m 列及每个包含数值的单元格组成（图 10-8）。例如，每行对应一个样本（对象），每列对应于代谢物的特定特征（变量，如代谢物的度量）。在几何上，每个样本都可以看作 m 维空间（变量空间、特征空间）中的一个点，其坐标由 m 个变量给出。为了寻找多元数据中的特征模式，需要对 m 维空间进行降维处理，以便寻找出样本或变量间的特定模式。

（一）无监督模式识别方法（unsupervised pattern recognition）

主成分分析（PCA）将数据矩阵 X 中的变量通过数学转化（线性多元回归）成几个独立变量（也被称为隐变量或主成分）来描述矩阵中的整体变异。

PCA 是一种无监督的聚类或降维方法，可将数据投影到新的坐标系中，从而可由前几个主成分代表大多数数据的变异。这里用一个 3 维的实物例子（甜甜圈），解读一下 PCA 的作用（图 10-9）。对于甜甜圈，可以把它投影在 2 维平面上，如从正上方看，甜甜圈为特有的“○”形的投影；也可以从侧面投影，看起来像棒状热狗面包。当然，也可以做其他角度的投影（如甜甜圈呈 45° 角），但是前两个正交投影的组合，是描述甜甜圈最有效的方式。这个例子直观地展示了 PCA 可以轻松地对任何高维对象执行相同的操作，从而降维，允许人们从视觉上检测样本图案或组。

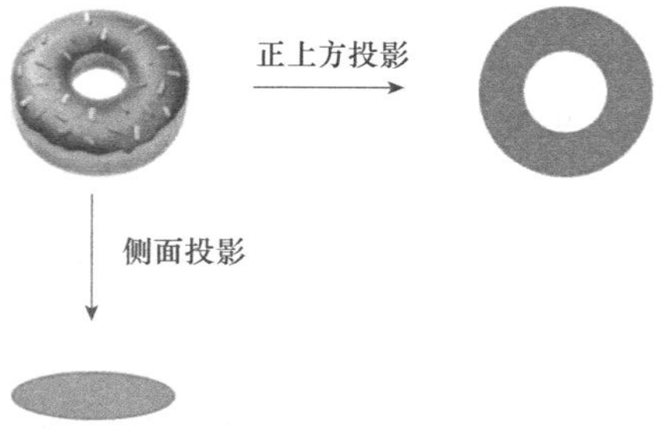

图 10-9 投影模式图

PCA 常用于识别一个样本与另一个样本之间的差异，以及哪些变量对此差异的贡献最大。PCA 的结果通常用分数和负荷表示。分数表示新坐标系中的原始数据，负荷是在投影过程中应用于原始数据的权重。

PCA 模型的第一个主成分描述了研究对象间的变异的最大部分，第二主成分次之，以此类推。可见，PCA是在一个低维度的模型平面上来近似地估计原数据矩阵中的变异（图10-10）。故在通常情况下，该模型以前两个主成分的打分向量组成的二维打分图的形式来体现数据集内研究对象间的关系和分布趋势；以相应的载荷向量组成的二维载荷图来体现数据集内变量间的关系。载荷图和打分图最大的特点是“方向一致”，即从载荷图上可以直观地看出使打分图上聚类趋势形成的引发变量。

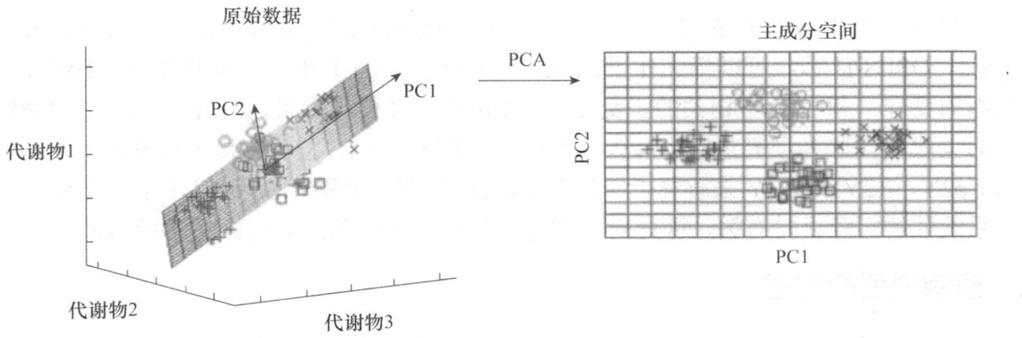

图 10-10 PCA 降维示意图

PCA能够直观地呈现样本间的关系（结果分布）如有无聚类、有无时间偏移趋势等，但是它也因为容易受到诸如仪器偏移、操作误差等一些与实验目的不相干的“噪声”信号的干扰和对研究对象的区分能力不强等缺点的影响。在这种情况下，利用样本的先验知识将数据分析进一步“聚焦”到人们要研究的方面不失为一种很好的方法，如偏最小二乘法和正交偏最小二乘法。

（二）有监督模式识别方法（supervised pattern recognition）

偏最小二乘法（partial least square method，PLS），又叫潜变量投影（projection to latent structure），是一种多元线性回归方法，被用来寻找描述（descriptor）矩阵 X 和反应（response）矩阵 Y 之间的关系。在对 X 矩阵变量降维和寻求主成分方面与PCA有一定的相似性，但PLS的主成分往往既要能够解释 X 中的变异，又能够对 Y 进行预测（图10-11）。偏最小二乘判别分析（partial least square-discriminant analysis，PLS-DA）是一种特殊的PLS方法，此时的反应变量 y 是描述研究对象类别属性的分类变量，在代谢组学中比较常用。

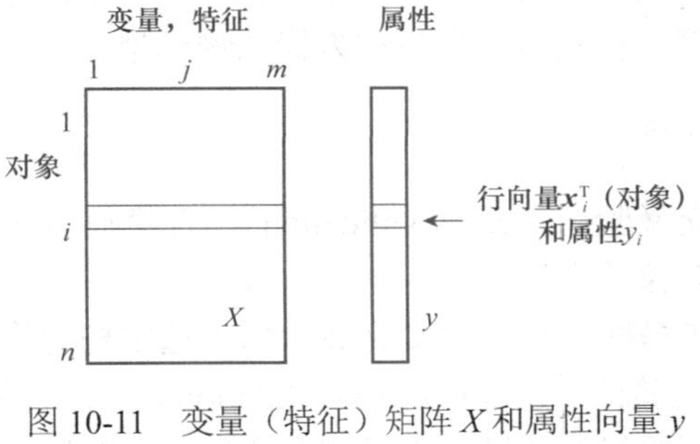

图 10-11 变量（特征）矩阵 X 和属性向量 y

该属性可以是连续数（物理、化学、生物或技术属性），也可以是定义对象的类成员的离散数或分类变量

当 X 中存在与 Y 不相关的系统性变异时，对PLS-DA模型的解读将会变得困难，将无法

分辨样本在模型空间上的分布中哪部分是由所关注的生物学变异引起的。

理想情况下，检测到的生物标志物的变化应该只受到生物学差异（变化）的影响，但是实验过程中如样本间与研究目的不相关的非诱导性生物学差异及样本处理与分析过程中的技术性偏差，都不可避免地影响着代谢组学数据矩阵中的变异构成。因此，若能将这些“干扰”性的变异鉴别区分开，将对寻找特异性的代谢标志物和构建预测模型有很大的帮助。

正交潜变量投影判别分析（orthogonal projection to latent structure-discriminant analysis，OPLS-DA），又叫正交偏最小二乘判别分析（orthogonal partial least square-discriminant analysis，OPLS-DA），可以将 X 中的系统性变异区分为与 Y 相关的预测变异（TpPpT，又可称为组间变异）和与 Y 不相关的正交变异（ToPoT，又可称为组内变异），相应的 OPLS-DA 模型的主成分被分为预测主成分（P）和正交主成分（O）。这些主成分的解释和预测能力分别用 Rp2X、R2Y 和 Q2Y 来解释。如此不但增强了模型的解释性，而且由于正交变异部分往往与系统性的实验误差有关，因此对它的进一步研究可以帮助人们改进实验方法。

四、预测模型的构建

所谓预测模型的构建，是指由代谢组学数据获得的特定模型来预测区分未知样本，这一部分内容涉及模型的构建和验证、评价两大部分。

（一）模型的构建

构建预测模型一般有两个目的：一是借此模型寻找代谢标志物，二是借助模型识别的高敏感度构建有实用价值的预测模型。

基于第一个目的构建的模型，建立在经过预处理的代谢组学数据的基础上，这类模型的优点是包含的信息量大，便于人们研究数据结构以了解样本间的关系，研究实验实施情况（包括分析检测平台的稳定性，样本采集是否符合标准，以及实验设计是否合理等）和寻找代谢标志物。其缺点也是包含的信息量大，因此该模型易受到噪声信号或者不稳定代谢物信号的干扰而变得脆弱，甚至得不到人们想要的生物学答案。

对于第二个目的——预测，由于要考虑到模型的重复性和稳定性，则需要考虑更多的因素。特征值的数目是决定数据假设空间的一个关键性因素，前者数目的增多往往使后者成几何数的扩张，造成正确假设的寻找更加困难。构建一个模型所需变量的多少往往由所选用建模方法来决定，因此，在这种情况下需经过一定的算法如遗传算法或模式识别方法对矩阵中的变量进行筛选，然后对这些筛选出的变量构建模式识别模型，才能够挖掘出这些数据中潜藏的生物学信息，这便是第二种模型，也被称为标志物模型。

（二）模型的验证和评价

常用的验证方法包括交叉验证（cross-validation）、置换检验（permutation test），以及将构建模型应用于新的研究对象等方法。

交叉验证往往在构建模型时由软件自动完成，用于选定构建模型的主成分，得到稳定可靠的模型。例如，10 倍交叉验证（10 fold cross-validation）就是首先将样本随机分为 10 个亚群，以其中 9 个亚群作为训练组构建模型来预测剩余的 1 个亚群，然后计算相应的错分率，如此重复 10 次，确保每个亚组都有机会作为检测组，分别得出 10 个错分率，最后通过比较并选定由错分率最小的主成分个数构建的模型为最终的预测模型。

置换检验（permutation test）不仅用在模型验证中，也可应用于单变量假设检验等统计方法中，用以检测（往往是两组之间）差异的显著性。置换检验中，首先反应变量的标签（类别属性）被随机分配，然后用相同个数的主成分（由待检验模型确定）构建其与预测变量 X 的模型，然后计算相应模型的组建总方差和组内总方差的比值，即 B/W 值。如此被循环 n 次后（通常选定 $n=1000$ 已足够）绘制这 1000 个随机模型 B/W 值的频数分布图，从而确定统计检验的接受域和否定域。

五、数据解释

数据解释既对人们筛选出的代谢物做出有生物学意义的解释，同时也是对这些潜在代谢标志物进行生物学验证的过程，目前这部分内容包括构建代谢物相关网络图和代谢网络映射。

（1）构建代谢物相关网络图。在“组学”时代监测一组生物标志物的变化远远优于监测单个标志物，因为由不同代谢标志物构成的“生物标志物模式”或“分子标签”对于临床诊断和病理生理学研究更有帮助。代谢物相关网络图是一种基于贝叶斯似然计算、皮尔逊相关系数或偏最小二乘法绘制的无方向网络图，从中可以获得潜在代谢标志物的生物学信息。代谢物的变化往往不是独立的，可能与其他代谢物的变化息息相关，那些与其他代谢物关联度好的物质更有可能成为生物标志物。代谢物相关网络图能够从经过统计学方法筛选出的潜在代谢标志物中筛选出生物学性质显著的潜在代谢标志物。此外，相关性好的代谢物之间可能存在着某种相似性（结构或者理化性质）。

（2）代谢网络映射。与基因组学、转录组学和蛋白质组学不同，机体代谢物的结构和理化性质差异很大，目前还没有一种技术可以实现代谢组的检测，即使是目前推荐的多正交平台组合分析（如结合色谱、质谱及核磁技术）平台，也难以达到前面分析代谢组的目的。但是通过利用生物信息学技术将代谢物映射进代谢网络图，可以在一定程度上弥补这一部分缺失的信息，并且也是人们研究代谢物生物学意义最直观和可靠的方法。

第三节　代谢组学分析工具和数据库概述

目前已建立许多记录代谢物化学特征的数据库并开发了许多处理代谢组中大量数据的软件工具，主要分析功能包括：①处理原始光谱数据；②统计分析以发现明显表达的代谢物；③连接代谢物数据库以鉴定代谢物；④集成和分析多个异构“组学”数据；⑤分子相互作用网络的生物信息学分析和可视化。本节将介绍4个数据分析工具（MetaCore™、MetaboAnalyst、InCroMAP 和 3Omics）。非靶向代谢组学分析中关键的一步是代谢物识别，即将质谱产生的代谢物特征数据与数据库中记录的代谢物特征进行比对，从而鉴定样本中存在的代谢物。常用的数据库有：ChemSpider（http://www.chemspider.com）、Metabolite Link（METLIN；https://metlin.scripps.edu）、HMDB（Human Metabolome Database；https://hmdb.ca）、MassBank（https://massbank.eu）、mzCloud（https://www.mzcloud.org）、GNPS（Global Natural Products Social Molecular Networking；http://gnps.ucsd.edu）、LipidBlast（https://fiehnlab.ucdavis. edu/projects/LipidBlast）和 NIST Mass Spectral Library（https://chemdata.nist.gov）等。这些数据库中收录的代谢物各有侧重，如 HMDB 侧重于人类样本中检测到的代谢物，而 LipidBlast 侧重于脂类化合物的比对。

一、软件工具简介

（一）MetaCore^{TM}

MetaCore^{TM} 是一种商业工具，既可以独立使用，也可以基于万维网（web）的应用程序使用。它是一个软件套件，用于对各种高通量分子数据进行功能分析（如 RNA-seq、siRNA、microRNA、基于微阵列的基因表达和基因表达数据的序列分析、DNA 阵列、蛋白质组数据、代谢谱和筛选数据）。

MetaCore^{TM} 是一个集成系统，由以下几部分组成：①高质量的人工管理的哺乳动物生物学数据库，包括代谢物和其他分子类别、生物活性分子及其相互作用、信号转导和代谢途径；②基因组分析工具，以识别潜在的重大变异；③数据挖掘工具包，用于数据可视化、分析和数据交换；④用于自定义组装功能网络的工具包（路径编辑器）；⑤一组解析器，用于上传和处理不同类型的高通量分子数据。

（二）MetaboAnalyst

MetaboAnalyst 是一个可免费访问的集成的 web 平台。它于 2009 年首次发布，提供了一套用于代谢组学数据分析的在线工具。该工具将数据的统计分析与其功能和生物学解释及可视化相结合。其教程也可以在线获得。该平台已经更新至 MetaboAnalyst 5.0，相比之前的版本，最新版本提高了服务器性能、功能和用户交互性。它提供了多个功能方案，可以分为三类：①探索性统计分析（统计分析和时间序列分析方案）；②功能分析（针对基因及代谢物的富集分析、途径分析和综合途径分析方案）；③功效研究方法（生物标志物分析、样本量估计和功效分析方案）。

（三）InCroMAP

InCroMAP 是一个独立的 Java 软件，最初于 2011 年开发，用于基因组和蛋白质组数据的富集分析和基于路径的可视化。其扩展版 InCroMAP 1.5（2013 年发布）也支持带注释的代谢组学数据，使该工具适用于全面的系统生物学研究。InCroMAP 可在其网站上免费获得。该网站包括用户指南、用于测试该工具的示例数据文件及简短的视频教程。该软件执行代谢物集富集分析，并生成细胞代谢的相互作用全局图。这些图可以对来自多个“组学”平台的数据进行基于路径的集成可视化，并提供对研究实验条件中存在的代谢变化的有用说明。

（四）3Omics

3Omics 是于 2013 年开发的独立于平台的基于 web 的工具，用于分析、整合和可视化转录组学、蛋白质组学和代谢组学数据。3Omics 支持相关性分析、共表达谱、表型作图、途径富集分析和基于基因本体（GO）的富集分析。根据所提供的数据，该软件提供了 4 种类型的“组学”分析：①转录组学-蛋白质组学-代谢组学（T-P-M）；②转录组学-蛋白质组学（T-P）；③蛋白质组学-代谢组学（P-M）；④转录组学-代谢组学（T-M）。此外，也可以使用单组学模式来揭示组学关系。3Omics 还可以通过 iHOP（信息超链接蛋白）对生物医学文献进行文本挖掘，从而补充与输入数据有关的缺失的转录本、蛋白质和代谢物信息。

二、软件工具评价

（一）输入数据

目前已经开发出许多专有数据格式，以处理和存储 MS 或 NMR 原始数据。由于数据格式的差异，研究人员难以处理这些数据。因此，已经开发出多种将原始数据文件类型（如.RAW）转换为通用格式（如.CSV、.TXT、.mzXML 或.MGF）的软件，如 ProteoWizard、MassMatrix 及 MATLAB 和 MATLAR。将原始数据转换为合适的格式后，便可以对其进行进一步分析。

输入数据通常组织为数据矩阵，其中样本为行，信号特征为列。MetaCore™、MetaboAnalyst 和 InCroMAP 接受不同类型的表格格式的数据（如文本制表符分隔的 TXT 或逗号分隔的 CSV 文件），而 3Omics 仅接受 CSV 文件。MetaboAnalyst 还接受 NMR 或 MS 峰列表或 MS 光谱的压缩文件，这些文件必须为 mzXML、mzDATA 或 NetCDF 格式。至于 MetaCore™，基因列表也可以从微阵列分析软件（如 Affymetrix 或安捷伦）的输出文件中导入。

（二）资料准备

资料准备包括完整性检查、标准化和化合物名称识别。这套程序仅在 MetaboAnalyst 中完全可用。MetaCore™ 和 3Omisc 只是提供了用于化合物名称标准化的工具，但 MetaCore™ 还允许与特定的软件集成以进行数据预处理。InCroMAP 和 3Omics 仅接受已使用适当软件（如 OpenMS、MayDay、MATLAR、IBM-SPSS Statistics、SAS 或 JMP）进行预处理和标准化的数据。

1．数据完整性检查　在 4 种工具中，即使其他软件提供了此功能，数据完整性检查也只能由 MetaboAnalyst 执行（如用于代谢组学数据的 R 语言包 XCMS 或用于蛋白质组数据的 Progenesis QI）。对于 MetaboAnalyst，此步骤包括处理缺失值，以及识别和消除异常值。缺失值会自动替换为较小的值，即原始数据中最小正值的一半，但是用户也可以指定其他缺失值估算方法。例如，通过用原始数据的均值/中位数代替它们，或使用 k 近邻、概率主成分分析、贝叶斯 PCA 或奇异值分解方法。

2．数据标准化　MetaboAnalyst 提供了可由用户选择的不同标准化方法（如按总和、中位数或参考样本），以及数据转换（对数或立方根）和缩放（自动、对等或范围缩放）方法。

3．化合物名称识别　由于没有通用的化合物标签集，因此必须将用户输入数据中的分子标签转换为公共数据库（如 HMDB、PubChem Compound、ChEBI、KEGG 或 METLIN）中的标识符。MetaboAnalyst 和 3Omics 提供了专门为此目的设计的方案，而 MetaCore™ 具有内置的基因和蛋白质名称同义词词典，可实现化合物标签的标准化。InCroMAP 不提供 ID 转换工具，因为它只接受带有适当标识符的数据（例如，对于基因而言为 Affymetrix 或 Agilent；对于代谢物为 KEEG、HMDB 或 PubChem）。分析中，将化合物名称转换为正确的 ID 代码并不是一件容易的事，并且可能会导致错误或歧义；此外，不同的平台/工具可能获得不同的结果。实际上，根据其不同的分子结构（如手性），同一化合物可能具有不同的 ID。例如，关于乳酸和 KEGG 标识符的情况：根据分子的手性（即其镜像中的非重叠性）及这些手性代谢物是否可区分，存在三种与乳酸相关的 KEGG 标识符。

（三）统计分析

在 4 个工具中，MetaboAnalyst 是提供最完整的一组统计和机器学习方法进行数据分析的工具。3Omics 仅执行聚类和共表达分析，而 InCroMAP 不提供统计方案。MetaboAnalyst 和 3Omics 中使用的分析算法是基于 R 开发的。根据所进行的实验类型，可以将多种统计方法和数据挖掘方法应用于代谢组学数据。

1．单变量分析　3Omics 通过一种算法执行共表达分析，该算法使用欧几里得距离计算相异系数，并将结果显示为热图。

对于两组数据，MetaboAnalyst 提供倍数变化分析、t 检验和火山图［即一种散点图，它将统计测试中的统计显著性量度（如 p 值）和变化幅度相结合，从而能够帮助快速直观地识别那些变化幅度较大且具有统计学意义的数据点（代谢物等）］。对于多组数据，它提供了单向方差分析，以及相关的事后分析和相关性分析。由于通常每个患者或生物学样本中都存在大量代谢物，并且必须对每种代谢物进行单独的统计测试，由于进行了多次测试，因此会获得大量的假阳性结果。为了限制它，必须使用多重测试校正技术（如 Bonferroni、Bonferroni-Holm、Westfall-Young 或 Benjamini-Hochberg 校正）来调整获得的显著性 p 值，以保持观察至少一项重要结果的可能性。MetaboAnalyst 会为每种评估的代谢物提供 FDR 校正和 Bonferroni 校正的 p 值。

2．多元分析　多元分析涉及同时观察和分析两个以上的统计变量，是分析“组学”数据的理想选择，因为它们通常包含随时间、表型或实验条件而变化的几个特征。多元分析技术包括多元方差分析、多元回归分析、因子分析、主成分分析和偏最小二乘判别分析。这些技术对于探索性数据分析很有用，因为它们允许使用加权平均值在较少的变量中汇总原始变量。

3．聚类　MetaboAnalyst 支持分层聚类（通过热图和树状图可视化结果）和分区聚类（使用 k 均值或自组织图算法）两个聚类的类型，而 3Omics 仅执行分层聚类。

4．分类　在训练集的基础上，分类可以识别新样本属于哪个类别，并将代谢物分配给高维数据中的已知组或途径。MetaboAnalyst 支持的分类方法是随机森林和支持向量机。

5．时序分析　时序分析仅由 MetaboAnalyst 提供，它可以检测代谢物浓度或代谢物分布模式随时间变化的趋势，如研究多个时间点的治疗效果。MetaboAnalyst 方案目前支持多元经验贝叶斯时间序列分析（用于检测不同实验条件下的独特时间剖面）和方差分析-同步分量分析（ASCA），用于识别与每个实验因素及其相互作用相关的主要模式。

（四）数据解释与整合

功能解释分析包括富集分析和途径分析。这两种方法经常会重叠（途径-富集分析），因为这两种方法都是通过将统计分析确定的重要代谢物与从先前知识中得出的预定义功能组进行比较来起作用的。

MetaCore™ 包含许多用于富集和途径分析的选项，其中一些是专门为药物发现和疾病调查设计的。默认情况下，将计算设置为将用户的数据集与整个软件数据库进行比较。如果数据集有限，则可以从整个 MetaCore™ 数据库中选择特定的化合物受限列表，并将其用于比较（数据过滤）。执行的统计基于超几何平均值，并返回一个 p 值，该值对上传的数据与 MetaCore™ 中预建的内容之间的交点进行排名。结果显示为直方图，其路径按最高到最低顺序排列。

MetaboAnalyst 结合了代谢物组富集分析（MSEA）和代谢组学通路分析（MetPA）软件，分别用于代谢物组富集分析和途径分析。MSEA 提供三种不同类型的富集分析，即超量表达分析（ORA）、单样本分析（SSP）和定量富集分析（QEA）。这三种方法都会生成带有嵌入式超链接的图形或表格，这些超链接指向相关的路径图像和疾病描述。MetPA 提供了几种不同的路径分析算法，包括 Fisher 精确检验、超几何检验、全局检验和 GlobalAncova。在给定的代谢途径中，化合物的重要性通过其居中性和外度中心性来估计。结果分为两部分，即具有所有分析结果的表和图形输出，其中包含三个视图级别：代谢组视图、途径视图和化合物视图。

InCroMAP 使用来自单个或异构平台的数据执行单个数据集及集成的跨平台富集和途径分析。在前一种单平台的情况下，使用超几何检验来检测相关路径，而在后一种情况下，则使用单平台方法的直接扩展。无法识别的代谢组学特征（即无法映射到已知基因、蛋白质或代谢物的集合）会被自动丢弃。结果以表格或条形图的形式显示，并根据相关的 p 值进行排序。

3Omics 提供了针对 T-P-M、P-M-M、T-M-M 和单个代谢组学数据的富集和途径分析。要进行分析，用户必须选择一种已知的代谢物组并从实验数据中获得一种。通过超几何检验可以识别出明显丰富的路径。结果记录在表格中，并根据其可能性进行排名。途径中的代谢物与 HMDB 或 HumanCyc 数据库的超链接一起显示。

1．代谢物映射和数据可视化　代谢物通过相互连接的节点网络映射到其生物途径，从而将原始的非结构化数据转换为逻辑结构化和视觉上可理解的表示形式。用户可以更轻松地识别数据之间的关系和隐藏模式，这有助于假设的产生和结果的解释。

MetaboAnalyst 不需要此步骤，因为它已经提供交互式的 Google Maps 样式的途径和代谢物图，用于可视化富集和途径分析结果。

在 MetaCore™ 中，通过富集和途径分析对代谢物进行预选后，生物网络建立在输入的代谢物清单上。根据研究目的和数据集大小，用户可以在几种网络构建算法中进行选择。网络是连接代谢物、蛋白质或基因（节点）的单步交互作用（有向边）的组合。每个节点都通过 MetaCore™ 数据库体系结构与特定的化合物相关联，用户只需单击节点即可检索与该节点相关的化合物的信息。打开一个信息页面，其中包含许多与节点相关对象有关的信息的链接（如基因、蛋白质、代谢物、配体、转录因子或酶），对象出现的位置图，相关的基因本体过程或疾病，所有已知药物对象和对象的网络交互列表。节点上方的红色或蓝色实心圆圈还直观地显示了特定化合物的显著表达或丰度变化，分别表示表达/丰度增加或降低。

InCroMAP 通过两种不同类型的数据可视化提供代谢物作图支持：集成可视化和全局代谢概述。集成可视化功能将所选的感兴趣途径与相应的“组学”实验数据相叠加；全局代谢概述整合了多组学数据，并将其显示在单个图形中，根据其富集的重要性对每个下级代谢途径进行了着色。

3Omics 通过“相关网络”方案生成复合网络，该方案合并了 R 语言的函数以计算皮尔逊相关系数（PCC）。网络中每对互连元素之间的 PCC 是从两组值中计算得出的，这些值可以是同一类型（“组学”内部分析），也可以是不同类型（“组学”外部分析）。

蛋白质和代谢物全部显示在同一张图中，并用不同的符号（分别是正方形、三角形和圆形）进行标识。使用强制定向的布局算法，上传的数据会自动映射到网络中。文献之间的关系用虚线表示，而实线表示上载的数据之间存在很强的相关性（PCC＞0.9）。

2．资料整合　获得有意义的生物学见解至关重要，但仍然很难实现。当前，高通量分析工具主要通过网络构建来执行数据集成。因此，它们提供了不同类型的“组学”数据的“视觉集成”，而解释权却留给了用户。基于这些考虑，对于 MetaCore^{TM}、InCroMAP 和 3Omics，我们可以将数据集成视为代谢物映射的一部分，因为它们将所有“组学”数据水平映射到同一网络上。相反，MetaboAnalyst 提供了用于整合途径分析的特定方案，该方案使用户能够整合来自基因表达和代谢组学实验的数据。用户必须上传从相同样本中鉴定出或在相似实验条件下获得的感兴趣的基因和代谢物的列表。然后将基因和代谢物映射到 KEGG 途径进行过度表达分析。尽管它很有用，但此 MetaboAnalyst 方案仍然有一些限制。在积极方面，通过结合基于基因表达和代谢物浓度变化的证据，更有可能确定生物过程中涉及或上调/下调了哪些途径。消极的一面是，用户必须记住这些图形表示容易出错。实际上，尽管整个转录组均按常规作图，但当前的代谢组学技术仅捕获了代谢组的一小部分，因此这种差异可能导致潜在的偏差结果。而且该方案不支持蛋白质组数据，因此尚无法实现全面的多级数据集成。

（五）输出数据

完成数据分析、集成和解释后，用户可以将结果导出到不同的格式中，以将其用于进一步的分析。

MetaCore^{TM} 允许以两种格式保存网络：Network 和 Netshot。Netshot 会完全按原样保存网络，而 Network 不会保留表达式数据，并且会在更新 MetaCore^{TM} 数据库时反映网络中对对象或交互的任何后续更改。因此，以两种格式保存网络，使用户可以准确地看到它在创建时的外观（Netshot），以及在后续的 MetaCore^{TM} 更新后其可能发生的变化（Network）。网络和地图的高质量图像可以保存在 PNG 格式中。MetaCore^{TM} 还提供了一个数据共享方案，可以以不同的权限级别与其他用户或组共享实验、基因列表和保存的网络。

MetaboAnalyst 生成 PDF 格式的报告，其中包含图表、图形和表格，其中包含执行的所有分析结果及简要说明；图表、图形和表格也可以作为 TIF 文件下载。此外，还可以下载处理后的数值数据、高分辨率图像（PNG 格式）、R 脚本和 R 命令历史记录（在删除之前，原始数据文件在服务器上存储 72h）。在安装 R 软件和所需的软件包之后，用户可以轻松地在其本地计算机上重新运行 R 脚本，并在某些情况下对其进行修改。至于 InCroMAP，富集分析的结果可以以表格格式（如 CSV）导出，并且基于路径的可视化可以存储为 JPG 文件。在 3Omics 中，可以以 PNG、SVG 或 SIF 格式导出网络图像，并且可以下载所有处理的数据以进行进一步分析。为了保护数据机密性，仅在评估期间临时存储上载的数据文件，然后在处理后将其删除。

三、总结

迅速发展的代谢组学领域产生了大量有价值的数据，这些数据需要与其他“组学”数据进行整合和全面分析才能得到完整的解释。最常见的方法包括同时监视转录本、蛋白质和代谢物的水平，以及将获得的数据组合以推断感兴趣的数据集中强调生物网络的结构和动力学。需要多种统计和计算方法来分析和整合这些大量多样的数据。同时支持数据可视化和代谢物作图的计算工具特别有助于快速确定研究条件下的相关代谢物和涉及的生物学过程。

在许多可用于处理和分析代谢组学数据的工具中，本节回顾并比较了与用户数量或提供的功能最相关的4个，并指出了它们的优缺点。MetaCore™是具有更广泛的分子信息集成的数据库，它包含1500多个信号和代谢途径图及130万个分子相互作用，并且会不断更新以确保可靠性和全面性。这使MetaCore™成为从药物发现到生物标志物鉴定及临床应用等许多领域的研究人员的强大工具。它还提供了几种生物网络构建算法，可将高通量实验数据映射到交互式且信息丰富的网络中。使用该软件的最大限制是它需要购买许可证，并非所有研究小组都能负担得起。

在免费提供的工具中，MetaboAnalyst是最完善的工具，因为它提供了全面的数据处理选项，广泛的单变量和多变量统计方法，以及广泛的数据可视化和功能分析方案。它的主要局限性是缺乏对蛋白质组数据集成的支持。鉴于其高度易用性，InCroMAP适用于任何学科的研究人员，并且适用于评估系统生物学研究。但是，由于缺少数据预处理方案，因此需要使用其他软件来准备输入数据。3Omics对于对集成可视化，以及以简单、快速的方式对多个“组学”数据进行一键式比较分析感兴趣的研究人员非常有用。但是，InCroMAP不支持数据预处理，并且仅提供了一些用于数据分析的统计方法。此外，它仅支持人员数据评估。

总体而言，尽管所审查工具具有不可否认的有效性，但仍需应对一些挑战，主要是在数据集成领域，以支持对实验数据进行全面的综合评估并加深了解生物过程。尽管“组学”数据越来越多，但仍然存在一个公开问题，即如何有效地理解导致观察到的代谢组学谱变化的生物学机制。为了实现这一目标，需要对计算技术进行进一步的开发和改进，以有效地存储、集成和使用先验知识，进行所识别代谢物的准确定量。异质组学数据整合和途径可视化至关重要，并且在未来，它将继续成为生物信息学界的重点。

第四节 代谢组学分析工具——MetaboAnalyst

MetaboAnalyst（https://www.metaboanalyst.ca）是一个基于web的分析代谢组学工具套件。它经过精心设计，可以使没有编程技能的研究人员对各种代谢组学数据进行广泛的高级分析。它除了提供各种数据处理和规范化过程，还提供了许多工具用于进行统计分析、功能分析及数据可视化任务，包括主成分分析（PCA）、偏最小二乘判别分析（PLS-DA）、聚类分析和可视化、代谢物组富集分析（MSEA）、代谢途径分析（MetPA）、生物标记选择通过受试者操作特征曲线（receiver operating characteristic curve，ROC曲线）分析，以及时间序列和功率分析。MetaboAnalyst还有一个配套的R程序包（MetaboAnalystR），以补充web的应用程序。

一、MetaboAnalyst组件介绍

以MetaboAnalyst 4.0为例，其由两个主要组件组成：①处理不同数据输入的数据处理组件；②包含12个不同方案的数据分析组件。为了使复杂的数据处理操作直观且灵活，从数据类型选择、格式化、“清理”和规范化开始，MetaboAnalyst使用逐步设计概念来指导用户完成所有主要步骤（图10-12）。

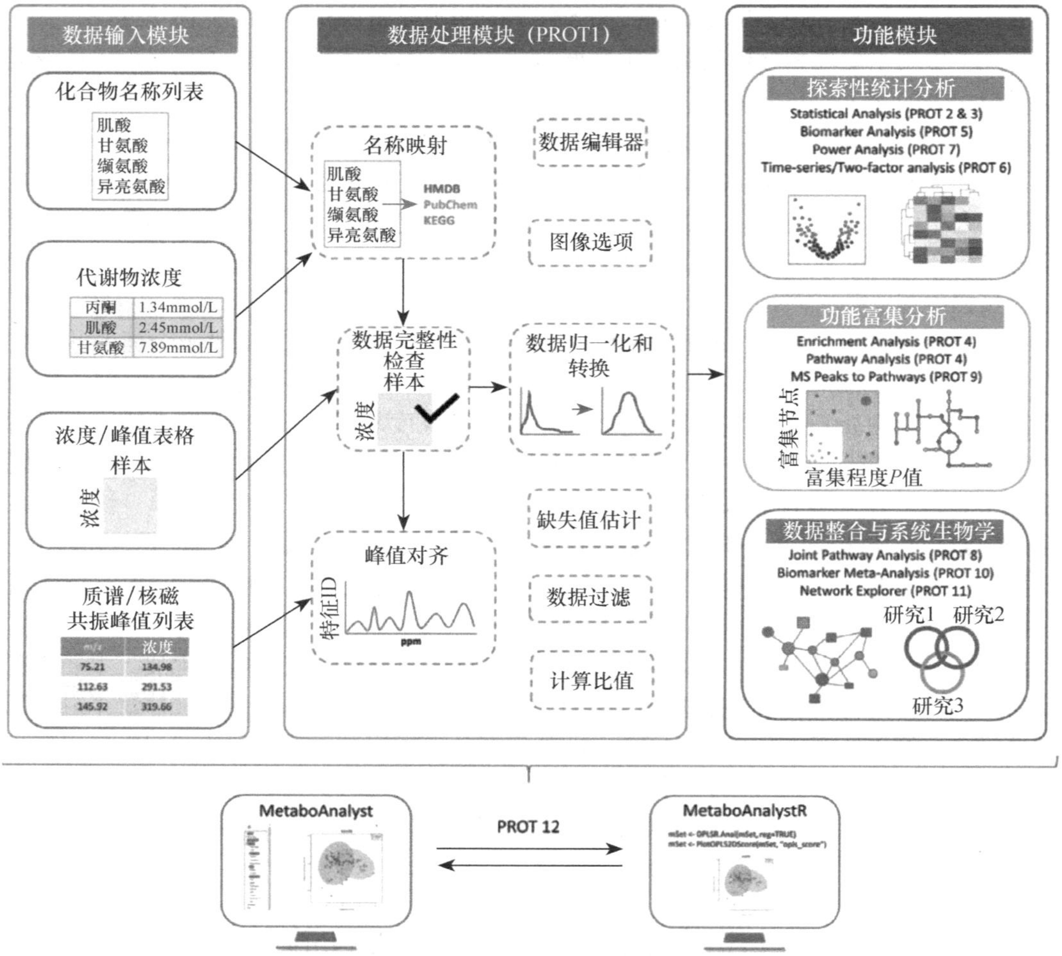

图 10-12　MetaboAnalyst 4.0 的一般工作流程

主要有两个组件：一个处理不同数据输入的数据处理组件，一个包含单独模块的数据分析组件。这些模块可以归类为探索性统计分析、功能分析、数据集成与系统生物学及通用效用功能。虚线框表示可选步骤或仅适用于某些类型分析的步骤。PROT *X* 是指组件/模块

12 个数据分析方案可分为四大类：①探索性统计分析；②功能分析；③数据集成与系统生物学；④通用效用功能。探索性统计分析类别（常规统计、生物标志物分析、两因素/时间序列分析和功效分析），可以接受来自目标或非目标代谢组学数据集的数据。功能分析类别包括 MSEA 和 MetPA，以及用于根据 MS 峰列表预测途径活性的新方案。

数据集成与系统生物学类别包括三个模块：生物标志物荟萃分析、联合途径分析和网络浏览器。数据处理和实用程序类别包含用于化合物 ID 转换和批效应校正的常用工具，以及指向三个基于 web 的光谱分析和注释工具的链接，包括 Bayesil、GC-Autofit 和 XCMS-Online。图 10-12 说明了这些组件及 MetaboAnalyst 4.0 的一般工作流程。MetaboAnalyst 的主要设计目的是对代谢组学通常生成的表格或特征（化合物、峰或光谱）列表进行全面分析。尽管数据处理方案在不同的方案之间共享，但是用户需要先确定要使用哪个方案，然后再开始分析。

工作流程包含 12 个方案，对应于 MetaboAnalyst 4.0 的 12 个主要功能，总结如下。

方案 1：如何执行数据处理、规范化和质量检查。

方案 2：如何使用各种单变量方法识别重要特征。

方案 3：如何进行多元探索性数据分析。

方案 4：如何使用 MSEA 和 MetPA 执行功能解释。

方案 5：如何根据接收器的操作获得生物标志物分析特性曲线（即 ROC 曲线）。

方案 6：如何执行时间序列和两因素统计分析。

方案 7：如何执行样本量估算和功效分析。

方案 8：如何进行联合途径分析。

方案 9：如何从峰列表中预测途径活动。

方案 10：如何执行多个代谢组学数据的荟萃分析。

方案 11：如何使用基于网络的集成多组学数据方法。

方案 12：如何灵活使用 MetaboAnalystR 软件进行代谢组数据分析，以及对高分辨率 LC-MS 数据进行原始数据预处理。

二、数据分析方案概述

（一）方案 1：如何执行数据处理、规范化和质量检查

该方案旨在向用户展示如何准备多个峰列表文件以上传到 MetaboAnalyst，如何使用各种数据处理选项“清理”其数据，如何对其数据进行规范化，以及如何执行标准数据质量检查。MetaboAnalyst 中数据处理的主要目标，是将各种数据输入转换为适合大多数统计和机器学习工具的合适数据矩阵。原始 NMR、LC-MS 或 GC-MS 光谱应首先使用本地安装的软件进行处理，以产生多个峰列表文件（或单个峰强度表）。这些文件较小，因此可以轻松地上传（通过互联网）到 MetaboAnalyst。将这些文件转换为正确的格式后，用户需要将这些文件组织到不同的文件夹中并创建一个 zip 文件，然后使用适当的选项将它们上传到 MetaboAnalyst。MetaboAnalyst 将执行峰列表对齐，以将多个文件转换为单个数据表，然后进行基本数据完整性检查。非目标代谢组学数据（来自 LC-MS 运行）通常包含大量的缺失值、假峰或基线“噪声”。MetaboAnalyst 提供了多种方法来进行缺失值插补及低质量数据过滤。这些步骤通常可以提高数据质量，并减少下游统计分析或数据解释阶段中错误发现率。然后，对数据进行各种数据归一化过程以调整系统偏差，并使数据集更兼容（即正态分布），以便通过许多常见的统计过程进行适当处理。最后，该方案使用人工数据集来说明如何执行简单的数据质量检查，以及如何使用 PCA、热图和 MetaboAnalyst 的数据编辑器处理异常值。

（二）方案 2：如何使用各种单变量方法识别重要特征

对重要变量或信息代谢物的选择或鉴定，可能是代谢组学数据分析中最常见的任务。MetaboAnalyst 提供了许多方法来支持此类任务。该方案概述了使用三种常见方案进行变量选择的过程。在第一种情况下，方案概述了应如何上传和处理 CSV 数据。为了选择在不同组中有显著差异的变量，此方案演示了如何同时使用 ANOVA 和事后检验。它还进一步说明了如何设置 δ 值来控制 FDR，并讨论了使用 SAM 选择重要功能的步骤。为了识别显示特定变化

模式的变量，该方案提供了几个示例来说明如何使用不同的选项及如何微调 PatternHunter 方法中使用的参数以获得所需的结果。最后，它演示了如何使用相关分析来识别与已知生物标志物显著相关的变量。该方案以可下载的各种文件的描述作为结束。

（三）方案 3：如何进行多元探索性数据分析

该方案提供了有关如何使用 MetaboAnalyst 中实现的几种公认的多变量方法（包括 PCA、热图、PLS-DA 和随机森林）进行探索性数据分析的详细说明。这些方法为数据可视化、模式发现、特征选择和分类提供了出色的支持。对于 PCA 分析，此方案显示了如何从 PCA 得分图中检测分离模式，以及如何从相应的加载图中识别重要特征。然后，该方案使用热图描述数据分析和可视化，以促进数据汇总和模式发现。对于 PLS-DA，此方案说明了如何使用基本分数和加载图来搜索模式和重要变量。然后，它提供了有关如何使用交叉验证进行模型选择，如何使用置换测试进行模型验证，以及如何使用变量对模型的重要性（variable importance in the projection，VIP）评分或回归系数选择重要变量的详细说明。最后，此数据分析方案显示了如何使用随机森林算法执行分类和特征选择，以及如何解释结果。该方案以一些技巧作为结束，这些技巧针对如何进一步调查某些选定功能的变化模式。

（四）方案 4：如何使用 MSEA 和 MetPA 执行功能解释

该方案概述了使用 MSEA 和 MetPA 进行高级功能解释的各种程序。给定不同的数据类型，MESA 可以执行 ORA、SSP 和 QEA。对于 ORA，此方案演示了用户如何上传重要的化合物名称列表并执行名称标准化。然后，它给出了有关设置 ORA 参数和理解结果的详细说明。该方案进一步说明了进行 SSP 的程序，特别着重于如何进行代谢物浓度比较。对于使用浓度表的 QEA，数据处理步骤与用于处理 CSV 数据进行其他统计分析的步骤相同，但需要执行化合物名称标准化的额外步骤。该方案侧重于如何设置参数及如何解释结果（即代谢物设置图）。如该方案中所述，路径分析是 MSEA 的扩展，其中包含基于网络拓扑分析来计算对路径影响的额外过程。该方案提供了有关如何设置通路分析参数及如何以交互方式探索结果以更好地理解所涉及通路的详细说明。

（五）方案 5：如何根据接收器的操作获得生物标志物分析特性曲线（即 ROC 曲线）

该方案旨在向用户展示如何执行一系列不同的生物标志物分析，以及如何使用 ROC 曲线评估其性能。与探索性统计分析相比，生物标志物分析需要更大的样本量，并且仅适用于两组比较。建议用户进行均衡设计，每组至少 12 个样本。用户还需要注意两个不同的生物标志物分析目标：生物标志物发现和生物标志物性能评估。前者旨在最大化识别最有前途的生物标志物，而后者则试图获得对生物标志物性能的最客观衡量。同时优化两个目标需要更大的样本量，并且需要执行两次或三次交叉验证程序。MetaboAnalyst 当前不支持此高级功能，因为我们发现大多数样本量太小，无法从这种分析中受益。因此，用户需要在使用方案之前确定其主要目标（发现或确认/评估）。在标准化阶段使用化合物比率，并手动选择特征以建立生物标志物模型，会过拟合（即以后的验证研究中的实际性能将不如先前的结果）。另外，用户需要意识到多元生物标志物模型中包含的代谢物是不固定的。因此，性能指标只是使用不同数据子集创建的多个生物标志物模型的平均值。用户需要采用独立的（或验证的）数据集来获得真正客观的性能指标。最后，用户可能会注意到，通常传统的单变量 ROC 分析的结果要比多变量 ROC 分析的结果好。这是因为后者基于交叉验证（客观性较高的评估），而前者是根据交叉验证得出的相同的数据（客观性较低的评估）。

（六）方案 6：如何执行时间序列和两因素统计分析

该方案提供了有关如何使用几种常用的方法来可视化与分析时间序列和两因素代谢组学数据集。请注意，时序数据是两因素设计的特例。MetaboAnalyst 期望总体设计将涉及在不同时间点（次要因素），检查主要实验因素（即野生型还是突变型）的效应。它仅支持时间因素的数据分析。我们建议用户将高级 PCA 与低级热图可视化相集成，以识别有趣的模式、相应的特征和关键因素；然后用单变量（双向方差分析）和多变量［方差分析-同步分量分析（ANOVA-synchronous component analysis，ASCA）、多变量经验贝叶斯时间序列分析（multivariate empirical Bayes time-series analysis，MEBA）］方法，进行进一步的统计验证。这些方法可以协同工作，以揭示隐藏在这类复杂数据集中的重要模式或交互。

（七）方案 7：如何执行样本量估算和功效分析

该方案概述了代谢组学数据的功效分析和样本量估计的基本步骤。从用户的角度来看，关键步骤是从与初步研究或要进行的研究非常相似的研究中生成的公共数据集获取试点数据。在这种分析期间，用户需要确保诊断图显示预期的分布，以便预测的统计估计更加准确。鼓励用户尝试不同的数据处理过程，以查看结果是否可以改善。在分析任何后续的数据时，必须应用相同的数据处理过程，以最大限度地减少任何潜在的系统偏差。

（八）方案 8：如何进行联合途径分析

对于该方案，用户只需要提供两个列表：一个用于基因，另一个用于代谢物。该方案的一个潜在问题是化合物名称映射步骤中某些化合物可能无法正确识别。在这种情况下，作者建议用户直接提供 KEGG 化合物 ID 而不是通用名称或 HMDB ID。因为基础通路（目前）基于 KEGG 数据库。在接下来的几个月中，将逐渐转变为包括小分子通路数据库（The Small Molecule Pathway Database，SMPDB）。

（九）方案 9：如何从峰列表中预测途径活动

该方案提供了有关如何根据非靶向代谢组学生成的 MS 峰列表预测通路活性的详细说明。该方案相对简单，需要用户上传预先排列的质谱峰列表，指定质量准确度，指示其质谱仪的分析模式，以及选择其峰列表的格式和要执行的算法。如果要执行 mummichog 算法，则用户必须选择一个 p 值截止。建议单独使用 mummichog 和基因集富集分析（gene set enrichment analysis，GSEA）算法，并结合使用以充分探索 MS 峰列表数据。此外，特定生物的通路文库可以有多种选择。因此建议用户探索所有选项，以全面了解其数据。“MS 峰到路径”（MS peak to pathways）方案的输出包括两个表，第一个表由排名靠前的富集路径组成，第二个表包含所有用户上传的 m/z 特征的化合物匹配信息。虽然在最初的 mummichog 算法实施中通常不强调化合物鉴定，但是对匹配化合物进行事后分析，对于下游验证和解释至关重要。因此，强烈建议用户使用 KEGG 全局代谢网络来可视化其数据的总体峰匹配模式。检查所有匹配的同位素和加合物形式，将有助于选择候选化合物。

（十）方案 10：如何执行多个代谢组学数据的荟萃分析

该方案概述了执行生物标志物荟萃分析的基本步骤。同样，这是一个简单的方案，用户必须上传其数据集（大于 3 个数据集）以进行元分析。用户需要确保数据集是在相似或相当的实验条件下收集的。否则，来自不同来源的数据集的固有偏差和异质性可能掩盖了真正的生物学效应。应当以相同的比例或范围分析数据（将数据集保留为原始格式或以相同的方式对其进行归一化），建议用对数转换重新缩放代谢组学数据。所选荟萃分析方法的性能，将取决于数据的质量和一致性。因此，鼓励用户探索不同的参数和方法以获得对他们数据的进一步了解。

（十一）方案 11：如何使用基于网络的集成多组学数据方法

该方案旨在全面概述如何使用网络资源管理器（network explorer）方案。用户需要输入具有可选倍数变化值的基因或代谢物（或两者）的列表。一个潜在的问题是化合物和基因名称映射到内部 MetaboAnalyst 数据库，在该数据库中用户数据可能不匹配。鉴于 MetaboAnalyst 知识库的全面性（源自 HMDB、STRING 和 KEGG），这很可能表明普遍缺乏有关这些化合物和基因的信息。此外，交互网络主要是由纯人类数据创建的，可以使用这些网络来探索其他生物数据；但是，由于生物学内在的差异（即昆虫与人类），任何见解都应谨慎对待。

（十二）方案 12：如何灵活使用 MetaboAnalystR 软件进行代谢组数据分析，以及对高分辨率 LC-MS 数据进行原始数据预处理

该方案旨在向用户简要介绍 MetaboAnalystR。它是 MetaboAnalyst web 服务器的配套 R 软件包。该方案首先详细介绍了安装 R 软件包的步骤，从下载软件包到安装 R 软件包本身，以及对安装和常规使用进行故障排除的技巧。如果使用方案中讨论的方法无法成功安装，则 MetaboAnalystR GitHub 提供有关替代方法的详细分步说明。接下来，该方案演示了 MetaboAnalystR 如何在用户计算机上本地复制 web 服务器结果来复现研究结果；还可以通过使用 web 服务器无法实现的方式，自定义用户的分析，来显示软件包的灵活性。然后，该方案提供了一个示例，该示例使用 MetaboAnalystR 对大的代谢组学数据进行批处理，由于数据上传大小的限制，使用 web 服务器不可行。最后，该方案显示了如何将原始 LC-MS 数据预处理为 MetaboAnalystR 和 web 服务器的正确表格格式，从中可以执行各种统计分析。如上所述，该方案的目的是引入 R 软件包。对于希望了解有关如何使用 MetaboAnalystR 的更多详细信息的用户，该软件包包含几个全面的说明文件（每个方案一个），这些说明文件遍历了带有示例数据的典型分析工作流程。此外，鼓励用户在 MetaboAnalystR GitHub 上发布所遇到的问题。

三、评论

代谢组学通常被认为是“组学组新手”。基因组学、转录组学和蛋白质组学已经有成熟

的技术和方法，人们有更多的时间来开发它们必要的硬件和软件基础结构，以实现快速的数据收集、可靠的数据分析和便捷的数据解释。在代谢组学真正成为“组学”研究的主流之前，就开发、测试和完善了处理与解释高维数据所需的许多统计和计算方法，特别是诸如SAM、EBAM（Empirical Bayesian Analysis of Microarray）、具有分层聚类的热图、基因集富集分析技术、途径分析等。它们最初是为微阵列分析服务的。然而，这些方法的实用性和适用性非常广泛，以至于其他“组学”领域（即蛋白质组学和代谢组学）迅速采用了它们。这种简单的方法，是从其他“组学”平台中借用而来，而且经过良好检验；然后，针对代谢组学数据的特定需求进行的改进，促进了代谢组学的发展。

在开发 MetaboAnalyst 的过程中，借鉴和采用了最初为微阵列分析开发的许多思想和数据处理策略，以适应代谢组学数据的特定需求。诸如基于交互式web的数据处理、数据流水线、名称标准化、数据标准化、SAM、火山图、具有分层聚类的热图、通路拓扑分析和基因集富集分析技术等关键概念。所有最初为微阵列分析开发的思想或工具的示例，现在都已嵌入 MetaboAnalyst 中。然而，要采用这些工具进行代谢组学数据分析，必须建立大型且注释充分的数据库，包含代谢物、代谢物同义词、代谢物浓度、代谢途径和代谢物组等信息。这方面既费时又困难。尽管 MetaboAnalyst 的方法可能不是完全独特或原始的，但其知识库是独特或原始的。

代谢组学数据处理还利用了某些在该领域看来是独一无二的想法或概念。例如，光谱装仓和峰对齐是从化学计量学领域发展而来的数据处理概念，并且在其他“组学”领域不常用或不常见。同样，生成分分析（PCA）、偏最小二乘判别分析（PLS-DA）、稀疏的偏最小二乘判别分析（sPLS-DA）和正交偏最小二乘判别分析（OPLS-DA）也起源于化学计量学数据处理。有趣的是，一些在代谢组学或化学计量学中提出的想法，现在在分析转录组学和蛋白质组数据中也很有用途。换句话说，代谢组学的发展也弥补了转录组学和蛋白质组学的一些缺陷。

这里介绍的 12 种方案旨在使读者了解代谢组学数据处理和数据解释中的一些最典型或最常见的情况。显然，不可能描述 MetaboAnalyst 可以处理的所有可能情况。同样，几乎不可能设计一个场景，在该场景中可以调用或演示 MetaboAnalyst 中的每个函数、例程或算法。实际上，这 12 种方案只使用了 MetaboAnalyst 的一半功能。在本章中未见或未描述的那些功能或例程，在 MetaboAnalyst 的在线教程、帮助页面、描述超链接或常见问题页面中进行了讨论。在其他情况下，读者可以通过文献中使用 MetaboAnalyst 的例子，了解如何使用 MetaboAnalyst 分析特定种类的代谢组学数据或特定种类的数据处理方案。

重要的是要注意，MetaboAnalyst 并不是当今代谢组学研究人员可用的唯一代谢组学数据分析平台。其中一种流行的独立商业工具是 SIMCA-P＋（瑞典 Umetrics）。SIMCA-P＋是一款桌面应用程序，具有设计精美的图形用户界面，支持多种数据转换和多元统计分析，包括PCA、PLS-DA 和 OPLS。然而，SIMCA-P+不支持代谢组学特定的数据处理［用于 NMR 和（或）MS 数据］，也不通过自动代谢物注释、生物标志物分析、功能分析联合提供高级功能解释、通路分析、MSEA 或 MetPA。在 MetaboAnalyst 之外，还有其他一些可免费使用的基于 web 的代谢组学数据处理工具，如 MeltDB、MetabolomeExpress 和 XCMS。

MeltDB 和 MetabolomeExpress 主要用于基于 MS 的代谢组学数据存储、管理、分析和注释。XCMS Online 是一个基于云的信息学平台，旨在处理和可视化基于 MS 的非目标代谢组学数据，以进行相关（配对）、两组比较、荟萃分析和多组比较，以及各种统计输出、交互式

PCA 图和通路分析。对于无目标的基于 MS 的代谢组学数据，建议使用 XCMS Online 处理原始 MS 数据，然后上传所得峰强度表，以使用 MetaboAnalyst 进行统计分析和功能解释。对于熟悉 R 的用户，可使用 MetaboAnalyst R 软件包执行原始光谱数据预处理。

习　题

1. 代谢组学主要的研究对象及研究目标有哪些？
2. 代谢组学研究相对于基因组学和蛋白质组学研究而言有什么不同之处？
3. 代谢组的样本重复性有什么要求？
4. 目前的主要代谢组学技术有哪些？各有什么特点？
5. 简述代谢组生物统计学分析的方法和意义。

第十一章 蛋白质结构计算

绝大多数细胞的核心功能和结构都是通过蛋白质介导调控的，这种复杂的生物大分子展示出了令人惊叹的多功能性，从而构成生命活动的基础。蛋白质科学的首要法则就是结构决定功能，任何对于蛋白质功能的思考和讨论都需要围绕着对蛋白质结构的理解展开。各式各样与众不同的蛋白质结构决定了性质各异的化学基团在三维空间上的特异性排布，正是这种精确性使蛋白质可以作为催化剂参与各种各样的化学反应，在不同组织中行使重要的结构性、转运和调控功能。这种多样性对于任何一位希望研究蛋白质的科技工作者而言都是一种挑战。

第一节 蛋白质结构分类

蛋白质的序列由于氨基酸的突变、插入和缺失而发生变化，大多数情况下，几乎所有结构相似的蛋白质都来源于相同的进化源头。这些相关性在生物信息学和其他相关领域中有着重要意义。由于在进化中结构远比序列保守，结构比对算法的探索和结构分类的发展使更多的长期进化关系得以发现，这十分有助于对进化机制的理解。而且对蛋白质结构的充分了解能够为理解蛋白质的功能机制和生物学角色提供重要线索，如蛋白质-底物和蛋白质-蛋白质相互作用。因为蛋白质的结构核心广泛存在，而且比较保守，所以在低相关的情况下，结构比对要比序列比对准确得多，这使得对与蛋白质功能关系密切的保守结构特征和序列模式的识别更加精确。

为了有助于理解已有的蛋白质结构信息，20 世纪 90 年代中期，蛋白质结构分类数据库开始登上结构生物信息学研究的历史舞台。最大的结构分类数据库包括 SCOP（Structural Classification of Proteins）和 CATH［Class（C），Architecture（A），Topology（T）and Homologous superfamily（H）］，此外还有 DALI（Distance matrix ALIgnment）、DDBASE（DIAL-derived domain database）、DaliDD（Dali Domain Dictionary）等。这些数据库采用了不同的算法比较三维结构，并且在衡量结构相似性和蛋白质折叠类型及蛋白质超家族和家族的分类方法上也不相同。但是通过对不同的分类数据库的比较发现，不同分类方法产生的蛋白质家族有超过 80%的对应关系。

一、蛋白质结构比对

对蛋白质结构的分类和分析离不开对结构的比对，结构比对算法与序列比对相比更为复杂。结构比对通过在结构中引入空位确定折叠水平上相似的氨基酸之间的对应关系，以及最佳比对方式，从而找出结构相似的蛋白质。需要注意的是，结构比对（alignment）与人们通常所说的结构叠合（superposition）具有本质区别，结构叠合是通过先锚定两个蛋白质结构中匹配的片段的 C_α 原子位置，不引入任何空位，随后通过最小化搜索方法寻找使两个蛋白质对应氨基酸之间均方根偏差（root-mean-square deviation，RMSD）最小的比较方式，是一个可以获得最优解的极其简单的问题。无论是结构比对还是叠合，两个蛋白质结构比较最终结果的相似性度量都可以通过分子间对应原子的 RMSD 来衡量。为了避免分子间对应氨基酸发生替换引起的侧链结构变化及保守侧链构象的柔性变化对折叠结构相似性计算的影响，一般情况下只考虑蛋白质骨架上的原子或仅考虑 C_α 原子。

蛋白质结构比对在结构分类、蛋白质结构预测、蛋白质功能预测和注释、识别远源/同源蛋白质、改进序列比对精度等方面具有不可替代的重要性，能够提供利用序列比对方法无法得到的信息，原因就在于自然界将蛋白质折叠空间选择在了一个相对较小的范围内，使得与序列相比，结构具有更高的保守性。当序列一致性低于 25%时，识别两条序列的同源关系可以通过结构比较其折叠水平的相似性来判断，而同源关系的确定是功能预测等一系列研究的基础。

虽然结构比对方法不同，但都需要考虑解决以下三个核心问题。

1）*易于比较的蛋白质结构描述方法*　蛋白质结构的表示方法必须不依赖于所选取的坐标。例如，可以用距离矩阵来表示每个要比较的结构，即将 C_α 原子两两之间的距离列成一个二维数组表示一个结构。这样的表示方法将结构比对问题变得简单直接，就好像把两个蛋白质的矩阵图叠放在一起，对角线重合的部分表示相似的主链二级结构，对角线之外重合的区域表示相似的三级结构，通过相对的竖直或水平移动得到的重叠区域表示结构中存在插入或缺失。这一算法与序列可视化比对算法 Dotplot 有异曲同工之处。对距离法的改进方法采用了将二级结构单元进行比对，加快了比对的速度。另外，还有基于肽段片段距离矩阵的启发式方法，寻找两个结构之间匹配的片段（aligned fragment）。有些算法还考虑了氨基酸的性质、构象、残基间的相互作用等信息。

2）*蛋白质比较和优化算法*　比对算法的目标是要最大化两个蛋白质结构相似重合的区域，需要考虑片段相似的程度、空位的位置和长度等。常用的算法有动态规划算法、蒙特卡罗模拟、Gibbs 采样算法、模拟退火技术等。

3）*比对结果的统计分析*　与序列比对类似，结构比对也需要对每种比对结果进行相似性打分并对其统计显著性进行评估。大多数情况下，一般都结合对已知数据的统计分析结果来完成。最简单的是，与序列比对 p 值显著性检验类似，我们可以计算一个一致性很低的非冗余已知结构蛋白质数据库中随机两个蛋白质比对的得分的分布，统计目标结构比对得分出现的概率，以此评价其比对结果相似的显著性。有些比对软件是根据得分分布计算出平均得分和相应的标准差，用偏离平均得分的标准差的倍数来评估显著性。

表 11-1 列出了常见的蛋白质结构比对软件及在线工具。其中，FUGUE 提供了通过查询序列与该数据库结构家族比对的同源搜索，其敏感性高于 PSI-BLAST，适用于通过折叠识别进行蛋白质结构预测。

表 11-1　常见的蛋白质结构比对软件及在线工具

名称	类型	网址
TM-align	在线服务	https://zhanglab.ccmb.med.umich.edu/TM-align
RUPEE Protein Structure Search	在线服务	https://ayoubresearch.com
TopMatch	在线服务	https://topmatch.services.came.sbg.ac.at
VAST	在线服务	https://www.ncbi.nlm.nih.gov/Structure/VAST/vast.shtml
FUGUE	在线服务和单机软件	https://mizuguchilab.org/fugue

对各种不同的结构比对方法的研究显示各方法的结果之间存在着巨大差异。在此不对某种具体的软件做详细讨论，我们就这种差异做一些分析，旨为大家在方法的选择上提供一些

思路。结构比对方法之间的差异体现在最终得到的最优比对结果的不同，而最优的比对结果取决于每种方法对比对的打分。结构比对最初的目标是希望找到进化上相关的氨基酸位点的匹配，这是一种具有生物学意义的相关关系。比对算法在处理及优化比对时将结构的比对转化为了几何或者数学问题，同时在不同程度上同时考虑了结构中所包含的生物学信息。考虑两种极端的情况，某个算法若竭力追求几何上尽可能完美的匹配，可以获得两个结构比对较小的 RMSD 值，但可能伴随着更多空位的引入和低的生物学相关，比如打断 β 折叠的氢键以获取片段的匹配；若算法更注重生物学意义上的相似，则可能导致最优比对结果 RMSD 值较大，但可以获得更好的生物学意义上的相关。大多数的算法处于这两种极端情况之间。很显然，在寻找生物学相关最优比对方式时，好的打分方法应该合理地体现蛋白质结构和功能方面的已知信息。在选择所要采用的方法时，需要着重考虑所要解决的问题的性质并尝试多种不同的方法。

二、SCOP

SCOP 数据库是引用最多的蛋白质结构分类资源，它对 PDB（Protein Data Bank）数据库中已知结构的蛋白质进行综合的结构和进化关系的描述。最基本的分类层次包括家族（family）、超家族（superfamily）、折叠（fold）、IUPR（intrinsically unstructured protein region）、类型（class）和蛋白质种类（protein type）。SCOP 的分类单位是蛋白质结构域。结构域是蛋白质中的一段区域，该区域具有自己的疏水核心，与其余部分的相互作用很小，而且在结构上是相对独立的。通常结构域在序列上是线性分布的，但极少数情况下，结构域由两个或多个来自一条或多条多肽链的非线性分布的区域组成。结构域是蛋白质结构、功能和进化的基本单位，小或中等大小的蛋白质通常只有一个结构域。而一个多结构域蛋白质的不同结构域可能出现在 SCOP 不同的分层下，或对于重复结构域，会多次出现在相同的分层下。

（一）SCOP 的层次

在 SCOP 中，家族包括具有明确的共同进化起源的蛋白质结构域，这些结构域可以通过序列的一致性或结构和功能的相似质来确定。大多数情况下，家族成员可以通过 BLAST、PSI-BLAST、HMMER 等序列比对方法鉴定。超家族由具有非常相似的结构和功能的蛋白质家族组成，这些家族在进化上是远源相关的，它们之间的序列相似性通常比较低。折叠则是由一个或多个具有共同核心结构的超家族组成的，即相同的二级结构单元采用相同的拓扑以相同的空间排布方式聚集。拓扑是把二级结构单元抽象为与其大小、形状无关的点，而把这些结构单元之间的连接抽象为线，并以图的形式表示这些点与线之间的相连关系。IUPR 则由非球状折叠结构的超家族组成。例如，以不同的构象集合形式存在的蛋白质或自由状态下无折叠但结合其他生物大分子后形成有序折叠结构的蛋白质。将所有的折叠和 IUPR 根据构成结构域的二级结构元素的类别和组织形式，划分为 5 种主要的类型：α 为主、β 为主、α/β、α＋β 及无二级结构的小蛋白质。α/β 和 α＋β 结构类型的区别在于前者 α 螺旋和 β 条带是交替连接的，α 螺旋可以连接一条 β 条带 C 端和下一条 β 条带 N 端；而后者 α 螺旋和 β 条带区域在序列上是分开的，β 条带之间没有插入的 α 螺旋。将所有的折叠和 IUPR 分为 4 种蛋白质种类：可溶性蛋白、膜蛋白、纤维性蛋白和无序蛋白。每一个种类在很大程度上都与特定的序列和结构特征具有相关性。2022 年 6 月 29 日更新的 SCOP2 分类共包含 1562 种折叠、24 种 IUPR、2816 种超家族和 5936 种家族；包含 72 544 个非冗余的结构域，代表了 861 631 个蛋白质结构。

（二）SCOP 的用途

SCOP 给出了对蛋白质结构多样性的总览。SCOP 的用途包括通过序列与结构的关系理解蛋白质进化，以及确定新序列和新结构是否与已知的蛋白质结构相关等。SCOP 是按照树形结构组织的，用户可通过结构类型或蛋白质种类两种方式进行浏览，每种类型或者种类列出了对应的折叠及 IUPR，进而通过超家族和家族级别进入树的叶结点位置的 PDB 条目的结构域。SCOP 也可通过文本或序列 ID 检索相关的折叠、超家族和家族，或用感兴趣的序列通过序列相似性搜索工具搜索整个数据库。

SCOP 对多种专业领域的用户都具有广泛的用途。实验结构生物学家可以利用其探究与所研究的蛋白质相似的结构；理论计算学家可以利用这些丰富的结构和进化关系资源开展理论分析和预测研究；分子生物学家会发现分类有助于蛋白质结构域在整个蛋白质结构空间的定位。由此，从蛋白质结构分类中产生了两个重要的发现：第一，基于对整个基因组的分析，发现自然界中各个层次上的分布明显具有倾斜性，这可能反映了实验科学家对于特定蛋白质和蛋白质超家族的研究偏向，也可能反映了自然界对特定蛋白质超家族和折叠的偏好性。第二，对结构数据增长的回顾分析显示自然界中存在的蛋白质折叠和超家族的总数是十分有限的。可以推测，人们已经发现大多数的折叠，对于大多数的家族或超家族，人们已经至少测出一个结构。这一点极大地推进了在基因组水平上通过同源蛋白质结构预测获取未知结构蛋白质序列和结构的可能性。

三、CATH

在 SCOP 分类中提到结构域被认为是重要的结构、功能和进化单位。此外，同源建模等结构预测方法在结构域的基础上也较为成功。因此，CATH 分类也采用以结构域为单位的分类方式。CATH 将 PDB 数据库中的三维结构分割成连续的多肽链，采用自动技术与人工验证相结合的方法识别多肽链中的蛋白质结构域。这些结构域随后被分为 4 个级别的分层分类：类型（class）、框架（architecture）、拓扑/折叠（topology）和同源超家族（homology）。位于最顶端的蛋白质的类型由自动技术根据二级结构的组成来决定，主要包括 α 为主、β 为主、α-β 结构域，以及其他如少量二级结构组成的结构域、多结构域蛋白质等。框架描述了二级结构在三维空间的排布，而未考虑它们的连接，包括 30 种不同类型的框架结构。拓扑级别则同时考虑二级结构的连接。分类的第四个级别，也是生物学上最有意义的级别为同源超家族，其分类标准是是否有足够的序列、结构或功能上的相似性证据证明其在进化上是相关的。在每一个同源超家族中，按照不同的序列一致性（35%、60%、95%、100%）聚类分组。CATH v4.3 包含了 500 238 个结构域，分为 5 个类型、41 个框架、1390 个折叠和 6631 个同源超家族。与 SCOP 不同，CATH 中多结构域蛋白质间的基于序列和结构的关系也被确定，包括多结构域蛋白质的家族和超家族，并链接到其结构域组成。

CATH 作为一种蛋白质序列和结构分类工具，其主要用途与 SCOP 类似，但包含了更丰富的信息。数据库可通过链接 http://cathdb.info 访问。用户可通过类型、框架、折叠和同源的树形层级浏览每一个同源超家族，了解超家族所包含的结构域及其结构聚类、功能家族，GO 多样性、相关酶种类及物种多样性分布信息。CATH 除了可以通过文本和序列检索，还提供结构检索，可以获得感兴趣序列或结构在 CATH 结构分类体系中匹配的结构域及功能家族的详细信息。

第二节　蛋白质三维结构预测

常用的通过实验测定蛋白质结构的方法主要分为两类：一类是以 X 射线衍射（X-ray diffraction）为代表的针对蛋白质晶体结构的测定方法，另一类是以核磁共振（nuclear magnetic resonance，NMR）为代表的蛋白质溶液构象的测定方法。X 射线衍射法测定出的蛋白质结构比较可靠，但很多蛋白质不易结晶，很难得到足够大的单晶进行结构分析，且无法测出不稳定的过渡态构象。NMR 方法至今仍无法用来测定分子质量较大的蛋白质。

由于测定结构技术上的困难，蛋白质结构增长速度一直远低于序列的增长速度（图 11-1，图 11-2），并且差距随着测序技术的不断快速发展在急剧增大。目前，PDB 数据库中包含了

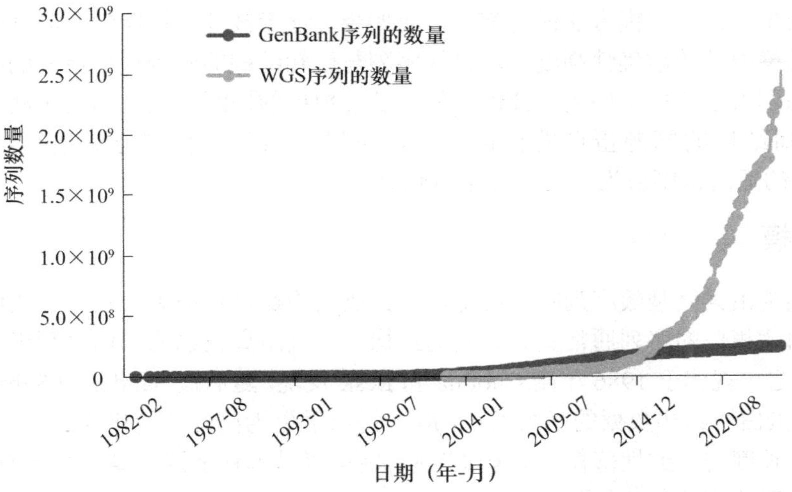

图 11-1　NCBI GenBank 和 WGS 数据库核酸序列数据增长趋势
（统计数据来自 https://www.ncbi.nlm.nih.gov/genbank/statistics）

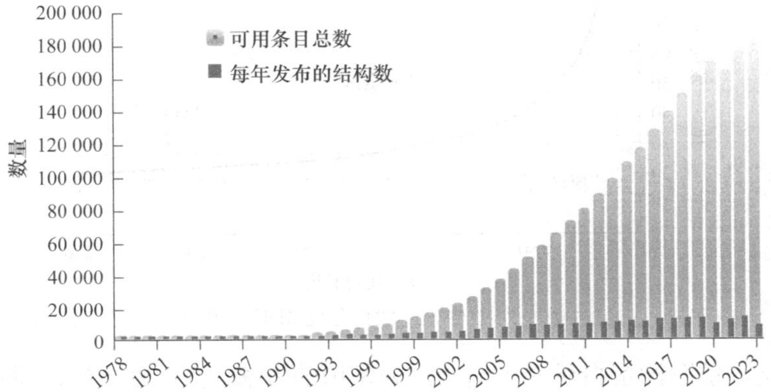

图 11-2　PDB 数据库蛋白质结构数据增长趋势
（统计数据来自 https://www.rcsb.org/stats/growth/growth-protein）

大约 21.8 万个蛋白质结构，而在 NCBI 的核酸数据库 GenBank 中已经有 2 亿多条序列，随着基因组测序技术的迅猛发展，WGS 数据库中的序列数据增长更为迅速（图 11-1）。随着基因组和蛋白质组计划的研究进展，大量具有特殊功能的蛋白质被发现，对蛋白质三维结构预测的要求也越来越急切。计算机辅助蛋白质结构预测方法成为目前获得蛋白质结构信息一个有效的技术手段。

1970 年，Anfinsen 提出蛋白质分子一级序列决定其空间结构，成为蛋白质结构预测的理论基础。对已知结构的蛋白质结构域的分类分析也表明，自然界存在的蛋白质折叠方式的总数是有限的，存在着大量的同源序列，并且对于大多数的蛋白质超家族，已经通过实验测出至少一个结构，因此借助计算机通过同源蛋白进行蛋白质结构预测成为可能。现在所说的蛋白质结构预测，通常指的是从蛋白质一级序列预测三维结构。总体来说，蛋白质三维结构理论预测方法大致分为以下 4 类：①同源建模（homology modeling）；②折叠识别（fold recognition）；③从头预测（*ab initio* prediction）；④基于机器学习的建模。其中，在过去长达几十年的发展中，同源建模方法最为常用，而如今已逐步被基于机器学习的 AlphaFold2.0 所取代。同源建模方法的准确性高度依赖目标序列与已知结构的同源模板蛋白的序列一致性的高低，折叠识别方法适用于序列一致性较低的基于模板的同源序列的结构预测。对于无法找到合适的已知结构的同源蛋白的目标序列，可以采用从头预测方法进行结构预测。而 AlphaFold2.0 的适用范围最为广泛，且精度较高。

一、同源建模

蛋白质结构由其氨基酸序列唯一决定，蛋白质结构在进化中更稳定，变化比序列进化速率慢很多，因此相似的序列通常具有等同的结构，并且距离较远的相似序列仍旧可以折叠成相似的结构。这一规律于 1986 年由 Chothia 和 Lesk 发现，随后被 Sander 和 Schneider 在 1991 年量化。随着蛋白质结构数据的指数增长，Rost 提出了更为精确的量化描述，如图 11-3 所示，即两条序列的长度与一致性落在“安全区”内，就可以基本保证这两条序列具有相似的结构，由此形成了同源建模的理论基础。

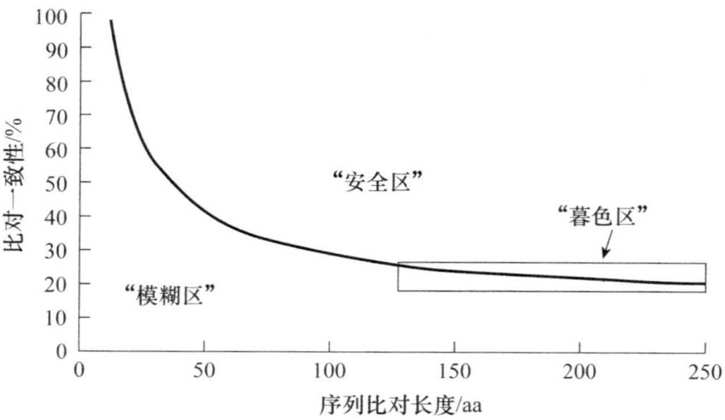

图 11-3　通过两条序列比对一致性百分比识别同源序列的三个区域

同源建模是当前预测蛋白质三维结构最为常用的方法。待预测的蛋白质称为目标蛋白，将目标蛋白与 PDB 等结构数据库中已知结构的蛋白质序列通过局部序列比对，寻找与其序列同源且结构已知的蛋白质作为模板蛋白。随后利用模板蛋白的已知结构，将模板蛋白与目标蛋白比对的片段取出，突变模板蛋白序列和目标蛋白序列中不匹配的氨基酸，最终得到目标蛋白的结构模型。在实践中，同源建模可归纳为 5 个基本步骤：①模板识别和初始比对；②比对校正；③模型构建；④模型优化；⑤模型评估。几乎每个步骤都需要做出选择，建模者从来不能肯定什么是最优的选择，因此建模过程的大部分都是在多个看似相似的选择间作思考抉择，特别是在比对结果靠近"暮色区"时（图 11-3），建模者的思考更为关键。暮色区是指当进化距离增加时同源蛋白的序列相似性逐渐减小，简单的比对工具和替换矩阵很难识别其同源性，对应于蛋白质间比对最优时约 25%的一致性。

（一）模板识别和初始比对

模板蛋白的识别一般通过搜索蛋白质结构数据库来实现，最常用的便是 PDB 数据库。序列比对程序为局部两条序列比对搜索工具，如 BLAST、PSI-BLAST 和 FASTA 等。一般认为，如果目标蛋白与模板蛋白的序列一致性在 50%以上，则通过该模板蛋白同源建模得到的目标蛋白结构很可靠，和实验可能达到的最优结果相当；一致性在 30%～50%，准确性较好；如果低于 25%，处于"模糊区"，则不适合通过同源建模方法进行结构预测。

在序列搜索得到的众多一致性较高的候选结构中选择模板蛋白应考虑以下几个因素：①结构完整性，尤其是环状结构部分；②功能相似性，如配体结合受体、酶的活性部位等；③高分辨率和低的 R 因子（R-factor）。

（二）比对校正

在选定同源模板蛋白后，需要对初始比对结果进行校正或使用更精确的方法获取最优化的比对。常见的有两个问题需要考虑。

1. 一致性较低的比对区域　通常可以通过引入其他同源序列进行多序列比对以获取更合理的比对结果。此外，如果一个蛋白质有多个同源模板，建立模型时也可考虑多条序列之间的比对。目标序列和模板比对本质上是确定目标序列和模板结构之间的关系，与两条序列比对相比，显然序列和结构信息越多，越能提高比对的准确性。

2. 比对中空位位置的确认　同源序列比对中空位的位置由氨基酸替换得分来确定更精确一些，可以通过选择更为合适的打分矩阵（如对远源同源序列选择位点特异性打分矩阵）以尽可能获取最优的比对。在同源建模的序列比对中，模板蛋白的结构是已知的，可以利用结构信息优化空位的位置。具体是，将目标蛋白与模板蛋白序列比对的结果对应到模板蛋白结构中，目标蛋白中被空位分隔的相邻的两个氨基酸理论上是由共价键相连的，因此比对应尽可能使其在空间上的距离在合理的范围内（1.5Å 左右）。

（三）模型构建

比对完成后，开始构建模型。模型构建分为三个部分，即主链/保守区建模、柔性区域/环区建模和柔性侧链建模。

1. 主链/保守区建模　目标序列的主链可以直接继承模板的结构，拷贝比对结果中出现的模板残基的主链原子（C、N、C_α 和 O）坐标即可。如果相应的氨基酸残基完全相同，相应残基侧链坐标也直接拷贝给目标序列中的残基；如果残基不同，则先把目标蛋白的主链坐标拷贝给模型蛋白，对于侧链尽量保持其相似的构象，即侧链二面角尽量保持一致。最后调整目标结构中主链各个原子的位置，使主链骨架构象符合立体化学原则。

PDB 中存储的蛋白质结构存在大量的误差来源，如 X 射线衍射图中的电子密度误差、结构文件整理时的人为错误等。当可选择的最优模板也存在不完整或测定质量较差区域时，最好的办法是选择多个模板，并将每个模板中好的部分结合在一个模型中，即多模板建模。

2．柔性区域/环区建模 如果目标序列与模板比对存在空位，一种情况是模型序列中的空位，此时只需要忽略模板中的残基，在目标序列模型中连接空位两侧氨基酸即可。另一种情况是模板序列中的空位，即目标序列在该位置有插入，此时需要将模板中连续的主链沿肽键切断，插入缺少的氨基酸。规则的二级结构元素中，主链构象一般不会发生变化，可以将比对中的所有插入和缺失移出螺旋与片层，置于柔性区域/环区中。此外，因为主要由环区连接二级结构，而且环区通常暴露在蛋白质表面，决定蛋白质活性和结合部位等功能专一性，所以即使没有插入或缺失，模板和目标模型中也存在相当差异的环区构象。

建立环区结构坐标的方法主要有两种：基于能量的从头设计方法和基于知识的数据库搜索方法。从头设计方法是在指定的环境中，用构象搜索算法或随机方法产生大量构象，再依据能量函数判别环区的质量，随后通过蒙特卡罗或分子动力学技术最小化能量函数，以获得能量最低的环区构象。基于知识的方法则是根据序列相似性或几何基准（如 N 端和 C 端的距离）搜索 PDB 中与建模环区两端匹配的已知环区，并复制其构象。几乎所有主要的分子建模程序和在线工具都支持这一方法（如 MODELLER、Swiss-Model、What If 及 Insight 等）。

3．柔性侧链建模 在结构保守区域内，目标蛋白的侧链可直接由模板继承。柔性侧链模拟主要是预测变异的氨基酸侧链。当前，几乎所有的柔性侧链建模都离不开从高分辨率晶体结构中提取的位置依赖的构象体库，即从晶体结构中采集的所有以给定氨基酸为中心前后延伸 3～7 个残基的结构片段。统计结果显示在特定的主链构象（如特定的二级结构模式）下，侧链结构一般只存在有限的几种可能的构象体，这大大缩小了构象搜索空间和复杂度。对某个确定的主链构象，模板中相应的主链片段与文库中的所有片段分别叠合，从主链最匹配的结构中选出可能的侧链构象。随后就是通过能量函数确定一组侧链构象的最佳组合。一般对于疏水核心残基的预测精度较高，而位于表面残基的预测精度要低很多。这一点很大程度上取决于用来为构象体打分的能量函数处理蛋白质内部疏水堆积的范德瓦耳斯相互作用相对容易，而处理表面作用包括氨基酸与水分子的氢键及熵效应在内的复杂静电相互作用的精确性较低。此外，表面的柔性侧链在实际情况下更趋于具有多个构象，即使是实验手段也不能提供唯一精确的结构。

（四）模型优化

获得模型初始坐标后，要对预测的模型结构进行优化以消除原子间的重叠和不合理的构象，以及一致性低的区域的构象。理想的模型优化方法是首先进行能量优化引起主链移动，随后是在新的主链构象下预测侧链构象，再次进行能量优化，循环迭代直至收敛。对蛋白质整体进行能量优化要求能量函数具有很高的精度，这一要求很难实现。因此，当前模型优化的一种方式是在约束原子的位置及限制优化步数的情况下，采用分子力学方法进行能量最小化。例如，先约束体系中的所有重原子，优化氢原子，以使分子中所含氢键达到合理构象；随后约束主链重原子，优化侧链；接下来只约束 C_α 原子，维护基本骨架结构，优化所有其他原子；最后放开约束，优化整个体系。模型优化的另一种方法是分子动力学模拟，该方法可以在飞秒（fs）尺度模拟蛋白质的运动，仿真其折叠过程。分子动力学的优点是可以考虑熵效应，缺点同样是力场的简化会使优化偏离真实的折叠结构。在所有的优化过程中，均须设定合适的溶剂条件，考虑溶剂效应和立体化学合理性等。

（五）模型评估

预测得到的模型质量一般主要从立体化学角度来进行评估。已知最强大的也是最常用的用于蛋白质结构立体化学性质质量评估的方法是拉氏图（Ramachandran plot），它是关于主链的转角（Ψ）与蛋白质中每个氨基酸残基在主链中的扭角（Φ）之间的关系图。一个合理的蛋白质结构，其残基的 Ψ 与 Φ 倾向于聚集在特定的区域内，没有或只有少数的几个点落在禁阻区域。这些区域是通过对 PDB 数据库中的已知结构进行统计分析确定的。立体化学方面考察的内容还包括蛋白质主链分子的键长和键角分布、二级结构、非共价接触、溶剂可及表面、亲水性和疏水性氨基酸分布、主链氢键结构等。此外，极性/非极性残基在蛋白质内部/外部的分布可以用来检测折叠完全错误的模型。常用的软件包括 ProCheck、WHATCHECK、What If、Verify3D 等。

综上所述，在理想状态下，同源建模应该用折叠识别来改进比对，用从头算法来预测环区，并用完美力场的分子动力学模拟来获得模型的真实结构。完成这些步骤的难度及需要花费的计算资源、时间和精力让人望而却步，科学家一直在不断努力开发快速、准确的建模方法。

二、折叠识别

从蛋白质结构分类数据库的分类结果可知，所有已知结构的蛋白质的折叠类型总数是非常有限的，一些看似无关的蛋白质序列常常具有相似的折叠类型。这一现象产生的可能原因包括：①由趋异进化产生的距离很远的同源蛋白因一致性很低，目前尚不能识别其序列同源关系；②由于相同的功能需求（如结合相似的底物）而发生趋同进化，产生相似的结构；③虽然已知的蛋白质结构增速不断加快，理论预测的很多序列折叠方式却并未在已知结构中发现，自然界可能选择了有限的折叠类型空间。上述趋异进化和趋同进化的可能性都代表着蛋白质序列与功能的相似性。因此，折叠识别不仅对结构预测，对功能预测也至关重要。

折叠识别在预测目标蛋白可能的折叠类型时有两种不同的理论方法：一种是通过识别远源同源序列寻找具有相似折叠方式的结构。该方法的原理是通过对同源家族进行多序列比对分析，计算位点特异的突变矩阵，并用于目标序列与家族的比对。例如，常见的隐马尔可夫模型（hidden Markov model，HMM）。另一种是基于能量函数的穿针引线法（threading），也称为反向折叠法。该方法是把目标序列和各种已知的三维结构进行匹配，并计算目标序列在采取不同蛋白质结构情况下的能量，根据能量高低选择蛋白质可能的折叠结构。序列与折叠结构的匹配技术和精确的打分函数是该方法的关键。此外，该方法的局限在于被筛选的结构数据库中如果并没有目标蛋白正确的折叠结构，便不可能成功。在通过上述方式获得目标蛋白可能的折叠结构后，以此结构为模板，依据与同源建模类似的方法建立最终模型。

三、从头预测

研究表明，绝大多数蛋白质的天然构象是其序列的最低自由能构象。从头预测是一种以物理学为基础来研究蛋白质折叠的方法，旨在通过分子力学势能函数描述决定蛋白质构象的力，如范德瓦耳斯相互作用、静电相互作用、溶剂化能等，仅根据蛋白质序列预测其天然构象。该方法具有极大的挑战，且一般仅用于不多于 200 个左右氨基酸蛋白质序列的结构预测。QUARK（https://zhanglab.ccmb.med.umich.edu/QUARK）是一种比较常用的结构从头预测方法。成功的从头预测需要两个必要条件：①表示目标蛋白相对于氨基酸原子坐标的自由能的能量函数；②能够发现能量极小点的高效的构象搜索算法。

1．氨基酸链的简化表示 表示全部蛋白质原子和溶剂分子及其相互作用在计算上是非常昂贵的，因此蛋白质模型的表示通常被简化。例如，用隐式溶剂模型代替显式溶剂模型，侧链构象参考 PDB 数据库中频率最高的构象集，限制主链可能的构象等。在最简化的模型中，连续规则的二级结构表示为刚性结构，只考虑连接处的构象变化。这种方法对二级结构单元的空间排布方式进行搜索，大大缩小了构象搜索空间，减少了计算量。

2．构象搜索策略 分子动力学方法可以给出特定势能函数下原子的运动，然而其原理是基于对牛顿运动方程的积分，要求很小的步长及对蛋白质和溶剂的全原子表示，在实际操作中很难达到。为了加快构象搜索速度，必须牺牲搜索精度，利用简化的蛋白质模型及简化的势能函数在低分辨结构中进行构象搜索，如蒙特卡罗模拟、模拟退火和遗传算法等。这些算法都允许单步模拟在较大范围内波动，能够在短时间内对构象空间进行快速采样。此外，为了增加找到全局最低能量构象的概率，避免陷入局部极小，最常用的做法是进行多次构象搜索。

由于蛋白质结构内在的复杂性，从头预测建模面临两个主要困难。第一个是自由能函数。从理论上讲，自由能的精确计算需要求解薛定谔方程，这需要大量的计算，即使当前算力大幅度提升，我们也负担不起。因此，不得不在结构预测过程中采取一些简化的处理，使用经验公式，其精确性也大幅度降低。目前，大多数经验公式都是基于分子力学或牛顿力学。第二个是蛋白质的构象空间，这是一个天文数字。具有数百个氨基酸的蛋白质的可能构象数量估计约为 10^{300}。尽管人们在构象搜索算法及计算能力和存储空间方面取得了很大进展，但从头预测建模仍然仅适用于氨基酸残基数在 10～80 的小蛋白质。

四、CASP 和 CAFASP

为了推动和度量蛋白质结构预测方法的进展，美国国立卫生研究院和美国国家医学图书馆组织发起了一项每两年一次的长期的实验竞赛——结构预测评估（Critical Assessment of Structure Prediction，CASP）和全自动结构预测评估（Critical Assessment of Fully Automated Structure Prediction，CAFASP）。CASP 和 CAFASP 提供已经测定但尚未发表，或有望在评价时得到 NMR 或 X 射线晶体结构的蛋白质目标序列（target），各蛋白质结构预测研究组根据序列对三维结构做出预测，将结果提交至服务器并由发起者进行比较和评价。已成功举办 15 期 CASP15（2022）。

经过数十年的积累，结构预测软件和预测方法层出不穷，CASP 也从中筛选出了目前为止表现最优的不同类型的蛋白质结构预测工具。其中，同源建模方法 Swiss-Model 和 MODELLER 被广泛使用数十年之久。此外，还有 AlphaFold、I-TASSER、RoseTTAFold、Robetta、MULTICOM、RaptorX、DMPFold、Pcons 和 HHpred 等方法。特别值得一提的是 2020 年在 CASP14 中表现十分优异的 AlphaFold2.0，其开创了蛋白质结构预测历程中一个新的里程碑。

五、基于机器学习的 AlphaFold2.0 建模

如前所述，蛋白质三维结构预测的方法主要包括基于物理相互作用的方法和基于序列进化信息的方法两类。到目前为止，已有的预测方法对缺少同源晶体结构的序列的预测能力仍

非常有限。AlphaFold2.0 的诞生突破了这一局限，其在 CASP14 竞赛中取得的平均预测精度高达 92%。对目标蛋白（PDB 6Y4F）预测结构与实验获得的结构之间的主链 $RMSD_{95}$（95%氨基酸覆盖度下 C_α 坐标的均方根偏差）中位数为 0.96Å（0.85～1.16Å）（图 11-4A 为 PDB 6Y4F 实验结构与预测结构的比对，主链 $RMSD_{95}$＝0.8Å）；全原子预测精度中位数为 $RMSD_{95}$ 1.5Å（1.2～1.6Å）（图 11-4B 为一个锌指蛋白活性位点侧链的实验结构与预测结构的比对，$RMSD_{95}$＝0.59Å）。这样的误差水平甚至低于一些晶体结构的解析分辨率。此外，AlphaFold2.0 对于长链蛋白质也具有很高的预测精度（图 11-4C）。

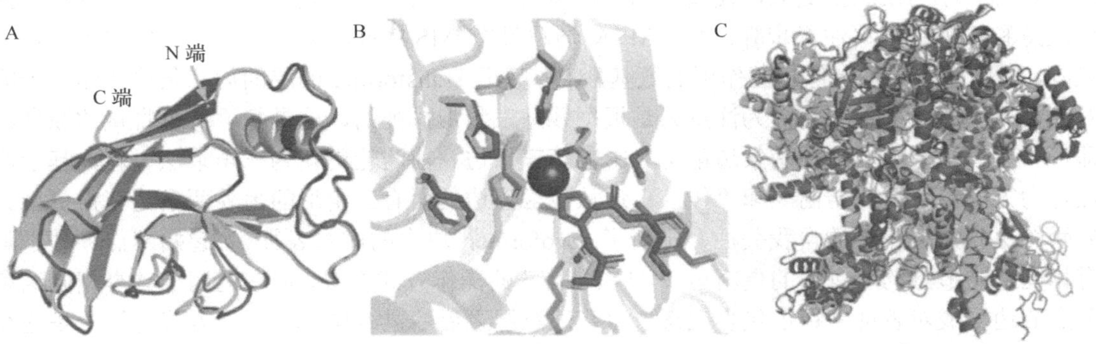

$RMSD_{95}$=0.8Å; TM-score=0.93　　RMSD=0.59Å（以锌离子为中心8Å范围内的氨基酸侧链）　　$RMSD_{95}$=2.2Å; TM-score=0.96

图 11-4　AlphaFold2.0 预测结构与实验结构比对示意图

A. 主链，PDB 6Y4F；B. Zn 结合位点侧链，PDB 6YJ1；C. 包含 2180 个氨基酸的单链蛋白，PDB 6VR4

TM-score. 模板建模分数

AlphaFold2.0（AF2）是谷歌 DeepMind 人工智能团队开发的先进的蛋白质结构预测方法。它基于一个端到端的深度神经网络算法，即基于注意力机制的 Transformer 深度神经网络，训练大规模同源蛋白结构和多序列比对的信息，实现从氨基酸序列生成蛋白质结构的精确预测。AF2 算法背后的基本生物学原理为进化中蛋白质序列和结构的保守性。进化中大多数突变是中性的，它们不会影响蛋白质的功能，但同源位置的保持意味着它对蛋白质折叠或功能的重要性；而两个位点的共同进化意味着这些位点氨基酸之间在结构空间上的相互作用。

AF2 算法流程包括三个模块：输入模块、Evoformer 模块、结构模块（图 11-5）。在输入模块中，输入信息为一条待预测结构的氨基酸序列。AF2 会在高质量蛋白质序列数据库 UniRef90、UniClust30、MGnify 和 BFD（Big Fantastic Database）中检索其同源序列，并生成输入序列及其同源序列的多重序列比对（multiple sequence alignment，MSA）结果；同时，AF2 检索蛋白质结构数据库中是否存在已知三维结构的同源蛋白，并构建每一个蛋白质结构两两氨基酸对的距离矩阵。然后 AF2 生成 MSA 表征和成对表征信息（图 11-5A）。需要强调的是，虽然同源建模也可使用多序列比对，但 AF2 从 MSA 中提取并利用协同进化信息，而同源性建模却没有。可直观地看到，当两个残基（A 和 B）在折叠结构中在空间上彼此靠近时，残基 A 的突变可能会引起残基 B 突变的选择性压力。这种在 MSA 中检测到的共同进化的信息被用于辅助 AF2 中的蛋白质结构预测。

第一个模块生成的 MSA 表征和成对表征信息作为输入内容传递给 Evoformer 深度学习模块，该模块可以实现 MSA 表征和成对表征之间的信息迭代（图 11-5B）。将从 MSA 表征中提取的共进化位点信息改进成对信息，改进的成对信息可以重新解释 MSA 信息，随着 MSA

信息的重新解释，成对信息可以进一步改进。Evoformer 共包含 48 个模块，每个块有两个输入：MSA 表征和成对表征。每个 Evoformer 块的输出是更新的 MSA 表征和更新的成对表征。每个 Evoformer 块包含两个基于 Transformer 的层的路径和两个路径之间的两个“通信通道”。基于 Transformer 的层的第一个路径作用于 MSA。它通过大型蛋白质符号矩阵计算注意力。为了降低计算成本，MSA 注意力被分解为逐行门控自注意和按列门控自注意组件。逐行门控自注意机制允许网络识别哪些氨基酸对更相关，为氨基酸对构建注意力权重。它还结合了来自输入成对表征的信息，并且该信息可以被视为一个额外的项。列式门控自注意允许网络确定哪些序列信息量更大，使属于同一目标氨基酸的组分能够处理信息交换。在逐行门控自注意和按列门控自注意步骤之后，MSA 通路具有 MSA 过渡层。这个技巧增强了注意力机制，并允许它精确定位相互作用的氨基酸对。基于 Transformer 的层的第二条途径作用于成对表征。该网络的主要特征为注意力是根据残基三角形排列的，这是基于一个直接的原理，即在一个三角形中，任何两条边都可以影响第三条边。前两轮更新为三角乘法更新，基于非注意力方法。每个“传出”和“传入”边从包含该边的所有三角形的另外两条边获得更新。后两轮更新是三角形的自我关注，更新了 Evoformer 块中的成对表征。“起始节点”基于具有相同起始节点的所有边的更新边。“结束节点”的操作方式类似，但它适用于共享相同结束节点的边。成对表征路径还包含三角形自我注意层之后的过渡层，其工作方式与第一条途径的过渡层相同。

第三个模块是结构模块，它将蛋白质结构的抽象表示转换为目标蛋白质的三维原子坐标（图 11-5C）。结构模块有三个输入元素：①单一表征，包含目标序列的信息，是 MSA 表征的第一行；②从 Evoformer 模块输出的成对表征；③骨干框架。每个氨基酸残基被表示为一个三角形，其钝角顶点是 C_α 原子，另外两个顶点分别是氨基基团的 N 原子和羧酸基团的 C 原子。在结构模块开始时，所有的骨干框架都位于相同的点并且会更新单一表征和骨干框架。每个块的关键组件是不变点注意力（invariant point attention，IPA），它是一种几何感知的注意力机制，用于更新单一表征。IPA 操作的最终注意力值是三维等变的，这意味着它们对全局刚性运动（包括旋转和平移）是不变的。在进行 IPA 操作后，模块会预测每个骨干框架的相对旋转和平移。使用这些操作使得整体的注意力在骨干框架上进行等变处理。在接下来的步骤中，会预测侧链的 χ 角，并使用来自 IPA 的更新单一表征和更新后的骨干框架计算所有原子的位置。然而，最终输出可能不符合所有立体化学约束。因此，AF2 应用 Amber 分子力学方法来优化结构，不会对预测准确性产生不良影响。最后，AF2 执行三轮训练和测试的迭代优化。在每一轮迭代中，模型将先前的输出作为附加输入合并进来。

基于 AlphaFold2.0 预测的蛋白质结构数据库免费提供来自人类和其他 47 个物种的超 2 亿个蛋白质序列的结构，并将持续更新（AlphaFold Protein Structure Database；https://alphafold.ebi.ac.uk）。毫无疑问，这将对结构生物学、药物发现、蛋白质设计、靶蛋白预测、蛋白质功能预测、蛋白质-蛋白质相互作用及其他生物学作用机制等领域的发展产生极大的推动作用。但同时，AF2 也存在一些局限性：①AF2 预测的蛋白质结构是静态状态。许多重要的生理和病理蛋白（如离子通道蛋白）在不同的活性状态下具有非常微妙的构象变化，并且由于它们与细胞内外各种其他蛋白质结合，也会表现出不断变化的空间构型。此时，AF2 通常给出单一的最优解，难以覆盖蛋白质的构象多样性。②AF2 数据库包括对大量蛋白质折叠部分的高度准确的预测。然而，在可用于比对的序列较少的情况下，以及天然展开或无序的区域，AF2

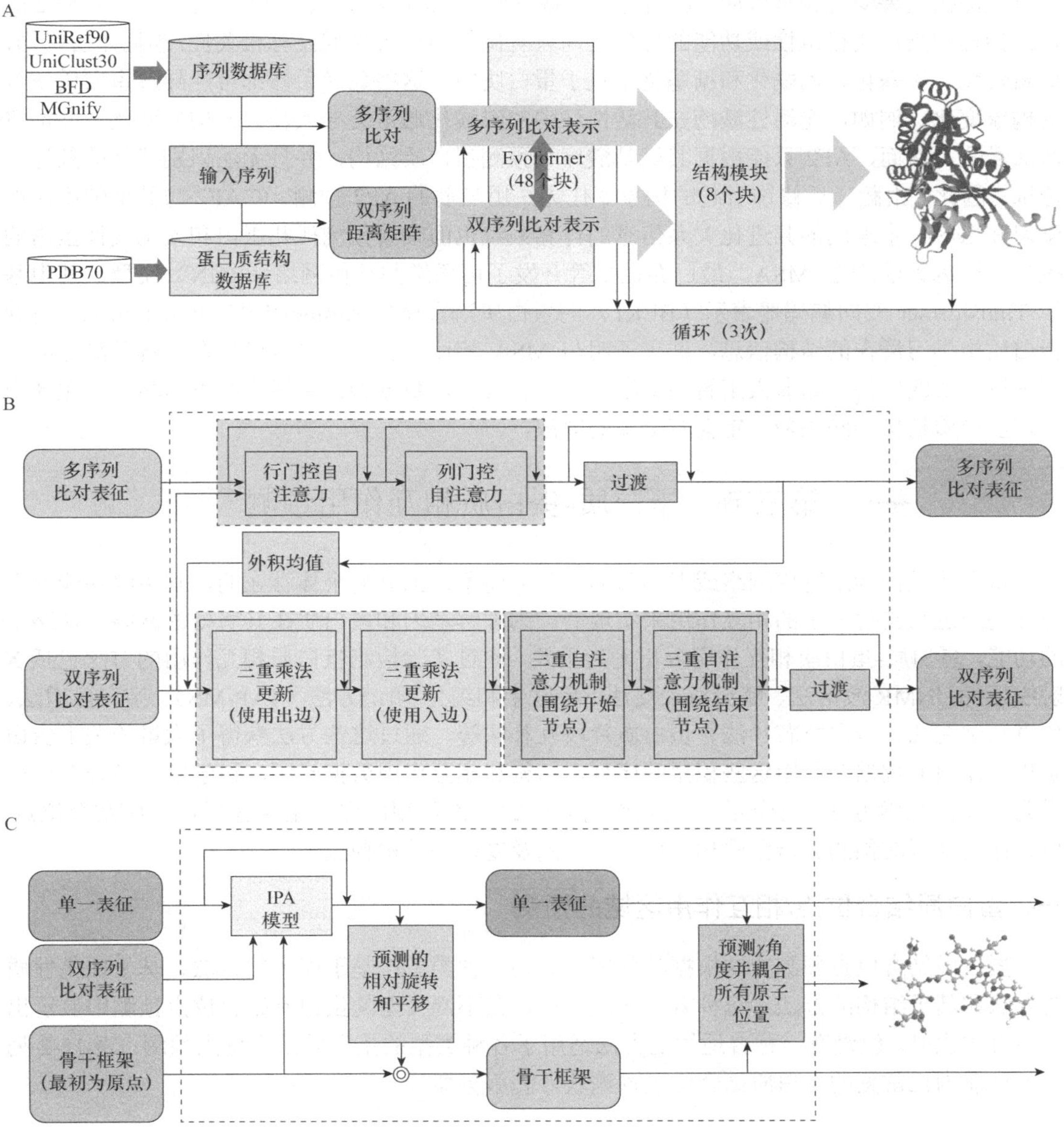

图 11-5　AlphaFold2.0 原理和架构示意图

A. AF2 的整体架构；B. Evoformer 模块架构；C. 结构模块架构

不能很好地预测蛋白质的结构。③众所周知，小分子配体或蛋白质可能诱导其互作蛋白质发生构象变化。最具代表性的例子是变构调节剂，其是指小分子或肽与酶蛋白的内源性配体不同的结合位点结合，引起构象变化，从而改变酶的活性。除了变构调节剂，与内源性配体结合到相同位点的大量小分子配体也可以诱导构象变化。然而，AF2 并不适用于此种情况下蛋白质结构的预测。④点突变在蛋白质中经常遇到，特别是在病理状态下。了解错义突变对蛋白质结构的影响可能有助于揭示其生物学或病理机制。尽管 AF2 可以预测野生型（WT）结构，但它在预测错义突变对蛋白质三维结构的影响方面可能表现不佳。尽管有研究表明 AF2

可以预测错义突变的表型效应，但研究人员观察到 AF2 错义突变预测的性能并不好，AF2 的输出指标与蛋白质稳定性或功能的变化之间只有微弱的相关性或没有相关性。⑤翻译后修饰，如磷酸化、甲基化、乙酰化和糖基化常见于蛋白质中。这些翻译后修饰可能导致蛋白质结构的构象变化。例如，无活性激酶在其活性环中的磷酸化通常会导致较大的构象变化，并最终激活激酶。然而，AF2 只能根据其氨基酸序列预测蛋白质结构，并且无法识别残基的翻译后修饰。因此，由翻译后修饰引起的构象变化无法用当前的 AF2 预测。⑥AF2 与其他使用深度学习和 MSA 中编码的共进化关系信息的计算系统也面临着预测孤儿蛋白和人工设计蛋白的挑战，因为无法产生 MSA。最近乔杜里等开发了可微递归几何网络（RGN）模型，其中基于 Transformer 双向编码器表示（BERT）的蛋白质语言模型 AminoBERT 可用于从未比对的蛋白质中学习潜在的结构信息。结果证明与 MSA 相比，蛋白质语言模型在结构预测方面具有理论和实践优势。随着人工智能算法的进一步发展，数据和计算能力的不断增加，预计未来在蛋白质结构预测领域一定会有更多的突破。

第三节　蛋白质-蛋白质相互作用预测

蛋白质是作为细胞内网络或者通路的一部分而不是孤立的个体存在的，其生物功能的多样性是通过与其他分子的相互作用来实现的。为理解基因和蛋白质在其所处的网络与通路中的功能，蛋白质-蛋白质相互作用分析尤为重要。通过实验检测蛋白质相互作用的方法包括 X 射线衍射、NMR 波谱法、酵母双杂交法、串联亲和纯化-质谱方法（TAP-MS）、亲和色谱法、免疫共沉淀法、蛋白质芯片法、蛋白质片段互补法等，通过这些方法获得了大量的关于蛋白质相互作用的数据。利用这些积累的序列、结构和相互作用数据资源，科学家已经开发出一系列生物信息学方法用于蛋白质相互作用方面的理论预测研究，主要包括蛋白质结合位点/相互作用区域的预测、蛋白质相互作用对预测及复合物结构预测。

一、蛋白质结合位点/相互作用区域的预测

蛋白质结合位点预测方法根据其原理可分为三种类型：基于序列的方法、基于理化性质的方法和基于结构的方法。每种方法各具优点，在不同类型的蛋白质结合位点预测中显示出了各自的优势，但没有一种普适性的方法适用于各种类型的蛋白质结合位点预测。表 11-2 列出了目前为止常见的蛋白质结合位点预测软件和服务器。

表 11-2　常见的蛋白质结合位点预测软件和服务器

名称	类型	网址
ConSurf	在线服务	https://consurf.tau.ac.il
SPPIDER	在线服务	http://sppider.cchmc.org
RaptorX Binding	在线服务	http://raptorx.uchicago.edu/BindingSite
dynJET^2	单机软件	http://www.lcqb.upmc.fr/dynJET2
ISPRED4	在线服务	https://ispred4.biocomp.unibo.it
PredUs	在线服务	http://honig.c2b2.columbia.edu/predus
CPORT	在线服务	http://milou.science.uu.nl/services/ CPORT
cons-PPISP	在线服务	http://pipe.scs.fsu.edu/ppisp.html
meta-PPISP	在线服务	http://pipe.scs.fsu.edu/meta-ppisp.html

（一）基于序列的方法

在蛋白质分子进化过程中，对于蛋白质结构和功能来讲最重要的残基往往具有较高的序列保守性，保守性位点通常位于结构上比较重要的核心区域或功能上比较重要的活性位点区域。家族依赖性保守是一种更为精细的保守类型，其保守氨基酸残基被称为决策树，与特有的性质相关联。每一个子家族的决策树都有所区别，也就是说，每一个子家族在与其他蛋白质相互作用方面都有所区别。因此，通过多序列比对比较和寻找组成一个蛋白质大家族的某一部分不同子家族的序列特征，发现和确定其保守位点，分析决策树残基与结合位点残基之间的关系，可以来预测蛋白质结合位点。

基于序列预测蛋白质结合位点的另一种思路来自共同进化中的关联性突变。关联性突变对应的是来自两个蛋白质的相应位置同时发生明显的氨基酸替换，可以指向两个蛋白质间相互作用相关的那些残基和区域。来自一个蛋白质中特定位置残基的突变伴随着进化中另一个与之相互作用蛋白质邻近位置残基突变的补偿，绝大多数情况下是为了稳定蛋白质相互作用的稳定性。

基于序列的方法最大的优点在于它不依赖于结构数据，进一步也意味着不依赖于蛋白质构象的变化（如自由态和结合态之间的变化）。该方法的局限性在于当同源蛋白数量有限或序列的相似度较低时，预测结果常常是不可靠的。

（二）基于理化性质的方法

基于理化性质的蛋白质结合位点预测方法的基本假设是蛋白质表面结合位点残基与其他非结合位点残基之间存在理化性质上的差异。因此，基于理化性质的方法的一般思路是基于实验解析的复合物结构，统计分析位于蛋白质相互作用区域残基的特性（如物理化学特征、结构特征、溶剂化特征等），再通过机器学习策略对统计得到的数据进行训练并建立理论模型，预测其他单体蛋白质可能的结合位点残基。

有研究表明，结合位点残基和非结合位点残基可能存在以下几个方面的区别：①结合位点上的残基比非结合位点残基具有更高的序列保守性；②结合位点残基的溶剂可及表面积大于非结合位点残基；③结合位点上的残基更倾向于形成 β 折叠和无规卷曲结构，较少形成 α 螺旋结构；④结合位点存在出现非极性疏水残基的偏好性，出现概率最大的 5 个残基包括亮氨酸、异亮氨酸、苯丙氨酸、酪氨酸和缬氨酸。

虽然近年来这方面的研究有不少进展，但由于结合位点表面与其他表面特征之间的差别在统计学上的低显著性，通过该方法准确预测蛋白质结合位点仍然是一个难题。也正因为该方法基于表面特征这一理论基础，其很难同时适用于相互作用区域特征为不同类型的复合物。例如，预测抗原-抗体结合位点的方法，很难被成功应用于同源多聚体结合位点的预测。因为在这两类复合物中，对分子结合起主要作用的因素有显著的差异，前者是以静电相互作用为主，而后者是疏水相互作用更重要，表现在复合物界面上，这两种类型复合物的物理化学特性是截然不同的。

（三）基于结构的方法

基于结构预测蛋白质结合位点的途径之一是将该问题转化为蛋白质复合物结构预测的一部分。常用的做法是将蛋白质看作一个刚体，将界面的几何形状互补作为评价指标，对可能的相互作用界面的结构空间进行搜索。在部分软件中，考虑了蛋白质构象柔性（但要以减小搜索空间或增加预测时间为代价），表面残基疏水性、电性等化学特性。蛋白质结合位点预测与蛋白质-蛋白质复合物结构预测密切相关，利用理论预测得到的结合位点残基的信息，提前将结合方位偏差太大的相互作用位点排除，可减少构象搜索空间，提高复合物结构预测的效率。

二、蛋白质相互作用对预测

蛋白质相互作用对预测关注的核心问题是两个蛋白质是否有相互作用，但不解决它们是如何作用的这一问题。通过实验的方法如免疫共沉淀、酵母双杂交系统等方法可以鉴定特定的蛋白质之间是否存在相互作用。X 射线衍射和核磁共振等结构生物学技术还可以高分辨率地展示蛋白质在空间上的结合模式。为了便于查询和利用已知的蛋白质相互作用信息，不同的机构建立了多种蛋白质相互作用数据库，收集已知的不同来源蛋白质间的相互作用数据和蛋白质复合物结构，如 DIP（Database of Interacting Proteins）、IntAct、MINT（The Molecular INTeraction Database）、BioGRID（Biological General Repository for Interaction Datasets）、HitPredict、PrePPI 等，均包含了数万至数十万种蛋白质相互作用对信息。

利用理论计算预测蛋白质相互作用对的方法分为直接和间接两种。直接的预测即通过物理对接预测两个蛋白质复合物的结构并进行打分评估其结合的可能性，其复杂性较高，实现起来难度很大。间接的方法，也是更为常用的方法，是将相互作用对的预测转化为预测功能相关的蛋白质。基于基因组中保守的近邻基因（gene neighborhood）的方法是基于远源相关物种基因组上邻近基因间的保守性，这些保守基因编码的蛋白质被认为是功能相关的。基于基因组系统发育谱（phylogenetic profile）的方法是分析具有相似物种分布的基因，即在不同物种中均同时存在或同时缺失的基因，其对应的蛋白质在功能上是相关的。基于基因融合（gene fusion）的方法的理论基础是，如果两个不同的蛋白质在某些物种中是由两个相对独立的基因编码的，而在其他物种中是由一个基因编码的，则这两个蛋白质在功能上应该是相关的。以上三种方法都是基于基因组信息的预测方法。基于文本挖掘的方法对文献或数据库中已知的蛋白质相互作用信息进行系统性的数据挖掘。例如，Suiseki 系统通过自动获取蛋白质和基因名称，并使用它们搜索能够代表相互作用的语句来进行预测。目前最为常用的蛋白质相互作用预测工具 STRING（Search Tool for the Retrieval of Interacting Genes；https://cn.string-db.org）同时采用了以上 4 种预测方法进行预测，此外还利用多种蛋白质相互作用数据库、基因共表达数据等途径进行预测。

三、蛋白质复合物结构预测

利用计算机预测蛋白质相互作用的复合物结构的方法称为分子对接。分子对接最早起源于 Fisher 的“锁钥模型”，该理论认为“锁”和“钥匙”相互识别的首要条件是几何形状互补。不同的是，蛋白质分子之间的识别比“锁钥模型”复杂得多。首先，锁和钥匙是刚性的，作用位点明确；而蛋白质受体和配体分子结合位点未知，构象千变万化，相互作用界面一个氨基酸侧链构象的变化都可能会导致识别的失败。因此，快速而精确的构型（配体相对于受体的位置）和构象搜索策略是分子对接方法要解决的核心问题之一。其次，分子对接不仅要满足几何形状互补，还需要满足能量（电性和化学环境等）互补。受体和配体能否结合及结合的强度最终是由计算得到的形成复合物过程的结合自由能变化决定的。对结合模式进行能量评价（打分）的能量函数的准确性是分子对接方法的另一个核心问题。

根据对接过程中对蛋白质构象处理方法的不同，可将分子对接方法分为三类：刚性对接、半柔性对接及柔性对接。刚性对接是指在对接过程中，蛋白质被视作刚体，仅考虑蛋白质的平动与转动，通过软化分子表面允许其可以部分交叠来间接地考虑分子柔性。简化程度较高，计算速度也较快，适合研究大多数蛋白质复合物体系。半柔性对接是指在对接过程中仅指定片段的构象允许在一定范围内变化，兼顾计算量与模型的预测能力，应用比较广泛。柔性对接是指在对接过程中，整个研究体系的构象都可以自由变化，计算复杂度随着体系原子总数呈几何级数增长，目前主要用于蛋白质-化学小分子的结合模式预测，尚未用于蛋白质-蛋白质复合物结构预测中。

（一）构象搜索

分子对接中的搜索方法分为几何形状搜索方法和能量搜索方法。几何形状搜索主要包括系统性的格点搜索和描述符匹配。格点搜索方法的准确性取决于搜索格点步长及搜索时间的长短，快速傅里叶转换方法可以加速搜索的过程。如果在分子对接前能够明确结合位点，即可缩小构象搜索空间，提高复合物结构预测效率和成功率。能量搜索一般采用蒙特卡罗、分子动力学或遗传算法等进行构象采样，寻找受体、配体间相互作用能量的极小值位置。构象搜索算法中，寻找全局极小值是一项极具挑战的任务。

（二）打分函数

根据“锁钥模型”，配体与受体分子的识别首先依赖于两者的几何形状互补。实验结果也表明，绝大多数蛋白质复合物配体与受体的相互作用界面上具有明显的几何互补特征。因此，几何互补性在复合物结构评价中占有至关重要的地位。一些早期对接算法的打分函数甚至仅包含几何互补项。现在的打分函数大多综合考虑几何互补和能量互补等因素来筛选结构。由于计算该项分值速度较快，在一些软件中用它来进行初步打分以预先排除一些不合理的结合模式，从而减少下一步用精细而耗时的打分来评估结构的工作量。

打分函数考虑的参量主要分为两类：基于知识的和基于分子势能的。基于知识的打分参量是对大量已知结构的蛋白质复合物进行统计得到的，如上文提到的几何互补性，此外还有界面接触面积、统计成对偏好势等。对大量蛋白质-蛋白质复合物的接触界面面积统计发现，其大小分布在 12～16nm^2，说明了其作为蛋白质相互作用打分参量的合理性。统计成对偏好势是基于蛋白质-蛋白质复合物非冗余结构数据库统计界面上各种氨基酸（或原子）的成对偏好性，然后根据玻尔兹曼关系导出氨基酸（或原子）的统计成对势。基于分子势能的打分函数主要由分子间的范德瓦耳斯和静电相互作用能、氢键相互作用能、去溶剂化能等构成。范德瓦耳斯和静电相互作用在蛋白质-蛋白质相互作用与识别中起着至关重要的作用，可用理论公式对其进行定量计算。范德瓦耳斯相互作用一般采用 6-12 形式的 Lennard-Jones 势来描述，静电相互作用一般采用库仑势来描述。

不同的对接软件会组合不同的打分参量形成打分函数。例如，ZDOCK 打分函数包括几何互补、范德瓦耳斯与静电相互作用、氨基酸成对势；Rossetta-Dock 则考虑了范德瓦耳斯与静电相互作用、氢键作用和氨基酸成对势；HADDOCK 除了考虑常用的范德瓦耳斯与静电相互作用和去溶剂化能，还提出了模糊相互作用约束项和包埋表面面积参量。从历次 CAPRI 竞赛结果看，参赛的研究小组提交的预测结构的打分排序结果仍然在一定程度上缺乏可靠性。

因此，进一步改进打分函数和策略仍是提高分子对接预测精确性的努力方向和重要目标。

（三）蛋白质相互作用预测实验竞赛

为推动蛋白质复合物结构预测方法的进展，欧洲生物信息学研究所于 2001 年发起了蛋白质相互作用预测实验竞赛（Critical Assessment of Prediction of Interactions，CAPRI；https://www.ebi.ac.uk/msd-srv/capri）。组织者选取结构已知但尚未公布的蛋白质复合物为预测靶标，参与实验的研究小组在规定时间内从蛋白质单体结构出发，通过理论方法预测其相互作用结合模式并通过网络提交。CAPRI 评估小组会将这些结构与实验结构进行对比，来评估所有理论预测方法的准确性，并在网上公布。迄今 CAPRI 已经成功举办 47 轮，包含 160 个预测靶标，预测题目的难度也不断提升。从最初的对来自实验复合物结构中拆分出的受体和配体结构的复合物预测，到只给出序列信息且蛋白质在结合前后会发生较大构象变化的相互作用预测；对接的方法也由刚性对接发展到以考虑分子柔性和优化打分函数为主要研究方向的柔性对接方法。在这个过程中产生了很多新的打分和构象搜索策略，不断启发和激励该领域后续的发展，极大地促进了蛋白质分子对接方法的预测能力。表 11-3 给出了部分蛋白质分子对接软件及在线服务工具。

表 11-3　部分蛋白质分子对接软件及在线服务工具

名称	类型	网址
ZDOCK	在线服务	http://zdock.umassmed.edu
Rosetta-Dock	在线服务	https://rosie.graylab.jhu.edu/docking2
Rosetta	单机软件	https://www.rosettacommons.org/software
HDOCK	在线服务和单机软件	http://hdock.phys.hust.edu.cn
ClusPro	在线服务	https://cluspro.bu.edu
InterEvDock2	在线服务	https://bioserv.rpbs.univ-paris-diderot.fr/services/InterEvDock2
GalaxyTongDock	在线服务和单机软件	http://galaxy.seoklab.org/tongdock
pyDockWEB	在线服务和单机软件	https://life.bsc.es/pid/pydockweb
HADDOCK2.4	在线服务和单机软件	https://bianca.science.uu.nl/haddock2.4
PRISM2.0	在线服务	https://cosbi.ku.edu.tr/prism
HawkDock	在线服务	http://cadd.zju.edu.cn/hawkdock
EROS-DOCK	单机软件	https://erosdock.loria.fr
InterPred	在线服务和单机软件	http://bioinfo.ifm.liu.se/inter/interpred

第四节　展　　望

随着结构基因组的发展，通过结构进行蛋白质生物功能预测已经发展成为生物信息学的主要研究方向之一。大规模的基因组测序为人们提供了完整的生命得以维系所需要的所有基因的集合。通过这些信息，人们可以对基因组能够生产的所有蛋白质的氨基酸序列进行预测。结构基因组的任务在于破译这些蛋白质的结构，进而推测其功能。这一点必然要通过精确的蛋白质结构预测及蛋白质-蛋白质相互作用预测来完成。尽管目前的研究成果显示出各种预测方法的潜力，结果令人振奋，但仍然存在一些限制。仍有未知的蛋白质结构折叠空间没有任何代表性的结构被实验解析出来，而通过从头算法进行结构预测的精度及速度还远不能满足人们的需求。此外，人们还需要更为合理的打分函数及高效的构象搜索策略以开发更好的蛋白质对接方法，用以支撑基于蛋白质结构的分子设计研究。

习　题

1．在蛋白质结构分析中，为什么需要进行结构比对？结构比对有哪些常用的方法和工具？

2．请简要介绍 SCOP 和 CATH 这两个常用的蛋白质结构分类系统，它们的主要特点和应用场景是什么？

3．什么是蛋白质的构象空间？为什么预测蛋白质结构在计算上如此具有挑战性？

4．AlphaFold2.0 是基于机器学习的蛋白质结构预测方法，它相比传统方法有哪些优势和创新之处？

5．通过分子对接预测蛋白质相互作用及其复合物结构的基本要素是什么？为什么精确的预测具有极大的挑战性？

第十二章　表观基因组学

表观基因组学是一种非常复杂的生物学过程，其中参与的因素非常多，而且彼此交织，相互作用。例如，DNA 甲基化、组蛋白修饰、miRNA 等因素都是表观基因组学研究的重要方向。DNA 甲基化主要是利用不同的化学方法，对基因组中的甲基进行修饰，从而控制基因的表达。组蛋白修饰则是指组蛋白分子上的化学修饰，影响基因表达状态。miRNA 则是微小的 RNA 分子，可调控基因表达和蛋白质翻译前的 mRNA 降解等生物过程。通过表观基因组学的研究，人们可以更加深刻地了解生物的遗传机制和基因表达的过程。

第一节　表观基因组概述

长期以来，DNA 一直被认为是决定生命遗传信息的核心物质，但是近些年新的研究表明，生命遗传信息从来就不是基因所能完全决定的。比如科学家发现，在不影响 DNA 序列的情况下可以改变基因组的修饰，这种改变不仅可以影响个体的发育，还可以遗传下去。这种在基因组的水平上研究表观遗传修饰的领域称为“表观基因组学”（epigenomics）。表观基因组学使人们对基因组的认识又增加了一个新视点：对基因组而言，不仅是序列包含遗传信息，而且其修饰可以记载遗传信息。随着研究的进展，表观基因组学的概念和内涵得到了进一步的拓展，涵盖了从基因组到转录组再到蛋白质组的多层次表观调控信息。为此，本章拟系统介绍目前常见的表观基因组学研究范畴，包括 DNA 甲基化、组蛋白修饰及 RNA 修饰的基本概念、检测和分析方法，并介绍一些相关的基础性数据库和经典软件供读者学习参考。

第二节　DNA 甲基化

一、DNA 甲基化概况

DNA 甲基化是一种发生在 DNA 序列上的甲基化修饰，是表观遗传修饰调控的一种重要修饰方式，可以在转录及细胞分裂前后被稳定地遗传，参与了一系列重要的生物学过程。

DNA 甲基化现象普遍存在于各种生物中。在哺乳动物中， 60%～90%的 CpG 二核苷酸处于甲基化状态（p 代表磷酸基团），而 DNA 甲基化主要发生在 CpG 二核苷酸中胞嘧啶的第五位碳原子上，这样的胞嘧啶也叫作 5-甲基-胞嘧啶（5mC）。在植物中，胞嘧啶可以在 CpG、CpNpG 和 CpNpN 环境中发生 DNA 甲基化（N 代表除鸟嘌呤外的其他碱基）。在真菌中，胞嘧啶的甲基化水平较低，只有 0.1%～0.5%，其可能控制着特异基因的表达。

DNA 甲基化的建立与维持是通过 DNA 甲基化转移酶（DNMT）家族来实现的，这个家族包括三种类型的成员：DNMT1、DNMT2 和 DNMT3A/3B/3L。其中 DNMT2 主要涉及 $tRNA^{Asp}$ 上 C38 的甲基化，目前研究得较少。与哺乳动物有关的 4 种 DNA 甲基化转移酶分别为 DNMT1、DNMT3A、DNMT3B 和 DNMT3L。其中，DNMT3A 与 DNMT3B 在 DNA 从头甲基化的过程中发挥着重要的作用。DNMT1 的作用机制比较复杂，主要是起维持甲基化的作用。

DNMT3L 对于 DNA 甲基化也是非常重要的，它是 DNMT3A/B 的重要激活因子，虽然不具有任何催化活性，但通过参与去从头甲基化，可以间接参与母体印迹的建立和精子形成的调控过程。

同样，甲基化的去除对于细胞的分化也必不可少。细胞中的 DNA 甲基化可以被 TET 蛋白去除，TET 家族中主要有三个成员，它们分别为 TET1～TET3，这三者主要在早期胚胎发育和生殖系中表达。在早期发育过程中，DNMT3A 和 TET1 以互补和竞争的方式发挥作用，精准调节甲基化状态和基因表达水平。

二、DNA 甲基化与 CpG 岛

在动物体细胞 DNA 中，甲基化大多数出现在 CpG 二核苷酸上，据统计有 70%～80%的 CpG 二核苷酸被甲基化。哺乳动物基因组中存在少数具有较高 CpG 密度的长度为 0.5～2kb 的区域，这些区域称为 CpG 岛（CpG island，CGI）。在 CGI 中的 CpG 通常是未甲基化的，且其与 60%～70%的已知基因启动子共定位，包括绝大多数的管家基因和很多组织特异性基因，其启动子都表现出持续的去甲基化。

启动子的 CGI 甲基化状态与转录因子的结合有关，一般认为 DNA 甲基化会抑制基因的转录。根据 CpG 含量和序列长度可将启动子分为三类：高 CpG 密度启动子（high CpG-density promotor，HCP）几乎不含有 DNA 甲基化，但 HCP 的低甲基化并没有直接导致有效的基因表达；中等 CpG 密度启动子（intermediate CpG-density promotor，ICP）被甲基化之后就失去了活性，然而 ICP 通常获得分化依赖的超甲基化；低 CpG 密度启动子（low CpG-density promotor，LCP）通常是超甲基化的，但不论甲基化的状态，其仍然处于转录活化的状态。研究表明，转录起始位点上甲基化的 CGI 在 DNA 与核小体组装之后不能启动转录，而当携带 CGI 的基因被激活之后，其转录起始位点通常没有核小体。

三、DNA 甲基化的检测

随着甲基化测序技术的不断发展，人们对甲基化的研究变得越来越深入。现阶段出现了三种甲基化高通量测序方法，分别为全基因组亚硫酸氢盐测序、简并代表性亚硫酸氢盐测序、甲基化 DNA 免疫沉淀测序。

全基因组亚硫酸氢盐测序（whole genome bisulfite sequencing，WGBS）采用亚硫酸氢盐处理基因组 DNA，使未甲基化修饰的胞嘧啶（C）转化为尿嘧啶（U），从而鉴定出甲基化的位置。具体原理为：在弱酸性条件下，亚硫酸氢根会结合到没有甲基化的 C 碱基的 6 位，而甲基化了的 C 碱基不会和亚硫酸氢根发生这个反应。之后采用碱处理，结合了亚硫酸氢根的非甲基化的 C 碱基就被脱氨基、脱亚硫酸根，转变为 U 碱基。而甲基化的 C 碱基因为不受到碱处理的作用，所以仍然是 C 碱基。这种方式的转化效率非常高，用亚硫酸氢盐处理 DNA 可以让 99%左右的非甲基化 C 碱基变成 U 碱基。通过之后的高通量测序结果，就可以精确地看到碱基的甲基化状态。经过亚硫酸氢盐转化过的 DNA，再经过聚合酶链反应（polymerase chain reaction，PCR），新合成出的 DNA 链 U 碱基就会被替换为 T 碱基，在接下来的测序过程中，检测到的也是 T 碱基。而甲基化的 C 碱基，因为没有被亚硫酸氢盐转化，所以检测到的仍然是 C 碱基。通过后续的测序，查看一个位置是 C 碱基还是 T 碱基：如果一个位置保持 C 碱基，说明这个位置被甲基化或者羟甲基化了；如果检测到的是 T 碱基，就说明这个位置没有被甲基化或者羟甲基化。

简并代表性亚硫酸氢盐测序（reduced representation bisulfite sequencing，RRBS）是一种高效、高通量的单核苷酸水平全基因组甲基化谱分析技术。它利用限制性内切酶 *Msp* Ⅰ酶切基因组（*Msp* Ⅰ的识别位点为 CCGG）富集启动子及 CpG 岛区域，并进行甲基化测序。该项技术结合了限制性内切酶和亚硫酸氢盐测序，从而得到高 CpG 区域的富集信息。相比较全基因组亚硫酸氢盐测序技术，RRBS 仅需要对基因组约 1%的区域进行测序，因此费用大大降低。

甲基化 DNA 免疫沉淀测序（methylated DNA immuno precipitation sequencing，MeDIP-seq）基于 5mC 特异性抗体去富集带有 5′甲基化修饰的胞嘧啶的 DNA 片段，然后通过高通量测序可以在全基因组水平上进行高精度的 CpG 密集的高甲基化区域研究。这种技术的精度高，分辨率可以达到基因组位点±50bp，并且由于采用了富集区域测序的策略，有效降低了测序的费用。

四、DNA 甲基化的分析

DNA 甲基化的分析方法与 RNA-seq 数据类似，两者的差别主要在于比对软件。现阶段甲基化常用的比对软件有 Bismark、BSMAP、BS-Seeker2 和 RRBSMAP 等。其中，Bismark 是于 2011 年采用 Perl 语言编写而成的比对软件，影响力较大；BS-Seeker 系列软件则是采用 Python 语言编写而成的；BSMAP 是 2009 年利用 C 语言编写推出的软件。这三种软件在甲基化数据的分析中被广泛使用，其比对的原理有两种类型，其中 Bismark 和 BS-Seeker 系列软件采用了同一种原理，现在被称为“三碱基比对法”。具体过程是：将所有参考基因组和短读长序列上的胞嘧啶（cytosine，C）变成胸腺嘧啶（thymine，T），另一条链鸟嘌呤（guanine，G）变成腺嘌呤（adenine，A），再来作比对，因为所有序列只剩下 3 种碱基类型，故名三碱基比对法。而 BSMAP 则采用了另一种原理：其以 SOAP 算法为基础，不转换基因组序列，而是允许序列中的 C 和 T 比对到基因组上的 C，但是 C 不能比对到 T。有研究对三种软件的性能进行了详细的比较，随着读长错误率的提高，三种软件的比对率都逐渐下降，与之相对应的是比对的准确性也在下降，但 Bismark 在精度上下降的梯度变化较小。在读长错误率比较低的时候（2%），Bismark 对于读长的映射率较低但映射精度较高，而 BSMAP 映射率较高但映射精度较低；在读长错误率比较高的时候（8%），BS-Seeker2 的映射率较高，而 Bismark 和 BS-Seeker2 的映射精度较高。

在 DNA 甲基化数据的分析过程中，寻找差异甲基化区域是十分重要的一个目标，这些区域是基因表达调控的重要候选区域。寻找差异甲基化区域的模型算法很多，常见的有 methylKit、DSS（dispersion shrinkage for sequencing data）、bsseq、Metiline、MethylSig、BiSeq、DMAP（Direct Memory Access Parsing）、eDMR［empirically based DMRs（differentially methylated regions）］、QDMRs（quantitative differentially methylated regions）和 SMART（shiny methylation analysis resource tool）等。

methylKit 是采用逻辑斯谛回归（logistical regression）和 Fisher 精确检验来分析基因组范围 DNA 甲基化谱的一个综合性的 R 包。具体来说，每个样本中的胞嘧啶甲基化信息是特异的，包括在一个给定区域中的甲基化胞嘧啶的数量和非甲基化胞嘧啶的数量，据此可以计算出其甲基化胞嘧啶的百分比。然后针对每个给定的碱基和区域，采用 methylKit 逻辑回归检验来比较处理组和对照组之间的甲基化胞嘧啶比例 P_i（$i=1, \cdots, n$，n 是生物学样本的数量）。更具体地说，在给定的碱基/区域，对甲基化比例 P_i 进行逻辑斯谛回归建模：

$$\log\left[P_i/(1-P_i)\right]=\beta_0+\beta_1\cdot T_i$$

式中，T_i为样本 i 的处理标签：如果样本 i 在处理组，$T_i=1$；如果样本 i 在对照组，$T_i=0$。然后，对所有感兴趣的碱基/区域进行针对零假设的独立检验，其中零假设 H_0：$\beta_1=0$。如果拒绝零假设，则意味着处理组和对照组之间的对数优势比（LOD）（这也意味着甲基化比例）的不同，碱基/区域随后将被划分为差异甲基化胞嘧啶（DMC）或区域（DMR）。然而，如果零假设没有被拒绝，这意味着没有发现两组之间的甲基化有统计学上的显著差异。为了确保效果，methylKit 建议每个生物学样本至少在 10 个读长的覆盖度情况下进行使用。与 Fisher 精确检验相比，逻辑斯谛回归的主要优势在于，它允许包含样本特异的协变量（连续的或分类的）并能够调整混杂变量。在实践中，每组样本的数量将决定使用这两种方法中的哪一种：如果每组有多个样本，则 methylKit 使用逻辑斯谛回归检验进行分析；否则当每组有一个样本时，将使用 Fisher 精确检验进行分析。

根据 DNA 甲基化谱的分析，发现全基因组甲基化水平具有很强的空间相关性。因此，充分利用邻近 CpG 位点的信息可以提高对每个 CpG 位点甲基化水平的估计，可以提高 DMR 检测水平的精度。为了整合这一空间信息，通常假定潜在的真正甲基化水平可以用全基因组的平滑曲线表示，并使用平滑技术来估计曲线。平滑的另一个优点是，它可以帮助检测相对较长的 DMR——如果忽略空间相关性，这些 DMR 会被分割成更小的片段。其次，CpG 位点的读取深度提供了关于精度的信息，可以用来改进 DMR 检测的统计测试。直接检测甲基化比例估计值的方法忽略了点估计的不确定性，从而丢失了信息。此外，一些方法对深度较低的位点进行任意过滤，导致数据丢失。为了充分利用现有的信息，必须充分考虑测序深度。最后，生物复制之间的差异也为检测 DMR 的有效统计检验提供了必要的信息，忽略这个差异可能导致误报。

基于以上因素，DSS 方法提出了一种基于经验贝叶斯估计的模型，并证明了该模型在 DMR 检测中的有效性，它考虑了以下三个因素对于 DMR 分析的影响：空间相关性、读取深度和生物变异。其综合运用了 β 分布和二项分布从而形成了一个综合模型，它捕获了 WGBS 数据中三个重要特性：二项分布捕捉了重亚硫酸氢钠测序法（bisulfite sequencing，BS-seq）实验的随机抽样过程；β 分布模拟了复制之间的生物变化；平滑函数解释了邻近 CpG 位点之间的空间相关性。利用以上模型，DSS 开发成了针对没有重复样本的 DMR 检测方法和相应的 R 包。

bsseq 是一个主要运用了 BSmooth 函数的 R 包，而这个函数的精髓在于平滑的应用。BSmooth 流程从一个无偏且亚硫酸氢钠敏感的读长比对开始，根据读长位置来编制分层甲基化估计的编制质量评估矩阵，应用局部平均来提高区域甲基化测量的精度，然后在有实验重复的时候检测针对生物学变异的 DMR。这种方法的主要贡献是能够鉴定出可以解释生物学变异的 DMR，可以针对单个样本来估计给定基因组区域的甲基化水平。其具体实现过程是：分别用 M_j和 U_j表示与第 j 个 CpG 甲基化和未甲基化相关的读长数；用比值 M_j/N_j来表示 CpG 水平的甲基化估计，其中 $N_j=M_j+U_j$是第 j 个 CpG 的覆盖率。这个模型假设每个 M_j服从成功概率为 π_j的二项分布，成功概率代表着样本中的第 j 个 CpG 被真实检测到甲基化的比例。比值 M_j/N_j表示的单个 CpG 甲基化无偏估计具有标准误 π_j（$1-\pi_j$）N_j。这使得大多数 WGBS 研究采用高覆盖率设计，因为即使 30×的覆盖率也会产生高达 0.09 的标准误差。此外，甲基化水平在整个基因组中具有很强的相关性，功能相关的发现通常与基因组区域相关，而不是单个 CpG 二核苷酸、CpG 岛、常规的 2kb 区域。根据这个特点，BSmooth 采用统计方法，假设 π_j沿着基因组平滑地变化，这样就不会有扭曲信号或失去功能的信息，从而实现提高精度的目标。

目前，针对 DMR 的检测分析，也有一些适合非专业生物信息学研究人员使用的工具。比如，QDMR 由于具有友好使用界面，极适合非专业人士。这个工具基于信息熵的原理寻找差异大的 DNA 甲基化差异区域，从而最终得到 DMR。QDMR 开发了友好的图形化界面，将生物信息学模型转化为了普通非专业人员可顺利使用的工具，这极大地方便了用户的操作。此外，QDMR 还提供了在线平台和本地化的版本供用户选择使用。

第三节　组蛋白修饰

一、核小体和组蛋白

组成染色质的基本单位是核小体，它们由 DNA 和组蛋白形成，并成为染色质的基本结构。它们长 147bp，这些碱基对包裹在一个组蛋白八聚体的周围，该八聚体主要由各两个拷贝的 H2A、H2B、H3 和 H4 组蛋白组成。所有 4 个核心组蛋白都有从其中心结构域中挤出的长而灵活的 N 端尾部，绝大多数受到修饰的氨基酸都处于这个尾部上。这些核小体核心粒子通过连接组蛋白 H1 连接起来，从而形成完整的核小体或染色质小体，稳定高阶染色质结构。在一个人类二倍体细胞中，大约 3000 万个核小体与 6 亿 bp 基因组 DNA 相互包裹，如果将其拉长的话，其长度可以达到 2m。但是 2m 长的 DNA 可以被压缩进入直径 5～10μm 的细胞核中。这种紧密的包装形式表明，核小体将会成为基因表达的障碍，因为它们的正电荷将会黏附在 DNA 的负电荷上，抑制转录因子的结合。在基因转录或复制过程中，DNA 需要被接近，这需要转录或复制机器在正确的时间到达特定的基因组区域。一般来说，核小体会阻碍基因的转录，这可能是通过物理上的阻碍，也可能是因为 DNA 弯曲降低转录因子对于 DNA 的可及性。最近的研究表明，组蛋白在基因表达调控中起着积极和消极的作用，这主要由组蛋白上特定氨基酸残基的翻译后修饰来控制。

组蛋白修饰命名法：一个组蛋白修饰的精确表示由三部分组成，即组蛋白名称＋组蛋白尾巴上的位点＋修饰类型和个数。例如，大多数基因转录起始位点富含的 H3K4me3 修饰，表示组蛋白 H3 上的第四个位置即赖氨酸（lysine，K）存在着三个甲基基团；而被抑制的基因，其启动子附近常常含有的 H3K27me3，代表着组蛋白 H3 上的第 27 个位置即赖氨酸存在三个甲基化基团。

二、组蛋白修饰的类型

组蛋白可以携带多种翻译后修饰，这些修饰可以通过不同的方式影响染色质的致密性和可及性。这些修饰包括乙酰化、甲基化、磷酸化、泛素化（图 12-1）。更细致地来说，组蛋

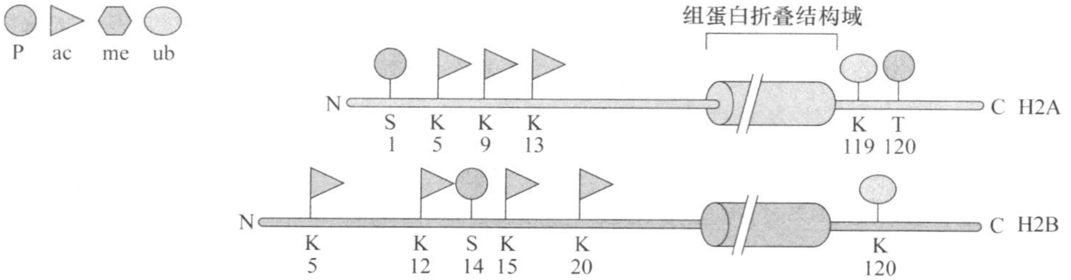

图 12-1　人类核小体组蛋白的翻译后修饰

ac. 乙酰化；me. 甲基化；P. 磷酸化；ub. 泛素化

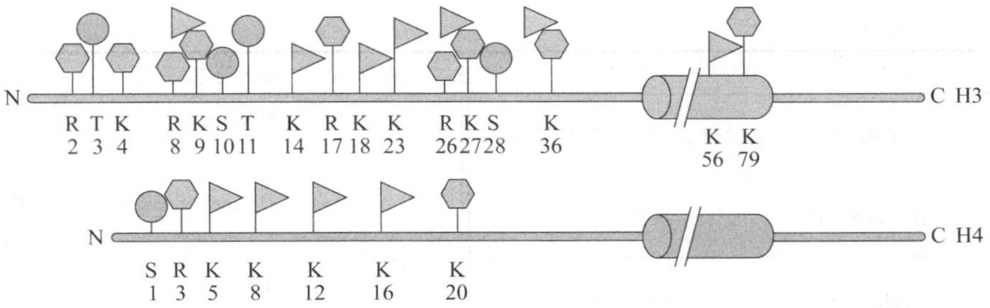

图 12-1　（续）

白的修饰包括：赖氨酸的乙酰化、甲基化和泛素化；精氨酸的甲基化和瓜氨酸化；丝氨酸、苏氨酸和酪氨酸的磷酸化（表 12-1～表 12-3）。

表 12-1　常见组蛋白核修饰类型及基本功能

组蛋白	残基位置	修饰类型	基本功能
H1.2	Arg54	甲基化，瓜氨酸化	染色质压缩，转录
H2A	Gln105	甲基化	rDNA 转录
H3	Arg42	甲基化	转录
H3	Lys56	甲基化，乙酰化，甲酰化，琥珀酰化	转录，复制，修复
H3	Lys64	甲基化，乙酰化	转录
H3	Lys79	甲基化，乙酰化，甲酰化，琥珀酰化	转录
H3	Thr118	磷酸化	转录，修复
H3	Lys122	甲基化，乙酰化，甲酰化	转录
H4	Lys91	乙酰化，泛素化，丁二酰化，丁酰化，瓜氨酸化，丙酰化	复制

表 12-2　常见组蛋白尾修饰类型及功能

组蛋白	修饰类型	功能
H2A	H2AS1P	减数分裂，染色质组装
	H2AK4/5ac	转录激活
	H2AK7ac	转录激活
	H2AK119P	精子发生
	H2AK119ub	转录抑制
H2B	H2BS14P	细胞凋亡
	H2BS33P	转录激活
	H2BK5ac	转录激活
	H2BK11/12ac	转录激活
	H2BK15/16ac	转录激活
	H2BK20ac	转录激活
	H2BK120ub	精子发生/减数分裂
	H2BK123ub	转录激活

组蛋白	修饰类型	功能
H3	H3K4me2	抑制常染色质
	H3K4me3	转录延长
	H3K9me3	转录抑制/印记基因/DNA 甲基化
	H3R17me	转录激活
	H3K27me3	转录沉默/X 染色体失活/基因平衡
	H3K36me3	转录延长
	H3K4ac	转录激活
	H3K9ac	组蛋白沉积/转录激活
	H3K14ac	转录激活/DNA 损伤
	H1K18ac	转录激活/DNA 修复/DNA 复制
	H3K23ac	转录激活/DNA 修复
	H3K27ac	转录激活
	H3T3P	减数分裂

续表

组蛋白	修饰类型	功能	组蛋白	修饰类型	功能
H3	H3S10P	有丝分裂/减数分裂/转录激活	H4	H4K5ac	组蛋白沉积/转录激活/DNA 修复
	H3T11/S28P	有丝分裂		H4K8ac	转录激活/DNA 修复/转录延长
H4	H4R3me	转录激活		H4K12ac	组蛋白沉积/端粒沉默/转录激活/DNA 修复
	H4K20me1	转录沉默		H4K16ac	转录激活/DNA 修复
	H4K20me3	异染色质		H4S1P	有丝分裂

表 12-3　常见组蛋白球状域修饰

组蛋白	位点	修饰	组蛋白	位点	修饰
H2A	H2AK36	乙酰化	H3	H3K56	乙酰化
	H2AK99	甲基化		H3K56	甲基化
	H2AQ105	甲基化		H3K64	乙酰化
	H2AK119	乙酰化		H3K64	甲基化
	H2AK119	泛素化		H3K79	甲基化
H2B	H2BK40	甲基化		H3K115	乙酰化
	H2BK82	乙酰化		H3T118	磷酸化
	H2BR96	甲基化		H3K122	乙酰化
	H2BK105	乙酰化	H4	H4K31	乙酰化
	H2BK113	乙酰化		H4S47	磷酸化
	H2BK117	乙酰化		H4K59	甲基化
H3	H3Y41	磷酸化		H4K77	乙酰化
	H3R42	甲基化		H4K79	乙酰化
	H3T45	磷酸化		H4K91	乙酰化
	H3R53	甲基化		H4R92	甲基化

三、组蛋白修饰的功能

（一）甲基化

组蛋白球状结构修饰的最早研究是针对 H3K79 的甲基化的，在酵母中，H3K79 突变为非甲基化残基会导致酵母端粒沉默缺陷，在小鼠胚胎干细胞中，H3K79 甲基化可能有同样的作用。然而，尽管 H3K79 对端粒有抑制作用，其所有状态的甲基化都与许多细胞系统中活跃的基因表达密切相关。H3K79me3 位于活性基因的转录起始位点，H3K79me1 通常位于活性基因两翼 30kb 区间内，但 H3K79me1/2/3 的水平均与转录丰富度相关，能够标识转录活跃的程度。此外，H3K79me3 也出现在转录受到抑制的基因组区域，比如富集在印记区域 DNA 甲基化的等位基因上。总之，H3K79 甲基化与区域内的活跃或者失活的转录密切相关，这取决于甲基化的程度和所使用的细胞系统。

特定赖氨酸残基上的甲基化对表观遗传基因调控非常重要。赖氨酸甲基化可以发生在三个不同的水平，即单甲基化（me1）、二甲基化（me2）和三甲基化（me3）。组蛋白 H3 的甲基化与转录的关系取决于其水平和残基。例如，H3K4 和 H3K9 的三甲基化分别与转录的激活和抑制有关，而 H4K20 的二甲基化或三甲基化可以增强染色质压缩性。除了直接的影响，组蛋白修饰仍然含有间接作用。比如，其可以招募效应蛋白从而影响下游信号的转导，或者影响染色质修饰因子和转录因子的募集。同样，组蛋白的其余部分，如组蛋白球状结构域也可以被修饰。

在组蛋白修饰中，H3K4me3 是一个与转录活跃基因有关的标记。在活跃基因中，H3K4me3 富集在转录起始位点，H3K4me2 富集在其下游，随后是 H3K4me1 富集在更下游的基因体内。未甲基化的 H3K4 和 DNA 甲基化与沉默染色质的形成密切相关，因为未甲基化的 H3K4 被 DNMT3L 识别，这是 DNA 甲基转移酶复合物的一个组成部分。而甲基化的 H3K4 可以直接招募转录起始复合物。例如，H3K4me3 可以招募 TAF3。因此，通过不同组蛋白修饰和 DNA 甲基化之间的相互作用，可以很好地维持转录不活跃或活性染色质状态。

H3K36me3 与活性转录基因的基因体密切相关，而且它分布在核小体压缩的染色质区域。与转录偶联的 H3K36 甲基化是通过 SETD2 组蛋白甲基转移酶介导与 RNA 聚合酶Ⅱ结合。H3K36me3 和剪切被认为是可以互相影响的，H3K36me3 的分布依赖于剪切，而剪切又由 H3K36me3 标记调节，且剪切因子结合蛋白 Psip1 对于 H3K36me3 的结合也非常重要。

H3K9me3 和 H3K27me3 被认为与基因的表达抑制密切相关。H3K9me3 通常与组成型异染色质密切相关，与核小体周围和核仁的 DNA 紧密区域相互重叠。在人类中，H3K9me3 除了富集在特定基因位点，也富含在着丝粒 α-卫星重复序列中。H3K27me3 通常与兼性异染色质有关，这是一种发育调控的沉默染色质。

（二）乙酰化

组蛋白 H3 上的主要乙酰化位点包括 K9、K14、K18、K23 和 K27，而所有的乙酰化都与转录激活相关，定位于转录起始位点和（或）（潜在的）活性转录基因的增强子。例如，H4K16ac 被证实降低了染色质压缩性，增加了转录活性。

H3K115 和 H3K122 都是核小体二轴区的乙酰化位点。H3K122ac 通常与很多活跃的基因标记有关，如 H3K4me3、H2A.Z 和 H3.3。还有一些标记与增强子共定位，如 H3K4me1 和 H3K27ac。那些被 H3K122ac 标记的区域通常缺乏核小体。此外，H3K122ac 通常富集在转录起始位点，因为这种修饰可以促进核小体的离去，增加基因的转录。

（三）甲基化与乙酰化修饰

活化的增强子通常被 H3K4me1 或者 H3K27ac 所标记。然而，相比于某个位点存在的单一标志，H3K4me1 和 H3K27ac 的共定位可以表明这个位点是更加活跃的启动子。

H3K56 既可以被甲基化也可以被乙酰化，根据不同的修饰方式，其会产生不同的效果。H3K56ac 是一个激活修饰，这意味着这种修饰可能会诱导基因的表达调控。相反的是，H3K56me3 修饰则出现在抑制基因区域。因此，不同的修饰在同样的位置上可能与相反的基因状态相关。H3K56ac 在转录的激活上发挥着作用，它通过放松对核小体的进出位点来控制着 DNA 的宽度。H3K56ac 富集在活跃基因处，它的作用与 H3K122ac 相类似，即降低核小体的结合从而提高转录。

然而，相比于 H3K56ac，H3K56 甲基化可能有一个不同的分布，其可能在基因表达上有着不同的效应。H3K56 可以进行单甲基化或者三甲基化修饰。H3K56 的三甲基化与转录沉默有关，组蛋白甲基化转移酶 SUV39H1/2 被认为是其沉积的主要原因。H3K56me3 存在于有丝分裂细胞间期密集的染色质中心和异染色质上，也富集在卫星重复序列上，表明其在染色质压缩中起作用，并且与抑制染色质有关。总之，H3K56 既可以被乙酰化也可以被甲基化，这种二分法决定了其功能活性的复杂性和多样性。

目前为止，大多数的修饰发生在赖氨酸残基上，然而，组蛋白核的其他残基也可以被修饰。比如，最近研究人员对组蛋白尾部的许多精氨酸甲基化进行了比较详细的检测研究。事实上，许多精氨酸修饰在组蛋白核心区的功能作用还有待解决。H3R42 是该区域少数几个精氨酸甲基化位点之一。H3R42 定位于 DNA 进入和离开核小体的区域，因此该位点的修饰可能意味着 DNA 与核小体的结合发生变化。

（四）磷酸化

组蛋白磷酸化主要发生在丝氨酸或苏氨酸上，分别由蛋白激酶（kinase）和蛋白磷酸酶（phosphatase）催化磷酸基团的偶联和去除。磷酸化修饰可以显著增加组蛋白的负电荷，从而最终影响染色质结构。H3T118 磷酸化能够显著改变核小体的结构。与组蛋白乙酰化一样，组蛋白磷酸化也是一种高度动态的修饰，细胞核内存在去磷酸化活性很高的磷酸酶。

（五）泛素化

组蛋白泛素化修饰通过泛素激活酶（E1）、泛素结合酶（E2）、泛素连接酶（E3）的级联反应将泛素分子偶联到组蛋白赖氨酸上。由于多个泛素分子可以连接起来形成较长的泛素链，因此偶联到组蛋白上后会显著改变组蛋白的分子量，这一点与其他修饰明显不同。H2AK119ub1 和 H2BK123ub1 是目前研究较多的两种组蛋白泛素化修饰，前者与基因沉默有关，而后者在转录起始和延伸过程中发挥重要功能。

（六）ADP 核糖基化

蛋白质氨基端尾巴上的许多残基可以被共价修饰，不同位点上的不同修饰可形成大量特殊信号。蛋白质糖基化是其中一种重要的翻译后修饰，参与多种生命活动。核糖基化是指核糖对蛋白质的修饰作用。其中，ADP 核糖基化最为常见，是指一个或多个 ADP 核糖添加到蛋白质中。组蛋白的谷氨酸和精氨酸残基也能发生单-ADP 核糖基化或多聚-ADP 核糖基化。这种修饰同样也是可逆的，多聚-ADP 核糖基化由多聚-ADP 核糖聚合酶（PARP）催化形成，并由多聚-ADP 核糖多糖水解酶去除。这些酶协同作用，调控组蛋白的 ADP 核糖基化水平，最终维持较松弛的染色质状态，这可能跟 ADP 核糖基化同样能够改变组蛋白的电荷有关系。激活多聚腺苷二磷酸核糖聚合酶 1［poly（ADP-ribose）polymerase 1，PARP-1］会导致核心组蛋白乙酰化水平的升高。组蛋白单核糖基化由单-ADP 核糖转移酶完成。在 4 种核心组蛋白及组蛋白 H1 上均已鉴定到这种修饰。

四、组蛋白修饰的检测

组蛋白修饰的检测方法也称结合位点分析法，在过去十年已经成为表观遗传信息研究的主要方法。它的原理是在保持组蛋白和 DNA 联合的同时，通过运用对应于一个特定组蛋白标记的生物抗体，染色质被切成很小的片段并沉淀下来。这项技术帮助研究者判断在细胞核中基因组的某一特定位置会出现何种组蛋白修饰。

近年来，此技术不断发展，它与芯片技术相结合后，产生了染色质免疫共沉淀-芯片技术（chromatin immunoprecipitation-chip，ChIP-chip）。ChIP-chip 的基本原理是在生理状态下把胞内蛋白质和 DNA 在甲醛作用下交联在一起，用超声波打碎为 0.2～2kb 的染色体小片段，然后通过目的蛋白质特异性抗体沉淀此复合物，获得特异地作用于目的蛋白的 DNA 片段，通过对目的片段的纯化与检测，从而获得蛋白质与 DNA 相互作用的信息。其中共沉淀的 DNA 和合适的对照用荧光标记，加在载玻片上，用于芯片分析。一般来说，ChIP-chip 分三步完成：ChIP、DNA 处理和芯片分析。

针对 ChIP-chip 的改进技术之一是 ChIP-SAGE，也就是需要先进行 ChIP 实验，再进行基因表达系列分析（SAGE）。从 SAGE 得到的测序文库中可以取得 21bp 的短序列标签，通过标签可以映射到基因组上。在某一基因组区域检测到的标签（tag）数据和该区域的修饰强度呈正相关关系。因为该改进技术没有探针杂交的过程，该技术被认为更加量化。

ChIP-seq 的实验原理为在生理状态下，把细胞内的 DNA 与蛋白质交联（crosslink）后裂解细胞，分离染色体，通过超声或酶处理将染色质随机切割，利用抗原-抗体的特异性识别反应，将与目的蛋白相结合的 DNA 片段沉淀下来，再通过反交联（reverse crosslink）释放结合蛋白的 DNA 片段，最后通过高通量测序获得 DNA 片段并将其映射到基因组的特异位置，从而确定组蛋白修饰发生位置的序列。这也是目前主流的组蛋白修饰检测方法，后续的分析均基于 ChIP-seq 技术。

五、组蛋白修饰的分析

目前基于 ChIP-seq 的组蛋白修饰检测技术的核心问题是寻找到峰（peak），也就是 peak-calling 的问题，相应的常用模型软件有 MACS 系列和 SICER（spatial clustering for identification of ChIP-enriched regions）等。

一般地说，组蛋白修饰发生的位置其实是随机的，基因组的每个位置其实都有机会结合某个抗体，只是概率不一样。而峰出现的位置是抗体结合的热点，而 peak-calling 就是为了找到这些热点。关键的问题是如何定义热点。通俗地讲，热点就是多次被测得的读长所覆盖的位置（我们测的是一个细胞群体，读长出现次数多，说明该位置被抗体结合的概率大）。MACS 假设某个碱基上覆盖的读长的数目应该服从二项分布，当 n 很大，p 很小时，二项分布可以近似用泊松分布替代，在这里：$\lambda = n \cdot p$，$p = \frac{l}{s}$，是泊松分布唯一的参数，n 是测序得到的读长总数目，l 是单个读长的长度，s 是基因组的大小。有了泊松分布，MACS 就可以算出在某个置信概率（如 0.000 01）下，在随机情况下，某个碱基上可以覆盖的读长数目的最小值，当实际观察到的读长数目超过这个值（单侧检验）时，我们认为该碱基是抗体的一个结合热点。反过来，针对每一个读长数目，也可以算出对应的置信概率（P）。

此外，MACS 还考虑了由于测序、比对（mapping）过程内在的偏好性，以及不同染色质间的差异性等影响因素。由于以上因素，相比全基因组，某些碱基可能内在地会被更多的读长有偏倚性地覆盖，这种情况得到的很多峰可能都是假阳性结果。为此，MACS 对某个碱基/区域进行假设检验时，只考虑该碱基附近的染色质区段（如 10kb），此时，上述公式中 n 表示附近 10kb 区间内的读长数目，s 被置为 10k。当有对照组实验（control，相比实验组，没有用抗体结合，或用了一个通用抗体）存在时，利用对照组的数据构建泊松分布；当没有对照组时，利用实验组（treatment）稍大一点的局部区间（如 50kb）的数据构建泊松分布。

此外，读长只是跟随着抗体一起沉淀下来的 DNA 片段的末端，读长的位置并不是真实的抗体结合的位置。所以在 peak-calling 之前，延伸读长是必需的操作。而测得的读长最终其实会近似地平均分配到正负链上，这样，对于一个抗体结合热点而言，读长在附近正负链上会近似地形成“双峰”。MACS 会以某个窗口大小扫描基因组，统计每个窗口里面读长的富集程度，然后抽取（如 1000 个）合适的（读长富集程度适中或过小，则无法建立模型；过大，则可能反映的只是某种偏好性）窗口作样本，建立“双峰模型”。最后，两个峰之间的距离就被认为是抗体结合的长度（D），每个读长将延伸 $D/2$ 的长度。

当有对照组实验存在时，MACS 会进行两次 peak calling。第一次以实验组为实验组，对照组为对照组；第二次颠倒，以实验组为对照组，对照组为实验组。之后，MACS 对每一个 p 值计算其相应的错误发现率（false discovery rate，FDR）：

$$\text{FDR}_p=\frac{\text{对照组}_p}{\text{实验组}_p} \tag{12-1}$$

其中分子表示第二次 peak calling（颠倒的）得到的置信概率小于 p 值的峰的个数，分母表示第一次 peak calling 得到的置信概率小于 p 值的峰的个数。FDR 综合利用了实验组和对照组的信息，显然 FDR 越小越好。

SICER 算法的主要特点是将处于相同修饰状态的邻近核小体信号汇集在一起，以识别统计上显著的富集区域。其具体方法是先将基因组划分为很多个大小为 w 的窗口，然后通过这些窗口内读长的数量来判断该窗口是否符合筛选条件。如果在此窗口中读取的 ChIP-seq 的数量等于或高于（低于）读取计数阈值 10，则该窗口被视为符合（不符合）条件。阈值 10 的确定是基于泊松分布 $\log P\ (l,\ \lambda_0)$，其中 $\lambda=\dfrac{wN}{L}$，是读入一个窗口的平均数量，N 为文库中的读数，L 为有效基因组长度，阈值 p_0 默认为 0.2。如果符合条件的窗口之间的间隔长度不大于预定值 g，则将这些峰值“岛屿”标识为集群区域。间隔长度是相邻的两个符合条件的窗口之间的连续延伸。当 $g=0$ 时，表明“孤岛”是不间断的合格窗口集群。为了精确化衡量和进行统计判断，SICER 算法需要明确 ST（随机背景模型中的岛屿分数分布允许阈值）。如果读长数据随机分布，则要求得分高于 ST 的期望“岛屿”数小于期望值 e。如果有对照组数据可用，SICER 将使用对照组进一步过滤候选“岛屿”，只保留那些与对照组相比信号明显丰富的峰值“岛屿”。

寻找到峰值之后就需要将这些峰值位置映射到基因组上，如运用 ChIPseeker 等工具。ChIPseeker 虽然最初是为了 ChIP-seq 注释而写的一个 R 包，但它不只局限于 ChIP-seq，也可用于 ATAC-seq 等其他富集峰注释，甚至也可用于 lincRNA 注释、DNA 断裂点（break point）的基因组位置注释，并且提供了丰富的可视化功能。

第四节　RNA 修饰

RNA 修饰是指发生在 RNA 上的各种修饰形式。自然界中的 RNA 修饰广泛存在于 A、U、C、G 四类核苷酸上，极少发生在次黄嘌呤核苷（I）上。目前在古菌、细菌、病毒和真核生物中已发现 170 多种 RNA 转录后修饰形式。表观遗传学领域正在形成许多新的分支，RNA

修饰是众多分支中的其中一支。

一、RNA 修饰概况

（一）RNA 修饰的类型

RNA 修饰是指发生在 RNA 上的各种修饰形式。各种类型的 RNA 修饰中，甲基化修饰占到了 2/3，这些修饰广泛存在于各种 RNA 类型中，包括信使 RNA（mRNA）、转运 RNA（tRNA）、核糖体 RNA（rRNA）、核小 RNA（snRNA）、核仁小 RNA（snoRNA）、微 RNA（miRNA）、干扰小 RNA（siRNA）、Piwi 相互作用 RNA（piRNA）和长链非编码 RNA（lncRNA）等。

RNA 甲基化修饰主要发生在碱基基团上的氮原子、碳原子，以及核糖 2′-OH 的氧原子等特殊位置上。在古菌、原核细菌和真核生物中普遍存在的 RNA 甲基化修饰包括 N^6-甲基腺嘌呤（m^6A）[①]、（N^6,N^6-二甲基腺苷（m^6_6A）、m^1A、m^5C、m^3C、m^7G、Cm（2′-*O*-甲基胞苷）、Gm、m^5U 和 Um（尿苷）等。

1. mRNA 甲基化修饰　mRNA 上存在着众多类型的 RNA 修饰，且分布规律各不相同。从 5′端开始，常见的 RNA 修饰包括 3′-OH 端的甲基化核苷酸修饰，可以用于鉴定转录本的起始位置。此外，在正常的 RNA 加工过程中，通过加帽过程被加到 mRNA 的 5′端的帽子结构对基因表达、转录本稳定性等具有非常重要的调控作用，并且是真核生物 mRNA 翻译成蛋白质的关键稳定因素。

mRNA 的 5′端甲基化修饰对 mRNA 的稳定性、翻译起始和基因表达都非常重要。RNA 修饰可存在于转录本的各个区域，m^6A 存在于 mRNA 的 5′UTR、CDS、3′UTR 和前体 mRNA 的内含子，以及一些非编码 RNA 和 miRNA 中。此外，m^5C 甲基化修饰也被报道富集于 mRNA 的翻译起始位点下游附近和非编码 RNA 中。

2. tRNA 甲基化修饰　tRNA 含有种类最多的甲基化修饰类型，包括 m^1A、m^2A、m^5C、m^3C、m^7G、m^2G、m^2_2G、m^1G 和 m^5U 等。tRNA 甲基化在生物进化过程中十分保守，主要参与 mRNA 解码及维持 tRNA 结构和代谢稳定性。tRNA 甲基化修饰除了对细胞自身的翻译过程至关重要，还可行使多种其他功能，作为逆转录病毒反转录酶的引物，参与 DNA 损伤修复、应激反应、基因转录等过程。tRNA 甲基化修饰是通过 tRNA 甲基转移酶（Trm）催化 *S*-腺苷甲硫氨酸（SAM）转移甲基基团完成的。

3. rRNA 甲基化修饰　rRNA 中的甲基化修饰是核糖第二位羟基上的 2′-*O* 甲基化和 m^5C 修饰。rRNA 甲基化修饰对 mRNA 翻译、线粒体转录和细菌抗药机制都有潜在调控作用。

4. 其他类型的 RNA 修饰　snRNA 中 U1、U2、U4、U5 和 U6 的成熟需要多种甲基化修饰形式的参与；在细胞核中，snRNA 前体的 5′端含有 m^7G 修饰的帽子结构。U85、U87、U88 和 U89 能够指导 U4 和 U5 snRNA 的甲基化。snoRNA 是一类广泛分布于真核生物细胞核仁的小分子非编码 RNA，具有保守的结构元件，存在 m^6A 修饰。miRNA、siRNA 和 piRNA 上同样含有甲基化修饰。

（二）RNA 修饰的生物学功能

广泛分布于 tRNA、mRNA、rRNA 及其他非编码 RNA 的 RNA 修饰，能可逆动态调控且具有重要的生物学功能。

① 甲基化修饰简称的命名规则以此类推。

1．mRNA 修饰的生物学功能　mRNA 是蛋白质合成的直接模板，包含最为丰富的遗传信息。m^6A 是 mRNA 上最为丰富的修饰，广泛分布于各门类的生物中。mRNA 上发现了 m^5C、假尿嘧啶（ψ）、5-羟甲基胞嘧啶（hm^5C）、m^1A、m^3C 等修饰。mRNA 的 3′多聚腺苷酸化、剪接、出核、定位、降解，以及基于 mRNA 上顺式元件的翻译起始、延伸调节，都会影响到最终的蛋白质翻译量及其时空分布，是产生基因功能多样性的重要机制。除尚无确切证据表明 mRNA 定位与 RNA 修饰相关外，其他各个环节的调控均有 RNA 修饰的参与。

2．tRNA 修饰的生物学功能　tRNA 是一种高度修饰的 RNA，事实上，tRNA 上存在的转录后修饰无论是种类还是总量都多于其他 RNA，平均每一个真核生物 tRNA 分子包含有 13 个化学修饰。由于 tRNA 是生物体内蛋白质翻译过程中不可或缺的元件，其修饰的功能大多与翻译过程相关，此外也有影响 tRNA 稳定性的修饰。

3．其他 RNA 中化学修饰的生物学功能　RNA 修饰在各种类型的 RNA 中均有分布，它们也对相应 RNA 的功能起到重要的调控作用，microRNA 前体（pri-microRNA 或 pri-miRNA）可以被 m^6A 甲基转移酶复合物 METTL3/METTL14 等添加 m^6A 修饰，而 m^6A 修饰可以调控 pri-miRNA 的加工过程。在植物中，成熟的 microRNA 和 siRNA 包含 3′端核苷酸糖环 2′-OH 或（和）3′-OH 上的甲基化修饰，它们是由双链 RNA 甲基转移酶 HEN1 介导完成的。microRNA/siRNA 末端的甲基化修饰可以阻碍 3′鸟苷酸化和 3′-5′外切酶降解，从而增强 microRNA/siRNA 的稳定性。X 失活特异性转录本（XIST）是有名的长链非编码 RNA，其上的 m^6A 修饰对 X 染色体沉默具有关键作用。m^6A 修饰还可对寨卡病毒、丙肝病毒等正义单链 RNA 病毒起到负调控作用：RNAi 沉默甲基转移酶可以增强病毒对细胞的感染，而沉默去甲基酶则会抑制病毒的感染。因此，m^6A 促进病毒 RNA 的降解也是细胞的一种防御手段，这也为抗病毒药物的研究提供了新的思路。

二、RNA 修饰的检测

（一）RNA 修饰分布特征

目前已知的几种 RNA 修饰均具有特异性的分布特征，其在转录本的 5′非编码区（UTR）到 3′非编码区的不同区域具有各自的偏好性，并与其行使的生物学功能密切相关。为了研究 RNA 链上各种化学修饰的位置及分布特征，各种新兴的测序技术应运而生［如 m^6A-LAICseq（m6A-level and isoform-characterization sequencing）、miCLIP（m^6A individual-nucleotide resolution CLIP）、CeU-seq（*N*3-CMC-enriched pseudouridine sequencing）等］。这些高通量检测技术的发展使得 m^6A、m^5C、ψ、m^1A 等几种 RNA 修饰的分布特征及规律得到了深入的解析。

（二）RNA 修饰的定量检测技术

RNA 的检测主要分为定量检测和定位检测。在 RNA 化学修饰的定量检测中，一般先利用 RNA 酶处理将 RNA 消化成单个核糖核苷酸或者寡聚核糖核苷，然后进行检测。目前常用的检测技术主要包括二维纤维素薄层层析（two-dimensional cellulose thin-layer chromatography，2D-TLC）、高效液相色谱（high performance liquid chromatography，HPLC）和液相色谱-质谱法（liquid chromatography-mass spectrometry，LC-MS）等三种方法。

（三）RNA 修饰的高通量测序技术

通过结合特异性抗体富集、化学小分子标记等手段，使用高通量测序技术，针对不同的 RNA 修饰，人们开发了多种高通量检测方法。目前较为常用的是高通量测序（high-throughput sequencing），又称二代测序（next-generation sequencing，NGS），这种技术利用边合成边测序的方法，可以一次并行对几十万到几百万条 DNA 分子进行序列测定。目前主要的测序平台包括美国 Illumina 公司的 HiSeq 2500、HiSeq X10 测序平台等和美国 Life Technology 公司的 Ion Torrent™ 平台。

（四）基于抗体富集的 RNA 修饰检测技术

将免疫沉淀（immunoprecipitation，IP）和二代测序技术结合起来研究核酸/脱氧核酸和蛋白质相互作用的技术称为 IP-seq 技术，其中像 ChIP-seq、RIP-seq（RNA immunoprecipitation sequencing）、CLIP-seq（crosslinking-immunoprecipitation and high-throughput sequencing）、PAR-CLIP（photoactivatable ribonu-CLIP）等技术的发展已十分完善和成熟，并被广泛使用。对于有 IP 级别抗体的 RNA 修饰，可以类似地开发相应的 IP-seq 方法。目前比较成熟的技术有针对 m^6A 的 MeRIP-seq（methylated RNA immunoprecipitation sequencing）、m^6A-seq、PA-m^6A-seq（photo-cross linking-assisted m^6A sequencing）和 miCLIP（m^6A individual-CLIP）等技术，以及针对 m^1A 的 m^1A-seq 和 m^1A-ID-seq（m^1A- identification sequencing）技术。

（五）利用化学手段的 RNA 修饰测序方法

有一些 RNA 修饰，目前并没有比较好的特异性抗体，需要利用化学手段来进行区分和测序。一般是筛选可以和修饰发生特异性反应的化学小分子，利用小分子及其衍生物进行富集或者反应产物的特殊性质来进行测序，包括：假尿嘧啶的测序方法，CMCT［*N*-cyclohexyl-*N′*-β-（4-methylmorpholinium）ethylcarbodiimide p-toluenesulfonate］进行测序的方法（Psi-seq、Pseudo-seq 和 ψ-seq），CMCT 衍生物进行测序的方法（CeU-seq）。根据 RNA 修饰类型和特点的差异，如 Nm、m^1A、m^6A、m5C、ψ，相关测序方法也各有差异（表 12-4）。

表 12-4 RNA 修饰高通量测序方法

RNA 修饰	高通量测序技术	细胞中位置
Nm	Nm-seq、RiboMeth-seq	细胞核
m^1A	m^1A-seq、m^1A-MAP	细胞核
m^6A	m^6A-seq、PA-m^6A-seq、miCLIP	细胞质、细胞核
m^5C	BS-seq、m^5C-RIP、Aza-IP、miCLIP	细胞质、细胞核
ψ	ψ-seq、CeU-seq	细胞质、细胞核

注：RiboMeth-seq. ribosome-associated methylated RNA sequencing；m^1A-MAP. m^1A-methylation-associated protein profiling；m^5C-RIP. m^5C-containing RNA immunoprecipitation；Aza-IP. azactidine-induced RNA immunoprecipitation

m^6A 位点的预测，利用 MeRIP 测序数据可以实现对峰（peak）的模体（motif）预测，然而这种预测无法将甲基化修饰精确到具体的腺苷酸位点。不过，已有研究证实 DRACH 模体（D＝A，G 或 U；R＝G 或 A；H＝A，C 或 U）和 GAC 模体是 m^6A 模体。SRAMP（sequence-based

RNA adenosine methylation site predictor）是基于随机森林机器学习框架的位点预测工具，可根据序列的衍生特征对 m^{6}A 位点进行预测。

三、RNA 修饰的分析

（一）m^{6}A 分析方法与流程

与 ChIP-seq 数据类似，基于 MeRIP-seq 数据的 RNA 甲基化位点预测需要消除背景读长分布噪声，如 GC 含量、映射能力、抗体非特异性结合、局部拷贝数变异等因素引起的实验误差和测序误差。ChIP-seq 数据的背景偏差相对较小，其转录因子或 DNA 甲基位点预测可以不需要对照样本，仅通过估计邻居基因组区域的背景差异即可实现 DNA 甲基化位点预测。与此相反，由于 mRNA 片段转录丰度变化较大及其在 3′和 5′端的衰减，MeRIP-seq 数据背景读长分布变化非常大，需通过对照样本测量背景转录丰度。由于 MeRIP-seq 将 RNA 上发生 m^{6}A 修饰的区域富集后进行测序，因此发生 m^{6}A 修饰的区域中，IP 文库所覆盖的读长（reads）数会显著高于 input 文库，从而形成峰。检测这些峰的位置即可得到 RNA 上发生 m^{6}A 修饰的位置。RNA 甲基化位点检测与常用的 DNA 甲基化位点检测有本质区别。RNA 甲基化修饰检测软件有 MeRIP-PF、ExomePeak、HEPeak 和 BaySeqPeak 等。

MeRIP-PF 和 ExomePeak 是目前检测 MeRIP-seq 数据读长富集区的两个主要工具。MeRIP-PF 利用统计方法来进行 m^{6}A 峰鉴定，其原理是基于基因组序列上固定大小的窗口（25bp）中 IP 样本和对照样本读长分布的比较。利用 Fisher 精确检验的单边检验和 Benjamini-Hochberg 方法，计算每个连续 25bp 窗口范围内的 p 值和校正的 p 值（FDR 值），并定义显著差异的窗口（FDR＜0.05）。根据实验中 mRNA 片段化的大小，将显著的、连续的窗口连接确定为合适的峰长度范围，认为满足相应长度值的峰是合理、真实的峰。

ExomePeak 通过提取并连接特定基因的所有外显子，通过使用滑动窗检测峰，算法的核心峰值检测算法基于比较两个泊松分布均值的方法（C-检验）。假设在基因外显子上定义的窗 w 的读长数遵循泊松分布。在窗口内对齐的 IP 和 input 对照样本的 read 读长计数 $X_{1,w}$ 和 $X_{0,w}$ 是窗口内比对的 IP 和对照样本的读长数，$X_{0,w}+X_{1,w}=k$，α 表示用户定义的显著性水平。

$$P(X_{1,w}\geqslant k_1\,|k,P)=\sum\nolimits_{i=k_1}^{k}\binom{k}{i}P^{i}(1-P)^{k-i}\leqslant\alpha \qquad (12\text{-}2)$$

综合 ExomePeak 和 MeRIP-PF 模型比较，ExomePeak 的统计检验方法更精确，能够降低假阳性; MeRIP-PF 的峰长度的选择更合理。ExomPeak 搜索峰的范围只在已知的转录组范围，MeRIP-PF 搜索整个基因组上的峰，会将剪切位点附近的峰鉴定为两个独立的峰。

MeRIP-PF 以固定窗口分割参考基因组，对于跨窗口的峰及跨外显子的峰不能有效地处理，假阳性较高。ExomePeak 采用 Przyborowski 和 Wilenski 方法比较两个泊松分布的均值（或 C-检验），对特定基因外显子集合进行峰检测，可检测跨越外显子连接区域的峰，该方法可有效解决转录丰度问题。由于基因剪接异构体的多样性，ExomePeak 算法为了简化模型，不考虑转录复杂性所涉及的诸如平移（shifting）、延伸（extension）、平滑（smoothing）、检测等。

HEPeak 是一种用于基于外显子组的峰调用算法的新型隐马尔可夫模型。一个特定的 mRNA（参考基因组），其连接的外显子首先被分成 N 个相互连接的片段，其大小被选择为读长 L。对于 N 个外显子，将未知甲基化状态表示为 $Z_n\in\{1,2\}$，其中 1 表示非甲基化，2 表示其他（即甲基化）。由于峰值可能跨越多个外显子，我们假设甲基化状态 Z_n 遵循一阶马

尔可夫链，其转移矩阵 A 定义为

$$A_{jk}=P(Z_n=k|Z_{n-1}=j)\quad j,k\in\{1,2\} \tag{12-3}$$

上式表示在时刻 Z_n，处于 j 状态的条件下，在时刻 Z_{n-1} 转移到状态 k 的概率。j 和 k 指隐含状态，假设初始概率 $P(Z_1=1)=\pi$ 和 $P(Z_1=2)=1-\pi$ 。甲基化状态 Z_n，读长数遵循泊松分布。IP 中的读长（x_n）的分布为 $P(X_n|t_n)$，对照组的读长（y_n）分布为 $P(y_n|t_n)$，总的读长（$t_n=x_n+y_n$）符合二项分布 $P(X_n|Z_n,t_n)=\text{Bino}(t_n,p_{Z_n})$ 作为隐马尔可夫模型的发射概率。

隐马尔可夫链参数为 $\theta=\{A_{k,j};\pi;p_k\}$，HEPeak 通过期望最大化（EM）的方法，以迭代的方式执行峰值调用和参数估计。EM 算法的基本思路：随机初始化一组参数，然后根据后验概率模型来更新隐含变量的期望，然后代替，求出新的模型参数（$A_{k,j};\pi;p_k$），就这样迭代直到 0 趋于稳定。为了评估预测的假设峰值区域的统计显著性，峰值状态（$Z_n=2$）的后验对数比值比（$Z_n=1$）计算如下：

$$\text{PeakScore}(Z_n)=\log\frac{P(Z_n=2|X)}{P(Z_n=1|X)} \tag{12-4}$$

预测潜在峰的连续区域，其峰值核心被计算为所有组合的平均峰值核心。根据 PeakScore 服从高斯分布的性质，对其行 Z 变换后，可以对潜在峰区的显著性进行单侧检验，并计算 p 值。然后，使用 Benjamini-Hochberg 方法修正多重测试并计算错误发现率（FDR）。HEPeak 与 ExomePeak 相比可提高预测敏感性和特异性。

BaySeqPeak 模型根据 MeRIP-seq 数据的重复样本数往往较少及存在大量零数据的特点，利用样本数据空间上前后相关性来检测峰。BaySeqPeak 采用零膨胀的负二项分布拟合单样本的读长数，从而防止大量零数据和过度离散破坏模型的稳定性；利用隐马尔可夫模型模拟单样本空间上的前后相关性；利用贝叶斯统计，模型在低样本数的条件下维持足够的准确度。相比 ExomePeak，BaySeqPeak 可以详细区分出甲基化区域中邻近的几个甲基化峰位，模型的精度与分辨率高。

（二）其他 RNA 修饰的分析方法与流程

其他的 RNA 修饰分析方法也大体类似，但由于各自属性及建库、检测方法特性的缘故，它们在分析过程中也有一些需要特别留意的地方，简述如下。

1．Nm 修饰分析方法与流程　Nm 修饰包括 rRNA 和常规转录组中的位点，其中 rRNA 中的 Nm 位点（基于 Nm-seq）鉴定过程如下：使用 Bowtie2 的局部模式将读长数比对到 rRNA 序列上，然后使用 Picard 工具套件的 Mark Duplicate 工具删除重复项，计算处理组和对照组的覆盖率。将文库大小归一化，并从 Nm-seq 的读长中减去背景水平。通过估算未知的 Nm 位点被检测到甲基化的概率，以构建“受试者操作特征曲线”（receiver operating characteristic curve），然后为每个点计算 Matthews 相关系数（MCC），并将其用于定义最佳覆盖条件。常规转录组中的Nm位点鉴定过程如下：使用Trim_galore对原始测序读长低质量碱基进行过滤，然后利用 Bowtie2 全局模式将读长与基因组比对，并使用 Picard 工具筛选与参考基因组不超过两个错配的读长，最后使用 HOMER（hypergeometric optimization of motif enrichment）软件包中的 5′RNA TSS 分析工具来识别 Nm 修饰位点。

2．$\mathbf{m^1A}$ 修饰分析方法与流程　m^1A-miCLIP 测序可使用 CIMS（crosslinking induced mutation site）软件包对 HIT-CLIP 数据进行分析，生成独特读取的集群。为了生成聚类并确

定聚类得分（最大堆叠读长数），需使用 CIMS 软件包，然后过滤最低得分的集群（至少 20 个堆叠读长）。

3．m^5C 修饰分析方法与流程　在测序所得读长序列中，胞嘧啶的非转化表明 m^5C 的存在。为了将 m^5C 位点预测选定为高可信候选，在参考文献中将阈值参数设置为读长覆盖率≥10 和每个胞嘧啶位置的转化率≤80%。读长覆盖被定义为与给定胞嘧啶重叠读长的数量。

4．假尿苷（ψ）修饰分析方法与流程　使用 Bowtie 将读长比对到基因组或使用 TopHat 定位到基因组，首先通过计算每个处理或输入样本的 ψ 比率，然后计算 λ 倍变化（取处理后的样本与未处理的样本中 ψ 比率对数值的 2 倍为阈值）来识别判断修饰位点。

（三）RNA 修饰的后期分析

RNA 修饰在鉴定出来相关的位点之后，往往还需要进行后期的分析，包括修饰区域分布及功能分析等。在修饰区域的分析中，往往需要给出其在不同组织、染色体、基因区的分布情况，以及相应的序列特征分析，并进行可视化展示。功能分析部分，往往需要给出常规的 GO 和 KEGG 分析，为相关研究者提供一些基本的参考依据。

第五节　常见表观基因组数据资源及工具

一、ENCODE 计划

2001 年，随着人类基因组精细图谱及其初步分析结果的公布，为人类生命科学的探索开辟了一个新纪元，同时也带来了新的问题，特别是对其中非编码区、调控区的理解和认识困难重重。为了能够进一步鉴定基因组上各种重要的功能元件并阐明这些重要的功能元件是怎样随着细胞种类的变化而变化的，2003 年 9 月，由美国国立卫生研究院旗下的美国国立人类基因组研究所（National Human Genome Research Institute，NHGRI）和欧洲生物信息学研究所（European Bioinformatics Institute，EBI）牵头，启动了一个重大国家合作计划——ENCODE 计划。该计划全称为 The Encyclopedia of DNA Elements Project，即 DNA 元件百科全书计划，耗资近 3 亿美元，参与者包括来自美国、中国、英国、日本、西班牙和新加坡等 11 个国家 32 个实验室的数百名研究人员。

ENCODE 计划起始于 2003 年的 ENCODE 试点项目，然后于 2007 年又发起了 modENCODE 计划，既随后完成的另外两个版本（ENCODE2 和 ENCODE3），对人类和小鼠基因组进行了全基因组分析，同时致力于线虫和黑腹果蝇基因组分析。绘制的元件包括 RNA 转录区域［RNA-seq、CAGE（cap analysis gene expression）、RNA-PET（paired-end tag）、手动注释］、蛋白质编码区域（质谱）、TF 结合位点（ChIP-seq、DNase-seq）、染色质结构（DNase-seq、FAIRE-seq、组蛋白 ChIP-seq 和 MNase-seq）和 DNA 甲基化位点（RRBS 测定）。ENCODE 计划的最终目标是定义人类基因组中所有发挥功能的 DNA 元件，并研究这些元件与蛋白质和 RNA 之间的相互作用如何调控细胞的转录活动。

《DNA 元件百科全书》（第四版）（ENCODE Phase 4）从 2017 年 2 月开始实施，目前在 ENCODE 官网上提供的版本即第四版，该版本不仅提供高质量的数据，还以一体化的方式分析数据，并提供搜索和可视化这些注释结果的工具，包括功能元件映射中心、功能元件表征中心、计算分析组、数据协调中心（DCC）、数据分析中心（DAC）五大组件。其对数据的注释分析分为两种级别：①基础分析注释（ground-level annotation），直接分析实验产生的数据，主要是单一种类数据的流程性处理；②集成分析注释（integrative-level annotation），多种实验数据的整合性分析注释，该种注释的核心工作是候选顺式调控元件和登记注册。

随着高通量测序技术等实验手段的发展和生物信息学技术的不断完善，ENCODE 计划取得了丰硕的成果，这些发现一方面有助于系统解析基因和基因组信息、调控元件的调控作用及非编码区转录调控等分子机制，另一方面将为转化医学等生命科学研究领域提供丰富的数据来源。截至 2016 年，ENCODE 计划建立了人类基因组序列中所有功能元件的目录，所得数据全部公开，目前我们可以通过访问 ENCODE 官网（https://www.encodeproject.org）进行查阅。

到目前为止，ENCODE 计划的成果已经形成一个公开的互动百科全书，人们可以免费获得和利用其全部的资料与数据。同时，用户也可以通过 UCSC Genome Browser 来快速浏览 ENCODE 提供的数据，这个网站能够让用户快速直接地浏览感兴趣的基因组区域，并且获得相关的注释信息。这是迄今为止最详细的人类基因组分析数据，它使人类基因组不再是一个空架子，为人类遗传发育、生理功能、发病机制的研究和药物开发奠定了牢固的科学基础，具有十分重要的理论意义和实际应用价值。

二、Roadmap 计划

早在人类基因组计划之前，就有不同的研究团体分别开展表观遗传学研究，但是大家都没有系统地将表观遗传学的研究内容定位为大型课题。ENCODE 计划启动后，科学家愈发意识到表观遗传学元件在发育和疾病中的重要性。因此，2008 年，美国国立卫生研究院（National Institutes of Health，NIH）建立了 NIH 路线图表观基因组学联盟（NIH Roadmap Epigenomics Mapping Consortium），该联盟的最终目的是为公众提供人类表观基因组数据，以促进基础生物学和疾病的导向研究。NIH 路线图中的表观基因组学计划（Roadmap 计划）主要将目光放在表观基因组在人类疾病的诊断与治疗方面，与 ENCODE 计划相比，Roadmap 计划更倾向于检测人类和其他物种正常的组织样本。从更大的层面来看，Roadmap 联盟还旨在促进与 ENCODE 计划、国际人类基因组单体型图计划（The International HapMap Project，国际 HapMap 计划）等国际项目的协同与互动，而与其他项目相比，Rodamap 计划最突出的特点就是它将重点放在了广泛的正常原发组织和干细胞衍生的发育模型上面。表观基因组的组织特异性和个体差异性非常强，因此不可能有单独的表观基因组作为参考，Roadmap 联盟希望能从不同的组织及个体中收集样本，并产出一系列正常的表观基因组作为参考，同时也希望能够通过快速发布原始序列数据、表观基因组学特征和为科学界提供更高级别的注释图来缩小数据生成和公共传播之间的距离。因此，Roadmap 计划可以为其他项目提供高度互补的资源，通过该资源可以对 ENCODE 项目下的数据有更好的理解，这些信息对于研究基因组元件的变体或正常发育与人类疾病的相关性至关重要。

Roadmap 计划的总体假设是：疾病易感性部分是基因表观遗传的结果。具体而言就是表观遗传机制能够控制干细胞分化差异，或者会导致器官对外源或内源刺激产生生物反应并且最终会导致疾病。在此基础上，该联盟主要集中于 4 种数据（重点在于 DNA 甲基化）：DNA 甲基化［全基因组亚硫酸氢盐测序（WGBS）、简并代表性亚硫酸氢盐测序（RRBS）、甲基化 DNA 免疫沉淀测序（MeDIP-seq）、甲基化敏感性限制酶测序（MRE-seq）］、组蛋白修饰［染色质免疫沉淀测序（ChIP-seq）］、染色体可及性［DNase Ⅰ超敏感位点测序（DNase-seq）］及小 RNA 测序（sRNA-seq），样本来源于干细胞和原代离体组织（primary *ex vivo* tissue）。利用新一代测序技术来绘制干细胞和原代离体组织中的表观图谱，包括 DNA 甲基化、组蛋白修饰、染色质可及性和干细胞中的小 RNA 表达调控等。除此之外，为了能够合理利用和解释这些数据，Roadmap 联盟还需要设计一系列标准化分析流程以达到数据的最大化利用和整合。

目前为止，Roadmap 联盟绘制的人类表观基因组图谱已经更新到第 9 版，包含共 2804 个全基因组范围的数据集，其中包括 1821 个组蛋白修饰的数据集、360 个 DNase 数据集、277 个 DNA 甲基化数据集和 166 个 RNA-seq 数据集。ENCODE 计划自 V2 版本开始，便集成了 Roadmap 的人类数据。同时，Roadmap 与 NCBI 官网也建立了良好的关系，用户通过访问 NCBI 的网址 http://www.ncbi.nlm.nih.gov/geo/roadmap/epigenomics，也可以下载 GEO 数据库中提供的 Roadmap 表观基因组学数据。

三、IHEC

1999 年，欧洲人类表观基因组协会（Human Epigenome Consortium，HEC）成立，2003 年 10 月 HEC 正式宣布开始投资和实施人类表观基因组计划（Human Epigenome Project，HEP）。HEP 的实施标志着与人类发育和疾病密切相关的表观遗传学研究迈上了新台阶，此后其他国家纷纷响应。2009 年 3 月，由多个国家参与的国际人类表观基因组联盟（International Human Epigenome Consortium，IHEC）在巴黎正式成立，联盟的官方网址是：http://ihec-epigenomes.org。该联盟将国际研究界联系在一起，旨在最大限度地提高科学效率，并完成主要目标：绘制 1000 个人类表观基因组图谱。IHEC 网站由 McGill 基因组学数据协调中心（EDCC）和 McGill 表观基因组学绘图中心（EMC）开发和维护。目前该联盟的正式会员项目包括日本的 AMEDCREST/IHEC（International Human Epigenome Consortium），德国表观组计划项目 DEEP（Deutsches Epigenome Program），加拿大表观遗传学、环境与健康研究联盟 CEEHRC（Canadian Epigenetics，Environment and Health Research Consortium），欧盟第七框架计划（Seventh Framework Programme，FP7）中的 BLUEPRINT（Building a European Network for Research and Innovation in Nanotechnology）计划，中国香港表观基因组项目，韩国表观基因组项目，NIH ENCODE 计划，NIH Roadmap 计划和新加坡表观基因组项目。IHEC 将世界各地的研究机构聚集在一起，从而最大限度地提高科学家的效率，IHEC 中的每个项目都有助于完成 IHEC 的主要目标。

在此基础上，IHEC 首要的长期目标是了解表观基因组在跨代和环境中对人类群体的影响程度，而在更详细的层面上，IHEC 的目标又分为主要目标和次要目标。

（一）主要目标

（1）协调联盟中各个机构的数据，生成人类表观基因组参考图谱，并获得与健康和疾病相关的关键细胞状态。为了实现这个目标，IHEC 首先要获得以下信息：高分辨率的组蛋白修饰图谱；高分辨率 DNA 甲基化图谱；所有蛋白质编码基因的转录起始位点的标志性图谱；非编码 RNA 和小 RNA 的完整目录与表达模式；与人类健康和疾病相关的模式生物的表观基因组图谱的比较分析。

（2）IHEC 重点关注干细胞、增殖、分化、衰老和压力等关键的细胞状态，从这些方面进行深入研究，以促进健康研究和再生医学的进步。而个体、系谱和遗传同卵双胞胎的调查则用于确定遗传和表观遗传变异之间的关系。

（3）IHEC 争取将各个机构的数据以最快的速度发布到整个研究社区，以此来推进这些数据在临床健康和疾病中的快速运用。与此同时，IHEC 也致力于共同的生物信息学标准、数据模型和分析工具的开发和组织、整合，并显示联盟各个机构生成的表观基因组数据。

（4）IHEC 建立了有效的组织结构以便来自各个地方的个人参与者、自组织联盟、资助机构和国家筛选并参与自己最感兴趣的项目。IHEC 在协调联盟中各个项目研究方向的同时，也会与其他国际项目进行协调，如国际癌症基因组联盟（ICGC）。

（二）次要目标

（1）促进新的和强大的技术的发展，这也将促进表观基因组在健康和疾病中的表征与功能分析，从而大大降低表观基因组图谱的成本。

（2）支持新技术、软件和方法相关的知识与标准的传播，以促进全球表观遗传学研究人员之间的数据整合和共享。

IHEC 官网提供的数据库（https://epigenomesportal.ca/ihec）整合了其下属项目的数据，主要提供人类健康和复杂疾病相关的表观遗传调控（包括非编码 DNA、信号通路、重要细胞类型表观组）的高分辨率参考注释，用户可自行查阅与下载，也可以直接访问官网提供的 UCSC Genome Browser 链接来浏览数据，可以说表观遗传一站式数据都在这里。

四、常见表观基因组数据库

随着高通量技术的持续发展，表观遗传学数据量也开始呈现指数级增长，为了能够更好地处理和分析这些数据，挖掘数据背后的生物学意义，对分析工具和可视化工具的进步需求也日益增大。过去，由于缺乏简单、直观和快速的可访问工具，大型复杂的表观基因组数据集在科研与临床中并没有被充分利用。因此，研究人员在开发新的实验技术的同时，也在不断地开发新的数据库，用以储存高通量实验技术测定出的数据。为了方便更多的研究者进行研究和分析数据，大多数数据库都是面向公众全面开放的，这些数据库的构建能够方便数据的分析、可视化和共享，极大地促进了表观基因组学的发展。常见的表观基因组数据库平台还有 4DGenome（染色质相互作用数据库）、DiseaseMeth（人类疾病甲基化数据库）、DNMIVD（DNA 甲基化交互式可视化数据库）、MethyCancer（人类 DNA 甲基化与癌症数据库）、GoDMC（Genetics of DNA Methylation Consortium）、MethBase（参考甲基化组数据库）、GED（配子发生表观遗传修饰数据库）、HHMD（人类组蛋白修饰数据库）、HistoneDB（组蛋白数据库）、MeT-DB（甲基转录组数据库）、RMBase（RNA 修饰基础数据库）、REPIC（RNA 表观转录组集合数据库）、miRBase（microRNA 数据库）和 miRWalk（非编码 RNA 结合位点数据库）等。

五、常见表观基因组计算软件

为了使研究者能够更好地研究表观基因组学数据，需要一些能够将数据分析简化并便于理解操作的软件供大众使用，在表观基因组学数据量爆发的同时，表观基因组计算软件也在不断地被开发出来。目前常见的表观基因组计算软件还有 EpiGRAPH（用于高级基因组分析和预测的用户友好型软件）、QDMR（定量差异甲基化区域）、SMART2（亚硫酸氢盐测序数据综合分析工具）、MACS2（peak calling）、exomePeak2（MeRIP-seq 的 peak calling 和差异分析）、HOMER（模体发现和第二代测序分析）、MEME（模体发现）等。

习　题

1．解释何为组蛋白修饰，并举例说明至少两种不同类型的组蛋白修饰（如乙酰化、甲基化）如何影响基因表达。

2．ENCODE 计划的主要目标是什么？

3．简述 Roadmap 计划的主要研究方向及它与 ENCODE 计划的主要区别。

4．简述 m^6A-seq 技术的主要用途。

5．分析和评价 MACS2 的主要功能、应用范围及在表观基因组数据分析中的重要性。

6．描述表观基因组数据库 4DGenome 的主要功能、数据类型及如何辅助表观基因组学研究。

第十三章　宏 基 因 组

宏基因组包含了环境样本中细菌和真菌的基因组总和。宏基因组学就是一种以环境样本中的微生物群体基因组为研究对象，以功能基因筛选和测序分析为研究手段，以微生物多样性、种群结构、进化关系、功能活性、相互协作关系及与环境之间的关系为研究目的的新的微生物研究方法。一般包括从环境样本中提取基因组 DNA、克隆 DNA 到合适的载体、导入宿主菌体、筛选目的转化子等工作。特定生物基因组研究使人们的认识单元实现了从单一基因到基因集合的转变，宏基因组研究将使人们摆脱物种界限，揭示更高、更复杂层次上的生命运动规律。在目前的基因结构功能认识和基因操作技术背景下，细菌宏基因组成为研究和开发的主要对象。细菌宏基因组细菌人工染色体文库筛选和基因系统学分析使研究者能更有效地开发细菌基因资源，更深入地洞察细菌多样性。

第一节　宏基因组概述

微生物是地球上分布最广泛的生物群和重要的分解物，广泛参与 C、N、O、S 等元素的循环转化，在许多方面占据主导地位。传统的微生物研究通常需要在实验室分离和培养的基础上进行，但实际上，环境中大量的微生物无法通过培养的方式进行分析。荧光原位杂交（fluorescence *in situ* hybridization，FISH）、聚合酶链反应-变性梯度凝胶电泳（polymerase chain reaction denaturing gradient gel electrophoresis，PCR-DGGE）、末端限制性片段长度多态性（terminal-restriction fragment length polymorphism，T-RFLP）和自动核糖体间隔基因分析（automated ribosomal intergenic spacer analysis，ARISA）等分子技术已应用于微生物群落研究，极大地丰富了人们对微生物形态学、分类学和多样性的理解。然而，这些分子技术只能部分解释微生物系统中主要功能微生物的分类水平，低丰度的菌群不能够很好地反映出来，而且无法获知功能及微生物之间的相互作用。

随着测序技术的进步和生物信息学手段的发展，宏基因组学技术摆脱了传统微生物分离培养的局限性，能够直接以环境样本中微生物群落的遗传物质为研究对象，以微生物多样性、种群结构、进化关系、功能活性、协作关系及与环境之间的关系为研究目的，准确地掌握微生物的组成、结构及功能，更准确地反映微生物生存的真实状态，将微生物的分类分辨率扩展到种或株的水平，极大地扩展了微生物资源的利用空间，也为复杂微生物系统的功能和代谢路径研究提供了可能。

一、宏基因组的概念

宏基因组（metagenome）也称微生物环境基因组（microbial environmental genome）或元基因组，是于 1998 年由威斯康星大学 J. Handelsman 等在前人研究的基础上提出的新名词，并使用了宏基因组学（metagenomics）这一名词。其定义为“the genomes of the total microbiota found in nature”，即生境中全部微小生物遗传物质的总和，包括可培养和不可培养微生物的基因，目前它主要指的是环境样本中细菌和真菌的基因组总和。

宏基因组的概念分为广义和狭义两种。广义的宏基因组是以生态环境中所有 DNA 为研究对象，通过克隆和异源表达选择有用基因及其产物，研究其功能、相互关系和相互作用，并揭示其规律的一门科学，一般指特定环境中全部生物遗传物质的总和，它决定了生物群体的生命现象。狭义的宏基因组是以生态环境中所有细菌和真菌的 DNA 为研究对象，包括可培养和不可培养微生物的基因。通过克隆和异源表达，筛选目的基因及其产物，研究它们的功能、相互关系和相互作用，并揭示其规则。由于狭义的宏基因组具有对象具体、范围有限、研究目标明确的特点，除非特别说明，一般文献中提到的宏基因组通常指的是狭义的宏基因组。

二、宏基因组的发展历程

宏基因组从 1991 年利用克隆文库测定环境功能基因组的研究开始，到 1998 年被正式提出，历经了近 10 年的发展，随着高通量测序技术和数据分析方法的发展，微生物在人体、动植物、环境中的作用逐渐清晰。随着 DNA 测序技术取得巨大进步，从桑格测序到高通量测序，大大降低了测序成本和提高了效率，促进了宏基因组学的发展。2007 年，人类微生物组计划启动，旨在解析人体内的微生物群落，这一计划为宏基因组学奠定了基础，并提供了大量的微生物遗传数据。研究者开始应用宏基因组学技术研究各种自然环境中的微生物群落，如土壤、水体和大气中的微生物，以了解它们的功能和生态角色的环境宏基因组学研究，发展到研究者开始关注微生物群落中基因的功能，而不仅仅是它们的存在。这种方法有助于从基因功能角度揭示微生物群落对生态系统功能和稳定性的影响，是功能性宏基因组学研究。自此宏基因组的研究进入了高速发展的阶段。总的来说，宏基因组学的发展历程可以追溯到 DNA 测序技术的进步，这为人们深入了解微生物在不同环境中扮演的角色和功能提供了重要的工具和见解。

三、宏基因组的应用

宏基因组研究经过不断的发展，已渗透到各个领域，包括海洋、土壤、热泉、人体内环境等，被广泛应用于医药、卫生、农业、工业、环境修复和能源开发等方面。

在医药领域，微生物一直是许多抗生素和其他医疗制剂的来源，疾病与发病部位之间微生物关系的研究可利用宏基因测序技术进行，构建发病部位微生物集，以微生物为靶标，通过调节菌群进行疾病的诊断和治疗，基于肠道微生物的干预情况，靶向菌群开发新药。宏基因组学方法也一直是发现新抗生素的新途径，人们发现了许多新抗生素及其代谢物，包括妥布霉素、妥布霉素 B、多柔比星、红霉素、四环素等。

在卫生领域，宏基因组在公共安全卫生方面也发挥着重要作用。利用宏基因组测序技术，能够快速进行病原体检测，研究人员已经成功鉴定多起由病毒引起的流行病，如由埃博拉病毒引起的埃博拉出血热、H1N1 型流感病毒引起的猪流感、寨卡病毒病和 H7N9 型禽流感等，这有助于人们更加了解病原感染信息，提供预防措施信息和疫情防控。尤其在 2019 年新型冠状病毒暴发初期，就是使用了高通量测序技术迅速确定引起该病的病原，并获得全基因组序列，为该病的病原核酸检测、抗体检测等检测方法的建立提供了重要信息，为发现早期病原提供了技术支持，在控制疫情传播方面给予很大程度的帮助，为战胜疫情提供了保障。

在农业领域，研究主要集中于生物地球化学循环（C、N、P、S）、作物栽培管理（施肥、灌溉）、作物病害预防和治理（如生物防治剂）、土壤抗生素抗性机制研究、生物修复和生物肥料等，其中在动物方面，宏基因组学主要关注动物发育与免疫应答、饲料利用率、疾病预防等研究。

在工业领域，利用宏基因组学技术发现了几种新的分解代谢酶，包括纤维素酶、木聚糖酶、脂肪酶和蛋白酶等。使用不同的宏基因组技术，从厌氧消化池、碱性湖和盐水湖等各种生态环境中分离出许多新的酶，包括 GH12 纤维素酶、木聚糖酶、蛋白酶等。

在环境修复方面，可使用宏基因组学技术消除无机污染物和有机污染物，微生物在生物地球化学循环中起着重要的作用，可以降解多种碳基天然产物，因此其可以用来解决由芳香环如苯、甲苯和二甲苯环等石油泄漏及不可再生能源的不完全燃烧造成的污染问题。

在能源开发方面，主要开展包括特殊功能菌株的筛选、基因挖掘、工程菌的开发、天然抗生素筛选等研究，特殊极端环境如极地冰川、冻土、深海热液等研究。

第二节　宏基因组数据的产生

一、实验设计

开展微生物菌落研究的实验设计，主要关系到研究方向和研究深度两个方面，宏基因组学的快速发展主要取决于第二代测序技术的进步。宏基因组数据由样本 DNA 提取、文库构建和筛选、上机测序等过程产生。不同的 DNA 提取方法和测序数据质量控制标准可能导致测序结果有偏倚，因此要求在实验和分析过程中采用标准化的采样、DNA 提取和分析过程。

（一）样本采集、DNA 提取

1．样本采集　宏基因组研究中微生物样本采集的正确性与后期数据的准确度直接相关，因此，取样应严格按照操作程序进行，并采集具有代表性的样本。样本制备分为样本收集和 DNA 提取两个步骤。样本采集需避免污染，所有实验用到的取样用具必须经过灭菌处理，尽量将样本分管（分装 3～5 份）低温（－80℃）保存，切忌反复冻融，导致样本 DNA 降解。目前土壤、粪便、水体等不同类型微生物样本的采集方法有所区别，具体见表 13-1。

表 13-1　不同类型微生物样本的采集方法

样本类型	采集方法
土壤样本	普通土壤：去除表面浮土、覆盖物等，挖取地下 5～20cm 处的土壤，去杂质，每个重复由 3 个及以上采样点采集质量相当的土壤后混合而成，每个样本取样量 5～10g；密封后立即置于 0℃以下环境中运至实验室，保存于－80℃冰箱中。采样时需注意每个采样点的取土深度及采样量应均匀一致，土样上层与下层的比例要相同 根际土壤：采集植株，去除根周较松散的土壤，将仍然附着在根系表面的视为根际土。将植物根置于无菌容器中，加入缓冲溶液（磷酸盐缓冲液或生理盐水），根据样本的实际情况调整振动时间和强度，冲洗根际土壤。离心收集土壤沉淀，若沉淀较少，可用过滤膜收集，分装后置于－80℃冰箱中保存。同一样点取样的样本，可进行多点等量混合
粪便样本	使用灭菌的粪便收集器或镊子收集宿主新鲜粪便中部的样本，每个冻存管中约取样 2g，分装好后液氮速冻，随后转移至－80℃冰箱中保存
水体样本	采集的水样根据浑浊度进行滤膜过滤后，将过滤物密封，用液氮速冻。对于澄清或略浑浊水体，选用 0.22μm 或 0.45μm 的滤膜过滤，至滤膜上可见明显覆盖物。对于浑浊水体，过滤前静置分离悬浮颗粒物，先用大孔径滤膜预过滤一遍，再用小孔径滤膜过滤 由于水体中微生物含量不同，取样量有所不同，污水等菌群丰富的水体取样量一般为 200～1000mL；湖泊、河流等自然水体一般为 1～2L；自来水微生物含量较低，水体一般为 1～5L；海水随地理位置、季节和取样深度浮动较大

续表

样本类型	采集方法
植物内生菌	在无菌工作台内，用无菌水对植物组织（植物根部须去除根表黏附土壤）洗涤 30s，进行表面无菌化处理：第一次消毒使用 75%无水乙醇浸泡 1min，第二次消毒使用 2%次氯酸钠处理 3min，转入 75%无水乙醇浸泡 30s，接着用无菌水漂洗 3 次。进行核酸提取或液氮速冻
肠道内容物	处死实验动物后，用无菌解剖刀剖开腹腔，在无菌状态下取出所需消化道内容物置于无菌离心管中，立即进行 DNA 的提取，若不能立即提取，置于液氮冷冻，后转移至−80℃冰箱中保存

2. DNA 提取　DNA 的提取是构建宏基因组文库的关键，样本总 DNA 的浓度、纯度、片段大小和偏好性等将会直接影响到宏基因组文库的质量和代表性。需采用适当的方法提取 DNA，并尽可能完整地提取环境样本中的 DNA，保留较大的片段以获得完整的目的基因或基因簇。宏基因组分析中 DNA 的提取方法主要有直接提取法和间接提取法两种。直接提取法又称原位裂解法，是通过物理、化学和酶解法等直接裂解环境样本中微生物的细胞壁来提取和纯化 DNA 的方法。常用的裂解方法中，物理方法有反复冻融法、超声法、玻璃珠击打法、液氮研磨法等；化学方法中主要使用的试剂有表面活性剂［如十二烷基硫酸钠（SDS）］、盐类、有机溶剂等；酶解法则主要采用溶菌酶和蛋白酶 K。

不同的裂解方法对细胞破壁的处理方式不同。直接提取法获得 DNA 的效率较高，操作简单，成本也较低，具有良好的重复性，获得的 DNA 能够反映样本中微生物的多样性。但是剧烈的机械剪切，使得提取的 DNA 片段较小（1～50kb），获得的 DNA 中混有金属离子、腐殖酸、多糖、多酚化合物等杂质，纯度较低，还需通过纯化处理之后才能继续后续如 DNA 酶切、PCR 扩增等分子生物学操作。这种方法提取的 DNA 适用于以质粒或 λ 噬菌体为载体的小片段文库的构建。

间接提取法是从样本中将微生物细胞分离出来，然后通过较温和的方法提取 DNA 并纯化，该方法可获得较高纯度的 DNA 大片段（20～500kb），但是操作复杂，成本高，且在温和的条件下，一些具有较厚细胞壁的微生物 DNA 不容易提取。通过间接提取获得的 DNA 片段长度相对较长，适合黏粒（cosmid）文库和细菌人工染色体（BAC）文库的构建。

直接提取法和间接提取法各有优缺点，目前关于环境微生物样本 DNA 的提取大多采用直接提取法，现在市面上也已有多种 DNA 提取试剂盒供使用，并且许多研究者仍然还在继续探索改良宏基因组 DNA 的提取方法。

（二）文库构建和筛选

1991 年，Schmidt 等通过克隆海洋浮游微生物样本中的 DNA，构建了第一个噬菌体文库，提出环境基因组学的概念，首次证明从环境中克隆基因的可行性。1996 年，Stein 等用海水样本中的微生物构建了一个宏基因组文库，并鉴定到一个从未培养过的古菌的 16S rRNA 基因，确立了环境基因组学在新基因发掘研究中的特殊地位，成为宏基因组学研究的转折点。直到 1998 年，Handelsman 等率先提出宏基因组学的概念，科学家从各种各样的环境取样构建了宏基因组文库。

宏基因组文库的构建包括载体和宿主系统的选择、克隆载体连接、转化宿主菌、构建文库、活性筛选、获取新的功能基因或生物活性物质等。DNA 片段的大小决定了基因组文库的完整性，构建宏基因组文库时要考虑到研究的总体目的和获得的 DNA 的数量、纯度及片段大小等。载体在宏基因组技术中发挥着重要的作用，常用的载体包括质粒（plasmid）、细菌人工染色体（bacterial artificial chromosome）、黏粒（cosmid）、F 黏粒（fosmid）等，可以满足不同插入片段大小的要求。当 DNA 片段小于 10kb 时，适合插入质粒载体；当 DNA 片段为 30～45kb 时，适合插入黏粒和 F 黏粒；当 DNA 片段大于 45kb 且小于 300kb 时，适合插入细菌人工染色体。无论选用哪种载体构建文库，都必须使文库最大限度地覆盖样本中所有微生物的基因组。宿主菌株的选择主要考虑转化效率、基因的表达、重组质粒在宿主细胞中的稳定性及目标性状的筛选等。最常用的宿主为大肠杆菌（*Escherichia coli*），具有操作简便、繁殖迅速、培养代谢易于控制、遗传信息明确的优点。其次是芽孢杆菌属（*Bacillus*）、变铅青链霉菌（*Streptomyces lividans*）和恶臭假单胞菌（*Pseudomonas putida*）。

宏基因组文库构建完成后，需要从文库大量的克隆中筛选含有目的基因或特殊活性的克隆，关于文库的筛选技术可分为基于活性的筛选、基于序列的筛选和底物诱导的基因表达筛选三种类型。

（1）基于活性的筛选（activity-based screening）：又称为功能驱动筛选（function-driven screening），是指通过活性检测从基因组文库中获得具有特殊活性克隆的方法。经常借助显色反应、选择性表型和形成水解圈等特性进行筛选，发现新的天然产物或蛋白质基因。脂肪酶、酯酶、纤维素酶和木聚糖酶等就是利用基于活性的筛选方法，从由各种环境样本构建的微生物宏基因组文库中筛选出来的。该方法不需要依赖序列的已知信息，只要基因能在宿主中表达，就可以根据基因表达特性筛选，能够快速地找到可用于工农业和医药的酶、蛋白质、抗生素等天然产物。但由于目的基因必须能够在宿主中进行功能表达，需要选择合适的载体/宿主系统，还需要克隆基因或基因簇的全长。

（2）基于序列的筛选（sequence-based screening）：是根据序列的相似性，依据已知相关功能基因的保守序列设计探针或 PCR 引物，通过杂交或 PCR 扩增筛选目标克隆。具体筛选方法有两种：一是根据已知保守序列设计引物或探针，通过 PCR 扩增或杂交来筛选目的克隆，该方法仅限于分离已知基因家族的新成员和含有高度保守区的酶基因。二是对含有 16S rDNA 的系统发育标记基因进行克隆测序。与基于活性的筛选方法相比，基于序列的筛选不需要依赖重组基因在外源宿主中的表达，但是需对相关基因序列有所了解，且不能筛选宏基因组文库中与现有基因序列（即未知基因）完全不同的新基因，该方法很难发现新的活性物质，且对于新鉴定或推测的功能基因还需要通过生化测定进一步验证。

（3）底物诱导的基因表达筛选（substrate-induced gene expression screening）：是利用合适的底物进行诱导，使得克隆子分解代谢基因表达，然后进行筛选的方法。该方法不需要进行底物修饰，即能够从底物推断出未知的酶，从而判断基因的功能。底物诱导的基因表达筛选方法存在以下缺陷：①对目标基因的结构性和适应性十分敏感，容易导致漏检；②用于诱导的底物必须能够进入到细胞质，否则无法诱导相关目的基因的表达；③不能有效筛选大片段插入文库，有时仅能获得基因的部分片段；④对设备要求较高，使得应用受到一定的限制。但是通过优化和选择合适的条件，尤其在工业上，该方法依旧是筛选抗体基因和生物活性物质的有效手段。

二、全宏基因组测序

第二代测序技术依托的高通量测序平台包括罗氏公司的 454 焦磷酸测序仪、Illumina 公司的 Solexa Genome Analyzer 测序仪和 ABI 公司的 SOLiD 测序仪等，它们的测序深度在一定程度上弥补了读长较短的问题，深入且快速的测序过程使得它们成为目前应用最广泛的测序平台。

454 焦磷酸测序仪是最早的循环微阵列测序平台，在碱基配对结合后，会释放 1 个焦磷酸，该焦磷酸在酶的作用下将荧光素氧化为氧化荧光素，发出光信号，将每一个脱氧核苷三磷酸（deoxyribonucleoside triphosphate，dNTP）的聚合与一次化学发光信号的释放偶联起来，通过记录荧光信号的有无和强度，从而达到实时检测 DNA 序列的目的。454 焦磷酸测序获得的读长可达 400bp，但存在着无法精确测量同聚物长度和测序通量较低的缺点。

基于“边合成边测序”原理的 Solexa Genome Analyzer 测序仪是通过“DNA 簇”和“可逆性末端终止”的技术，将基因组 DNA 的随机片段附着在光学透明的测序芯片表面，经过延伸和桥式扩增后，形成数以亿计的 DNA 簇，每个簇都是具有数千份相同模板的单分子簇，然后利用具有荧光基团的 4 种特殊的脱氧核苷酸，通过可逆性末端终止边合成边测序技术对待测的模板 DNA 进行测序。该技术需要的样本量较少，文库构建过程简单，运行成本较低，逐渐成为目前市面上的主流测序平台，但是由于光信号的衰减和移相，其序列读长较短。

SOLiD 测序仪采用的是基于连接测序的双碱基测序技术，通过荧光标记的 8 个碱基单链 DNA 探针与模板配对连接，连接位点（第一个碱基）、切割位点（第五个碱基）和 4 个不同的荧光染料（连接到最后一个碱基）发出不同的荧光信号，从而读取目标序列的碱基排列顺序。该技术以一个荧光信号对应两个碱基为基础，使每个位点都被检测两次，具有误差小和自主校正的优点。

所有的二代测序技术都会由于 DNA 的放大而产生偏差，针对该问题出现的第三代测序技术（third generation sequencing techniques，TGS）不需要进行 PCR 扩增，可直接测序，克服了读长限制，实现了全长测序。目前，市场上应用的第三代测序技术主要是太平洋生物科学公司的单分子实时测序（single molecule real-time sequencing，SMRT 测序）和牛津纳米孔技术公司的单分子纳米孔测序技术。

单分子实时测序技术也运用边合成边测序的思想，以 SMRT 芯片为测序载体，利用的是 ZMW（零模波导孔）原理，将测序模板（DNA 单链）和 DNA 聚合酶结合，4 种被不同荧光基团修饰的 dNTP 于碱基配对阶段，在激光的激发下可以发出不同的荧光，根据散射出的荧光信号和检测到的不同波长与峰值及它们之间的间隔，就可以得到和模板序列配对的序列信息。SMRT 测序依赖于 DNA 聚合酶的活性，检测激光对 DNA 聚合酶的活性造成的损伤。该技术测序速度很快，每秒约 10 个 dNTP，具有超长的读长。但是其测序错误率比较高，达 15%，但错误是随机发生的，而非二代测序技术的偏好性错误。虽然原始数据的准确度很低，但随着测序深度的增加，这些随机性错误可以被排除掉，30×的准确度能够达到 99.999%，测序的成本是第二代测序技术的 6～7 倍。

单分子纳米孔测序技术是基于电信号的测序技术。采用的 MinION 便携式微型测序设备，其芯片中包含有数百个纳米孔，孔内共价结合有分子接头。当 DNA 碱基通过纳米孔时，它们使电荷发生变化，从而短暂地影响流过纳米孔的电流强度（每种碱基所影响的电流变化幅度是不同的），灵敏的电子设备可检测到这些变化从而鉴定所通过的碱基。该技术不仅限于 DNA 测序，还可以对 RNA 甚至是蛋白质进行检测。单分子纳米孔测序具有超长的读长，可以达到 150kb，数据可实时读取，通量很高，起始 DNA 在测序过程中不被破坏，样本制备简单又便宜。虽然可以通过降低 DNA 通过速度或一致性检测提高准确度，但仍无法和第二代测序技术相比。

相较于第二代测序，第三代测序技术可以直接获得 RNA 序列，大幅度降低了体外逆转录产生的系统误差；可以直接检测甲基化的 DNA 序列，这为表观遗传学研究奠定了基础，可以对特定序列的 SNP 位点进行检测，实现对稀有突变及其频率的测定。但是第三代测序技术还很不成熟，第三代测序技术（长读长）的缺点之一就是该方法需要大量的 DNA。此外，第三代测序技术的错误率太高，虽然可以利用第二代测序数据进行校正，但仍具有很高的错误率，测序费用高，目前在一定程度上限制了其使用。

第三节　宏基因组数据的分析

宏基因组的研究主要依赖于对整个微生物群落基因组小片段进行测序，测序获得的数据集同时包含了多个物种，获得的数据量大、读长（reads）长度短，并且具有一定概率的测序错误，这都给宏基因组序列分析带来了巨大的挑战。宏基因组的生物信息学分析流程主要包括对测序数据进行质量控制和去除宿主污染、使用软件对质控后的序列进行组装和拼接、对组装好的大片段进行基因预测、对预测基因进行物种注释和功能注释及可视化展示等，通过这些流程的分析能够获得样本中微生物的多样性、组成、功能等信息，进一步得到微生物和宿主之间的相互关系，以及微生物群落作为一个整体的代谢通路情况。

一、微生物群落的多样性分析

微生物群落的多样性对于开发微生物资源，阐明微生物群落与其生境的关系，揭示群落结构与功能的联系，从而指导微生物群落功能的定向调控具有重要意义。微生物群落的多样性是指群落中所包含的个体数目和个体在种间的分布特征。微生物群落的多样性分析包括样本内的 α 多样性分析和样本间的 β 多样性分析。

（一）α 多样性分析

α 多样性是指一个特定区域或生态系统内微生物多样性程度，因此也被称为生境内多样性（within-habitat diversity），通过单样本的多样性分析可以发现微生物群落的丰度和多样性。α 多样性主要与物种丰富度指数和物种多样性指数两个因素有关。

1. 物种丰富度指数　物种丰富度指数（species richness index）反映的是群落内物种的丰富程度。常用指数有 Chao1 和 ACE（abundance-based coverage estimator）。

1）Chao1 指数　是用 Chao1 算法评估一个样本中操作分类单元（operational taxonomic unit，OTU）数目的多少，Chao1 在生态学中常用来估计物种总数，由 Chao（1984）最早提出。Chao1 指数越大，OTU 数目越多，说明该样本物种数目越多，表明群落的丰富度越高。其计算公式为

$$\text{Chao1}=S_{\text{obs}}+\frac{n_1(n_1-1)}{2(n_2+1)} \tag{13-1}$$

式中，Chao1 为估计的 OTU 数目；S_{obs} 为观测到的 OTU 数目；n_1 为只有 1 条序列的 OTU 数目；n_2 为只有 2 条序列的 OTU 数目。从公式可以看出，Chao1 指数受 1 条和 2 条序列物种的影响较大。

Chao1 指数是基于这样一种假设：在一个群体中随机抽样，当稀有的物种依然不断被发现时，则表明还有一些稀有的物种没有被发现；直到所有物种至少被抽到两次时，则表明不会再有新的物种被发现。

2）ACE 指数　用来估计群落中 OTU 数目的指数，同样由 Chao 提出，是生态学中估计物种总数的常用指数之一，与 Chao1 的算法不同。ACE 指数越大，说明群落中含有的 OTU 数目越多，群落的丰富度越大。

2．物种多样性指数　物种多样性指数（species diversity index）反映的是物种丰富度和均匀度的综合状况，常见的有香农-维纳指数（Shannon-Wiener index）和辛普森多样性指数（Simpson’s diversity index）。香农-维纳指数反映的是物种丰度与均匀度，与这两者均呈正相关；辛普森多样性指数为在样本中抽取两条序列属于不同种的概率。

（1）香农-维纳指数：是用来估算样本中微生物多样性的指数之一。它与辛普森多样性指数常用于反映 α 多样性指数。其值越大，说明群落多样性越高。

（2）普森多样性指数：由 Simpson（1949）提出，在生态学中常用来定量描述一个区域的生物多样性。

（二）β 多样性分析

β 多样性又称生境间多样性（between-habitat diversity），是指沿环境梯度不同生境群落之间物种组成的相异性或物种沿环境梯度的更替速率，即不同地点群落间物种组成的差异，是对不同样本/不同组间样本的微生物群落构成进行比较分析。β 多样性分析主要包括 PCA、PCoA、NMDS 分析等。

（1）PCA：为主成分分析（principal component analysis）的简称，是将多个变量通过线性变换以选出较少个数重要变量的一种多元统计分析方法，又称主分量分析。应用 PCA，能够提取出最大程度反映样本间差异的两个坐标轴，从而将多维数据的差异反映在二维坐标图上，进而揭示复杂数据背景下的简单规律。若样本的群落组成越相似，则它们在 PCA 图中的距离越接近。

（2）PCoA：为主坐标分析（principal coordinate analysis）的简称，也称度量多维标度，可呈现研究数据相似性或差异性的可视化坐标，是一种非约束性的数据降维分析方法，可用来研究样本群落组成的相似性或相异性。它与 PCA 类似，通过一系列的特征值和特征向量进行排序后，选择主要排在前几位的特征值，找到距离矩阵中最主要的坐标，结果是数据矩阵的一个旋转，它没有改变样本点之间的相互位置关系，只是改变了坐标系统。与 PCA 的区别为：PCA 是基于样本的相似系数矩阵（如欧氏距离）来寻找主成分，而 PCoA 是基于距离矩阵（欧式距离以外的其他距离）来寻找主坐标。样本距离越接近，表示物种组成结构越相似，因此群落结构相似度高的样本倾向于聚集在一起，群落差异很大的样本则会远远分开。

（3）NMDS 分析：为非度量多维标度（NMDS）分析的简称，是 PCoA 的非度量替代方法。NMDS 是一种将多维空间的研究对象（样本或变量）简化到低维空间进行定位、分析和归类，同时又保留对象间原始关系的数据分析方法（图 13-1）。NMDS 分析需要在一开始就指定维度（轴）的数量，如预设 2～3 个排序轴，计算过程中将根据已定义好的轴数分配对象坐标。而 PCoA 则基于特征向量提取，维度（轴）的数量由数据集的固有属性决定（对象数－1），获得样方排序后再根据特征值等信息自定义确定选择的轴数。数据来源一般是搜库结果定量表。包含两个维度的数据，一般情况下，每一行是一个基因，每一列是一个样本。行的名称与个数要与之前的 NMDS 数据保持一致，列名为分组名称，可以包含不止一个分组。

（三）与物种多样性相关的曲线

1. 稀释曲线　稀释曲线（rarefaction curve）用于评估测序量或样本量的饱和情况。其是通过从样本中随机抽取一定数量的个体，统计这些个体所代表的物种数目，并以个体数与物种数来构建曲线。它可以用来比较测序不同数量样本的物种丰富度，也可以用来说明样本量大小是否合理。在稀释曲线图中，当曲线趋向平坦时，说明取样量充足且合理，更多的取样只会产生少量新的特征；反之则表明继续取样还可能产生较多新的特征，有必要进一步增加取样量（图 13-2）。因此，通过绘制稀释曲线，可以得出样本的取样量是否充足的结论。

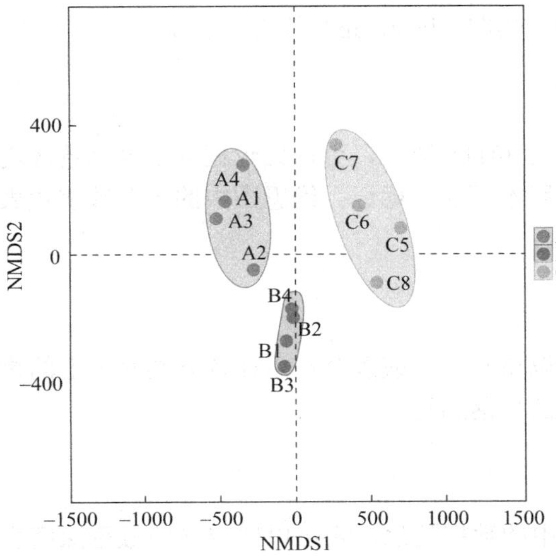

图 13-1　NMDS 分析示意图

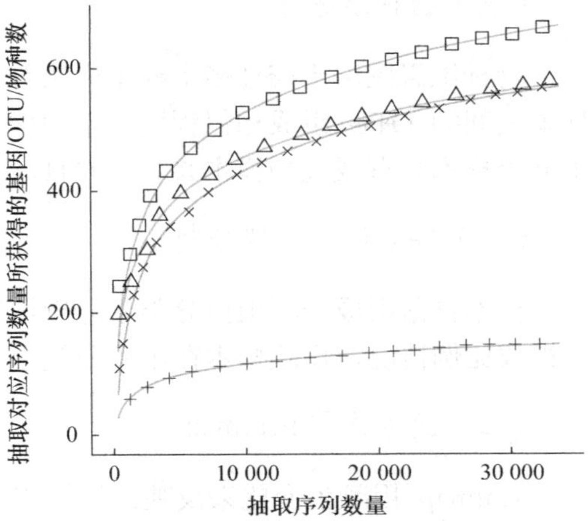

图 13-2　稀释曲线图

不同曲线代表不同样本

x 轴表示序列条数，*y* 轴表示抽取对应序列数对应的物种/基因/OTU 的数量。如图 13-2 所示，稀释曲线逐渐趋于平缓，表明测序结果合理，且间接反映了物种的丰富度，即样本的当前测序深度足够反映该群落样本所包含的微生物多样性。

2. Rank-Abundance 曲线　Rank-Abundance 曲线直观地反映样本中物种的丰富度和均匀度，以 OTU 排序编号为横坐标，OTU 相对丰度为纵坐标。在水平方向上，物种的丰富度由曲线的宽度来反映，物种的丰富度越高，曲线在横轴上的跨度越大；在垂直方向上，曲线的平滑程度反映了样本中物种的均匀程度，曲线越平缓，物种分布越均匀。

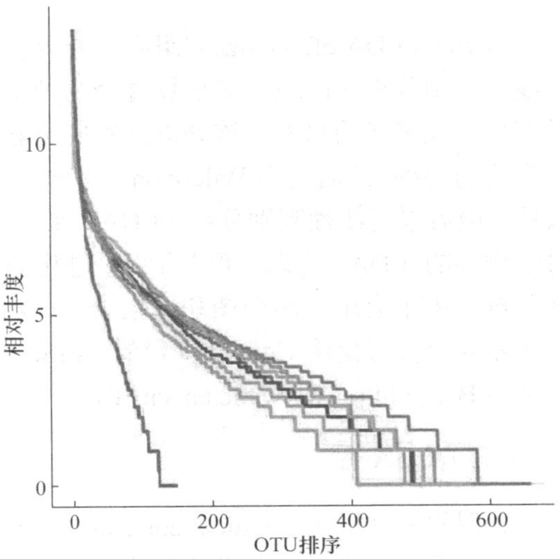

图 13-3　Rank-Abundance 曲线

如图 13-3 所示，水平方向的曲线跨度体现了物种丰富度，曲线在横轴上的范围较大，表明物种丰度较高；垂直方向的曲线渐进平缓，表明物种分布均匀。

二、微生物群落结构组成分析

群落结构组成决定了生态功能的特性和强弱，高稳定性的群落结构是实现生态功能的重要因素。群落结构组成的变化标志着环境变化，通过分析目标环境微生物群落的种群组成及其动态变化，可以为优化群落结构、调节群落功能、发现新的重要微生物功能群提供可靠的依据。宏基因组学的研究中关于物种组成的分析主要包括样本中微生物菌落结构组成和丰度分析。微生物群落的物种组成通常使用物种维恩图（Venn diagram）、样本群落组成分析柱状图、单群落组成分析饼图、优势物种（关键物种）热图（heatmap）等进行展现。

（一）物种维恩图

物种维恩图用于统计多个样本中共有或独有的 OTU 数目，可以比较直观地表示各环境样本之间的 OTU 组成相似程度。不同样本可以用不同颜色标记，维恩图中的各个数字代表了某个样本独有或几种样本共有的 OTU 数量。

（二）样本群落组成分析

样本群落组成分析根据分类学分析结果，可以得知一个或多个样本在各分类水平上的物种组成比例情况，反映样本在不同分类学水平上的群落结构。

（三）优势物种 heatmap

heatmap 用颜色变化来反映二维矩阵或表格中的数据信息，它可以用定义的颜色深度直观地表示数据值的大小。对高丰度和低丰度的物种进行聚类，通过颜色梯度和相似度来反映多个样本在每个分类水平上的群落组成的相似性和差异性。

（四）LEfSe 组间差异分析

LEfSe（LDA effect size）组间差异分析用于多个分组之间的比较，这种分析方法主要采用线性判别分析（LDA）来估算每个物种丰度对差异效果影响的大小，进而找出两组或多组内有显著性差异的物种。该分析首先使用非参数 Kruskal-Wallis 秩和检测不同分组间丰度差异显著的物种，然后使用 Wilcoxon 秩和检验上一步的差异物种在不同组间子分组中的差异一致性，最后采用线性判别分析（LDA）来估算每个组分（物种）丰度对差异效果影响的大小。对于物种的 LDA 结果，可结合物种进化分支图展示差异物种及其进化关系。在微生物多样性分析结果中会出现两个图和一张表（LDA 值分布柱状图、进化分支图及特征表）。LEfSe 组间差异分析可使用 Galaxy 平台的 LEfSe 工具或者基于 R 语言的程序包 microeco 进行，还可使用 BIC（http://www.bic.ac. cn/BIC/#）在线分析平台进行。

（五）CCA 图

典型相关分析（canonical correlation analysis，CCA）是研究两组变量（向量）之间的线性相关关系，能够揭示出两组变量之间的内在联系。CCA 是一种基于单峰模型的排序方法，样方排序与对象排序对应分析，而且在排序过程中结合多个环境因子，因此可以把样方、对象与环境因子的排序结果表示在同一排序图上。

（六）分析软件

宏基因组测序数据中微生物群落组成分析目前常用的工具为 MetaPhlAn，它是从全基因组数据库中使用分支特异性标记基因（clade-specific marker gene）注释序列，能够获得细菌或古菌的物种水平分布，该软件整理了 17 000 多个参考基因组（其中包括 13 500 种细菌和古菌、3500 种病毒和 110 种真核生物）中确定的独特的支系标记基因，可以实现精确的分类，准确估计物种的相对丰度（以细胞数为单位，而不是以读数的百分比为单位），实现对细菌、古菌、真核生物和病毒达到种水平的分辨精度，计算速度快。MetaPhlAn 很少单独使用，除非只用于物种组成分析，目前 MetaPhlAn2 被整合在有参宏基因组分析流程 HUMAnN2 中，可直接使用读长获得物种、功能，以及功能对应物种组成分析。

HUMAnN2 采用分层式算法比对标记基因、泛基因组和蛋白质数据库，能够快速、准确地获得种水平的功能组成，建立物种与功能的联系，并引入贡献多样性（contributional diversity）的概念，解释不同微生物群体类型生态学组装的模式，使人类从多样性角度重新认识微生物组功能组成，以及与物种间的联系。HUMAnN2 流程依赖项主要有 Python、MetaPhlAn2、Bowtie2、Diamond、MinPath、Biom-format 等。

三、基于读长的分析

基于序列的宏基因组学是基于整个环境样本的 DNA 测序来实现的，使用质控后的序列与已知物种和功能数据库进行比对，从而得到每个样本的物种、功能注释信息和相对丰度，其分析流程见图 13-4。此方法能够用比较科学的方法鉴定功能的物种来源，既能研究功能组成，也能研究每个功能都是来自哪些物种，分析速度快。但是该方法需要依赖于较完善的参考数据库，目前人类研究相关的各个数据库质量比较高，该方法较适合于人类的相关研究。

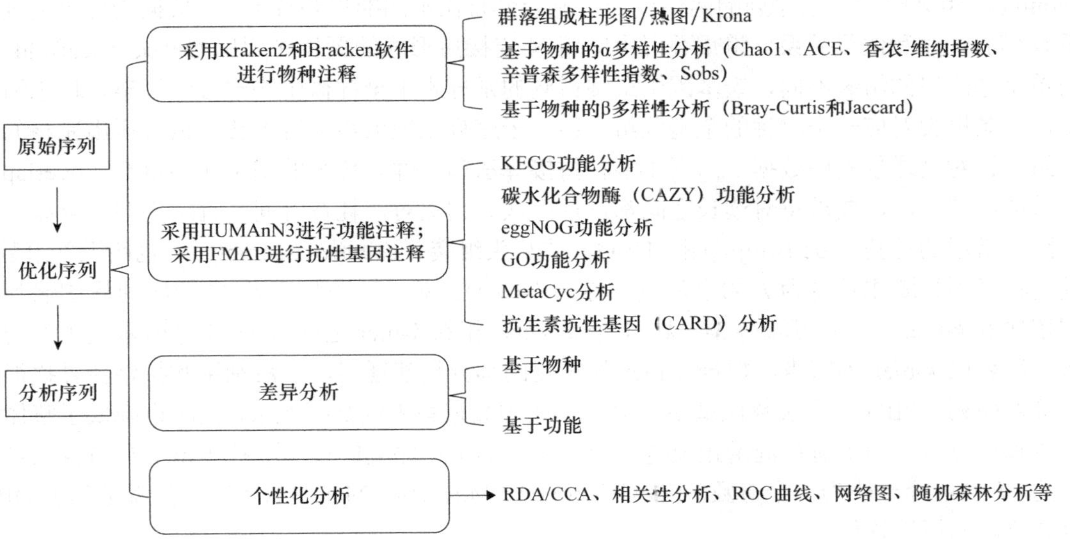

图 13-4 基于读长的宏基因组分析流程图

RDA. redundancy analysis，冗余分析；Sobs. Sobs 指数；FMAP. functional mapping and analysis pipeline，功能映射和分析流程

Kraken2 物种注释：Kraken2 是一个基于 *k*-mer 精确比对算法，并采用 LCA（最小共同祖

先）的算法对序列进行物种注释的软件。Bracken（使用 Kraken 对丰度的贝叶斯重新估计）是一种高度准确的统计方法，可以从宏基因组学样本中计算 DNA 序列中物种的丰度。从质控的优化序列出发，使用 Kraken2 软件和微生物数据库（包括 RefSeq 最近的 99 版本基因组数据，涵盖细菌、真菌、病毒、古菌、原生动物）鉴别样本中所含的物种，再用 Bracken 对 Kraken2 得到的分类结果进行分类后，通过用贝叶斯重新估算丰度来估算宏基因组样本的种级别相对丰度。

HUMAnN 功能注释：HUMAnN（HMP Unified Metabolic Analysis Network）最早由 Huttenhower 实验室针对人体微生物组计划（HMP）开发的一款可对宏基因组测序数据进行物种分类和功能分析的流程，它适用于任何类型的微生物群落，而不仅仅是人类微生物组，是目前前沿、权威的宏基因组分析软件。在 2020 年已更新到第三版，称为 HUMAnN3。从质控的优化序列出发，使用 HUMAnN3 软件和蛋白质数据库（UniRef90）进行比对，根据 UniRef90 的 ID 和各个功能数据库 ID 的对应关系，统计各个功能数据库对应功能相对丰度；根据 HUMAnN3 分析结果，得到功能的物种来源，绘制功能物种来源组成物种分布柱形图。我们可以从图中得到功能的丰度，以及功能来源于哪些物种的信息。

四、基于组装的分析

在实际分析时，我们面对的是环境中大量未知的微生物，且参考数据库并不是很完善的情况下，无法基于序列获得微生物组成和功能，通常需要进一步组装（assembly-based），将原始序列组装成重叠群，随后对重叠群进行基因注释，根据已有的一些数据库进一步挖掘物种组成和功能。

将测序获得的短基因片段拼接成较长基因片段的过程叫作组装（assembly）。具体过程是将样本中微生物的基因组打断成小片段，利用高通量测序平台获得读长，利用计算机软件基于读长之间的重叠区关系将序列进行拼接获得更长的序列，这种更长的序列叫作重叠群（contig）。组装时同一条序列的两端读长可能会分布在不同的重叠群上，可根据物理距离确定重叠群的顺序和位置关系，将重叠群中间用 N 连接后形成的更长序列称为框架（scaffold）。与单个基因组的组装不同，宏基因组最终得到的是样本中全部微生物混合的框架。理想情况下，一条框架对应一个物种的全基因组。但由于序列太短或覆盖度不够，很难拼出完整的基因组。针对高通量测序数据，出现了多种拼接算法和软件。传统的基于序列重叠（overlap）关系的组装方法，要求每对读长之间都进行一次序列比对，耗费时间，且结果并不可靠。宏基因组常用的是基于 de Bruijn 图（DBG）的从头组装（*de novo* assembly），也叫无参组装。其是将序列打断成长度为 k 的小片段（称为 k-mer），对于一条长度为 M 的序列从 5′端到 3′端依次取 k-mer，一共可获得 $M-k+1$ 个 k-mer，相邻 k-mer 之间有 $k-1$ 个碱基是重叠的区域，然后以 k-mer 为节点，根据 k-mer 间重复的部分构建通路，最后利用欧拉路径寻找得到重叠群序列。DBG 的组装算法减少了大量短序列数据集中的数据冗余，同时也降低了整体数据量和计算量。为了避免混淆正反链，保证每个 k-mer 序列的反向互补 k-mer 与自身也是不同的，k 的选择一般为一个奇数。SOAPdenovo2、MegaHit、MateVelvst 等软件就是基于 DBG 组装算法的拼接软件。

（一）常用软件

目前 MegaHit、metaSPAdes 和 IDBA-UD 是宏基因组研究中最常用的三款拼接软件。

MegaHit 软件资源消耗最少，速度最快，适合组装超大规模数据（30～300Gb 混合样本），该软件安装方便，参数简单，可通过调整 *k*-mer 范围和步长两个参数来平衡分析质量与计算时间。其因在复杂环境样本和大量样本混合组装方面优势明显，成为主流的宏基因组组装软件，但是无法拼接至株水平的序列。metaSPAdes 是目前宏基因组领域组装指标较好的软件，尤其在株水平的组装具有明显优势，但是它也是最耗时间和内存的软件。IDBA-UD 算法专门用于组装来自具有不均匀测序深度的单细胞或宏基因组测序技术数据，速度和内存消耗介于 MegaHit 和 metaSPAdes 之间，是平衡的选择，优点也较多，可实现从小到大迭代 *k*，还通过局部组装重建缺失的 *k*-mer，并通过迭代地去除低深度重叠群来去除错误。

（二）拼接质量评价

组装后的序列同样需要进行质量评估。宏基因组拼接软件很多，但由于缺乏参考数据库，拼接结果难以评估，尽管单基因组组装有许多基准实用程序，但还没有公认的宏基因组特异性类似的评价指标。N50 是评价基因组拼接连续性的指标，目前也用于宏基因组拼接质量评价。对于组装的序列，不论是重叠群还是框架，首先将各条序列根据长度从大到小排序，并按照这个顺序依次相加，当相加的长度达到总长度的 50%时，最后一个累加的重叠群或框架长度就是 N50 的长度。通常 N50 越大，表明长片段的读长越多，拼接效果越好。QUAST 是 2013 年发布的一款基因组拼接结果评估软件，2016 年推出的 MetaQUAST 版本是专门针对宏基因组拼接结果评估的工具，评估主要步骤包括比对参考序列确定未知物种含量，提供基于多样性参考基因组的综合报告，以及通过检测嵌合重叠群确定是否存在高度相关的物种。

基于组装序列，人们可以实现基因预测、物种注释、功能注释等相关分析，研究微生物菌群的结构、功能和作用机制等。然而，宏基因组在组装过程中面临两大问题，首先是宏基因组数据量大，组装过程复杂，序列相似性高，组装困难，可以利用将高丰度与低丰度序列分开组装，单个样本先组装后再混合组装的方法，充分利用测序数据，提高读长的利用率，充分挖掘低丰度物种和基因信息。其次，在进行动植物的微生物研究时，宿主污染是不可避免的，过滤宿主 DNA 的前提是有宿主的基因组信息，目前通过改进提取方法和增加数据量来去除宿主 DNA，以减少误差。

五、微生物群落中个体的功能性分析

物种注释是获得宏基因组研究中微生物群落的组成及功能情况的关键分析步骤，物种注释用于表明物种间关系的远近，不同的分类数据库注释的结果差别较大，不同的注释方法也会影响到物种注释的准确性、分类水平、注释速度、计算机的资源消耗、系统兼容性等。目前宏基因组物种注释主要有以下两种方法。

一是将待注释的序列比对到数据库中，通过序列的相似度进行物种注释，该方法受限于数据库的完整性，且比对结果不准确。

二是基于 *k*-mer 频数的打分策略，利用参考基因组中所有 *k*-mer 根据 LCA 进化树，将读长的 *k*-mer 进行索引，利用比对 *k*-mer 频数确定物种分类丰度的方法。该方法是目前宏基因组研究公认的物种注释较准确的方法，常用软件有 Kaiju、Kraken 系列、Clark 等。

Kaiju 是基于蛋白质比对策略的软件，注释率高，其工作原理是对测序的序列按照 6 种不同阅读框翻译测序序列，然后根据翻译后的序列长度或得分进行排序，再把数据库整理的索引片段在所有序列进行配对，直到没有更长或得分更高的索引片段出现。Kraken 具有一系列软件，是一种超快速、高度准确的宏基因组序列分类学分配程序，它是基于 *k*-mer 频数的打分策略，利用参考基因组中所有 *k*-mer 根据最低共同祖先（lower common ancestor）进化树，将读长的 *k*-mer 进行索引，利用比对 *k*-mer 频数确定物种分类丰度，是目前宏基因组研究中物种注释使用最多的软件。Clark 软件是在某一特定分类水平下，构建了此分类的特异性 *k*-mer，将读长拆分成 *k*-mer 后与所构建的索引 *k*-mer 进行精确比对，每比对上一个算一个匹配（hit），最终匹配最多的分类为这个读长的最终分类。Clark 软件的基本原理与 Kraken 差不多，不同点在于 Clark 是基于物种特异 *k*-mer 构建参考数据库索引，数据库更小，检索速度更快。在短序列情况下，基于核酸的比对中，Kraken 和 Clark 的准确性比 Kaiju 高。基于蛋白质序列的比对中，Kaiju 的敏感性较好。而且基于蛋白质的比对得到的注释率高于基于核酸的比对，分类水平也更高，但结果的准确性较差。数据库的选择对物种注释至关重要，现阶段宏基因组数据库都在不断完善阶段，常用的数据库有 NCBI、基因组分类数据库（Genome Taxonomy Database，GTDB）、GreenGenes/RDP（Ribosomal Database Project）等。

在对重叠群或框架序列进行基因预测、开放阅读框（open reading frame，ORF）识别和蛋白质翻译之后，就可以进行功能注释分析。将基因/蛋白质序列在特定的数据库中搜索比对，从而完成功能注释分析。常用的功能数据库如下。

京都基因与基因组百科全书（Kyoto Encyclopedia of Genes and Genomes，KEGG；https://www.kegg.jp）数据库是系统分析基因功能，联系基因组信息和功能信息的知识库。该数据库是从分子水平信息了解高级功能和生物系统（如细胞、生物和生态系统），尤其是由大型分子数据集生成的基因组测序和其他高通量实验技术的实用程序数据库资源，由日本京都大学生物信息学中心的 Kanehisa 实验室于 1995 年建立，是国际上最常用的生物信息学数据库之一，以“理解生物系统的高级功能和实用程序资源库”著称。其包含 PATHWAY 数据库、KO 数据库和 COMPOUND 数据库三个类型，整合了蛋白质、基因组和化学功能的信息，尤其在 PATHWAY 数据库中包含了代谢过程（metabolism）、遗传过程（genetic information processing）、环境信息过程（environmental information processing）、细胞过程（cellular processes）、器官组织（organismal system）、人类疾病（human disease）、药物开发（drug development）7 类信息，并提供了一种更全面、直接的分析方法。

eggNOG 全称是直系同源蛋白分组比对（Evolutionary Genealogy of Genes：Non-supervised Orthologous Groups；http://eggnog5.embl.de/）数据库，由 EMBL 创建维护，是对 NCBI 的 COG 数据库进行的拓展，提供了不同分类水平蛋白质的直系同源分组（orthologous group，OG），包括真核、原核及病毒的数据信息。它扩展了 COG 数据库的分类方法，采用无监督聚类算法在全基因组范围内推导基因功能，更适用于谱系特征基因的分析。该数据库提供了 COG、GO、CAZy 和 KEGG 等注释，是目前最常用的免费基因注释数据库，提供有配套的注释工具 eggNOG-mapper。

碳水化合物活性酶数据库（Carbohydrate-Active enZYmes Database，CAZy；http://www.cazy.org），将序列与分解寡糖、多糖的酶特异性和三维结构联系起来，包含了碳水化合物酶类的来源、酶功能（EC）分类、基因序列、蛋白质序列及其结构等信息。该数据库一年更新一次，可以通过 dbCAN2 在线分析，也可选本地 diamond 比对 CAZy 数据库自行功能注释。

抗生素抗性基因数据库（The Comprehensive Antibiotic Resistance Database，CARD；https://card.mcmaster.ca），是目前使用最广泛的抗性基因数据库，核心是 ARO（Antibiotic Resistance Ontology，是第一个收集耐药基因的数据库，根据耐药基因的来源和功能将其进行注释和分类），提供有 BLAST 和 RGI（resistance gene identifier）两种方法可选。RGI 是 CARD 数据库团队开发的基于蛋白质预测抗性基因的软件，通过蛋白同源（homolog）和蛋白变异（variant）两种模式能有更准确的预测，同时还提供在线分析和可视化工具。

毒力因子数据库（Virulence Factor Database，VFDB；http://www.mgc.ac.cn/VFs），是国际上最大的病原菌毒力因子资源中心，由中国医学科学院研发，收集整理了 24 属 100 多种重要医学病原菌已知毒力因子的组成、结构、功能、致病机制、毒力岛、序列和基因组信息等内容，被广泛应用于毒力因子基因鉴定中。

MetaCyc（https://metacyc.org）是一个非冗余的、通过实验数据阐明生命科学领域内的代谢通路的数据库，其代谢网络包含初生代谢、次生代谢，还包括相关的化合物、酶和基因等，可以基于基因组序列预测该物种具有的代谢途径。

GO（The Gene Ontology Resource；http://geneontology.org）是基因本体联合会（Gene Onotology Consortium）建立的数据库，其目的是建立一个适合各种物种的语言词汇标准，定义和描述基因与蛋白质的功能，并随着研究进行更新。GO 是多种生物学本体语言的一种，为描述基因产物的功能提供了三层结构的系统定义：分子功能（molecular function）、生物学过程（biological process）和细胞组分（cellular component）。

六、微生物群落的代谢通路分析

此部分关注如何将微生物群落作为一个整体进行代谢通路分析。宏基因组学可以揭示微生物个体的代谢能力和潜在的功能。通过分析微生物的基因组，可以获得有关其能够降解和利用的底物、合成的代谢产物，以及与能量和物质循环相关的途径的信息。目前的代谢建模工作流程仍然倾向于依赖参考基因组作为重建和模拟基因组规模代谢网络模型（GEM）的起点，这忽略了微生物群落中存在的物种内和物种之间的多样性，也限制了对已知参考基因组空间中的代谢网络的分析和解释，可能导致假阳性（即在参考基因组中存在但在群落中的变量中缺失的通路）或假阴性（即在参考基因组中缺失但在群落变量中存在的通路）结果，最终导致对个别物种代谢通路及交互营养共生（cross-feeding）相互作用的不准确预测。为了克服这一局限，研究者开发了 MetaGEM 软件。MetaGEM 可以不依赖参考基因组，直接从短读长的宏基因组数据中重建样本特定的代谢模型，可以为个性化的人类肠道群落建模。

第四节　宏基因组数据的相关资源与工具

一、重要研究计划

人体微生物组计划（Human Microbiome Project，HMP），又称“人类元基因组计划”，于 2007 年底启动，它是 2003 年完成的人类基因组计划的延伸，也是第一个真正意义上的微生物组计划。其旨在完成 250 个志愿者的 5 个身体器官（胃肠道、口腔、鼻腔、女性生殖道、皮肤）中至少 900 个人体微生物参考基因组测序工作，解析微生物菌群结构变化对人类健康的影响。HMP 第一阶段的工作中一共产出了 14.23Tb 数据，得到了 3000 株微生物的基因组信息，第二阶段的工作研究了微生物群落对妊娠与早产、炎症性肠病、糖尿病等的影响。HMP 是目前人类和人体微生物群落最完整的研究，重点分析宿主和微生物组之间的相互作用关系及作用机制。

人类肠道宏基因组计划（Metagenomics of Human Intestinal Tract，MetaHIT）于 2008 年 1 月由欧盟委员会宣布启动，中国、美国、丹麦、法国、日本、西班牙、英国、芬兰 8 个国家参与。MetaHIT 的目的是研究人类肠道中的所有微生物群落，进而了解人类肠道中细菌的物种分布，并探讨肠道微生物与人的肥胖、糖尿病、肠炎等疾病的关系。其获得了 124 个欧洲人肠道中存在的 1000～1500 种细菌的 330 万个非冗余的元基因组。

2011 年启动的地球微生物计划（Earth Microbiome Project，EMP），旨在通过对全球典型的环境（包括土壤、海洋、空气、淡水等生态系统）样本进行宏基因组测序，从而全方位地分析微生物群落的多样性及其功能。

美国国家微生物组计划（National Microbiome Initiative，NMI）于 2016 年 5 月启动，旨在推动微生物科学的发展，使个体、社区乃至全人类在卫生保健、食品生产和环境恢复等领域受益。该计划支持跨学科研究，以回答多样化生态系统中微生物组的基本问题，如什么是健康的微生物组；开发检测、分析微生物组的工具，了解分享多样化生态系统中微生物知识，增加微生物数据，如实时检测空气、土壤、水或人体微生物的手持传感器；通过全民科学和教育机会培训更多的微生物组相关工作人员，扩大微生物的影响力。

中国科学家在肠道微生物研究起步之时就参与了相关研究，尤其在 2017 年 10 月由微生物组创新创业者协会发起的中国肠道宏基因组计划（Chinese Gut Metagenomics Project，CGMP），对加快我国微生物组领域产学研转化发展有着重要而深远的意义，标志着我国在世界微生物组研究领域迈出了坚实的一步。该计划旨在人体肠道宏基因组研究领域制定严格、统一、规范的样本制备流程和标准，搭建针对新一代测序技术的大规模肠道宏基因组数据产出和生物信息分析平台，建立高质量的针对中国人群的肠道宏基因组参考数据库，培养一批本领域具备丰富研究经验的从业人员，并将科研成果与产业应用相结合，为疾病健康领域的广大科研单位及企业提供丰富的数据集和实时更新的工具平台。该计划的启动将有助于推动中国微生物组计划，促进我国微生物组学的发展。

二、宏基因组分析平台介绍

（一）EBI Metagenomics

EBI Metagenomics 是 2011 年由欧洲生物信息学研究所（European Bioinformatics Institute，EBI）开发的宏基因组数据管理、分析、存储的平台。注册用户可以上传宏基因组的原始核苷酸读数，这些读数可以保留长达 2 年，并以唯一的登录号自动存储在欧洲核苷酸档案（European Nucleotide Archive，ENA；http://www.ebi.ac.uk/ena）中。EBI 平台中宏基因组学分析的步骤包括序列的质量控制，使用 rRNASelector 软件进行核糖体 RNA 的筛选，区分 rRNA 和非 rRNA，使用 QIIME 软件包对 16S rRNA 序列进行分类，获得样本中的物种组成信息，对于非 rRNA 序列使用 FragGeneScan 软件预测蛋白质编码区域，然后使用 InterProScan 预测这些蛋白质的结构和功能。EBI Metagenomics 平台的分析目前主要集中在鸟枪法宏基因组学，使用 rRNASelector 从宏基因组测序数据中筛选提取 rRNA 作为标记基因，以分析宏基因组的关键特征。分析结果可以通过 EBI Metagenomics 平台的网络界面获得，并且提供多种下载格式，能够实现在线或独立工具之间的兼容。EBI Metagenomics 平台还提供了一个比较分析工具，可以对数据库中已经存储的样本数据进行快速比较分类和功能分析，EBI Metagenomics 通过开发的一系列分析和可视化工具，并不断更新分析流程，迅速成为初学者最喜欢的工具。

（二）CoMet

CoMet是快速分析宏基因组短读长数据的免费平台，可以轻松处理由454焦磷酸测序平台和Ion Torrent平台生成的宏基因组数据。对于宏基因组数据的对比分析，上传FASTA格式的宏基因组DNA测序文件作为输入，同时也可以提交压缩文件以加快上传速度，一次最多可以上传500Mb的数据进行分析。CoMet上传数据时不需要注册，但是该平台没有数据保存功能，提交上传的数据将会于两个月后自动删除。

（三）IMG/M

综合微生物基因组（Integrated Microbial Genomes，IMG；http://img.jgi.doe.gov）是由美国能源部联合基因组研究所（Joint Genome Institute，JGI）开发的宏基因组数据存储、管理和分析系统。IMG/M是将宏基因组数据集与来自IMG系统的微生物基因组整合在一起，它是IMG中关于宏基因组的一个特定领域的工具，能够与微生物群落的测序数据兼容。它为微生物基因组和宏基因组数据的注释、分析和发布等提供了免费支持。注册用户可以访问IMG的数据内容，免费使用分析工具，还可以在线提交数据，并在数据转移到公共数据库之前，可以对数据设置两年的保密期。注册用户通过JGI的门户网站分析和下载宏基因组数据集，通过预处理、质量控制和输入数据的注释由JGI的宏基因组注释系统执行。还能够使用KOG、FEGG、Pfam、GO等参考数据集对IMG/M存储的数据进行注释，包括系统发育组成、单个微生物组内的功能或代谢潜力，以及微生物组间的比较等内容。除了基于其宏基因组序列分析微生物群落的功能能力研究，IMG/M还开发了IMG/M-HMP（http://www.hmpdacc.org），为HMP生成的宏基因组数据集的注释提供分析工具。

（四）MG-RAST

MG-RAST（Metagenomics Rapid Annotation Using Subsystem Technology）是一个用户友好的开源服务器，最初构建在SEED项目（http://www.theseed.org）框架上，于2007年首次发布，是最早的宏基因组学在线分析工具之一。目前有一个新版本（GitHub嵌入式3.6版），它不完全依赖SEED技术，而是使用SEED子系统作为首选数据源，以实现宏基因组的分类和功能分类。新版本被封装并与数据存储分离，较以前的版本具有更大的可扩展性和更快的计算速度。目前，MG-RAST包含215 773个宏基因组数据集，已被超过12 000名注册用户访问。除了数据访问，注册用户还可以提交自己的FASTA、fastq和SFF格式的原始宏基因组数据及详细的样本信息。MG-RAST流程综合运用各种生物信息学工具，对原核宏基因组测序数据进行质量控制及基因和蛋白质的预测与聚类等分析。但目前的MG-RAST无法对真核生物的基因进行预测。该服务器支持各种用户驱动的分析，包括系统发育、功能、代谢和两个或多个宏基因组的比较分析。MG-RAST还提供了选择数据库的工具，以便根据测序数据对微生物种群进行定量分析。它还提供了以多种聚类形式输出数据的能力，这些形式可以以纯文本格式下载，或者将数据导出为FASTA和QIIME文件。注册用户有权公开发布他们的数据或对数据进行保密设置，并可以在多个用户之间共享数据并保护机密。通过这些方式，MG-RAST在分析、隐私和数据共享方面提供了极大的灵活性。

（五）NMDC

NMDC（National Microbiology Data Center；https://nmdc.cn）是国家微生物科学数据中心以中国科学院微生物研究所作为依托单位，联合中国科学院海洋研究所、中国疾病预防控制中心传染病预防控制所、中国科学院植物生理生态研究所、中国科学院计算机网络信息中心等单位共同建设的关于微生物的免费一站式生物信息分析云平台。截至 2024 年 5 月 9 日，中心数据资源总量未找到明确数据，数据记录数超过 60 亿条，数据内容完整覆盖了微生物资源、微生物和交叉技术方法、研究过程和工程、微生物组学、微生物技术，以及微生物文献、专利、专家、成果等微生物研究的整个生命周期。其可提供包括生物信息在线分析工具、计算资源、公共参考数据的整合在线服务。图形化操作界面，每项分析都可以自定义分析参数，实现在鼠标点击之间即可在线进行生物信息数据分析。目前国家微生物科学数据中心已经上线 84 个分析工具和自定义的数据分析工作流程，涵盖了宏基因组分析流程、基因组组装、基因组结构分析、基因组注释分析、元基因组分析、比较基因组分析、便携分析等七大功能。

三、重要软件工具

宏基因组数据的生物信息分析流程涉及的相关分析工具主要在 Shell 和 R 两种语言环境下运行，分析流程涉及大量的软件和数据库，不同的分析流程影响着宏基因组研究的准确性和精确性。宏基因组分析中常用的软件和数据库详见表 13-2。

表 13-2　宏基因组分析中常用的软件和数据库

名称	网址	简介
MultiQC	https://multiqc.info	多样本质量控制和分析结果汇总
Trimmomatic	http://www.usadellab.org/cms/index.php?page=trimmomatic	用 Java 编写的质量控制软件，实现快速去除低质量、接头和引物序列。被质控流程 KneadData 流程整合为默认质控软件
Bowtie 2	http://bowtie-bio.sourceforge.net/bowtie2	序列比对工具，短读长序列快速比对至参考序列，结果为 SAM/BAM 格式
MetaPhlAn 2.0	https://huttenhower.sph.harvard.edu/metaphlan2	物种组成定量流程，包括人工整理的上万种物种中的上百万个标记基因数据库，结果可直接用于 LEfSe 分析
HUMAnN2	https://github.com/biobakery/humann	功能组成定量流程，默认基于 UniRef 数据库注释序列，获得基因家族、通路丰度和覆盖度的功能组成表
UniRef	https://www.uniprot.org/uniref	非冗余蛋白质序列数据库，用于宏基因组分析中序列或基因的功能注释
Kraken 2	https://ccb.jhu.edu/software/kraken2	物种分类软件，基于 *k*-mer 方式匹配 NCBI 非冗余数据库以实现超高速物种注释，内存要求高
MEGAHIT	https://github.com/voutcn/megahit	宏基因组拼接软件，内存消耗小，计算速度快，嵌合体率较低，N50 偏低
metaSPAdes	https://github.com/ablab/spades	宏基因组拼接软件，内存消耗大，计算时间长，但有更高的 N50，也存在拼接错误和嵌合体比例升高的风险

续表

名称	网址	简介
metaQuast	http://quast.sourceforge.net/metaquast	拼接结果评估，输出拼接指标和可视化图形的PDF与交互式网页版报告
Prokka	https://github.com/tseemann/prokka	原核基因组注释流程，主要用于基因组、宏基因组中的编码基因预测，生成提交 NCBI 所需要的注释文件
GeneMarkS-2	http://exon.gatech.edu/GeneMark/genemarks2.cgi	基因组注释网页工具，用户无须服务器和安装软件，在浏览器中即可实现宏基因组中基因预测
MG-RAST	https://www.mg-rast.org	开放源代码应用程序服务器，用于宏基因组的系统发育和功能分析
CD-HIT	https://github.com/weizhongli/cdhit/releases	序列去冗余，实现核酸、蛋白质构建非冗余基因集
Salmon	https://combine-lab.github.io/salmon	非比对基因定量，基于 *k*-mer 方式超快速实现序列分配，无中间文件生成，直接获得计数型结果
diamond	https://github.com/bbuchfink/diamond	比 BLAST 更快的蛋白质比对工具
eggNOG	http://eggnog6.embl.de/download/eggnog_6.0	同源组蛋白数据库
GhostKOALA	https://www.kegg.jp/ghostkoala	在线 KEGG 注释工具，可为基因序列分配 KO 编号
CAZy	http://www.cazy.org	蛋白质功能注释、碳水化合物基因数据库，可用于预测编码碳水化合物活性酶的基因和相关性分析
CARD	https://card.mcmaster.ca	蛋白质功能注释、抗生素抗性基因综合数据库，可用于抗药性基因的预测和相关性分析
Resfams	http://www.dantaslab.org/resfams	蛋白质功能注释、抗生素抗性基因数据库
VFDB	http://www.mgc.ac.cn/VFs	蛋白质功能注释、毒力因子数据库
MetaBAT 2	https://bitbucket.org/berkeleylab/metabat	主流分箱工具
MaxBin 2	https://sourceforge.net/projects/maxbin2	主流分箱工具
CONCOCT	https://github.com/BinPro/CONCOCT	主流分箱工具
metaWRAP	https://github.com/bxlab/metaWRAP	分箱流程，依赖 140 余款工具，可实现 Conda 快速安装，默认对 3 种主流分箱结果提纯，提供多种可视化方案
DAS_Tool	https://github.com/cmks/DAS_Tool	分箱流程，对 5 种主流分箱工具结果提纯
Athena	https://github.com/elimoss/metagenomics_workflows	基于 10×建库宏基因组测序的组装软件
OPERA-MS	https://github.com/CSB5/OPERA-MS	基于 Illumina、Nanopore 和 PacBio 的二、三代测序数据混合组装软件
MAGpy	https://github.com/WatsonLab/MAGpy	分箱结果下游比较基因组分析流程
OrthoFinder	https://github.com/davidemms/OrthoFinder	同源基因鉴定，基于多个细菌基因组中的蛋白质组鉴定单拷贝同源基因和构建多基因进化树
Microbiome Helper	https://github.com/LangilleLab/microbiome_helper	微生物组分析中常用格式转换工具集，方便分析和流程搭建

宏基因组为捕捉不可接近的微生物世界提供了可能，基于第二代测序技术的宏基因组研

究仍存在很多局限性，如宏基因组测序数据量大、分析困难、测序成本高等，在一定程度上限制了宏基因组的研究。第三代测序技术的发展，为宏基因组研究更准确、方便的应用提供强有力的技术支持。同时将宏基因组学与宏转录组学、代谢组学、蛋白质组学等联合应用，以及随着生物信息学、分子生物学等多学科理论知识的丰富，各类数据库的完善，先进数据分析工具的应用，为微生物的研究带来了新的曙光。

习　题

1. 简述宏基因组的概念。
2. 有一个海洋经济动物，要对其进行基因组学研究，你认为应该如何制订详细的研究计划？
3. 请详细描述宏基因组和基因组有什么区别和联系。
4. 利用宏基因组数据可以发现什么？
5. 宏基因组主要可以应用在哪些方面？

第十四章　非编码 RNA

在真核生物基因组中，大约 90%的基因是转录基因，在这些转录基因中只有 1%～2%编码蛋白质，其他大多数转录为非编码 RNA（non-coding RNA，ncRNA）。非编码 RNA 广泛存在于生物体中，不编码蛋白质，以 RNA 的形式在许多生命过程中发挥着重要作用。

第一节　非编码 RNA 概述

非编码 RNA 可分为两种主要类型：基础结构型 ncRNA 和调控型 ncRNA。根据碱基的长度，ncRNA 分为小 ncRNA（miRNA、siRNA 和 piRNA）、中等长度 ncRNA（50～500nt）和长 ncRNA（＞500nt）。近年来的研究表明，ncRNA 在生命调控过程中扮演着重要角色。人类基因组转录产物中仅不到 2%是编码蛋白质的 RNA，其余都是非编码 RNA，其中 miRNA、lncRNA、circRNA 等调控型 ncRNA 因其重要的调控功能受到广泛关注，在生命科学领域发展迅速。ncRNA 的研究将从全新的角度揭示生命调控的分子机制，并为人类疾病的诊断和防治提供理论依据与新的途径。

一、ncRNA 的生物合成

microRNA（miRNA）是一类广泛存在于真核生物中的非编码小分子 RNA，长度为 19～25nt，在不同物种中都有着重要的调节作用。miRNA 的形成主要包括以下几个阶段：首先，由 RNA 聚合酶Ⅱ或Ⅲ转录 miRNA 的相关基因到 pri-miRNA（初级 miRNA），然后形成具有发夹结构的 pre-miRNA（次级 miRNA），最后在 Dicer 酶的作用下，pre-miRNA 被切割成成熟的 miRNA。大部分 miRNA 在进化上显示出高度的保守性，其表达也表现出明显的组织特异性。

长链非编码 RNA（long noncoding RNA，lncRNA）的长度＞200nt，不含完整的开放阅读框（ORF），是一类不具有编码蛋白质功能的调控型 RNA。以往被认为是基因的“噪声”，一般由 RNA 聚合酶Ⅱ催化合成，但有些也被聚合酶Ⅳ/Ⅴ催化。lncRNA 从基因组的多个位点转录而来，如外显子区、内含子区和基因间区。根据 lncRNA 在基因组的位置可分为基因间的 lncRNA（lincRNA）、天然反义转录本和内含子 lncRNA。此外，根据 lncRNA 有无 ployA 尾可分为：polyA＋lncRNA 和 polyA－lncRNA。lncRNA 以顺式和反式两种形式参与基因调控，形成复杂的调控网络。

环状 RNA（circular RNA，circRNA）是一类由 mRNA 前体（pre-mRNA）通过反向剪接（reverse splicing）形成的共价闭合环状非编码 RNA。起初，环状 RNA 在 1976 年由 Sanger 等首先在植物类病毒中发现。随后，在酵母、四膜虫、古菌、人类、小鼠等生物中陆续鉴定出了环状 RNA。环状 RNA 来源广泛且在不同物种间保守性高，同时还具有组织特异性。

二、miRNA 的生物学功能

作为重要的调节分子，miRNA 在生物体内发挥着多重调控功能，影响生物的形态和生理等多个方面。miRNA 能够与转录因子及其他靶基因相互作用，实现精准的调控。miRNA 分子的 5′端含有一段被称为“种子”序列的区域，该区域与靶基因的 3′UTR 至少有 7 个连续核苷酸的完全配对，具有高度的保守性。同种 miRNA 可同时作用于多个靶基因，而多种 miRNA 也可共同调控一个靶基因，以实现对单一基因的复杂精细调节。

1．miRNA 的作用机制 根据 miRNA 与基因的作用模式，miRNA 的作用机制可主要分为以下三种类型。

（1）完全互补结合型：miRNA 与靶基因完全互补结合，类似于干扰小 RNA（siRNA）的作用方式，最终导致靶基因 mRNA 的降解。这种模式在植物中较为常见。

（2）不完全互补结合型：miRNA 与靶基因不完全互补结合，从而阻止翻译过程，但不影响 mRNA 的稳定性。这是目前已知最常见的 miRNA 作用模式，在动物中广泛存在。

（3）兼具上述两种模式：miRNA 可在完全互补结合时切割 mRNA，而在不完全互补结合时阻止基因的翻译。

2．miRNA 的调控方式 miRNA 的调控方式主要有两种。

（1）转录后裂解 mRNA 或翻译后抑制靶基因的表达。成熟的 miRNA 首先与其互补的序列构成双螺旋结构，然后解旋，其中一条链与 RNA 诱导沉默复合物（RISC）相结合，形成非对称的 RISC 结构，最后 miRNA 在 RISC 的协助下与 mRNA 的互补序列结合，从而抑制基因的表达。

（2）对靶 DNA 甲基化进行转录水平上的调控。miRNA 在表观遗传调控中具有重要作用，不仅受到其他表观遗传因素的调控，还通过与 miRNA 靶基因的结合，间接影响 DNA 甲基化修饰水平。通过与 DNMT1、DNMT3A、DNMT3B、TET2 或 Drosha 等因子的相互作用，miRNA 可促进 DNA 甲基化修饰，进而影响靶基因启动子的甲基化水平及基因表达水平。

综上所述，miRNA 作为调节分子，在生物体内发挥多重调控功能。其与靶基因的作用模式和调控机制的多样性为细胞的稳态维持与适应环境变化提供了重要支持。

三、lncRNA 的生物学功能

在生物体内，lncRNA 可直接以 RNA 的形式在表观遗传调控、转录调控、转录后调控及细胞周期调控等多个层面上调控基因表达水平。lncRNA 可以以顺式（*cis*）作用元件或反式（*trans*）作用因子的形式发挥作用，即它们不仅可通过多种机制调节自身转录位点附近的基因表达（*cis* 功能），还可通过靶向远处的转录激活因子或阻遏物调控基因组表达或影响基因在细胞中的定位情况（*trans* 功能）。

一些真核生物的 lncRNA 只在生物发育的特定阶段表达。例如，哺乳动物中 X 染色体失活过程中的关键基因 *Xist*，其位于 X 染色体上，所转录的 RNA 是一种 lncRNA，参与剂量补偿效应，可与 PCR2 形成复合体介导基因沉默。植物中的 lncRNA 在植物的生长发育和胁迫应答等多种功能中发挥着重要作用。但与动物相比，植物中 lncRNA 的研究较少，筛选到的 lncRNA 只占总 lncRNA 的 1%，其中只有一部分的功能相对清楚。

四、circRNA 的生物学功能

circRNA 有着特殊的结构和产生方式，主要特征包括：①由特殊的可变剪切产生，大部分分布在真核细胞的细胞质中，少部分来自内含子的 circRNA 分布在细胞核内，具有一定的组织、时序和疾病特异性。②广泛存在于真核细胞中，部分基因的 circRNA 表达水平甚至比 mRNA 高 10 倍以上。③与传统的线性 RNA（linear RNA）不同，circRNA 分子呈封闭环状结构，不具有 5′端帽子和 3′端 polyA 尾巴，比线性 RNA 更稳定，不易被核糖核酸酶 R（RNase R）降解，其半衰期可超过 48h，而 mRNA 平均只有 10h。

circRNA 在生物体中的功能主要包括吸收 miRNA 的海绵作用、调节转录和剪接、与 RBP 相互作用、参与假基因形成等。和线性 RNA 不同，circRNA 无游离的 5′端和 3′端，由特殊的前体 mRNA（pre-mRNA）经反向剪接的方式形成共价闭合的环形结构。研究表明，circRNA 主要起源于蛋白质编码基因，也可起源于 tRNA、lncRNA、反义转录本和基因间区。目前针对 circRNA 的分类有两种方法。第一种分类方法是根据组成成分将其分为三类：①外显子来源的 circRNA（exonic circRNA），这类 circRNA 多数来源于编码基因，由一到多个外显子组成，但是大部分不能编码蛋白质，主要定位于细胞质中。②仅由内含子构成的 circRNA（intronic circRNA），这类 circRNA 存在于细胞核中，一般由两个及两个以上内含子组成，少见 miRNA 结合位点，可以同亲本基因结合，调控其表达。③由内含子和外显子共同构成的 circRNA。第二种分类方法根据 circRNA 的来源、位置，以及和其相邻的编码 RNA 的位置关系进行分类，将 circRNA 分为 5 类，除了外显子来源的 circRNA、仅由内含子构成的 circRNA，还包括反义 circRNA（antisense circRNA）、正义重叠 circRNA（sense overlapping circRNA）和基因间区来源的 circRNA（intergenic circRNA）。反义 circRNA 是指基因位点和线性 RNA 重叠，但是转录自反义链的一类 circRNA；正义重叠 circRNA 是指和线性转录本转录自相同的基因位点，但是不属于内含子和外显子型的 circRNA；基因间区来源的 circRNA 是指起源于已知基因位点以外的 circRNA。

以下分别对含有内含子序列和含有外显子序列的 circRNA 的生物学功能进行叙述。

1．含有内含子序列的 circRNA　这类 circRNA 主要分布在细胞核，可以与 RBP 结合来影响亲本基因表达。同时，在环状 RNA 的形成过程中，内含子间竞争性互补配对可以与线性 RNA 分子之间形成平衡，能影响 mRNA 的表达，甚至蛋白质的翻译。

2．含有外显子序列的 circRNA

（1）吸收 miRNA 的海绵作用：含有外显子序列的 circRNA 主要发挥吸收 miRNA 的海绵功能。circRNA 上存在 miRNA 的结合位点，可作为 miRNA 的海绵体。circRNA 发挥海绵作用时，既可以与一种 miRNA 相互作用，也可以与多种 miRNA 相互作用。

（2）调控宿主基因的选择性剪接：拟南芥 *SEP3* 基因生成的 circRNA 紧密结合宿主基因的 DNA 基因座，形成一个 RNA-DNA 杂合体的 R 环（R-loop）结构，可抑制该区段的转录，于是发生了跨外显子的选择性剪接事件，促进产生选择性剪接转录本变体 SEP3.3，影响其开花表型。

（3）调控宿主基因的表达：circRNA 除了作为 miRNA 或蛋白质的海绵体参与调控宿主基因的表达，还能通过与 RNA 互作参与转录后调控。

第二节 miRNA 的生物信息学分析

一、miRNA 的生物信息学预测

miRNA 的生物信息学预测是根据 miRNA 在不同物种间的保守性、前体的发夹结构、与靶基因的互补性等特征编写计算机程序，利用分析软件进行预测。这些方法可以提高 miRNA 的鉴别效率，但也存在一些局限性，如较高的假阳性和难以预测的特殊结构的 miRNA。目前主流的预测软件各有其优势和特点。TargetScan 提出了“种子区”的概念以提高预测的精度；miRanda 基于 miRNA-mRNA 之间的序列匹配、保守性和热稳定性等参数进行计算，具有良好的检出率，但是假阳性率较高；DIANAmicroT 主要关注 miRNA 调控单个靶基因的情况，同时考虑中央突起和 miRNA 在 3′端与 mRNA 的结合；RNAhybrid 则在 RNA 二级结构预测方面有所突破，能够更快速、准确地计算 miRNA-mRNA 双链的自由能，降低了假阳性率。

预测到 miRNA 后，需要进一步验证。目前，常用的 miRNA 验证方法包括以下几种。

（1）RNA 印迹法（Northern blotting）：目前应用最广泛，可测出 miRNA 的含量和长度。但只针对单个 miRNA，敏感性低，且耗时、耗量，不适于大规模的筛选实验。

（2）实时荧光定量聚合酶链反应（qRT-PCR）：是用于鉴定 miRNA 的另一个强大工具，可以一次确定多种 miRNA 的表达水平。这种方法成本低、敏感性高、序列特异性强，但较高的敏感性、存在假阳性和较难的引物设计限制了其应用。

（3）基因芯片法：运用原位合成固化构成 DNA 微阵列，与扩增并标记后的样本进行杂交。目前，基因芯片技术已经检测成千上万的 miRNA。

（4）miRNA 荧光原位杂交（miRNA FISH）：是研究 miRNA 的定位及时空积聚的重要方法，已被成功地用于检测 miRNA 在不同的生物、组织中的作用，可确定靶标 miRNA 在细胞中的丰度和定位。

（5）下一代测序（next-generation sequencing，NGS）技术：在 miRNA 检测方面具有重要的应用。此方法准确度高、数据量大，能够鉴定出多种非保守或低表达的 miRNA。

（6）此外，现在用于检测 miRNA 的方法还有生物化学发光技术、电化学法、表面等离子体共振成像、荧光相关谱技术、液相生物发光法、准定向蛋白质组学等。目前，计算机辅助的高通量测序技术是当前 miRNA 鉴别的最主要方法。

二、miRNA 的靶基因预测

利用各种鉴别方法发现 miRNA 后，靶基因预测和验证是解析其生物学功能的关键环节。靶基因预测主要是利用算法对靶基因样本进行评分及筛选。miRNA 5′端的种子序列与靶基因 3′UTR 序列的互补性是所有 miRNA 靶基因预测最重要的因素，除了序列互补性，靶基因预测较关注的还包括序列保守性、热动力学因素、位点的可结合性和 UTR 碱基分布等多个因素。动物 miRNA 靶基因是按不完全互补配对结合的方式展开，而植物 miRNA 靶基因的预测几乎是以完全互补配对的方式进行预测。

用于 miRNA 靶基因预测的算法软件种类较多，包括 miRanda、EMBL、PicTar、TargetScan、DIANA-microT3.0、PITA、ElMMo、RNA22、GenMiR＋＋、TarBase、miRBase、miRGen-Targets 等，每个软件的侧重点不同，选择时需根据实验的实际情况进行选择。例如，miRanda 适用

范围广泛，受物种限制小，同时提供了 windows、linux 和 mac 多平台版本，可以下载到本地运行。在碱基互补方面，miRanda 算法和 Smith-Waterman 算法相似，但它们以碱基互补（如 A=U，G≡C 等）代替 Smith-Waterman 算法中的碱基匹配（如 A-A，U-U 等）来构建打分矩阵，允许 G=U 错配，为了体现 miRNA 3′端、5′端和靶基因作用过程中的不对称性，软件给出了 scale 参数（5′端 11 个碱基得分值乘以该值，然后和 3′端 11 个碱基得分值相加作为碱基互补得分）。同时强调 miRNA 第 2～4 位碱基和靶基因精确互补，第 3～12 位碱基和靶基因错配不得多于 5 个，9～（$L-5$）（L 为 miRNA 总长）位碱基至少一个错配，最后 5 个碱基错配不得多于两个等规则。其筛选依据主要是序列匹配、miRNA 与 mRNA 双链的热稳定性及靶位点的跨物种保守性。与 miRNA 成熟体种子序列的匹配程度越高，打分越高；miRNA 成熟体与靶标 RNA 分子之前相匹配的热力学能量值越低，说明 miRNA 成熟体与靶标 RNA 分子的结合就越稳定。最终选取每条 miRNA 相对的 3′UTR 中排名前 10 位的基因，作为 miRNA 的候选靶基因。对于多个 miRNA 对应于同一靶位点的情况，miRanda 使用贪心算法选取其中得分最高且自由能最低的那一对。

靶基因验证常用方法有以下几种。

（1）基于 cDNA 末端快速扩增技术的 5′RLM-RACE（RNA ligase-mediated amplification of cDNA ends-rapid amplification of cDNA ends）和 3′PPM-RACE（3′polyA polymerase-mediated-RACE），其中 5′RLM-RACE 是目前最可靠的验证植物 miRNA 靶基因的方法，不仅可以验证 miRNA 对靶基因的切割，还可以精确鉴定 miRNA 的切割位点。

（2）基于高通量测序技术的降解组，也称为 RNA 末端平行分析技术（parallel analysis of RNA end，PARE），也可用来确定 miRNA 对靶基因的剪切。

（3）基于靶基因表达水平检测的烟草瞬间表达，是一种简单、快速和直观验证 miRNA 调控靶基因的方法。

（4）荧光定量 PCR 及蛋白质印迹法（Western blotting），可以准确鉴定 miRNA 的靶基因，方法简单，但是需要构建 miRNA 的过表达或抑制表达转基因株系，耗时较长，无法鉴定 miRNA 的剪切位点，也难以发现 miRNA 的所有靶基因。

综上所述，目前常用的 miRNA 研究方法很多且各有自己的优缺点，研究者在实际应用中，应结合研究个体种类和目的，同时选取多个方法制定合理的 miRNA 研究策略。

三、miRNA 相关数据资源和平台

目前已经有大量的 miRNA 相关数据库和软件平台，具体参见表 14-1。其中，miRBase（www.mirbase.org）序列数据库是一个提供包括已发表的 miRNA 序列数据、注释、预测基因靶标等信息的全方位数据库，该数据库中目前收录了来自 200 多个物种，接近 4 万个 miRNA 的信息，是最全面的 miRNA 数据库。

表 14-1　常用的 miRNA 数据库

数据库名称	网址	特征
miRBase	www.mirbase.org	包含序列数据、注释、预测基因靶标等信息的全方位数据库
psRNATarget	http://www.zhaolab.org/psRNATarget	在线的植物小 RNA 的靶基因预测工具

续表

数据库名称	网址	特征
TargetScan	http://www.targetscan.org	预测 miRNA 结合位点，对于哺乳动物中 miRNA 结合位点预测的效果非常好
miRanda	http://mirtoolsgallery.tech/mirtoolsgallery/node/1055	第一个 miRNA 靶基因预测软件，miRanda 适用范围广泛，不受物种限制
miRTarBase	https://ngdc.cncb.ac.cn/databasecommons/database/id/167	全面收集已被实验验证的 microRNA 靶标数据库
miRWalk	http://mirwalk.umm.heidelberg.de	综合性数据库，提供来自人类、小鼠和大鼠的 miRNA 的预测信息和经过验证的位于其靶基因上的结合位点

TargetScan（http://www.targetscan.org）是预测 miRNA 结合位点的软件，对于哺乳动物中 miRNA 结合位点预测的效果非常好。

psRNATarget（https://www.zhaolab.org/psRNATarget）是在线的植物小 RNA 的靶基因预测工具，psRNATarget 被专门设计用来鉴定小 RNA 的靶转录本，通过预先定义的评分模式去分析 sRNA 和靶点的互补配对程度，计算未配对时的能量（unpaired energy，UPE）来评估靶点的可及性。2017 年升级了互补配对评分机制，并禁用了 UPE，可以在不显著增加结果输出的基础上发现更多的小 RNA-靶基因对，是目前最好的植物 miRNA 靶基因预测网站。

第三节　lncRNA 的鉴别及分析

一、lncRNA 的鉴别

生物信息学目前主要利用机器学习等算法，整合多种特征来鉴别 lncRNA。譬如通过学习序列、结构和表达等多种特征，建立分类模型（训练集），进而进行新的 lncRNA 的预测。有些整合的方法，没有机器学习的过程，但将多种特征作为过滤标准，判定某转录本是否为 lncRNA，这种方法因筛选标准多，可产生假阴性，需要通过进一步的实验验证来完善预测和研究。伴随着物种测序工作的逐步开展和序列信息的日益丰富，利用生物信息学发现和预测 lncRNA 序列的方法已经成为简单、高效的策略之一。

目前，鉴定 lncRNA 的方法主要可以分为以下两大类。

1．RNA-seq 测序数据自动注释策略

1）*注释方法*

（1）基于有参考基因组（reference genome）的方法：首先将 RNA-seq 数据与参考基因组比对，然后根据比对信息使用 Cufflinks、StringTie 等软件进行转录本组装，接着使用工具如 CPAT（coding potential assessment tool）、CPC2 等判断这些转录本是否具有编码性。

（2）基于从头组装（*de novo* assembly）的方法：当没有参考基因组时，可以使用从头组装的方法获得转录本的序列（如 Trinity 软件），再用相应的软件（如 CPAT、CPC2 等）判断转录本的编码性。

2）*具体流程*　基于 RNA-seq 数据筛选 lncRNA 的具体流程如下。

（1）构建文库和上机测序：可以根据 mRNA 建库的方法构建含有 polyA 尾的 lncRNA 的 cDNA 文库，或者直接去除总 RNA 中的 rRNA，反转录得到含有和不含 polyA 尾的 lncRNA 的 cDNA 文库。

（2）分析测序数据：将测序得到的原始序列（raw reads）经数据过滤处理，得到过滤后的序列（clean reads），再与本物种的基因组数据进行比对，拼接比对上的序列，得到组装转录本。

（3）lncRNA 的筛选与鉴定：依据 lncRNA 的特点，去除转录本中的其他种类 RNA，得到潜在的 lncRNA 转录本。

2. 人工注释策略　利用各种类型的数据来综合注释鉴定 lncRNA，包括用 EST、cDNA 等数据来确定转录本的主要结构，并用 RNA-seq 数据来判断内含子区域，然后用帽分析基因表达（cap analysis gene expression，CAGE）来确定转录本的 5′端，用 polyA 测序来定位转录本的 3′端。最后用一些方法确定 RNA 的编码性，如序列进化特征判断的 PhyloCSF 方法、蛋白质谱数据、Ribosome Profiling 等。

二、lncRNA 的蛋白质编码能力分析

鉴定转录子蛋白质编码潜能是 lncRNA 分析的重点，目前预测转录本编码能力的常用软件有 PhyloCSF、CPC2、CPAT、CNCI 等（表 14-2）。PhyloCSF 使用密码子替换频率（codon substitution frequencies，CSF）评分来计算 lncRNA 编码潜力；CNCI 通过分析相邻核苷酸计算 lncRNA 的编码潜力；CPAT 使用逻辑回归模型计算 lncRNA 的蛋白质编码潜力。

表 14-2　常用的鉴定基因编码潜能的软件

软件名称	使用特征	网址
PhyloCSF	基于序列比对，核苷酸替换模式	http://compbio.mit.edu/PhyloCSF
CPC2	基于转录子序列特征，支持向量机	http://cpc2.cbi.pku.edu.cn
CPAT	基于逻辑回归模型，根据 ORF 大小、范围、序列的碱基组成、六联体的频率等特征	https://cpat.readthedocs.io/en/latest
CNCI	基于序列特征，支持向量机，根据 ORF、核苷酸/氨基酸频率	https://github.com/www-bioinfo-org/CNCI
HMMER	蛋白质结构域	http://hmmer.org
PLEK	基于序列特征，支持向量机，根据 ORF、核苷酸/氨基酸频率	http://sourceforge.net/projects/plek

1. PhyloCSF 软件　PhyloCSF 是一种基于序列间保守编码区进化特征，如高频率同义密码子替换和保守氨基酸替换、低频率错义、无义替换来确定序列是否为蛋白质编码区的分析软件。PhyloCSF 主要应用之一是区分从高通量转录组测序获得的新转录模型中有代表性的蛋白质编码和非编码 RNA。其分析序列可以是完整的开放阅读框、外显子、完整或部分转录本。根据分值的高低判断一条序列是否为编码区或非编码区。

2. CPAT 软件　为从大量候选转录本中快速识别编码和非编码转录本，CPAT 基于无比对方法，使用了转录本 4 种序列特征（开放阅读框大小、开放阅读框覆盖、Fickett TESTCODE 统计和六联体使用偏好性）构建的逻辑回归模型进行蛋白质编码潜能识别。与基于序列比对的算法相比（如 PhyloCSF、CPC2 等），CPAT 软件具有准确性高、运算速度快的特点，用户能够在数秒钟内处理数以千计的转录本。该软件接受 FASTA 或 BED 格式数据文件作为输入序列，允许用户提交序列，并很快获得预测结果。

3. CNCI 软件　该软件利用二代测序转录组数据预测 lncRNA，如果这个 lncRNA 和蛋白质编码基因存在重叠（overlap），或者对于没有基因组注释的物种，利用 CPC2 等软件分

析转录子编码潜能，其效果较差。针对这一问题，研究人员开发出了基于三联体碱基的构成特性来区分转录本编码和非编码能力的分析软件 CNCI。该软件利用人和小鼠的转录本数据，构建了一个支持向量机的模型分析方法。

由于软件各自的局限性，在具体分析过程中可以联合使用多个软件，更全面地对转录子的编码潜能进行预测。

三、常用 lncRNA 数据库简介

1．RNAcentral　RNAcentral 是由 EBI 开发的一个非编码 RNA 数据库，整合了 Ensembl、GENCODE、LNCipedia、miRbase、Rfam 等多个数据库中的非编码 RNA 信息，旨在为 ncRNA 的研究提供一个统一的参照。对于每一条非编码 RNA 的序列，RNAcentral 会给出一个唯一的编号 unique RNA sequence identifier，前缀为 URS，后面是 10 个数字和字母的组合，比如 URS0000000001、URS00000478B7，URS 编号符合/URS［0-9A-F］{10}/正则表达式。

RNAcentral 提供了 3 种检索方式。

（1）Text search：通过 Text search 检索方式，可以选择“精确匹配检索”“通配符检索”和“限定领域检索”等不同过滤方式对数据进行筛选。

（2）Sequence search：通过 Sequence search 检索方式，可以对一条序列进行注释。输入一条 FASTA 序列，RNAcentral 会使用 nhmmer 进行比对，将比对上的数据库中的序列输出，然后对序列进行注释，判断它是哪种非编码 RNA。

（3）Genome browser：该数据库提供了 FTP 和 API 服务，用于批量获取数据，FTP 的地址如下：ftp：//ftp.ebi.ac.uk/pub/databases/RNAcentral。

目前最新版本为 V20，通过该数据库，我们可以方便地对各种 ncRNA 进行注释。

2．lncRNAdb　lncRNAdb（lncRNAs Database）收录了有实验证据的真核生物 lncRNA 相关信息，包含 lncRNA 特征、进化保守性、表达、功能、种类、相关组件、序列及对应的文献。

3．NONCODE 数据库　该数据库是一个全面的非编码 RNA（主要是 lncRNA）的综合知识平台，包括人、鼠、牛、鸡、果蝇、斑马鱼、芹菜、酵母、拟南芥、黑猩猩、大猩猩、猩猩、恒河猴、负鼠、鸭嘴兽和猪等物种。所有收录的非编码 RNA 基因都是采取计算机自动过滤 GenBank 数据和文献报道中的信息，且经过人工检查确认，可查阅 lncRNA 的长度、序列信息、生物功能及其表达模式、基因组上下游序列调控元件等。

常见的 lncRNA 数据库名称、主要特征及网址简要汇总如表 14-3 表示。

表 14-3　常用 lncRNA 数据库简介

数据库名称	主要特征	网址
RNAcentral	非编码 RNA 数据库，整合了多个数据库的非编码 RNA 信息	https://rnacentral.org
lncRNAdb	收录了有实验证据的真核生物的 lncRNA 相关信息	https://rnacentral.org/expert-database/lncrnadb
NONCODE	全面的非编码 RNA（主要是 lncRNA）的综合知识平台	http://www.noncode.org
ChIPBase	提供人类、小鼠、线虫等物种的 lncRNA 注释信息及表达图谱	http://deepbase.sysu.edu.cn/chipbase

续表

数据库名称	主要特征	网址
LncRBase	提供 miRNA 调控 LncRNA、假基因和 circRNA 的互作信息，以及和 ceRNA 调控网络	http://bicresources.jcbose.ac.in/zhumur/lncrbase
lncRNome	人类 lncRNA 信息的数据库	http://genome.igib.res.in/lncRNome
TAIR	提供拟南芥非编码 RNA	https://www.arabidopsis.org
PLncDB	目前收录植物 lncRNA 最齐全的数据库	https://www.tobaccodb.org/plncdb
PNRD	提供多个植物非编码 RNA 综合数据信息	http://structuralbiology.cau.edu.cn/PNRD

第四节　circRNA 的鉴别及分析

一、circRNA 的生物信息学鉴别方法

目前，利用生物信息学方法鉴别 circRNA，主要是根据从高通量测序数据中识别反向剪接位点（reverse splicing site）来实现的。一般 circRNA 的鉴定算法（程序）分为两大类：一类是针对内含子驱动模式下的反向可变剪切接头（back-spliced junction）序列设计的预测软件，如 find_circ、CIRCexplorer、CIRI 和 MapSplice 等；另一类是通过基因组注释信息推测得到反向可变剪切接头序列，然后与注释的外显子序列进行匹配来预测。circRNA 的反向剪接位点是鉴别和定量 circRNA 的关键，测序后获得的读长（reads）需经过 circRNA 识别软件进行基因组比对和校正。Zheng 等提出了基于环状转录本测序中的反向重叠区特征，获取全长序列的 CIRI-full 方法，其不仅可以判断双端测序获得的环状序列是否覆盖整个环状 RNA，而且可以重组每个反向剪接位点产生的多个选择性剪接产物的全长序列，并精准预测选择性剪接产物的相对丰度。

常见的 circRNA 的识别工具有 find_circ、CIRI、circRNA-finder、MapSplice、CIRCfinder 等，它们被用于识别、组装人、动物、植物等生物体中的环状 RNA（表 14-4）。下面以 find_circ 为例介绍环状 RNA 识别软件的使用方法。

表 14-4　常用的 circRNA 的识别软件

软件名称	网址	特征	分析序列来源
find _circ	https://github.com/marvin-jens/find_circ	需要基因组 FASTA 序列	外显子、内含子、基因间区
CIRI	https://sourceforge.net/projects/ciri-full	识别环状 RNA，全长组装，定量环状 RNA 的选择性剪接产物	外显子、内含子、基因间区
segemehl	www.bioinf.uni-leipzig.de/Software/segemehl	识别环状 RNA，检测剪接、反式剪接及基因融合事件	外显子、内含子、基因间区
circRNA_finder	https://github.com/orzechoj/circRNA_finder.git	不依赖注释信息	外显子、内含子、基因间区
KNIFE	https://github.com/lindaszabo/KNIFE	依赖 Bowtie2 进行多阶段校正，结合读长映射质量和校正质量进行环状 RNA 的静态建模检测	外显子
CIRCfinder	https://github.com/YangLab/CIRCfinder	识别内含子环状 RNA	内含子
MapSplice	https://github.com/LiuBioinfo/MapSplice	标记比对和剪接推理	外显子、内含子
PcircRNA_finder	http://ibi.zju.edu.cn/bioinplant/tools/manual.htm	预测植物中的外显子环状 RNA	外显子

find_circ 利用高通量测序数据预测环状 RNA。其预测原理为：通过寻找反向可变剪切接头序列来鉴定 circRNA。find_circ 根据 Bowtie2 比对结果，从没有比对到参考序列的读长两端各提取 20nt 的锚定序列（anchor sequence），将每一对锚定序列再次与参考序列比对。如果锚定序列的 5′端比对到参考序列，锚定序列的 3′端比对到此位点的上游，并且在参考序列之间存在剪接位点（GT-AG），则将此读长作为候选 circRNA。最后将读长数量大于等于 2 的候选 circRNA 作为鉴定的 circRNA。该软件只需要基因组的 FASTA 序列就可以识别环状 RNA，适用于绝大多数物种的环状 RNA 分析。

二、circRNA 数据库

随着大量的 circRNA 被鉴定出来，存储 circRNA 的数据库也应运而生，目前已公布的 circRNA 数据库包括人、小鼠、拟南芥和水稻等生物类型（表 14-5）。主要 circRNA 数据库简介如下。

（1）circBase：于 2014 年开发，目前已包含人类、线虫、果蝇、小鼠及矛尾鱼等多种生物样本的 circRNA。该数据库可按照序列、标识符、基因描述、基因组位置等信息进行搜索，支持导出搜索表格及 FASTA 文件，同时支持 DNA 或 RNA 序列的 BLAT 搜索，获得预测的环形连接（circular junction）。

（2）circRNADb：最新版本总共包含 32 914 个人类外显子 circRNA，并提供基因组信息、外显子剪接、基因组序列、内部核糖体进入位点（IRES）、开放阅读框（ORF）及参考文献等信息。其中包含长度大于 100 个氨基酸 ORF 的 circRNA 16 328 个，7170 个 circRNA 具 IRES 元件，来自 37 个基因的 46 个 circRNA 能够表达蛋白质。该数据库提供 Gene Symbol、Gene PubMedID、Cell Type、Protein-coding Potential 等数据搜索。

（3）circBank：是一个综合的人类 circRNA 数据库，其中包括 140 0790 个来自不同来源的人类注释 circRNA，包含染色体定位、来源基因等基本信息，以及 miRNA 结合位点、编码潜能、circRNA 保守性分析及甲基化修饰。提供基因名称（gene name）、circBank ID、circBase ID、miRNA ID 搜索及下载上述信息的功能。

（4）CIRCpedia v2：包含 185 个数据集，包含人类、小鼠、果蝇、大鼠和斑马鱼的测序数据。其提供 BED 格式的 circRNA 注释文件、5′可变反向剪切注释文件（A5BS）、3′可变反向剪切注释文件（A3BS），共涵盖 262 782 条 circRNA、39 225 个 A5BS 事件及 34 747 个 A3BS 事件；提供 circRNA 搜索、可视化、下载和在线可视化工具。

表 14-5 常用的 circRNA 数据库

数据库名称	网址	特征
circBase	http://www.circbase.org	包含人、小鼠及线虫等所有已鉴定的 circRNA 数据
circRNADb	http://reprod.njmu.edu.cn/circrnadb	综合性人类 circRNA 数据库，收录由外显子反向剪切形成的 circRNA
Circ2Traits	http://mirtoolsgallery.tech/mirtoolsgallery/node/21155	收集可能与人类疾病或性状相关 circRNA 的综合数据库。通过预测 miRNA 和人类的蛋白质编码基因、长链非编码基因及 circRNA 间的相互作用关系，构建互作网络
MiOncoCirc	https://mioncocirc.github.io	人类癌症细胞株及肿瘤的 circRNA，描述了可作为癌症诊断或治疗的靶点

续表

数据库名称	网址	特征
CircNet	https://awi.cuhk.edu.cn/~CircNet/php/index.php	构建 circRNA-miRNA-基因调控网络
circBank	http://www.circbank.cn	综合的人类 circRNA 数据库
CIRCpedia v2	http://www.picb.ac.cn/rnomics/circpedia	提供环状 RNA 可变剪接、可变反向剪接信息

习　题

1. 简述 lncRNA 的种类及其调控特征，并思考如何利用该特征进行靶标预测。
2. 什么是 circRNA，其主要特征是什么？
3. 介绍一种 miRNA 靶基因预测算法的原理。
4. 简述基于 RNA-seq 技术的 lncRNA 预测技术流程。
5. 简述常用的 circRNA 识别软件及其特点。

第十五章　系统生物学

人类基因组计划的基本完成，标志着生命科学研究进入了“后基因组”时代。以基因组学为代表的各种组学研究的深入开展，生命科学新的大科学运作方式的出现，以及工程学科的渗透、交叉，使得系统生物学重新回到生命科学研究的前沿。

系统生物学应具备以下几个基本特征：由假设驱动的定量化研究，并因组学技术平台的应用而具有高通量的特征，既涵盖了纳米科学到生态系统的不同尺度，同时又具有跨学科的显著标志。系统生物学研究的最终目的是解析生命过程的复杂性，利用整体性、系统性研究手段来发现和揭示生命活动的本质规律。

第一节　系统生物学概述

一、系统生物学的定义

2001 年第二届国际系统生物学会（International Conference on Systems Biology，ICSB）（https://www.issb.org）对系统生物学的解释为：系统生物学是对生物体整个过程做全面性的定量研究，并非以生物体的某一部分为对象。其目的是要建立模型并以实验来证实其可预测的生物体的表达。简单地说，这样的研究方法就是利用信息科学及微机电工程的技术来研究生物学的问题，并希望能够利用计算机运算的结果来预测细胞、器官、系统甚至完整生物体的表达。

全球第一个系统生物学研究所的主要创立者，美国科学家 Leroy Hood（Ideker et al.，2001）指出：系统生物学是研究一个生物系统中所有组成成分（DNA、RNA、蛋白质等）的构成，以及在特定条件下这些组成成分间的相互作用，并通过计算生物学建立一个数学模型来定量描述和预测生物功能、表型和行为的学科。

杨胜利院士（2004）对系统生物学的概念有如下表述：“系统生物学是在细胞、组织、器官和生物体水平上研究结构和功能各异的生物分子及其相互作用，并通过计算生物学定量阐明和预测生物功能、表型和行为。系统生物学将在基因组测序基础上完成 DNA 序列到生命的过程，这是逐步整合、优化的过程，系统生物学的发展预计需要一个世纪或更长的时期，因此常把系统生物学称为 21 世纪的生物学。”

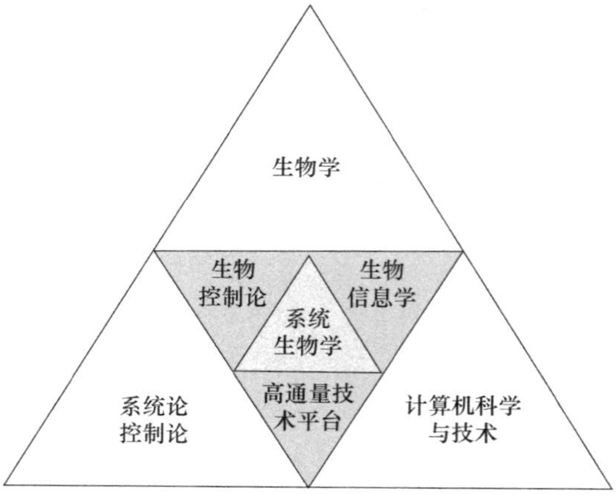

图 15-1　系统生物学包含的学科间相互关系

在系统生物学的定义中，“系统”指系统论与控制论，它与生物学、计算机科学与技术紧密整合、相互促进（孙之荣和吴雪兵，2006），共同支撑起系统生物学的研究，体现出跨学科交叉的特点（图 15-1）。

二、系统生物学的研究

（一）系统生物学的研究内容与应用价值

不同于以往仅仅关心个别基因和蛋白质的分子生物学，系统生物学致力于研究细胞信号转导、基因调控网络及生物系统组成成分之间的相互作用，以及这些相互作用如何塑造结构与系统功能的“涌现”（Klipp et al.，2016）。

系统生物学是一门融合生物学与数学、物理、化学、医学及信息与计算机科学等众多学科领域的交叉学科。系统生物学的研究方法包括建模、仿真、实验观察和大规模数据分析等手段，其范围涵盖了从生物分子的水平，到细胞、组织、器官、系统等不同层次的研究。在系统生物学的研究过程中，生物体内的元件不再被视为相对孤立的组成成分，而是被视作一个整体，与其他生物体元件和自然环境相互作用，共同构成生命系统的各个层次。系统生物学的研究成果大大拓展了人们对生命现象的认识，为生物科学的发展提供了重要的理论支持，也为解决生物学、医学、环境科学、社会科学等多个领域的问题提供了理论与实验的指导。

系统生物学的研究可分为紧密整合的两个方面：生物化学与分子生物学实验、数学建模计算。两者之间的关系可以看作从生物信息收集到生物数据挖掘与知识发现。

在实验方面，系统生物学的研究重点是开发与应用新型定量方法，特别是高通量实验技术，对细胞成分（如基因组、转录组、翻译组、蛋白质组、代谢组等多个视角的组学信息）进行全局分析，并能对其进行操作干预。

在模型构建与计算方面，重点是开发用于数据分析的生物信息学方法和用于计算机模拟实验的数学模型，在静态或动态的生物系统水平上进行多时空尺度模拟，以及发现新的规律和知识。基于数学模型的大规模异质数据集整合为深入了解人类疾病及开发新的疗法、种质资源创新与利用、生物分子机制发现、新型生物技术流程研发等领域开辟了新的前景。

（二）系统生物学的研究方法

系统生物学的研究方法是指利用数学、物理、化学、计算机等多学科的知识和技术，对生物系统的结构、功能和动力学进行整体性的分析和建模，以揭示生命现象的本质和规律的方法。系统生物学的研究方法包括以下几个方面。

（1）组学技术：对生物系统中的某一类分子或组分进行全面、高通量、定量的测量和分析的技术，如基因组学、转录组学、蛋白质组学、代谢组学等。组学技术可以提供生物系统中各种分子的种类、数量、结构、相互作用等多层次的数据，为系统生物学的模型构建提供丰富的数据基础。

（2）生物信息学：利用计算机和数学等工具，对生物数据进行存储、管理、挖掘、整合和可视化的学科，如序列分析、结构生物学、功能基因组学、比较基因组学、多组学整合分析、多层次的生物信息数据库构建等。生物信息学可以帮助系统生物学解决数据的质量控制、标准化、注释、比对、分类、模式识别与预测等问题。

（3）数学建模：利用数学原理和方法，建立数学方程或算法对生物系统的结构和行为进行抽象与描述的过程，如微分方程、随机过程、图论、网络理论、机器学习等。数学建模可以帮助系统生物学构建生物系统的概念模型和计算模型，以及进行模型的验证、优化和预测等，从而为设计生物学实验与实际应用提供指导。

（4）实验验证：利用实验手段对系统生物学的假设和预测进行检验与评估的过程，如基因敲除、基因沉默、基因表达调控、蛋白质相互作用等。实验验证可以帮助系统生物学修正和完善模型，以及发现新的现象和机制等，是系统生物学研究中不可或缺的一个环节。

系统生物学的研究方法是相互联系、相互促进的，它们共同构成了系统生物学的研究框架。系统生物学的研究过程通常从观察生命现象开始，通过实验和理论分析来深入理解生命现象的本质，在此基础上探索生命的新陈代谢、适应性、进化等基本问题。在系统生物学的研究过程中，不同的学科和方法可以相互借鉴、相互支持，从而使得研究结果更加准确、可靠。

第二节　常见分子生物网络

一、分子生物网络的基本概念

近年来，复杂网络理论和技术发展迅速，大量复杂的技术网络和社会学网络被发掘和分析。在生物系统中同样包含很多不同层面和不同组织形式的网络。目前，基因转录调控网络、生物代谢与信号转导网络、蛋白质相互作用网络是最常见的生物分子网络。这些网络通常由许多不同的参与生物过程的分子元件组成，其中最重要的元件是基因和蛋白质。但对“系统”而言，关键不是元件本身，而是元件之间的关系。从生物分子的角度来看，关系可以是分子与分子之间的相互作用，也可以是某种化学反应。而为了能够清晰地重构与分析这些网络，必须先明确网络的基本概念。

（一）网络的定义

通常可以用图 $G=（V，E）$表示网络（network），其中 V 是网络的节点集合，每个节点代表一个生物分子，或者一个环境刺激；E 是边的集合，每条边代表节点之间的相互关系。当 V 中的两个节点 v_1 与 v_2 之间存在一条属于 E 的边 e_1 时，称边 e_1 连接 v_1 与 v_2，或者称 v_1 连接于 v_2，也称作 v_2 是 v_1 的邻居。

（二）有向网络与无向网络

根据网络中的边是否具有方向性或者说连接一条边的两个节点是否存在顺序，网络可以分为有向网络与无向网络，边存在方向性为有向网络（directed network），否则为无向网络（undirected network），如图 15-2 所示。生物分子网络的方向性取决于其所代表的关系，如调控关系中转录因子调控基因之间是存在顺序关系的，因此转录调控网络是有向网络，而基因表达相关网络中的边是两个基因在多个实验条件下表达的高相关性，因此是无向的。

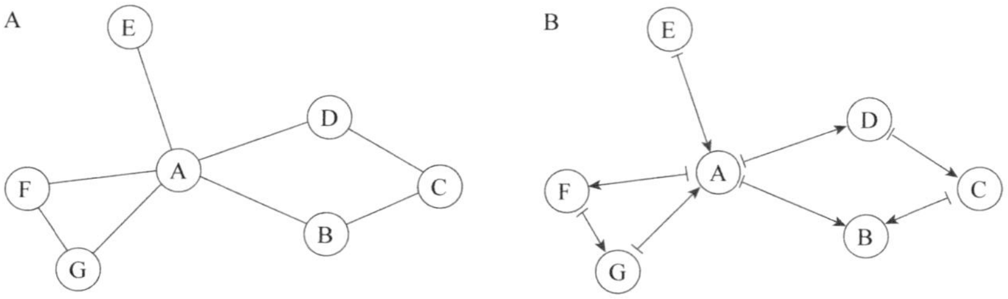

图 15-2　无向网络（A）和有向网络（B）

（三）加权网络与等权网络

网络中的边在网络中具有不同意义或在某个属性上有不同的价值是网络中普遍存在的一种现象。比如交通网中，连接两个城市（节点）的道路（边）一般具有不同的长度，而在互联网中两台直接相连的计算设备间通信的速度也不尽相同。

网络中的每条边都被赋予相应的数值，这个网络就称为加权网络（weighted network），所赋予的数值称为边的权重。权重可以用来描述节点间的距离、相关程度、稳定程度、容量等各种信息，具体含义依赖于网络和边本身所代表的意义。

网络中各边之间没有区别，可以认为各边的权重相等，称为等权网络或无权网络（unweighted network）。

（四）二分网络

如果网络中的节点可分为两个互不相交的集合，而所有的边都建立在来自不同集合的节点之间的网络称为二分网络（bipartite network）。例如，药物分子与其靶蛋白的结合关系可以用二分网络的形式来表示。

（五）网络中的路径与距离

网络中的路径是指一系列节点，其中每个节点都有一条边连接到紧随其后的节点。对包含节点数目有限的路径来说，第一个节点称为起点，最后一个节点称为终点，二者均可称为路径的端点，其余的节点称为路径的内点或中继点。这样的路径也称为连接起点与终点的路径。例如，图 15-2A 中节点 G 到节点 C 的路径有 $I_1=\{G, A, B, C\}$，$I_2=\{G, A, D, C\}$，$I_3=\{G, F, A, B, C\}$ 和 $I_4=\{G, F, A, D, C\}$。对无向网络来说，只要将路径的顺序颠倒就可以得到从原来的终点指向起点的路径，但是在有向网络中，起点与终点是不可逆的，如图 15-2B 所示网络中节点由 A 出发到节点 C 间存在路径 $I=\{A, D, C\}$，但 C 不能找到路径回到 A。

网络中如果两个节点间能够由一条路径连接，则称这两个节点是连通的。所有能够彼此连通的节点和它们之间的边构成了一个连通分量。

路径中经过边的权重之和称为路径的权重，也称为路径的长度。对于等权网络而言，路径的长度即路径中所经过边的数目，上述图 15-2A 中从节点 G 到节点 C 的路径中，I_1 和 I_2 的长度为 3，I_3 和 I_4 的长度为 4。

在连接两个节点的所有路径中，长度最短的路径称为最短路径，最短路径的长度称为从起点到终点的距离，上述图 15-2B 中从节点 G 到节点 C 的距离为 3。

二、基因调控网络

所有生物在生长发育和分化的过程中，以及在对外部环境的反应中，各种相关基因有条不紊地表达起着至关重要的作用。与原核生物相比，真核生物基因表达的调控更为复杂，真核生物基因表达的调控主要是指编码蛋白质的 mRNA 产生和行使生物功能过程中的调节与控制。从理论上讲，基因表达调控可以发生在遗传信息传递过程的各个水平上，其中转录调控是基因表达调控中最重要、最复杂的一个环节，也是当前研究的重点。

（一）基因调控检测技术

20 世纪 90 年代开发的微阵列技术是检测基因表达水平的有力工具，相关的数据和分析方法比较完善和成熟。其中，最重要的是染色质免疫沉淀（chromatin immunoprecipitation，ChIP）和在此基础上发展起来的 ChIP-chip 芯片等技术。

1）染色质免疫沉淀技术　ChIP 是一种在体内研究 DNA 与蛋白质相互作用的方法。ChIP 不仅可以检测体内转录因子与 DNA 的动态作用，还可以用来研究组蛋白的各种共价修饰与基因表达的关系。近年来，这种技术得到不断的发展和完善。ChIP 与体内足迹法相结合，用于寻找转录因子的体内结合位点；RNA-ChIP 用于研究 RNA 在基因表达调控中的作用。它与 DNA 芯片和分子克隆技术相结合，可用于高通量地筛选已知蛋白质的未知 DNA 靶点和研究反式作用因子在整个基因组上的分布情况。

2）ChIP-chip 芯片技术　ChIP-chip 芯片的基本原理是在生理状态下把细胞内的蛋白质和 DNA 交联在一起，超声波将其打碎为一定长度范围内的染色质小片段，然后通过所要研究的目的蛋白特异性抗体沉淀此复合体，特异性地富集目的蛋白结合的 DNA 片段，通过对目的片段的纯化与检测，获得蛋白质与 DNA 相互作用的信息。ChIP-chip 技术的发展为分析活细胞或组织中 DNA 与蛋白质的相互关系提供了极为有力的工具。

3）ChIP-seq 技术　将 ChIP 与第二代测序技术（高通量测序技术）相结合的 ChIP-seq 技术，能够高效地在全基因组范围内检测与组蛋白、转录因子等互作的 DNA 区段。ChIP-seq 的原理是：首先通过染色质免疫共沉淀技术（ChIP）特异性地富集目的蛋白结合的 DNA 片段，并对其进行纯化与文库构建；然后对富集得到的 DNA 片段进行高通量测序。研究人员通过将获得的数百万条序列标签精确定位到基因组上，从而获得全基因组范围内与组蛋白、转录因子等互作的 DNA 区段信息。

（二）基因转录调控网络

通过基因转录调控数据可以构建基因转录调控网络。基因转录调控网络是以转录因子和受调控基因作为节点，以调控关系作为边的有向网络，见图 15-3A。有时根据转录因子是促进还是抑制受控基因的表达，调控网络中的边可以分为正调控和负调控。

三、蛋白质互作网络

蛋白质是构成生物体的重要物质，也是行使生物功能的重要生物大分子。蛋白质通过彼此之间的相互作用构成蛋白质互作网络来参与生物信号传递、基因表达调节、能量和物质代谢及细胞周期调控等生命过程的各个环节。系统分析大量蛋白质在生物系统中的相互作用关系，对于了解生物系统中蛋白质的工作原理，了解疾病等特殊生理状态下生物信号和能量物质代谢的反应机制，以及了解蛋白质间的功能联系都有重要意义。

蛋白质互作通常可以分为物理互作和遗传互作。物理互作是指蛋白质间通过空间构象或化学键彼此发生的结合或化学反应，是蛋白质互作的主要研究对象。而遗传互作则是指在特殊环境中，蛋白质或其编码基因受到其他蛋白质或基因的影响，常常表现为表型变化之间的相互关系。

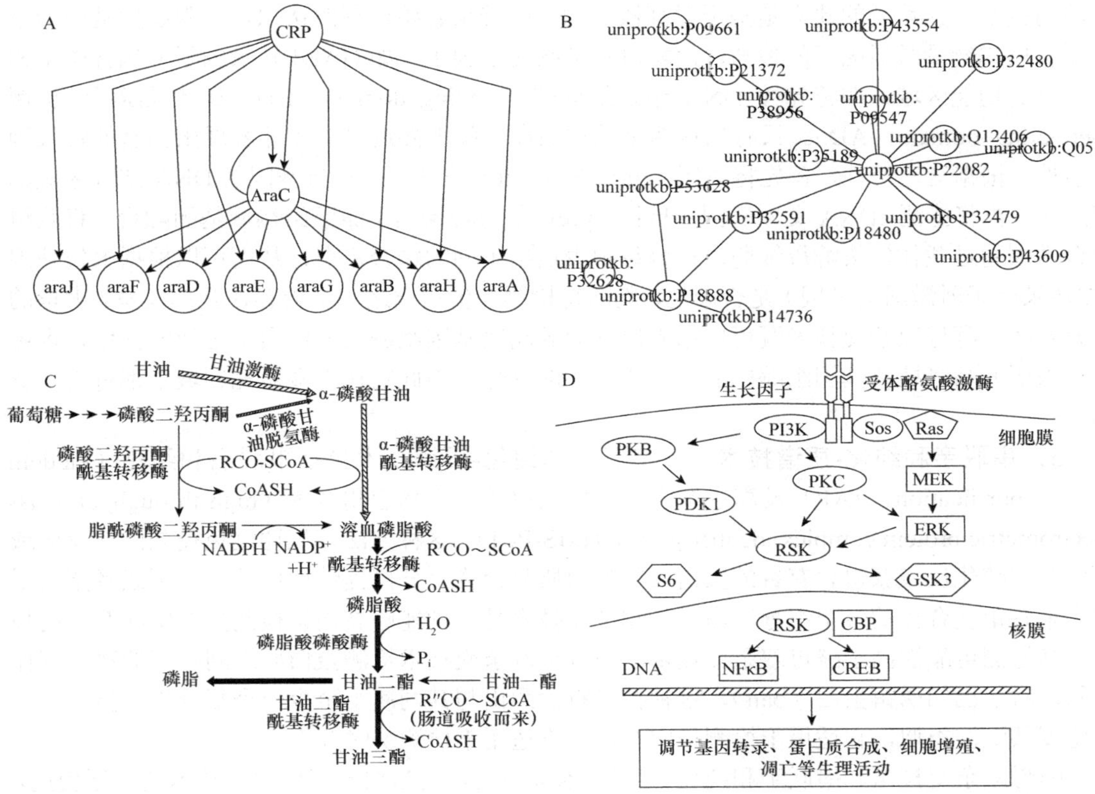

图 15-3　生物分子网络样例

A. 基因转录调控网络；B. 蛋白质互作网络；C. 代谢网络；D. 信号转导网络

uniprotkb. 经过专家校验的蛋白质数据库集；CoASH. 辅酶 A；RCO-SCoA、R′CO~SCoA、R″CO~SCoA：脂酰辅酶 A，其中 R、R′与 R″分别代表不同的有机基团；PKB. 蛋白激酶 B；PI3K. 磷脂酰肌醇 3-激酶；PDK1. 磷脂酰肌醇依赖性激酶 1；PKC. 蛋白激酶 C；ERK. 细胞外信号调节激酶，也被称为 MAPK；MEK. 丝裂原活化蛋白激酶激酶，也被称为 MAPKK；Ras. Ras 蛋白，一种小 GTP 酶；Sos. Sos 蛋白，一种鸟苷酸交换因子；RSK. 核糖体 S6 激酶；S6. 核糖体蛋白 S6；GSK3. 糖原合酶激酶 3；CREB. cAMP 反应元件结合蛋白；CBP. CREB 结合蛋白；NFκB. 核因子 κB，一种转录因子

（一）蛋白质互作检测技术

早期的蛋白质互作检测工作主要基于免疫共沉淀（co-immunoprecipitation）技术。近些年来，一些高通量的检测技术被应用于检测蛋白质间的相互作用关系（蛋白质互作）。其中较为常用的技术有酵母双杂交（yeast two hybrid，Y2H）技术和串联亲和纯化-质谱（tandem affinity purification-mass spectrometry，TAP-MS）技术。

1．免疫共沉淀技术　免疫共沉淀技术的原理是在非变性条件下分解细胞，使用特异性的抗体将目标蛋白 A 沉淀提取，在自然状态下与蛋白 A 通过相互作用结合的另一个蛋白也随之沉淀下来，然后通过抗体-抗原反应（蛋白质印迹法）检测与目标蛋白 A 一同沉淀下的与目标蛋白发生互作的蛋白质，由此判定互作关系的存在。免疫共沉淀是目前最为可靠的蛋白质互作检测技术，其优点是能够检测自然状态下蛋白质间的相互作用，可靠性比较高。其缺点是无法检测短时不稳定的蛋白质互作关系，同时需要预先选定待检测的互作关系以准备相应的抗体，因此检测效率较低，不能并行大规模检测互作关系。

2．酵母双杂交技术　酵母双杂交技术是研究活细胞体内的蛋白质与蛋白质之间相互作用的技术。该系统的建立是基于对真核生物调控转录起始过程的认识。细胞起始基因转录需要有反式转录激活因子的参与，而酵母的某些转录因子（如 GAL4 转录因子）包含两个相对独立的功能区域，即特异性 DNA 结合结构域（binding domain，BD）和转录激活结构域（activating domain，AD）。只有当这两个结构域在空间上接近时，才能表现出完整的转录因子活性。根据这一特性，首先将编码已知诱饵（bait）的基因与报告基因的 DNA 结合区域基因融合，再将待测 cDNA 文库基因［猎物（prey）］与转录因子激活结构域基因融合，将两组融合基因通过载体转染酵母细胞，在酵母中表达出不同的融合蛋白，从而可以根据报告基因（被转录因子所激活的基因）是否表达，判断待检测的蛋白质之间是否存在互作关系。大量的研究表明，酵母双杂交技术既可以用来研究哺乳动物基因组编码的蛋白质之间的互作，也可以用来研究高等植物基因组编码的蛋白质之间的互作，因此它在许多研究领域中都有着广泛的应用。

3．串联亲和纯化-质谱技术 串联亲和纯化-质谱技术包括串联亲和纯化（tandem affinity purification，TAP）及高通量质谱分析蛋白质复合物检测技术（high-throughput mass spectrometric protein complex identification，HMS-PCI）。这种方法首先通过免疫共沉淀反应或串联亲和纯化反应获得含有目的蛋白质的蛋白质复合物，分离提纯后用质谱分析或者蛋白质测序来鉴定复合体的各个组分。串联亲和纯化技术是一种能够高通量检测蛋白质间互作的技术，其检测可靠性高于酵母双杂交技术。与酵母双杂交技术检测蛋白质之间存在的物理互作不同，对于已知诱饵蛋白（bait），这种技术将检测出与其同属于至少一个复合物的蛋白质。与免疫共沉淀类似，它适用于检测稳定互作，不适用于检测瞬时互作。

酵母双杂交技术和串联亲和纯化-质谱技术等高通量的蛋白质互作检测技术的广泛使用，使得大规模地分析相互作用的蛋白质成为可能。其主要的应用有：①发现新的蛋白质和蛋白质的新功能；②在细胞体内研究抗原和抗体的相互作用；③筛选药物的作用位点及药物对蛋白质之间互作的影响；④建立基因组蛋白质连锁图，在蛋白质组尺度上进行研究等。

4．蛋白质互作预测技术 近年来，随着生物信息学的发展，人们开发了一系列的蛋白质互作预测技术。这些技术的应用对指导实验检测、降低实验成本及弥补实验检测数据的不足起到了重要的作用。

基于同源性的预测技术是一类最普遍的蛋白质互作预测技术。生物学家认为彼此互作的一对蛋白质更可能共同进化。基于这个观点，可以通过检查一对蛋白质的系统发生距离来推断其间存在的互作关系。还可以利用进化的保守性，检测一对蛋白质是否有同源序列参与已知的互作结构，由此对这对蛋白质的互作关系作出预测。此外，还可以通过与已知的蛋白质结构模式进行比对，预测分别包含互作结构域的一对蛋白质的互作关系。

基于多重数据源和机器学习算法的蛋白质互作预测技术不同于同源性预测技术。其基本原理是运用贝叶斯网络等机器学习技术整合多种数据源的信息，构建蛋白质互作网络。

5．遗传互作检测技术 遗传互作的常见检测方法包括剂量增长补足（dosage growth defect）和联合致死（synthetic lethality）等。其中剂量增长补足是指如果一个基因突变或者被敲除时，另一个基因的表达量明显增加。联合致死则是指在基因敲除实验中，只敲除任何一个都不会造成细胞死亡，而两个基因一同被敲除时细胞就会死亡。

（二）蛋白质互作网络的拓扑结构

蛋白质互作网络是系统显示蛋白质互作信息的基本方法。将蛋白质作为节点，相互作用关系作为边，将蛋白质组整体连接到一个系统网络中，见图 15-3B。一般情况下，蛋白质互作网络是一个规模较大的无向网络。目前蛋白质互作网络是被研究最充分的生物分子网络之一，也往往是规模最大的生物分子网络，常常包含数千甚至上万个节点及为数更多的边。

四、代谢网络和信号转导网络

在生物化学领域，代谢通路是指细胞中代谢物在酶的作用下转化为新的代谢物过程中所发生的一系列生物化学反应。而代谢网络则是指由代谢反应及调节这些反应的调控机制所组成的描述细胞内代谢和生理过程的网络。

生物中的信号转导（signal transduction）则是指细胞将一种类型的生物信号刺激转换为其他生物信号最终激活细胞反应的过程。同代谢通路一样，信号转导的过程中多个生物分子在酶的作用下按照一定顺序发生一系列生理化学反应，由此得到了信号转导通路。信号转导网络是指参与信号转导通路的分子和酶及其所发生的生化反应所构成的网络。

这些网络是研究和分析代谢过程与信号转导过程的重要工具，随着许多物种基因组测序的逐步完成，以及新的生物检测技术的开发，对生物细胞内生化反应的了解也正以极快的速度增加，这就使得构建完整的生物代谢网络和信号转导网络成为可能。目前代谢和信号转导通路信息被收集和整理到一些重要的通路数据库中，这些信息是构建代谢网络与信号转导网络的基础。

（一）通路数据库

1. KEGG 数据库　KEGG 数据库是关于基因、蛋白质、生化反应及通路的综合生物信息数据库（Ogata et al.，1999）。它由多个子库构成，其中的 KEGG PATHWAY 数据库中包含有大量物种的代谢与生物信号转导通路信息。该数据库的网址为：http://www.genome.jp/kegg。

2. ERGO 数据库　ERGO 数据库是关于多个物种基因组信息的综合数据库（Overbeek et al.，2003）。其中包含有关于代谢通路和非代谢通路的综合信息。该数据库的网址为：http://ergo.integratedgenomics.com。

3. BioCyc 数据库　BioCyc 数据库是为不同物种单独构建的代谢通路数据库的合集，目前已包括超过 500 个不同的数据库（Keseler et al.，2005）。该数据库根据数据的可信程度，分为三个层级，即第一层级的细致确认数据库（其中最重要的是针对大肠杆菌（*Escherichia coli*）的 EcoCyc 数据库和针对多物种的 MetaCyc 数据库）、第二层级的初步确认计算通路数据库和第三层级的未经确认计算通路数据库。该数据库的网址为：http://www.biocyc.org。

4. GeneDB　GeneDB 是关于多物种基因信息的综合数据库，当用户输入相关基因查询时，GeneDB 会提供该基因所参与的通路信息（Hertz-Fowler et al.，2004）。该数据库的网址为：http://www.genedb.org。

（二）代谢网络和信号转导网络的层次结构

代谢网络和信号转导网络中包括大量不同的通路，而每条通路也包含不同的生物分子之间的多种生理和化学反应，因此代谢网络具有不同于其他生物分子网络的复杂性。根据研究的目的常常需要构建不同层次的代谢网络，具体如下。

1．完全网络　最完整地保存代谢通路中各个反应，以及每个反应中的底物、产物和酶，如果同一个酶参与不同反应则在网络中应以不同的节点表示，见图 15-3C、图 15-3D。

2．多反应物网络　包含参与生物通路的代谢物即底物、产物和酶的有向网络，其中每种代谢物只由一个节点表示，边由底物指向产物，酶与底物、产物之间的边则可以由双向边来表示，也可以作为边的属性。

3．主要反应物网络　在部分研究中，研究者不关心代谢反应中的酶和其他一些如提供磷酸键的 ATP 等的共反应因子，由此就得到了只包含主要代谢底物指向主要产物的网络。

五、细胞通信网络

生物信号的传递不仅发生在细胞内部，同样也出现在不同细胞之间。细胞通信是生物体调节细胞基本活性、协调细胞活动的信息传递机制。细胞通信广泛存在于各种生物中，单细胞壁间、多细胞生物同组织细胞之间和多细胞生物不同组织细胞之间都存在着各种形态的细胞通信。通过正确地接收和应答细胞间传递的信息，细胞能够协作完成自身发育、组织修复、免疫保护并维护正常组织的体内平衡。而细胞间信息传递过程中的错误则可能引发多种疾病，如癌症、自身免疫性疾病和糖尿病等。理解细胞通信过程对进一步研究生命活动的原理及疾病的治疗都具有重要意义。

与传统的孤立研究不同，系统生物学将细胞间的各种通信作为网络来进行研究。研究内容包括细胞通信网络的基本结构及其在信息传递过程中的作用原理。细胞间存在多种通信方式，根据细胞间的距离可以分为直接接触（邻分泌通信）、近距离通信（旁分泌通信）和远距离通信（内分泌通信），此外还包括仅针对同类型细胞的自分泌通信。环境中的信息通过一类被称为受体的蛋白质接收并传递到细胞内，并与细胞内的信号传递网络相连接，从而促使细胞在必要时做出相应反应。

第三节　系统生物学的建模策略

生物学领域的迅速发展，特别是在高通量技术的帮助下，人们能够深入探索生物系统的复杂性。然而，这种复杂性需要一种综合性的方法来理解和描述。系统生物学的引入为解决这一挑战提供了新的视角，其通过整合多样的生物学数据，构建数学模型，并借助计算机模拟，使人们能够更全面、更精确地描述和预测生物系统的行为。系统生物学建模方法可大致分为定量模型和定性模型两大类。定量模型侧重于利用数学描述生物系统的动态变化，通常基于微分方程、化学动力学等方法。定性模型则主要关注分子之间的拓扑结构和关系，如基因调控网络、蛋白质互作网络等。本部分介绍了系统生物学中的主要建模方法，包括基础理论到实际应用。

一、定量模型：描述动态过程

定量模型的核心是通过数学方程准确地描述生物系统中分子浓度、反应速率等随时间变化的动态过程。其中，微分方程模型是最典型的代表。这种模型基于化学反应的速率方程，使用微分方程来描述各种分子之间的相互作用和变化。微分方程模型适用于探究生物系统中的动态变化，如细胞信号传递、代谢通路调控等。此外，化学动力学模型也是定量建模的一部分，它将分子间的相互作用和反应转化为数学方程，通过模拟分子浓度的时间变化来预测系统的动态行为。

（一）微分方程模型

微分方程模型是系统生物学中常用的定量建模方法，用于描述生物系统中分子浓度随时间的变化，从而揭示系统的动态行为。这种方法在研究基因表达、代谢通路、信号传递等领域具有广泛的应用。微分方程模型基于微分方程，这些方程描述了分子在时间上的变化率与其当前状态和相互作用之间的关系。通过数学模型，人们可以定量地理解分子间的相互作用、反应动力学，以及系统的稳态和动态行为。de Jong 等（2003）提出用定量模拟的方法来仿真模拟调控网络，他们通过分段线性微分方程来对系统进行建模，微分方程可描述为

$$x=f_i(x)-g_i(x)x_i \quad x_i\geqslant 0, 1\leqslant i\leqslant n \tag{15-1}$$

式中，$x=(x_1, \cdots, x_n)$ 为蛋白质浓度向量；$f_i(x)$ 为蛋白质的合成速率；$g_i(x)x_i$ 为蛋白质的降解速率，并且以此为核心开发了一个计算机分析工具：Genetic Network Analyzer（GNA）。

Kikuchi 等（2003）提出了用遗传算法和 S 系统（S-system）进行动态建模的方法。S 系统可以用微分方程表示：

$$x_i=\alpha_i\prod_{j=1}^{n}x_j^{g_{ij}}-\beta_i\prod_{j=1}^{n}x_j^{h_{ij}} \tag{15-2}$$

式中，n 为状态变量（反应物 x_i，如浓度）；g_{ij} 和 h_{ij} 为 x_j 对 x_i 的作用效应；α_i 和 β_i 为非负常数。

Vohradsky（2001）假定调控系统 S 由 n 个基因（网络的节点）组成，节点之间有着潜在的调控关系。基因 i 和基因 j 之间的调控水平可以用连接的权重 w_{ij} 来表示，系统中每一个基因节点的调控作用 g_i 为

$$g_i=\frac{1}{1+\exp\left(-\sum_{i=1}^{n}w_{ij}y_j-b_i\right)} \quad i=1,\cdots,n \tag{15-3}$$

整个模型可以用微分方程来表示：

$$\frac{\mathrm{d}y_i}{\mathrm{d}t}=k_{1i}g_i-k_{2i}y_i \quad i=1,\cdots,n \tag{15-4}$$

式中，k_{1i} 和 k_{2i} 分别为基因产物 i 的聚集和降解的速率常数；y_i 为目标基因 i 的表达速率。

（二）化学动力学模型

化学动力学模型是系统生物学中的重要方法，用于描述化学反应的速率和平衡，揭示代谢通路中分子浓度随时间的变化。这种方法在研究酶动力学、代谢通路等领域具有广泛的应用。

1．酶动力学模型　酶动力学模型被广泛应用于描述酶催化反应的速率。例如，Michaelis-Menten 方程是一种常见的酶动力学模型，描述酶与底物结合和产物生成的速率。

该方程如下：

$$v=\frac{V_{\max}\cdot[\mathrm{S}]}{K_{\mathrm{m}}+[\mathrm{S}]} \tag{15-5}$$

式中，v 为反应速率；[S] 为底物浓度；$V_{\max}$ 为最大反应速率；K_{m} 为米氏常数（酶促反应达最大速度一半时的底物浓度）。

2. 代谢通路模型 考虑一个简化的代谢通路，包括底物、中间产物和最终产物。化学动力学模型可以描述中间产物浓度随时间的变化：

$$\frac{\mathrm{d}[\mathrm{M}]}{\mathrm{d}t}=k_1\cdot[\mathrm{S}]-k_2\cdot[\mathrm{M}] \tag{15-6}$$

$$\frac{\mathrm{d}[\mathrm{P}]}{\mathrm{d}t}=k_2\cdot[\mathrm{M}]-k_3\cdot[\mathrm{P}] \tag{15-7}$$

式中，[M] 为中间产物浓度；[P] 为最终产物浓度；k_1、k_2、k_3 为反应速率常数。通过解这组化学动力学方程，人们可以预测中间产物和最终产物浓度随时间的变化，揭示反应速率和平衡的影响。

二、定性模型：揭示相互作用关系

与定量模型不同，定性模型主要关注分子之间的拓扑结构和相互关系，而不涉及具体的数量和动态变化。这类模型在描述基因调控网络、蛋白质互作网络等方面具有重要作用。这些模型将分子抽象为节点，将分子之间的相互作用抽象为边，从而揭示了生物系统的结构特征和相互关系。

（一）图论模型

图论模型是系统生物学中的重要工具，用于描述生物网络的结构和分子之间的关系。这种方法在蛋白质互作网络、基因调控网络等研究领域具有广泛的应用。图论模型是将生物网络抽象为图的方式，图的节点代表分子或基因，图的边代表分子间的相互作用或关系，图的形式可以用数学公式表示如下：

$$G=(V,E) \tag{15-8}$$

式中，G 为一个图；V 为节点的集合；E 为边的集合。

这种方法有助于人们理解网络的拓扑结构、中心性及模块化特征。Albert 等（2000）使用图论分析蛋白质互作网络，发现在这个网络中存在着许多高度相互连接的节点，这些节点可能在细胞信号传递中发挥重要作用。

（二）布尔网络模型

布尔网络模型是系统生物学中的重要方法，用于描述基因调控网络的开关行为。这种方法在基因调控、细胞信号传递等研究领域具有广泛的应用。

布尔网络模型是一种离散化的模型，将基因的表达状态抽象为“开”或“关”。这种模型有助于理解基因调控网络中的开关行为，特别适用于描述细胞的决策过程。一个简化的基因调控网络可以被表示为布尔网络模型，其中基因可以处于活跃状态（“1”）或非活跃状态（“0”）。布尔网络模型通过一系列逻辑规则来模拟基因之间的开关行为，以预测基因表达状态的变化。在一个简单的基因调控网络中，可以有如下的逻辑规则：

如果基因 A 和基因 B 同时处于活跃状态，那么基因 C 会处于活跃状态。

如果基因 A 处于活跃状态，但基因 B 不活跃，那么基因 C 会不活跃。

这些逻辑规则可以用布尔方程表示如下：

$$C = A \text{ AND } B \tag{15-9}$$

在这个例子中，A、B 和 C 都是基因，而 AND 代表逻辑与操作。这个规则意味着只有当 A 和 B 都处于活跃状态时，C 才会被激活。基于这样的布尔规则，可以建立一个基因调控网络模型，其中每个基因都有一个布尔变量来表示其状态（“1”表示活跃，“0”表示不活跃）。通过模拟不同基因状态的变化，可以预测整个基因调控网络在不同条件下的行为。Kauffman（1969）使用布尔网络模型来探索基因调控网络的稳态和动态行为。他构建了一个随机遗传控制网络模型，以展示基因之间的相互作用如何影响细胞的分化和稳态。

Albert 等（2003）使用布尔网络模型来研究果蝇中的基因调控网络。通过构建基因之间的布尔关系，他们预测了果蝇体段极性基因的表达模式，并验证了这些预测结果与实际观察相符。

通过布尔网络模型，可以更好地理解基因调控网络中的开关行为。这种方法不仅有助于揭示基因之间的相互作用、调控机制，还可以为细胞决策、发育和疾病机制等提供重要信息，为生物学的深入研究提供支持。

三、机器学习的崛起：数据驱动的模型

随着生物学领域高通量数据的迅速增加，机器学习在系统生物学中的应用变得日益重要。数据驱动的模型通过分析大规模数据，发现模式和关联，从而提供对复杂生物系统的深入洞察。机器学习方法如深度学习、支持向量机等为解析生物数据提供了强大的工具。

数据驱动的模型是一种利用机器学习技术从大规模生物学数据中提取信息的方法。这种方法不再需要事先设定复杂的模型或假设，而是通过分析数据本身来发现模式和规律。机器学习方法能够处理不同类型的生物数据，如基因组学、蛋白质组学和代谢组学数据。

在系统生物学中，数据驱动的模型主要包括深度学习方法，其为一种强大的技术，被广泛应用于生物学数据的分析、模式识别和预测中。深度学习的核心是神经网络，而反向传播算法是训练神经网络的关键步骤之一。反向传播（back propagation）是一种训练神经网络的方法，通过计算损失函数关于模型参数的梯度，从而对参数进行更新，使模型逐渐收敛到更优的状态。该过程使得模型能够从数据中学习规律和模式，并对新数据进行预测。反向传播的主要步骤如下。

（1）前向传播：输入数据通过神经网络，逐层计算各层的输出。这个过程包括线性变换（加权求和）和激活函数的应用。

（2）计算损失：将模型的预测结果与真实值进行比较，计算损失函数，衡量预测与实际之间的差异。

（3）反向传播：通过链式法则，从输出层到输入层，利用损失值计算每个参数的偏导数，从而得到每个参数的梯度。

（4）参数更新：根据梯度，使用优化算法（如随机梯度下降）来更新模型的参数，使损失逐渐减小。

一个简单的神经网络，包含一个隐藏层和一个输出层。对于一个样本 x，假设 z_{h} 是隐藏层的线性变换，a_{h} 是隐藏层的激活输出，z_{o} 是输出层的线性变换，a_{o} 是输出层的激活输出，y 是

真实标签，其反向传播过程的数学表示如下所示：

1）前向传播

$$z_h = W_h \cdot x + b_h \tag{15-10}$$

$$a_h = \sigma(z_h) \tag{15-11}$$

$$z_o = W_o \cdot a_h + b_o \tag{15-12}$$

$$a_o = \sigma(z_o) \tag{15-13}$$

2）计算损失

$$\text{Loss} = L(a_o, y) \tag{15-14}$$

3）反向传播　　输出层梯度：

$$\frac{\partial \text{Loss}}{\partial z_o} = \partial L(a_o, y) \cdot \sigma(z_o) \tag{15-15}$$

隐藏层梯度：

$$\frac{\partial \text{Loss}}{\partial z_h} = \left(W_o^{T} \cdot \frac{\partial \text{Loss}}{\partial z_o}\right) \cdot \sigma(z_h) \tag{15-16}$$

4）参数更新　　更新权重和偏差：

$$W_o' = W_o - \text{learning\_rate} \cdot \left(\frac{\partial \text{Loss}}{\partial W_o}\right) \tag{15-17}$$

$$b_o' = b_o - \text{learning\_rate} \cdot \left(\frac{\partial \text{Loss}}{\partial b_o}\right) \tag{15-18}$$

$$W_h' = W_h - \text{learning\_rate} \cdot \left(\frac{\partial \text{Loss}}{\partial W_h}\right) \tag{15-19}$$

$$b_h' = b_h - \text{learning\_rate} \cdot \left(\frac{\partial \text{Loss}}{\partial b_h}\right) \tag{15-20}$$

式中，σ 为激活函数；$L(a_o, y)$ 为损失函数；learning_rate 为学习率，控制参数更新的步幅；W_o 和 W_h 分别为输出层和隐藏层的权重；W_o^T 为 W_o 的转置矩阵；W_o' 和 W_h' 分别为梯度更新后输出层和隐藏层的权重；b_o 和 b_h 分别为输出层和隐藏层的偏差（bias）；b_o' 和 b_h' 分别为梯度更新后输出层和隐藏层的偏差。通过反向传播，神经网络将根据损失函数的梯度逐渐调整参数，使得模型的预测结果逐渐逼近真实值，从而实现数据驱动的模型训练和预测。

Alipanahi 等（2015）使用深度学习模型预测了 DNA 和 RNA 结合蛋白的序列特异性。他们构建了一个深度神经网络，通过学习已知结合序列和非结合序列的模式，预测了蛋白质与核酸之间的相互作用。

蛋白质结构预测是生物学中的一个重要挑战，因为蛋白质的结构与其功能密切相关。使用机器学习方法，特别是深度学习，可以从蛋白质序列和结构信息中预测蛋白质的三维结构。例如，AlphaFold 是一个基于深度学习的蛋白质结构预测方法，它在全球生物信息学竞赛结构预测评估（Critical Assessment of Structure Prediction，CASP）中取得了令人瞩目的成绩，为预测蛋白质结构的准确性带来了重大突破（Jumper et al.，2021）。

机器学习在药物发现和设计中的应用越来越受关注。通过分析已知药物的结构和活性数据，可以预测新的药物候选化合物的活性和毒性。此外，机器学习方法也可以用于虚拟筛选，加速寻找与特定疾病相关的药物分子。例如，DeepChem 是一个用于药物发现和化学生物学的开源深度学习库，它提供了多种工具来处理化学数据和模型化学属性。

总之，系统生物学建模方法涵盖多种技术，旨在揭示生物系统的复杂性。微分方程模型定量描述分子动态变化，适用于连续性变量。化学动力学模型关注分子相互作用和反应动力学，适用于酶催化和信号传递。图论模型揭示分子关系和网络结构，布尔网络模型抽象基因状态，研究调控。机器学习模型利用大数据分析模式，挖掘数据中的潜在规律。这些方法互为补充，从分子到系统层面探索生物系统。随着数据积累和技术进步，这些方法不断演化，助力深入理解生物系统。

第四节　生物分子网络分析

一、网络的拓扑属性

网络的拓扑属性是描述网络本身及其内部节点或边结构特征的测度。这些测度对进一步分析网络结构和探索关键节点有重要的意义。

（一）连通度

连通度（degree）是描述单一节点最基本的拓扑性质。节点 v 的连通度是指网络中直接与 v 相连的边的数目，如在图 15-4A 中节点 A 的连通度为 3。对于有向网络往往还要区分边的方向，由点 v 发出的边的数目称为节点 v 的出度，指向节点 v 的边数则称为节点 v 的入度。在本章中，符号 k 表示连通度，k_{out} 表示出度，k_{in} 表示入度。在图 15-4B 中，节点 A 的入度为 1，出度为 2。

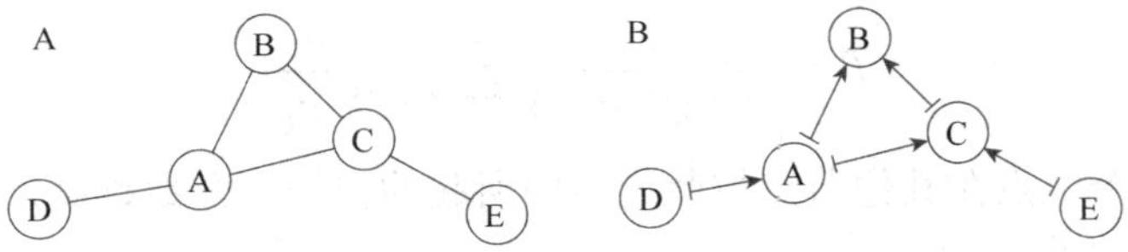

图 15-4　无向网络（A）和有向网络（B）

连通度描述了网络中某个节点的连接数量，整个网络的连通性可以使用其平均值来表示。对于由 N 个节点和 L 条边组成的无向网络，其平均连通度为 $2L/N$。

连通度是一种简单而十分重要的拓扑属性。在研究中，连通度较大的节点称为中心节点（hub），它们很自然地成为目前研究的重点。研究显示，在蛋白质互作网络等生物分子网络中，支持生命基本活动的必需基因或其翻译产物在中心节点中出现的频率显著高于一般节点。同时，人类蛋白质互作网络的研究表明，中心节点显著富集着与癌症等遗传性疾病相关的基因。

（二）聚类系数

在很多网络中，如果节点 v_1 连接于节点 v_2，节点 v_2 连接于节点 v_3，那么节点 v_3 很可能与 v_1 相连接。这种现象体现了部分节点间存在的密集连接性质，可以用聚类系数（clustering coefficient，CC）来表示，在无向网络中，聚类系数被定义为

$$CC_v=\frac{n}{C_k^2}=\frac{2n}{k(k-1)} \tag{15-21}$$

式中，n 为在节点 v 的所有 k 个邻居间边的数目。在无向网络中由于 n 的最大数目可以由邻居节点的两两组合数 $C_k^2=k$（$k-1$）/2 来确定，所以 CC 值位于［0，1］区间。当节点 v 的所有邻居都彼此连接时，v 的聚类系数 $CC_v=1$；相反，当 v 的邻居间不存在任何连接时，$CC_v=0$。在图 15-4A 中，节点 A 有三个邻居{B，C，D}，其间只有一条边连接，所以节点 A 的聚类系数 $CC_A=\frac{2\times1}{3\times(3-1)}=\frac{1}{3}$。

在有向网络中，由于两个节点间可以存在两条方向相反的边，则标准化的聚类系数被定义为

$$CC_v=\frac{n}{p_k^2}=\frac{n}{k_{out}(k_{out}-1)} \tag{15-22}$$

式中，k_{out} 为 v 的出度；n 为所有 v 所连接的节点彼此之间存在的边数。在图 15-4B 中，节点 A 连接 2 个节点 B 和 C，其间只有 1 条边{C—B}，则节点 A 的聚类系数为 $CC_A=\frac{1}{2\times(2-1)}=\frac{1}{2}$。

（三）介数

一个节点的介数（betweenness）是衡量这个节点出现在其他节点间最短路径中的比例。节点 v 的介数 B_v 定义如下：

$$B_v=\sum_{i\neq j\neq v\in V}\frac{\sigma_{ivj}}{\sigma_{ij}} \tag{15-23}$$

式中，σ_{ij} 为节点 i 到节点 j 的最短路径的条数；σ_{ivj} 为其中通过节点 v 的路径条数。

介数也可以用标准化至［0，1］区间的形式表示：

$$B_v=\frac{1}{(n-1)(n-2)}\sum_{i\neq j\neq v\in V}\frac{\sigma_{ivj}}{\sigma_{ij}} \tag{15-24}$$

介数表明了一个节点在其他节点彼此连接中所起的作用。介数越高，意味着在保持网络紧密连接性中节点越重要。

如在图 14-4A 中，A 以外的节点有 4 个，彼此间存在 $C_4^2=6$ 对节点关系，每对关系都只能找到 1 条最短路径，则所有的$|\sigma_{ij}|=1$，而只有{B，A，D}，{C，A，D}，{D，A，C，E}及它们的逆序路径共 6 条最短路径通过节点 A，所以节点 A 的介数为 6。

而在图 15-4B 中，由于存在方向性，节点 A 以外 4 个节点间彼此可能存在的连通路径按排列数计算有 $p_4^2=12$ 条，但真正连通的路径只有{C，B}，{D，A，B}，{D，A，C}，{D，A，C，B}，{E，C}，{E，C，B}。其中经过节点 A 的路径有 2 条，则节点 A 的介数为 2。

（四）紧密度

紧密度（closeness）是描述一个节点到网络中其他所有节点平均距离的指标。节点 v 的紧密度 C_v 定义如下：

$$C_v=\frac{1}{n-1}\sum_{j\neq v\in V}d_{vj} \tag{15-25}$$

式中，d_{vj} 为节点 v 到节点 j 的距离。紧密度用来衡量节点接近网络“中心”的程度，紧密度越小，节点越接近中心。

图 15-4A 中，节点 A 到 B、C、D、E 的距离分别为 1、1、1、2，则节点 A 的紧密度为 1.25。

（五）拓扑系数

类似于聚类系数，拓扑系数（topology coefficient）是反映互作节点间共享连接比例的测度，节点 v 的拓扑系数 T_v 可以定义为

$$T_v=\frac{1}{|M_v|}\sum C_{t\in M_v v,t}/\min\{k_v,k_t\} \tag{15-26}$$

式中，$C_{v,t}$ 为与节点 v 和节点 t 都连接的节点数；M_v 为所有与节点 v 分享邻居的节点集合。拓扑系数反映了节点的邻居间被其他节点连接在一起的比例。

如图 15-4A 所示，与 A 节点共享邻居的节点共有 3 个，则 $M_A=\{B，C，E\}$，其连通度分别为 $k_B=2$，$k_C=3$，$k_E=1$。则节点 A 的拓扑系数 $T_A=\frac{1}{3}\left(\frac{1}{2}+\frac{1}{3}+1\right)=\frac{11}{18}$。

（六）直径

直径（diameter）是描述网络总体性质的一个属性。网络的直径是指网络中任意两个连通节点间距离的最大值。网络的直径代表了网络中节点连接可能出现的最远距离，标志着网络紧密的程度。

（七）网络的平均距离

网络的平均距离也是描述网络总体性质的一个属性。网络的平均距离是指网络中任意两个连通节点距离的平均值，也是衡量网络紧密程度的重要指标。

（八）连通度的分布函数和聚类系数函数

通过统计不同连通度的节点占全部节点的比例，能够得到一种重要的描述网络连通性的属性：连通度的分布函数 $P(k)$，$k=1$，2……而类似的还可以建立起随连通度变化的聚类系数函数 $C(k)$，当自变量等于 k 时，$C(k)$即连通度为 k 的节点聚类系数的平均值。与连通度分布函数 $P(k)$类似，$C(k)$也被广泛应用于描述网络结构的基本性质。相比于拓扑性质指标的平均数，由于连通度的分布函数及依赖于连通度的聚类系数函数包含更多的信息，对分布函数的分析往往可以揭示更为深刻的网络性质。

二、无标度网络

无标度（scale free）网络是 1999 年被首次提出的，近年来，人们在互联网和人际关系网络等社会学网络的研究中都发现了这一特性。在无标度网络中，大部分节点通过少数中心节点连接到一起，这就意味着节点在网络中的地位是不平等的，中心节点在连接网络完整性方面起着更加重要的作用。

（一）无标度网络定义

无标度网络是指网络中连通度的分布符合幂律分布，即 $P(k)\sim k^{-\gamma}$ 的网络，如图 15-5B 所示。这种分布说明，在无标度网络中大部分节点的连通度较低，但存在少数连通度非常

高的节点使网络连接在一起。在这种网络中，平均连通度等标度已经不足以描述网络的规模和结构（Barabási and Albert，1999）。

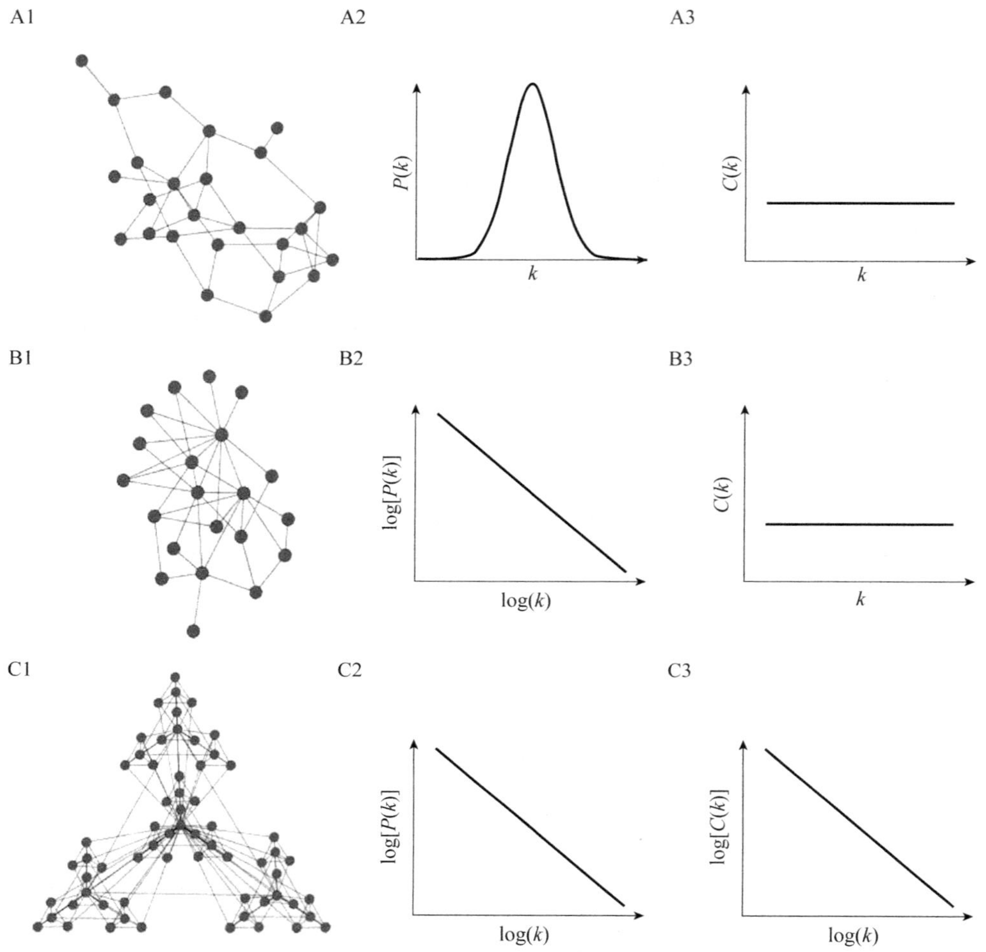

图 15-5　随机网络、无标度网络和层次网络及其连通度分布和聚类系数函数趋势图

A．随机网络，其连通度符合泊松分布，在大尺度情况下近似于服从正态分布；B．无标度网络，其连通度分布符合幂律分布，平均聚类系数不受节点连通度变化的影响；C．层次网络，其连通度分布符合幂律分布，平均聚类系数与连通度的倒数成正比

如果网络中节点间的连接完全是随机的，那么连通度的分布应该符合泊松分布或者在大尺度的情况下近似认为符合正态分布，即度的分布比较均匀，大部分节点的连通度都与平均连通度相差不多，只有极少数节点具有很低或很高的连通度，如图 15-5A 所示。

随机网络中直径或网络平均距离与节点的数目的对数成正比，$l \sim \log(N)$。对于包含大量节点的网络，其直径相对要小得多，任意两个节点间只需要较少的转接即可以连接在一起。一方面，网络中包含有大量节点和边，表现出“大世界”的景象；另一方面，连接任意节点间的距离却相对较小，呈现“小世界”的特征。这种“小世界”网络是复杂系统互作网络的共同特性，因此成为目前网络研究分析的一个热点问题。

无标度网络对网络的另一个重要影响是使网络的直径相对较小，一般来说无标度网络直径的大小正比于网络中节点数目的对数值的对数值，$l \sim \log(\log N)$。由此可以发现，无标度网络比一般“小世界”网络的直径更小，联系更紧密。

（二）无标度网络形成的生物模型

为了解释无标度网络为何会成为包括大部分生物分子网络在内的复杂系统网络模型，Barabási 和 Albert 提出了形成无标度网络的 Barabási-Albert 模型。

该模型首先从一个包含 m_0 个节点的网络开始，其中 $m_0 \geqslant 2$，初始网络中每个节点的连通度都应该大于零，否则在后续过程中将无法与网络连接。而后，通过一个循环过程扩大网络，在每次循环中只增加一个节点，并依次按照概率 $\pi_i = \frac{k_i}{\sum_{v \in V} k_v}$ 决定是否与原网络中节点 i 建立连接，其中 k_i 是节点 i 的连通度。因此，原有连通度较高的节点将更有机会与新加入的节点连接，从而获得更高的连通度。按照这种机制构建起的网络即无标度网络。

例如，在互联网形成的初期，网络中的连接呈现随机特性，而当一个新的节点加入网络时，会倾向于访问已经具有一定知名度的网站，也就更有可能与这样的网页建立连接。这样随着越来越多的节点引入网络，网络连接便呈现出无标度特性。这个模型很好地解释了网页连接网络中少数权威网站存在的现象，也为生物分子网络中无标度特性的形成原因提供了很好的启示。

根据这一模型，有学者提出蛋白质网络中出现无标度特性的原因在于基因复制，即在细胞分裂过程中复制产生的基因产物会与相同的蛋白质发生相互作用。因此，与发生复制的蛋白质连接的蛋白质节点将会获得新的连接。高度连接的节点更有可能与发生复制的基因产物发生互作，从而获得额外的连接。因此，在生物进化的过程中就出现了蛋白质网络的无标度特性（Yook et al.，2004）。

同时，还有另一种不同的看法存在，即目前蛋白质网络中呈现的无标度特性是来自目前的诱饵-猎物模式的蛋白质相互作用检测方式和目前还远未完善的数据资源。在来自不同结构的随机网络背景中，按照诱饵-猎物模式抽取部分网络，结果发现来自其他模型的数据也可能随机抽选出无标度的子网。

三、生物分子网络的模块性

细胞功能经常以模块化的形式展现出来。模块是指彼此协同工作从而执行一致功能并在物理上或者功能上紧密联系的一组生物分子（节点）。事实上，在复杂系统中通常包含很多模块。例如，人类通过结成不同层次的各种团体，联系成为整个复杂的人类社会；计算机互联网中相关内容的网页通过页面间的链接，密集连接组成一个个独特的模块；近似领域的科学文献间互相引用的频率较高等。在人类的工业化生产中，也往往有意识地采用模块化设计，从而提高工程效率和稳定性。这种模块化的属性已经应用在小到移动电话、个人电脑，大到大型客机、航天器械的设计和制造当中。

生物系统同样包含有大量的模块化现象。例如，蛋白质往往结合成为相对稳定的复合物来行使生物学功能，而蛋白质与核酸分子所组成的复合物在从核酸合成到蛋白质降解的生物基本功能中都发挥了重要的作用。在生物应激反应过程中，共同调控的生物分子也协同完成了使生物体适应内外环境变化的生物功能。总之，细胞中的大多数生物分子或者参与到多分子复合物中行使功能，或者在某个时刻与受到同样调控机制的其他分子协同参与某个生物过程。也就是说，生物分子行使功能的机制中往往会包含有模块化的特性，而网络中这种由许多分子相互结合形成的有着稳定结构和功能的复合体，称为网络“模块”（module）。

网络的模块性是指网络间的节点存在着内部彼此高度连接的子节点集合。由此，模块化的网络连通更为紧密。与同样规模的随机网络相比，虽然拥有相同的节点数与边数，模块化网络的连接却更为紧密，这一现象可以由聚类系数（CC）的提高表现出来。同时，模块化的网络往往也同时具有无标度的特性，即存在一些连通度较大的中心节点连接起不同的模块。连通度的分布 $P(k)$符合 k 的幂律分布，如图 15-5C2 所示。

此外，聚类系数依赖于连通度的函数 $C(k)$在网络的模块性判别中也起到了重要的指示作用。模块化的性质说明大尺度的网络是由内部密集互作的小模块通过少数中心节点连接在一起的。这就意味着，大型模块化网络中连通度较低的节点往往具有较高的聚类系数，而连通度较高的节点连接了不同的模块，从而使其聚类系数比较低。

考虑到很多真实网络中同时具备模块性、无标度性及局部高连接性的特征，学者提出节点整合成为网络的过程类似一个循环迭代的过程，从而使网络成为一个层次性网络，见图 15-5A1。在此类网络中，聚类系数函数 $C(k)$正比于 k 的倒数，如图 15-5C3 所示。

研究显示，不同的生物分子网络往往表现出相似的性质。大部分的真实生物网络如代谢网络、蛋白质互作网络、蛋白质结构域网络等都是无标度网络，其网络平均聚类系数都比具有同样大小和连通度分布的随机网络更高，且聚类系数均值正比于连通度的倒数，从而表明层次化是生物网络的一项基本性质。

四、网络模体

网络模体（network motif）是指网络中出现次数远超过随机期望的子网模式。这里的子网模式是指一组节点按照特定的顺序连接而成的结构。针对不同网络的研究显示，在真实的网络中，不同的子网模式出现的频率并不一致，有些模式在网络中频繁出现，远远超过随机网络中期望出现的次数。在某些网络中，特定出现的模体甚至是整个网络的基本组织形式，网络可以被看作是这些网络模体的组合。在生物学网络中，无论是有向网络还是无向网络，都包含有这些特殊的网络模体。在生物网络中搜索特殊模体有助于深入理解生物网络执行生物功能的基本形式，也有助于进一步从网络中发现节点间的功能联系（Girvan and Newman，2002）。

（一）有向网络模体

研究者从基因调控网络等有向网络中发现了一些特殊的模体，比较重要的有自调控环（auto-regulator loop，ARL）、前馈环（feed-forward loop，FFL）和单输入模体（single input motif，SIM）等。

自调控环模体包括正向自调控环（图 15-6A）和负向自调控环（图 15-6B），即转录因子促进或抑制自身转录的机制。在大肠杆菌（*E. coli*）基因调控网络中存在较多的自调控模体。

前馈环模体则是在很多物种中常见的一种调控机制，即转录因子 A 调控转录因子 B 和基因 *C*，而同时转录因子 B 也调控基因 *C*，见图 15-6C。事实上，由于调控机制本身可以为正向和负向，前馈环还可以分为 8 种不同的类型。出现频率较多的有两种：一种是全部正向调控的一致前馈环，另一种是 A 正向调控 B 和 C，但 B 负向调控 C 的不一致前馈环。

单输入模体由同一个转录因子同时调控多个基因的表达，转录因子通常是自调控的，而所有调控符号（正、负向）都相同，且受控基因都不再受其他因子调控。这种模块在随机网络中并不多见，但在针对大肠杆菌基因调控网络的分析中发现该模块经常出现在与蛋白质组装和代谢通路相关的基因调控中。在此类问题中，由一个转录因子控制参与生物过程基因的表达，能够有效地保持受控基因的比例，提高效率，见图 15-6D。

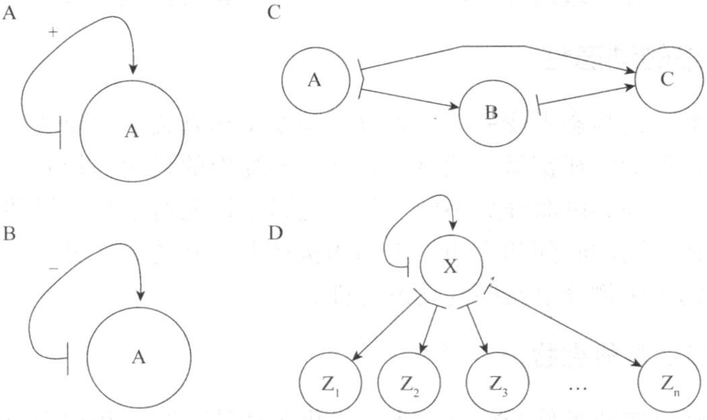

图 15-6　有向网络模体

A．正向自调控环；B．负向自调控环；C．前馈环模体；D．单输入模体

除上述模体外，研究者在调控网络中还发现了其他一些模体，如密集重叠调控（dense overlapping regulation，DOR）、多输入模体（multi-input motif，MIM）和调控链（regulator chain，RC）等。这些不同的网络模体结构代表了不同的转录调控机制，对这些模体的研究将极大地帮助人们了解生物过程的控制机制。

（二）无向网络模体

在无向网络中也可能存在一些特殊的模体，在生物网络中出现的频率远超过随机的情形，其中比较重要的是全连接集（clique）。

全连接集是指任意两点都被边连接在一起的子网。如果全连接集中包含 n 个节点，则称这个全连接集为 n-全连接集，见图 15-7。

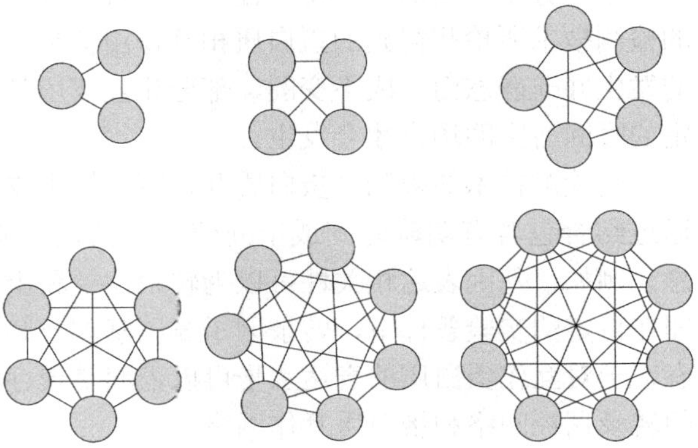

图 15-7　全连接集

（三）网络模体搜索算法

网络模体搜索算法是指在网络中寻找与模体同构的子网的过程。要从一个包含 N 个节点的网络搜索模体的过程包括：①定义包含 k 个节点的子网模式；②在网络中搜索全部 C_N^k 个包含 k 个节点的节点子集，并检查其中结构与所搜寻的模式相符的个数；③将各个模式在真实网络中出现的频率和在大量随机网络背景中所出现的频数进行比较，从而发现网络模体。

这一过程在算法上是 NP（non-deterministic polynomial）完全问题，即解决这一问题需要花费更多的多项式计算时间。因此，对包含节点数目更多的子网模式来说，网络中存在的组合数目比较多，待比较的类型也会更多，从而导致搜索的复杂度更高。因此，目前网络模体的搜索往往只针对一些较小的子网模式来进行分析。

理论上，模体的搜索也可以从边出发。在现实中，生物分子网络大多是比较稀疏的，也就是大部分的节点间不存在边的连接，因此基于边的搜索会比基于节点的算法更快。

五、生物分子网络的动态性

生物分子网络并不是静态不变的。生物分子间发生相互关系需要特定的时间和空间条件（Han et al.，2005）。例如，在富氧和缺氧状态下，葡萄糖的代谢途径并不相同；在应激反应中，生物体针对不同的外界刺激开启不同的信号通路予以应对；分子组装和能量代谢发生在特定的细胞器上。在不同的时间和空间，生物体执行着不同的生物过程。要揭示生命活动的真正过程，必须考虑到生物分子网络的动态特性。

（一）含有时空信息的生物分子网络

转录组等针对特定实验条件的检测技术，提供了在特定时间和空间上生命活动的重要信息。通过整理和分析这些信息，能够得到实验条件特异的生物分子网络。例如，利用一组在不同时间点获得的基因表达谱信息，可以构建表达相关网络，获取基因组中共同行使功能的基因集合，也可以构建基因调控网络，分析细胞循环过程中内在的调控机制等。

（二）整合时空信息的生物分子网络

生物分子网络的时空特异性是一种普遍存在的性质，即便是主要由一些非实验条件相关的检测技术所检测得到的蛋白质相互作用信息，同样存在着时空特异性。蛋白质间相互作用的发生并非静态而一成不变的，部分相互作用是稳定而持久的，还有一些相互作用则是在特定的时间与空间场合才会发生。

受检测技术的限制，蛋白质互作网络等生物分子网络的时空检测标准还不存在，但可以通过结合包含有明确时间或空间信息的其他实验技术所测的结果来为这些网络补充时空信息。例如，基因表达相关性可以为转录调控和蛋白质互作在相应条件下是否存在提供旁证。即在特定的实验条件下，转录因子编码基因及其靶基因的表达水平显示了表达调控的开放状态，一对互作蛋白质的表达水平可以表明是否存在互作关系。由此可以构建特定实验条件下的转录调控网络和蛋白质互作网络。

（三）生物分子网络的动力学分析

生命过程是一个动态的过程，生物分子网络也不可避免地具有动态性的特征。通过结合带有时空性质的实验信息，挖掘在特定时间、空间和环境条件下的生物分子网络，从而更加准确地理解生物分子网络行使功能的方式，为进一步的科学分析提供更准确的研究基础。

基于生物分子网络的动态性质，既可以类似普通静态网络对网络属性进行统计分析，也可以针对网络进行仿真计算以分析网络的动力学问题。例如，在基因转录调控、信号转导和代谢等生物过程中，信息的传递和生物反应是一系列在时间和空间上连续的过程，这个过程也就可以被设定为网络。

节点状态和拓扑结构的一系列变化，通过结合基因表达等动态信息，利用线性模型、微分模型、随机过程等算法，可以构建出随时间、空间和环境条件等变化的动态生物分子网络，从而更为准确地描述、解释和预测生物过程。

六、生物分子网络分析软件

目前有很多软件被用于生物分子网络可视化展示和网络分析。其中包括一些可以依据GNU通用公共许可证（GPL）免费使用的软件，也包括一些商业软件。

1．Cytoscape 软件　Cytoscape 是一款图形化显示网络并进行分析和编辑的软件，它支持多种网络描述格式，也可以用以 Tab 制表符分隔的文本文档或 Microsoft Excel 文件作为输入，或者利用软件本身的编辑器模块直接构建网络（Killcoyne et al.，2009）。Cytoscape 还能够为网络添加丰富的注释信息，并且可以利用自身及第三方开发的大量功能插件，针对网络问题进行深入分析。

Cytoscape 对非营利性客户免费，下载网址：http://www.cytoscape.org。

2．CFinder 软件　CFinder 是一种基于全连接集搜索方法（the clique percolation method，CPM）的网络密集集团模块搜索和可视化分析软件（Adamcsek et al.，2006）。它能够在网络中寻找指定大小的全连接集，并通过全连接集中共享的节点和边构建更大的节点集团。该软件中可以使用以制表符分割的文本文件作为输入。算法主要针对无向网络，但也包含对有向网络的一些处理功能。

CFinder 允许非营利性用户免费使用，并可以在 http:://cfinder.org 免费下载和获取帮助。

3．mfinder 软件和 MAVisto 软件　mfinder 和 MAVisto 是两款搜索网络模体的软件，mfinder 需要通过命令行的形式进行操作，MAVisto 则包含一个图形界面（Schreiber and Schwöbbermeyer，2005）。两款软件均可以设定特定的网络模体大小（包含节点数目）并设计随机扰动以获取相应模体出现频率的显著性水平。

对于非营利性用户，两款软件均可免费下载使用。下载网址：mfinder，https://www.weizmann.ac.il/mcb/UriAlon/download/network-motif-software；MAVisto，http://mavisto.ipk-gatersleben.de。

4．BGL 软件及 Matlab BGL 软件　BGL（The Boost Graph Library）是一款网络拓扑属性分析软件，可以较为快速地计算网络中节点的距离、最短路径、多种拓扑属性及广度和深度优先搜索。Matlab BGL 则是基于 BGL 开发的一款 Matlab 工具包，可以依托 Matlab 软件平台进行网络分析和计算。

两款软件均为免费软件，可以从以下网址下载使用：BGL，http://www.boost.org/doc/libs/release/libs/graph；Matlab BGL，https://www.mathworks.com/matlabcentral/fileexchange/10922-matlabbgl。

5．PathwayStudio 软件　PathwayStudio 为生物通路可视化分析软件，是一款商业化生物信息学软件，它能够以不同的模式绘制和分析生物通路，并且可以利用随带的 MedScan 软件通过公开发表的文献构建基于知识的生物通路网络（Nikitin et al.，2003）。

6．GeneGO 软件及数据库　GeneGO 是为系统生物学中的数据挖掘应用提供化学信息学和生物信息学软件解决方案的提供商。其主要产品包括 MetaBase、MetaCore、MetaDrug等。其中 MetaBase 是 GeneGO 专业研制的哺乳动物生物学与药物化学数据库。MetaCore 主要针对系统生物学研究中的通路分析和生物标记物发现提供数据挖掘工具套件。MetaDrug 为

GeneGO 开发的系统药理学平台。

第五节　系统生物学数据资源和工具

一、基因转录调控数据库

各种搜集整理了转录调控信息的生物学数据库为研究工作提供了有力的帮助。常用的基因转录调控数据库包括 TRANSFAC、TRRD、RegulonDB 和 COMPEL 数据库。

1．TRANSFAC 数据库　TRANSFAC 数据库是关于转录因子及它们在基因组上的结合位点的数据库（Matys et al.，2003）。由 SITE、GENE、FACTOR、CLASS、MATRIX、CELLS、METHOD 和 REFERENCE 等结构组成。此外，还有几个与 TRANSFAC 密切相关的扩展库：PATHODB 库收集了可能导致病态突变的转录因子和结合位点；S/MARTDB 库收集了与染色体结构变化相关的蛋白因子和位点的信息；TRANSPATH 库用于描述与转录因子调控相关的信号传递网络；CYTOMER 库表现了人类转录因子在各个器官、细胞类型、生理系统和发育时期的表达状况。该数据库的网址为：http://genexplain.com/transfac。

2．TRRD 数据库　TRRD 数据库是在不断积累的真核生物基因调控区结构-功能特性信息基础上构建的（Kolchanov et al.，2002）。每一个 TRRD 的条目里均包含特定基因各种结构-功能特性：转录因子结合位点、启动子、增强子、沉默子及基因表达调控模式等。TRRD 包括 5 个相关的数据表：TRRDGENES 包含所有 TRRD 库基因的基本信息和调控单元信息；TRRDSITES 包括调控因子结合位点的具体信息；TRRDFACTORS 包括 TRRD 中与各个位点结合的调控因子的具体信息；TRRDEXP 包括对基因表达模式的具体描述；TRRDBIB 包括所有参考文献。TRRD 主页提供了对这几个数据表的检索服务。该数据库网址为：http://wwwmgs.bionet.nsc.ru/mgs/gnw/trrd。

3．RegulonDB 数据库　RegulonDB 数据库是一个提供转录起始和调控网络信息的数据库（Gama-Castro et al.，2008）。其中存储着与转录调控相关的操纵子、转录单元、启动子、结合位点及转录因子和受控基因等信息。该数据库的网址为：http://regulondb.ccg.unam.mx。

4．COMPEL 数据库　COMPEL 数据库提供了许多复合转录元件（Kel-Margoulis et al.，2000）。这些复合转录元件是组合调控的最小单位，包括两个属于不同转录因子在位置关系上紧密相连的结合位点。它们强调高级生物复杂微妙的表达是通过转录因子的特定组合调节实现的。构成复合元件的两个结合部位之间的距离和先后顺序很重要，它们的排列必须支持转录因子的三维空间结构，使两者能够正确地结合。

此外，JASPAR（https://jaspar.elixir.no）和 DBD（http://www.transcriptionfactor.org）等数据库也提供了丰富的有关转录调控的信息。

二、蛋白质互作数据库

目前，已经有大量蛋白质互作数据存储在公共数据库中，提供了大量的蛋白质相互作用信息，其中包括 BIND 数据库、DIP 数据库、BioGRID 数据库和 STRING 数据库等。从这些数据库中可以得到不同物种的蛋白质互作信息及其实验证据。

1．BIND 数据库　BIND 数据库是生物分子对象网络数据库（Biomolecular Object Network Databank）中最重要的组成部分之一（Alfarano et al.，2005）。其主要记录蛋白质等

生物分子间的相互作用信息，并将其中的信息分为经过人工检查的可信信息和高通量数据信息。用户可以通过网络工具查询互作信息，也可以将互作信息下载到本地进行处理。

2．DIP 数据库　DIP（Database of Interacting Proteins）数据库是专门存储蛋白质相互作用信息的数据库（Salwinski et al.，2004）。该数据库中也包含人工检查的可靠信息和由自动计算方法所获取的高通量数据。该数据库可以按照不同的物种选择下载不同格式的蛋白质互作信息。用户可以通过网络工具查询互作信息，也可以将互作信息下载到本地处理。该数据库的网址为：http://dip.doe-mbi.ucla. edu。

3．BioGRID 数据库　BioGRID 数据库是一个包含多物种蛋白质互作信息的数据库（Stark et al.，2011）。该数据库中包含来自多个物种的互作信息，其中既包括物理互作信息，也包括遗传互作信息。用户可以通过网络工具查询互作信息，也可以将互作信息下载到本地进行处理。该数据库的网址为：http://www.thebiogrid.org。

4. STRING 数据库　STRING 数据库是一个基于公共数据库和文献信息的蛋白质互作网络数据库。它收集了多个公共数据库，包括 UniProt、KEGG、NCBI 和 Gene Ontology 等，整合了这些数据并生成一个全面的蛋白质互作网络数据库。STRING 数据库不仅提供了蛋白质互作网络的可视化，还能够提供蛋白质家族、途径和亚细胞定位等信息。除此之外，STRING 数据库还提供了一些分析工具，如聚类分析和 GO 富集分析等，帮助用户更好地分析网络图，并找到有意义的生物学命题。截至目前，该数据库提供了 12 535 个物种的蛋白质互作信息，包括 5930 万个蛋白质及大于 200 亿条的互作关系对。该数据库的网址为：https://cn.string-db.org。

目前已有部分生物数据库专为蛋白质互作研究提供帮助。表 15-1 总结了一些蛋白质相互作用数据库。

表 15-1　蛋白质相互作用数据库

数据库名称	数据库缩写	域名	内容
Biological General Repository for Interaction Datasets	BioGRID	https://www.thebiogrid.org	所有主要模式生物物种和人类的蛋白质、基因和化学相互作用
Database of Interacting Proteins	DIP	http://dip.doe-mbi.ucla.edu	实验确定的蛋白质相互作用
Search Tool for the Retrieval of Interacting Genes	STRING	https://cn.string-db.org	实验和预测的蛋白质相互作用信息
Kyoto Encyclopedia of Genes and Genomes	KEGG	http://www.genome.jp/kegg	蛋白质通路注释资源

STRING 网站和 Cytoscape 软件可对蛋白质互作网络进行可视化展示及美化修饰。

习　　题

1．分子生物网络最重要的元件是什么？
2．常见的分子生物网络有哪些？它们的特点是什么？
3．系统生物学有哪些建模策略？它们的区别是什么？
4．生物分子网络的拓扑属性有哪些？对于由 N 个节点和 L 条边组成的无向网络，平均连通度是多少？
5．生物分子网络的动态性是如何体现的？

主要参考文献

艾冬梅，赵清玉，张德坤．2013．生物序列比对算法综述．中国科技纵横，（18）：78

陈铭．2022．生物信息学．4版．北京：科学出版社

樊龙江．2010．生物信息学札记．3版．杭州：浙江大学出版社

樊龙江．2017．生物信息学．杭州：浙江大学出版社

冯美琴．2008．宏基因组学的研究进展．安徽农业科学，（2）：415-416，479

贺纪正，张丽梅，沈菊培，等．2008．宏基因组学（Metagenomics）的研究现状和发展趋势．环境科学学报，（2）：209-218

李霞．2015．生物信息学．北京：人民卫生出版社

冉隆科．2016．生物信息学最佳实践．北京：科学出版社

孙之荣．2004．探索基因组学、蛋白质组学和生物信息学．北京：科学出版社

孙之荣，吴雪兵．2006．一个新兴的交叉学科：系统生物学．中国计算机学会通讯，2（3）：62-69，61

陶士珩．2007．生物信息学．北京：科学出版社

王存新．2016．蛋白质模拟：原理、发展和应用．北京：科学出版社

王魁，汪思迪，黄睿，等．2012．宏基因组学挖掘新型生物催化剂的研究进展．生物工程学报，28（4）：420-431

王廷华，王廷，张晓．2018．生物信息学理论与技术．北京：科学出版社

薛庆中．2012．DNA和蛋白质序列数据分析工具．3版．北京：科学出版社

杨胜利．2004．系统生物学研究进展．中国科学院院刊，19（1）：31-34

杨子恒，钟扬．2008．计算分子进化．上海：复旦大学出版社

张继仁．2005．蛋白质组学导论．北京：科学出版社

张自立，王振英．2009．系统生物学．北京：科学出版社

章乐．2018．生物信息计算．北京：科学出版社

邹权．2015．系统生物学中的网络分析方法．西安：西安电子科技大学出版社

Durbin R．2010．生物序列分析．王俊，等译．北京：科学出版社

Finkelstein A V．2013．蛋白质物理．4版．李安邦，译．北京：科学出版社

Zvelebil M．2012．理解生物信息学．李亦学，郝沛，译．北京：科学出版社

Adamcsek B, Palla G, Farkas I J, et al. 2006. CFinder: locating cliques and overlapping modules in biological networks. Bioinformatics, 22: 1021-1023

Akashi H. 1999a. Inferring the fitness effects of DNA mutations from polymorphism and divergence data: statistical power to detect directional selection under stationarity and free recombination. Genetics, 151 (1): 221-238

Akashi H. 1999b. Within- and between-species DNA sequence variation and the 'footprint' of natural selection. Gene, 238: 39-51

Albert R, Jeong H, Barabasi A L. 2000. Error and attack tolerance of complex network. Nature, 406 (6794): 378-382

Albert R, Othmer H G. 2003. The topology of the regulatory interactions predicts the expression pattern of the segment polarity genes in *Drosophila melanogaster*. Journal of Theoretical Biology, 223 (1): 1-18

Alfarano C, Andrade C, Anthony K, et al. 2005. The biomolecular interaction network database and related tools 2005 update. Nucleic Acids Research, 33: D418-D424

Alipanahi B, Delong A, Weirauch M T, et al. 2015. Predicting the sequence specificities of DNA- and RNA-binding proteins by deep learning. Nature Biotechnology, 33 (8): 831-838

Alkan C, Coe B P, Eichler E E. 2011. Genome structural variation discovery and genotyping. Nature Reviews Genetics, 12 (5): 363-376

Altschul S. 1997. Gapped BLAST and PSI-BLAST: a new generation of protein database search programs. Nucleic Acids Research, 25 (17): 3389-3402

Anderson S T, Kaforou M, Brent A J, et al. 2014. Diagnosis of childhood tuberculosis and host RNA expression in Africa. New England Journal of Medicine, 370 (18): 1712-1723

Andreani J, Quignot C, Guerois R. 2020. Structural prediction of protein interactions and docking using conservation and coevolution. WIREs Computational Molecule Science, 10 (6): e1470-e1495

Armstrong S D, Xia D, Bah G S, et al. 2016. Stage-specific proteomes from *Onchocerca ochengi*, sister species of the human river blindness parasite, uncover adaptations to a nodular lifestyle. Molecular & Cellular Proteomics, 15 (8): 2554-2575

Bai W, Yang W, Wang W, et al. 2017. GED: a manually curated comprehensive resource for epigenetic modification of gametogenesis. Brief Bioinform, 18 (1): 98-104

Balding D, Moltke I, Marioni J. 2019. Handbook of Statistical Genomics. New York: Wiley

Barabási A L, Albert R. 1999. Emergence of scaling in random networks. Science, 286: 509-512

Benson D A, Cavanaugh M, Clark K, et al. 2012. GenBank. Nucleic Acids Research, 41 (D1): D36-D42

Benson D A, Cavanaugh M, Clark K. et al. 2017. GenBank. Nucleic Acids Research, 46 (D1): D41-D47

Berman H, Henrick K, Nakamura H, et al. 2007. The worldwide Protein Data Bank (wwPDB): ensuring a single, uniform archive of PDB data. Nucleic Acids Research, 35 (Database): D301-D303

Bhaumik S R, Smith E, Shilatifard A. 2007. Covalent modifications of histones during development and disease pathogenesis. Nature Structural Molecular Biology, 14 (11): 1008-1016

Bock C, Paulsen M, Tierling S, et al. 2006. CpG island methylation in human lymphocytes is highly correlated with DNA sequence, repeats, and predicted DNA structure. PLoS Genetics, 2 (3): e26

Bolger A M, Lohse M, Usadel B. 2014. Trimmomatic: a flexible trimmer for Illumina sequence data. Bioinformatics, 30 (15): 2114-2120

Bonev B, Cavalli G. 2016. Organization and function of the 3D genome. Nature Reviews Genetics, 17 (11): 661-678

Bourne P E. 2009. 结构生物信息学. 刘振明，刘海燕，等译. 北京：化学工业出版社

Bryant S, Guzikowski A R, Tsai S L, et al. 2017. A tissue-mapped axolotl *de novo* transcriptome enables identification of limb regeneration factors. Cell Rep, 18 (3): 762-776

Buels R, Yao E, Colin M, et al. 2016. JBrowse: a dynamic web platform for genome visualization and analysis. Genome Biol, 17: 66

Bunnik E M, le Roch K G. 2013. An introduction to functional genomics and systems biology. Advances in Wound Care, 2 (9): 490-498

Chapleur O, Guenne A, Rutledge D N, et al. 2023. Monitoring of cellulose-rich biowaste co-digestion with 3D fluorescence spectroscopy and mass spectrometry-based metabolomics. Chemosphere, 349: 140824

Chen S F, Zhou Y Q, Chen Y R, et al. 2018. fastp: an ultra-fast all-in-one FASTQ preprocessor. Bioinformatics, 34 (17): i884-i890

Chen Y, Ye W, Zhang Y, et al. 2015. High speed BLASTN: an accelerated MegaBLAST search tool. Nucleic Acids Research, 43 (16): 7762-7768

CNCB-NGDC Members and Partners. 2021. Database resources of the national genomics data center, China national center for bioinformation in 2022. Nucleic Acids Research, 50 (D1): D27-D38

Coimbatore Narayanan B, Westbrook J, Ghosh S, et al. 2013. The Nucleic Acid Database: new features and capabilities. Nucleic Acids Research, 42 (D1): D114-D122

Coleman W B. 2009. Molecular Diagnostics. New York: Humana Pr Inr

Collins N C, Thordal-Christensen H, Lipka V, et al. 2003. SNARE-protein-mediated disease resistance at the plant cell wall. Nature, 425 (6961): 973-977

Conesa A, Gotz S. 2008. Blast2GO: A comprehensive suite for functional analysis in plant genomics. Int J Plant Genomics, 2008: 619832

Conesa A, Madrigal P, Tarazona S, et al. 2016. A survey of best practices for RNA-seq data analysis. Genome Biol, 17: 13

Cramer P. 2021. AlphaFold2 and the future of structural biology. Nat Struct Mol Biol, 28 (9): 704-705

D'Ario M, Griffiths-Jones S, Kim M. 2017. Small RNAs: big impact on plant development. Trends in Plant Science, 22 (12): 1056-1068

Dayhoff M O, Schwartz R M, Orcutt B C. 1978. A model of evolutionary change in proteins. *In*: Moore C, Taylor S, Smith M J, et al. Atlas of Protein Sequence and Structure. Washington: National Biomedical Research Foundation: 345-352

de Jong H, Geiselmann J, Hernandez C, et al. 2003. Genetic Network Analyzer: qualitative simulation of genetic regulatory networks. Bioinformatics (Oxford, England), 19 (3): 336-344

DeBerardinis R J, Keshari K R. 2022. Metabolic analysis as a driver for discovery, diagnosis, and therapy. Cell, 185: 2678-2689

Dobin A, Davis C A, Schlesinger F, et al. 2013. STAR: ultrafast universal RNA-seq aligner. Bioinformatics, 29 (1): 15-21

dos Reis M, Donoghue P C J, Yang Z. 2016. Bayesian molecular clock dating of species divergences in the genomics era. Nature Reviews Genetics, 17: 71-80

Ecker J R, Geschwind D H, Kriegstein A R, et al. 2017. The BRAIN initiative cell census consortium: Lessons learned toward generating a comprehensive brain cell Atlas. Neuron, 96 (3): 542

Edgar R C. 2004. MUSCLE: multiple sequence alignment with high accuracy and high throughput. Nucleic Acids Research, 32: 1792-1797

Fahy E, Sud M, Cotter D, et al. 2007. LIPID MAPS online tools for lipid research. Nucleic Acids Res, 35: W606-W612

Feng J, Meyer C A, Wang Q, et al. 2012. GFOLD: a generalized fold change for ranking differentially expressed genes from RNA-seq data. Bioinformatics, 28 (21): 2782-2788

Finn R D, Clements J, Eddy S R. 2011. HMMER web server: interactive sequence similarity searching. Nucleic Acids Research, 39 (suppl): W29-W37

Frias-Lopez J, Shi Y, Tyson G W, et al. 2008. Microbial community gene expression in ocean surface waters. Proceedings of the National Academy of Sciences of the United States of America, 105 (10): 3805-3810

Gama-Castro S, Jiménez-Jacinto V, Peralta-Gil M, et al. 2008. RegulonDB (version 6. 0): gene regulation model of *Escherichia coli* K-12 beyond transcription, active (experimental) annotated promoters and Textpresso navigation. Nucleic Acids Research, 36: D120-D124

Girvan M, Newman M E J. 2002. Community structure in social and biological networks. Proceedings of the National Academy of Sciences, 99: 7821

Goodstein D M, Shu S, Howson R, et al. 2011. Phytozome: a comparative platform for green plant genomics. Nucleic Acids Research, 40 (D1): D1178-D1186

Grant-Downton R T, Dickinson H G. 2005. Epigenetics and its implications for plant biology. 1. The epigenetic network in plants. Annals of Botany, 96 (7) : 1143-1164

Graves P R, Haystead T A. 2002. Molecular biologist's guide to proteomics. Microbiology and Molecular Biology Reviews, 66 (1): 39-63

Grozhik A V. 2019. Antibody cross-reactivity accounts for widespread appearance of m (1)A in 5'UTRs. Nat Commun, 10: 5126

Guo L, Wang S, Nie Y, et al. 2022. Convergent evolution of AP2/ERFIII and IX subfamilies through recurrent polyploidization and tandem duplication during eudicot adaptation to paleoenvironmental changes. Plant Commun, 3 (6): 100420

Haas B J, Papanicolaou A, Yassour M, et al. 2013. *De novo* transcript sequence reconstruction from RNA-seq using the Trinity platform for reference generation and analysis. Nat Protoc, 8 (8): 1494-1512

Han J D J, Dupuy D, Bertin N, et al. 2005. Effect of sampling on topology predictions of protein-protein interaction networks. Nature Biotechnology, 23: 839-844

Handelsman J, Rondon M R, Brady S F, et al. 1998. Molecular biological access to the chemistry of unknown soil microbes: a new frontier for natural products. Chemistry & Biology, 5 (10): R245-R249

Hertz-Fowler C, Peacock C S, Wood V, et al. 2004. GeneDB: a resource for prokaryotic and eukaryotic organisms. Nucleic Acids Research, 32: D339-D343

Ideker T, Thorsson V, Ranish J A, et al. 2001. Integrated genomic and proteomic analyses of a systematically perturbed metabolic network. Science, 292 (5518): 929-934

Jain M, Olsen H E, Paten B, et al. 2016. The Oxford Nanopore MinION: delivery of nanopore sequencing to the genomics community. Genome Biology, 17 (1): 239

Jin X. 2006. Essential Bioinformatics. Cambridge: Cambridge University Press

Johnson M, Zaretskaya I, Raytselis Y, et al. 2008. NCBI BLAST: a better web interface. Nucleic Acids Research, 36 (Web Server): W5-W9

Jumper J, Evans R, Pritzel A, et al. 2021. Highly accurate protein structure prediction with AlphaFold. Nature, 596 (7873): 583-589

Jury E C, Peng J, van Vijfeijken A, et al. 2023. Systemic Lupus Erythematosus Patients Have Unique Changes in Serum Metabolic Profiles Across Age Associated with Cardiometabolic Risk. Oxford: Rheumatology

Kanehisa M, Goto S. 2000. KEGG: Kyoto Encyclopedia of Genes and Genomes. Nucleic Acids Res, 28: 27-30

Kauffman S. 1969. Homeostasis and differentiation in random genetic control networks. Nature, 224 (5215): 177-178

Kayala M A, Baldi P. 2012. Cyber-T web server: differential analysis of high-throughput data. Nucleic Acids Research, 40 (W1): W553-W559

Kel-Margoulis O V, Romashchenko A G, Kolchanov N A, et al. 2000. COMPEL: a database on composite regulatory elements providing combinatorial transcriptional regulation. Nucleic Acids Research, 28: 311-315

Keseler I M, Collado-Vides J, Gama-Castro S, et al. 2005. EcoCyc: a comprehensive database resource for *Escherichia coli*. Nucleic Acids Research, 33: D334-D337

Khaled S E, Hashem F A, Shabana M H, et al. 2023. A metabolomics approach for the evaluation of *Ficus benghalensis* female *in vivo* reproductive effects relative to its metabolite fingerprint as determined via UPLC-MS and GC-MS. J Ethnopharmacol, 321: 117519

Kikuchi S, Tominaga D, Arita M, et al. 2003. Dynamic modeling of genetic networks using genetic algorithm and S-system. Bioinformatics (Oxford, England), 19 (5): 643-650

Killcoyne S, Carter G W, Smith J, et al. 2009. Cytoscape: a community-based framework for network modeling. Methods Mol Biol, 563: 219-239

Kim D, Langmead B, Salzberg S L, et al. 2015. HISAT: a fast spliced aligner with low memory requirements. Nat Methods, 12 (4): 357-360

Kim D, Pertea G, Trapnell C, et al. 2013. TopHat2: accurate alignment of transcriptomes in the presence of insertions, deletions and gene fusions. Genome Biol, 14 (4): R36

Klipp E, Liebermeister W, Wierling C, et al. 2016. Systems Biology: A Textbook. 2nd. Weinheim: Wiley-VCH Verlag GmbH & Co. KGaA

Kolchanov N A, Ignatieva E V, Ananko E A, et al. 2002. Transcription regulatory regions database (TRRD): its status in 2002. Nucleic

Acids Research, 30: 312-317

Kotlyar M, Rossos A E M, Jurisica I. 2017. Prediction of protein-protein interactions. Current Protocols in Bioinformatics, 60: 8.2.1-8.2.14

Kozomara A, Birgaoanu M, Griffiths-Jones S. 2019. miRBase: from microRNA sequences to function. Nucleic Acids Research, 47 (D1): D155-D162

Kulikova T. 2004. The EMBL Nucleotide Sequence Database. Nucleic Acids Research, 32 (90001): 27D-30D

Lancaster A．2020．生命科学家的 Python 指南．徐永译．北京：科学出版社

Langmead B, Trapnell C, Pop M, et al. 2009. Ultrafast and memory-efficient alignment of short DNA sequences to the human genome. Genome Biol, 10 (3): R25

Li C, Johnson W E. 2007. Adjusting batch effects in microarray expression data using empirical Bayes methods. Biostatistics, 8 (1): 118-127

Li H, Durbin R. 2009. Fast and accurate short read alignment with Burrows-Wheeler transform. Bioinformatics, 25 (14): 1754-1760

Li H, Handsaker B, Wysoker A, et al. 2009. The sequence alignment/map format and SAMtools. Bioinformatics, 25 (16): 2078-2079

Li R, Zhu H, Ruan J, et al. 2010. *De novo* assembly of human genomes with massively parallel short read sequencing. Genome Research, 20 (2): 265-272

Li X, Wang W, Chen J. 2017. Recent progress in mass spectrometry proteomics for biomedical research. Science China Life Sciences, 60 (10): 1093-1113

Liang W, Yan W, Wang X, et al. 2023. A single atom cobalt anchored MXene bifunctional platform for rapid, label-free and high-throughput biomarker analysis and tissue imaging. Biosens Bioelectron, 246: 115903

Lingner T, Aßhauer K P, Schreiber F, et al. 2011. CoMet—a web server for comparative functional profiling of metagenomes. Nucleic Acids Res, 39: W518-W523

Liu X, Locasale J W. 2017. Metabolomics: a primer. Trends Biochem Sci, 42: 274-284

Liu Y, Zhou J, White K P. 2014. RNA-seq differential expression studies: more sequence or more replication? Bioinformatics, 30 (3): 301-304

Liu Y X, Qin Y, Chen T, et al. 2020. A practical guide to amplicon and metagenomic analysis of microbiome data. Protein & Cell, 12: 315-330

Love M I, Huber W, Anders S. 2014. Moderated estimation of fold change and dispersion for RNA-seq data with DESeq2. Genome Biol, 15 (12): 550

Ma J, Zhang L, Chen S, et al. 2021. A brief review of RNA modification related database resources. Methods, 203: 342-353

Mangan M E, Williams J M, Kuhn R M. 2014. The UCSC Genome Browser: What every molecular biologist should know. Curr Protoc Mol Biol, 107: 19.9.1-19.9.36

Markowitz V M, Chen I M, Chu K, et al. 2012. IMG/M-HMP: a metagenome comparative analysis system for the human microbiome project. PLoS One, 7: e40151

Markowitz V M, Ivanova N N, Szeto E, et al. 2008. IMG/M: a data management and analysis system for metagenomes. Nucleic Acids Res, 36: D534-D538

Martin M. 2011. Cutadapt removes adapter sequences from high-throughput sequencing reads. EMBnet Journal, 17 (1): 10-12

Matys V, Fricke E, Geffers R, et al. 2003. TRANSFAC®: transcriptional regulation, from patterns to profiles. Nucleic Acids Research, 31: 374-378

McDonald J H, Kreitman M. 1991. Adaptive protein evolution at the Adh locus in *Drosophila*. Nature, 351 (6328): 652-654

McGarvey G, Ejigu M, Jung J. 2020. Review on the computational genome annotation of sequences obtained by next-generation sequencing. Biology, 9 (9): 295

McGarvey K M, Goldfarb T, Cox E, et al. 2015. Mouse genome annotation by the RefSeq project. Mammalian Genome, 26: 379-390

McVicar N, Hoshino A, la Torre A, et al. 2016. FPGA acceleration of short read alignment. ACM Trans Reconfig Technol Syst, 8: 1-15

Mewes H W, Amid C, Arnold R, et al. 2004. MIPS: analysis and annotation of proteins from whole genomes. Nucleic Acids Research, 32: D41-D44

Meyer F, Paarmann D, D'Souza M, et al. 2008. The metagenomics RAST server—a public resource for the automatic phylogenetic and functional analysis of metagenomes. BMC Bioinformatics, 9: 386

Miller N D, Nance M A, Wohler E S, et al. 2009. Molecular (SNP) analyses of overlapping hemizygous deletions of 10q25. 3 to 10qter in four patients: evidence for HMX2 and HMX3 as candidate genes in hearing and vestibular function. Am J Med Genet A, 149A (4): 669-680

Min J L, Hemani G, Hannon E, et al. 2021. Genomic and phenotypic insights from an atlas of genetic effects on DNA methylation. Nat Genet, 53 (9): 1311-1321

Montenegro-Burke J R, Guijas C, Siuzdak G, et al. 2020. METLIN: A tandem mass spectral library of standards. Methods Mol Biol, 2104:

149-163

Moran Y, Agron M, Praher D, et al. 2017. The evolutionary origin of plant and animal microRNAs. Nature Ecology & Evolution, 1(3): 27

Mount D. 2002. Bioinformatics: Sequence and Genome Analysis. Beijing: Science Publ

Mount D W. 2013. Bioinformatics: Sequence and Genome Analysis. 2nd ed. Cold Spring Harbor: Cold Spring Harbor Laboratory Press

Nie Y M, Han F X, Ma J J, et al. 2022a. Genome-wide TCP transcription factors analysis provides insight into their new functions in seasonal and diurnal growth rhythm in *Pinus tabuliformis*. BMC Plant Biology, 22 (1): 167

Nie Y, Guo L, Gui F. 2022b. Innovations and stepwise evolution of CBFs/DREB1s and their regulatory networks in angiosperms. J Integr Plant Biol, 64 (11): 2111-2125

Nikitin A, Egorov S, Daraselia N, et al. 2003. Pathway studio—the analysis and navigation of molecular networks. Bioinformatics, 19: 2155-2157

Ogata H, Goto S, Sato K, et al. 1999. KEGG: Kyoto Encyclopedia of Genes and Genomes. Nucleic Acids Research, 27: 29-34

Okonechnikov K, Conesa A, Garcia-Alcalde F. 2016. Qualimap 2: advanced multi-sample quality control for high-throughput sequencing data. Bioinformatics, 32 (2): 292-294

Overbeek R, Larsen N, Walunas T, et al. 2003. The ERGOTM genome analysis and discovery system. Nucleic Acids Research, 31: 164-171

Pan Q, Shai O, Lee L J. 2008. Deep surveying of alternative splicing complexity in the human transcriptome by high-throughput sequencing. Nat Genet, 40 (12): 1413-1415

Pang Z, Chong J, Zhou G, et al. 2021. MetaboAnalyst 5.0: narrowing the gap between raw spectra and functional insights. Nucleic Acids Res, 49: W388-W396

Patel R K, Jain M. 2012. NGS QC Toolkit: a toolkit for quality control of next generation sequencing data. PLoS One, 7 (2): e30619

Patrinos G P, Ansorge W. 2009. Molecular Diagnostics. New York: Academic Press

Patro R, Mount S M, Kingsford C. 2014. Sailfish enables alignment-free isoform quantification from RNA-seq reads using lightweight algorithms. Nat Biotechnol, 32 (5): 462-464

Paysan-Lafosse T, Blum M, Chuguransky S, et al. 2022. InterPro in 2022. Nucleic Acids Research, 51 (D1): D418-D427

Peng Z, Lu Y, Li L, et al. 2013. The draft genome of the fast-growing non-timber forest species moso bamboo (*Phyllostachys heterocycla*). Nat Genet, 45 (4): 456-461

Perier R C. 2000. The Eukaryotic Promoter Database (EPD). Nucleic Acids Research, 28 (1): 302-303

Pertea M, Pertea G M, Antonescu C M, et al. 2015. StringTie enables improved reconstruction of a transcriptome from RNA-seq reads. Nat Biotechnol, 33 (3): 290-295

Pevsner J. 2015. Bioinformatics and Functional Genomics. 3rd ed. New York: Wiley-Blackwell

Pruitt K D, Tatusova T, Maglott D R. 2007. NCBI reference sequences (RefSeq): a curated non-redundant sequence database of genomes, transcripts and proteins. Nucleic Acids Research, 35 (Database): D61-D65

Quinlan A R, Hall I M. 2010. BEDTools: a flexible suite of utilities for comparing genomic features. Bioinformatics, 26 (6): 841-842

Rai M F, Collins K H, Lang A, et al. 2023. Three decades of advancements in osteoarthritis research: insights from transcriptomic, proteomic, and metabolomic studies. Osteoarthritis Cartilage, 32 (4): 385-397

Rapaport F, Khanin R, Liang Y P. 2013. Comprehensive evaluation of differential gene expression analysis methods for RNA-seq data. Genome Biol, 14 (9): R95

Reyes A, Huber W, Anders S, et al. 2012. Detecting differential usage of exons from RNA-seq data. Genome Res, 22 (10): 2008-2017

Ribeiro D. 2013. A short overview of the components in mass spectrometry instrumentation for proteomics analyses. Tandem Mass Spectrometry-molecular Characterization. https://www.intechopen.com/chapters/44881[2024-05-10]

Robinson M D, McCarthy D J, Smyth G K, et al. 2010. edgeR: a Bioconductor package for differential expression analysis of digital gene expression data. Bioinformatics, 26 (1): 139-140

Roge X, Zhang X. 2014. RNAseqViewer: visualization tool for RNA-seq data. Bioinformatics, 30 (6): 891-892

Rosenberger G, Schubert O T, Aebersold R, et al. 2017. Quantitative proteomics: Challenges and opportunities in basic and applied research. Nature Protocols Erecipes for Researchers, 12 (7): 1289-1294

Rothberg J M, Leamon J H. 2008. The development and impact of 454 sequencing. Nature Biotechnology, 26 (10): 1117-1124

Sahraeian S, Mohiyuddin M, Sebra R, et al. 2017. Gaining comprehensive biological insight into the transcriptome by performing a broad-spectrum RNA-seq analysis. Nat Commun, 8 (1): 59

Salwinski L, Miller C S, Smith A J, et al. 2004. The database of interacting proteins: 2004 update. Nucleic Acids Research, 32: D449-D451

Salzberg S L. 2019. Next-generation genome annotation: we still struggle to get it right. Genome Biology, 20 (1) : 92

Sanger F, Nicklen S, Coulson A R. 1977. DNA sequencing with chain-terminating inhibitors. Proceedings of the National Academy of

Sciences, 74 (12): 5463-5467

Sanger F. 1981. Determination of nucleotide sequences in DNA. Science, 214 (4526): 1205-1210

Sawyer S A, Hartl D L. 1992. Population genetics of polymorphism and divergence. Genetics, 132 (4): 1161-1176

Schmidt T M, DeLong E F, Pace N R. 1991. Analysis of a marine picoplankton community by 16S rRNA gene cloning and sequencing. Journal of Bacteriology, 173 (14): 4371-4378

Schreiber F, Schwöbbermeyer H. 2005. MAVisto: a tool for the exploration of network motifs. Bioinformatics, 21: 3572-3574

Schulz M H, Zerbino D R, Vingron M, et al. 2012. Oases: robust *de novo* RNA-seq assembly across the dynamic range of expression levels. Bioinformatics, 28 (8): 1086-1092

Schurch N J, Schofield P, Gierlia-Ski M, et al. 2016. How many biological replicates are needed in an RNA-seq experiment and which differential expression tool should you use? RNA, 22 (6): 839-851

Sessitsch A, Hardoim P, Döring J, et al. 2012. Functional characteristics of an endophyte community colonizing rice roots as revealed by metagenomic analysis. Molecular Plant-microbe Interactions: MPMI, 25 (1): 28-36

Shen S, Park J W, Lu Z W, et al. 2014. rMATS: robust and flexible detection of differential alternative splicing from replicate RNA-Seq data. Proc Natl Acad Sci USA, 111 (51): E5593-E5601

Shi P, Jia S Y, Zhang X X, et al. 2013. Metagenomic insights into chlorination effects on microbial antibiotic resistance in drinking water. Water Research, 47 (1): 111-120

Smid M, van den Braak R J C, van de Werken J G, et al. 2018. Gene length corrected trimmed mean of M-values (GeTMM) processing of RNA-seq data performs similarly in intersample analyses while improving intrasample comparisons. BMC Bioinformatics, 19 (1): 236

Smith B J, Martins-de-Souza D, Fioramonte M. 2019. A guide to mass spectrometry-based quantitative proteomics. Pre-Clinical Models: Techniques and Protocols, 1916: 3-39

Stark C, Breitkreutz B J, Chatr-Aryamontri A, et al. 2011. The BioGRID interaction database: 2011 update. Nucleic Acids Research, 39: D698-D704

Stark R, Grzelak M, Hadfield J. 2019. RNA sequencing: the teenage years. Nat Rev Genet, 20 (11): 631-656

Stein J L, Marsh T L, Wu K Y, et al. 1996. Characterization of uncultivated prokaryotes: isolation and analysis of a 40-kilobase-pair genome fragment from a planktonic marine archaeon. Journal of Bacteriology, 178 (3): 591-599

Stein L D. 2013. Using GBrowse 2. 0 to visualize and share next-generation sequence data. Brief Bioinform, 14 (2): 162-171

Subramanianl I, Vermal S, Kumar S, et al. 2020. Multi-omics data integration, interpretation, and its application. Bioinformatics and Biology Insights, 14: 1-24

Thompson J D, Higgins D G, Gibson T J. 1994. CLUSTALW: improving the sensitivity of progressive multiple sequence alignment through sequence weighting, position-specific gap penalties and weight matrix choice. Nucleic Acids Research, 22: 4673-4680

Thorvaldsdottir H, Robinson J T, Mesirov J P. 2012. Integrative Genomics Viewer (IGV): high-performance genomics data visualization and exploration. Brief Bioinform, 14: 178-192

Ting G. 2022. Analysis and performance assessment of the whole genome bisulfite sequencing data workflow: Currently available tools and a practical guide to advance DNA methylation studies. Small Methods, 6: 3

Trapnell C, Roberts A, Goff L, et al. 2012. Differential gene and transcript expression analysis of RNA-seq experiments with TopHat and Cufflinks. Nat Protoc, 7 (3): 562-578

Vohradsky J. 2001. Neural model of the genetic network. The Journal of Biological Chemistry, 276 (39): 36168-36173

Wang L, Wang S, Li W. 2012. RSeQC: quality control of RNA-seq experiments. Bioinformatics, 28 (16): 2184-2185

Wang L, Yu X, Li H, et al. 2023. Cell and rat serum, urine and tissue metabolomics analysis elucidates the key pathway changes associated with chronic nephropathy and reveals the mechanism of action of rhein. Chin Med, 18: 158

Wang S, Shen Y, Guo L, et al. 2022. Innovation and emerging roles of *Populus trichocarpa* TEOSINTE BRANCHED1/CYCLOIDEA/PROLIFERATING CELL FACTOR transcription factors in abiotic stresses by whole-genome duplication. Front Plant Sci, 13: 850064

Wang S, Zhang Y, Ye X, et al. 2023. A phylotranscriptomic dataset of angiosperm species under cold stress. Sci Data, 10 (1): 399

Wang Z, Gerstein M, Snyder M. 2009. RNA-seq: a revolutionary tool for transcriptomics. Nat Rev Genet, 10 (1): 57-63

White L D. 2013. History of dna sequencing technologies. Next Generation Sequencing: Translation to Clinical Diagnostics, DOI: 10.1007/978-1-4614-7001-4_1

Wishart D S, Tzur D, Knox C, et al. 2007. HMDB: the Human Metabolome Database. Nucleic Acids Res, 35: D521-D526

Wu E, Nance T, Montgomery S B. 2014. SplicePlot: a utility for visualizing splicing quantitative trait loci. Bioinformatics, 30 (7): 1025-1026

Wu W, Zong J, Wei N. 2018. CASH: a constructing comprehensive splice site method for detecting alternative splicing events. Brief Bioinform, 19 (5): 905-917

Xie Y L, Wu G X, Tang J B., 2014. SOAPdenovo-Trans: *de novo* transcriptome assembly with short RNA-seq reads. Bioinformatics, 30 (12): 1660-1666

Xuan Q, Ouyang Y, Wang Y, et al. 2020. Multiplatform metabolomics reveals novel serum metabolite biomarkers in diabetic retinopathy subjects. Adv Sci (Weinh), 7: 2001714

Yadav V, Saini B L, Singh N P, et al. 2018. Next generation sequencing and its application in livestock. https://www.semanticscholar.org/paper/Next-generation-sequencing-and-its-application-in-Yadav-Scholar/d4147727b02681038e5870ed71d0835802e2a92f#cited-papers [2023-10-25]

Yang Y, Peng Y, Yu B, et al. 2023. ABHD5-CPT1B: An important way of regulating placental lipid metabolism in gestational diabetes mellitus. Arch Med Res, 55: 102925

Yang Z. 1997. PAML: a program package for phylogenetic analysis by maximum likelihood. Comput Appl Biosci, 13: 555-556

Yang Z. 2006. Computational Molecular Evolution. London: Oxford University Press

Yang Z. 2007. PAML 4: phylogenetic analysis by maximum likelihood. Mol Biol Evol, 24: 1586-1591

Yang Z. 2014. Molecular Evolution: A Statistical Approach. London: Oxford University Press

Yang Z, Rannala B. 2012. Molecular phylogenetics: principles and practice. Nature Review Genetics, 13: 303-314

Yang Z, Swanson W J. 2002. Codon-substitution models to detect adaptive evolution that account for heterogeneous selective pressures among site classes. Molecular Biology and Evolution, 19 (1): 49-57

Yang Z, Wong W S, Nielsen R. 2005. Bayes empirical Bayes inference of amino acid sites under positive selection. Molecular Biology and Evolution, 22 (4): 1107-1118

Yang Z, Zeng X, Zhao Y, et al. 2023. AlphaFold2 and its applications in the fields of biology and medicine. Signal Transduction and Target Therapy, 8: 115

Ye J, McGinnis S, Madden T L. 2006. BLAST: improvements for better sequence analysis. Nucleic Acids Research, 34 (Web Server): W6-W9

Ye X, Wang S, Zhao X. 2022. Role of lncRNAs in *cis*- and *trans*-regulatory responses to salt in *Populus trichocarpa*. Plant J, 4 (110): 978-993

Ye X, Zhao X, Sun Y, et al. 2021. The underlying molecular conservation and diversification of dioecious flower and leaf buds provide insights into the development, dormancy breaking, flowering, and sex association of willows. Plant Physiol Biochem, 167: 651-664

Yook S H, Oltvai Z N, Barabási A L. 2004. Functional and topological characterization of protein interaction networks. Proteomics, 4: 928-942

Yu G, Wang L G, He Q Y. 2015. ChIPseeker: an R/Bioconductor package for ChIP peak annotation, comparison and visualization. Bioinformatics, 31: 2382-2383

Zhang X, Huang S, Zou F, et al. 2010. TEAM: efficient two-locus epistasis tests in human genome-wide association study. Bioinformatics, 26 (12): i217-i227

Zhang Y, Liu J S. 2007. Bayesian inference of epistatic interactions in case-control studies. Nature Genetics, 39 (9): 1167-1173

Zhang Y, Liu T, Meyer C A, et al. 2008. Model-based Analysis of ChIP-Seq (MACS). Genome Biology, 9 (9): R137

Zhao H, Gao Z, Wang L, et al. 2018. Chromosome-level reference genome and alternative splicing atlas of moso bamboo (*Phyllostachys edulis*). Gigascience, 7 (10): 1-12

Zheng F, Zhao X, Zeng Z, et al. 2020. Development of a plasma pseudotargeted metabolomics method based on ultra-high-performance liquid chromatography-mass spectrometry. Nat Protoc, 15: 2519-2537

Zvelebil M, Baum J. 2007. Understanding Bioinformatics. New York: Garland Science